高等教育系列教材

# 物联网技术概论

## 第2版

主　编　马　建

副主编　岩　延　刘　驰

机械工业出版社

本书介绍了物联网的起源、物联网的概念与内涵；展示了物联网发展和标准化的现状以及战略意义；阐述了受到业界普遍认同的物联网的体系架构，归纳了构建物联网亟需大力发展的关键技术领域以及物联网的典型应用；指出了物联网快速发展带来的各种机遇以及为实现物联网产业化和大规模商业应用面临的挑战。本书有助于读者全面、正确地认识和了解物联网的相关知识。

本书可以作为物联网及相关行业从业人员的参考书，也可以作为物联网工程、计算机、电子、通信等专业相关课程的参考教材。

需要与本书配套的授课电子课件的教师，可登录 www.cmpedu.com 免费注册，审核通过后下载，或联系编辑索取（微信：15910938545，电话：010-88379739）。

**图书在版编目（CIP）数据**

物联网技术概论 / 马建主编．—2 版．—北京：机械工业出版社，2014.9（2021.9 重印）

高等教育系列教材

ISBN 978-7-111-48501-8

Ⅰ．①物…　Ⅱ．①马…　Ⅲ．①互联网络－应用－高等学校－教材 ②智能技术－应用－高等学校－教材　Ⅳ．①TP393.4 ②TP18

中国版本图书馆 CIP 数据核字（2014）第 265196 号

机械工业出版社（北京市百万庄大街 22 号　邮政编码 100037）
责任编辑：郝建伟　师沫迪　　责任校对：张艳霞
责任印制：李　昂
北京捷迅佳彩印刷有限公司印刷
2021 年 9 月第 2 版・第 10 次印刷
184mm×260mm・17.75 印张・440 千字
标准书号：ISBN 978-7-111-48501-8
定价：49.00 元

电话服务　　网络服务
客服电话：010-88361066　　机　工　官　网：www.cmpbook.com
010-88379833　　机　工　官　博：weibo.com/cmp1952
010-68326294　　金　书　网：www.golden-book.com
**封底无防伪标均为盗版**　　机工教育服务网：www.cmpedu.com

# 出版说明

当前，我国正处在加快转变经济发展方式、推动产业转型升级的关键时期。为经济转型升级提供高层次人才，是高等院校最重要的历史使命和战略任务之一。高等教育要培养基础性、学术型人才，但更重要的是加大力度培养多规格、多样化的应用型、复合型人才。

为顺应高等教育迅猛发展的趋势，配合高等院校的教学改革，满足高质量高校教材的迫切需求，机械工业出版社邀请了全国多所高等院校的专家、一线教师及教务部门，通过充分的调研和讨论，针对相关课程的特点，总结教学中的实践经验，组织出版了这套“高等教育系列教材”。

本套教材具有以下特点：

1）符合高等院校各专业人才的培养目标及课程体系的设置，注重培养学生的应用能力，加大案例篇幅或实训内容，强调知识、能力与素质的综合训练。

2）针对多数学生的学习特点，采用通俗易懂的方法讲解知识，逻辑性强、层次分明、叙述准确而精炼、图文并茂，使学生可以快速掌握，学以致用。

3）凝结一线骨干教师的课程改革和教学研究成果，融合先进的教学理念，在教学内容和方法上做出创新。

4）为了体现建设“立体化”精品教材的宗旨，本套教材为主干课程配备了电子教案、学习与上机指导、习题解答、源代码或源程序、教学大纲、课程设计和毕业设计指导等资源。

5）注重教材的实用性、通用性，适合各类高等院校、高等职业学校及相关院校的教学，也可作为各类培训班教材和自学用书。

欢迎教育界的专家和老师提出宝贵的意见和建议。衷心感谢广大教育工作者和读者的支持与帮助！

机械工业出版社

# 前　言

“在现实物理世界与虚拟的计算机世界之间实现信息交互”这一革命性的理念，突破了以往信息网络技术发展的固有模式和思路，使得物联网一跃成为全世界关注的焦点，与物联网相关的新闻一时间也成为世界各国的热点话题。

以学术界的角度看，物联网创造性地继承和发展了传感器网络、泛在网络、普适计算、中间件、云计算、射频识别（Radio Frequency IDentification，RFID）、大数据等信息技术的优点，形成了一个系统的、有机的体系结构，具有清晰的发展脉络和可以预期的未来目标。从产业界的角度看，物联网涵盖了形式多样的应用领域，提供了打破不同行业各自封闭发展的方式，创造了不同产业相互结合的机遇，具有十分巨大的商业价值和发展前景。物联网反映了人们对物物互联、感知世界的普遍需求，承载了人们对未来美好生活的诸多愿望和梦想。

计算机的出现使信息处理得到了质的飞跃，形成了信息技术的第一次产业化浪潮。互联网的发展使信息传输的速度获得了巨大提升，成为第二次产业化浪潮。但是，在这两次产业化浪潮中，由于缺乏相关的核心技术和标准规范，我国长期处于产业发展的边缘和低端。而物联网的研究和建设在我国起步很早，在这一波技术浪潮中我国与国际同步，具有同发优势，处于同等水平，并做到了部分领先。面对物联网这一难得的发展机遇，我们必须明确目标，拓展思路，除了要弄清什么是物联网，避免和其他类似的概念混淆。还要确立物联网的典型应用，挖掘物联网应用的真实需求，在攻克关键技术的同时，也应积极进行相关技术和产业标准的制定，为物联网产业化奠定坚实的基础。

本书共分 6 章。第 1 章为物联网概述，介绍物联网的起源、发展和相关概念，以及物联网标准化工作的现状；第 2 章论述物联网的战略意义，同时对物联网战略意义和产业现状进行分析；第 3 章介绍了受到业界普遍认同的物联网体系架构；第 4 章分析与物联网相关的关键技术，如感知技术、通信组网技术、应用服务技术、安全管理技术、物联网管理技术；第 5 章介绍物联网的典型应用；第 6 章总结并展望了物联网发展的机遇与挑战。

本书由马建任主编，岩延、刘驰任副主编，其中第 1、2 章由李熠、潘强、陈洁、邓瀚林编写；第 3 章由史鉴、吴明娟、陈灿峰、邓瀚林、黄丽娟编写；第 4 章由黄岳、史鉴、黄丽娟、黄河清、潘强、邓瀚林、马奎、宧涣、姜建、姚道远编写；第 5 章由黄岳、史鉴、熊永平编写；第 6 章由李熠、邓瀚林、潘强和吴明娟编写。全书由马建、岩延、刘驰负责统稿。本书的编写得到了国家自然科学基金（No.61101133，No.61173158）以及江苏省自然科学基金（SBK201342033）的资助。

在本书的编写过程中，编者尽可能做到把握物联网的新方向、新进展，争取将最新、最准确的信息传递给读者。书中存在的错误和不足之处，欢迎读者批评指正。

编　者

# 目　录

# 第 1 章　物联网概述

本章从物联网的起源和发展入手，整理和分析传感器网络、射频识别、泛在网络、普适计算等与物联网相关的重要概念，旨在帮助读者建立对物联网的初步认识。

## 1.1　物联网的起源和发展

早在 1995 年，比尔·盖茨在其著作《未来之路》中已有这样的描述："凭借你佩戴的电子饰品，房子可以识别你的身份，判断你所处的位置，并为你提供合适的服务；在同一房间里的不同人会听到不同的音乐；当有人打来电话时，整个房子里只有距离人最近的话机才会响起……"。

上面这些在科幻小说里面出现的场景和功能，被视为人们对物联网所具备的神奇功能的期待和预言。至于物联网具体的起源，当前普遍认同的观点是：物联网起源于传感器网络、传感器、射频识别（RFID）以及标识编址技术的融合发展。当前各项技术发展并不均衡，互联网、射频识别技术等已经较为成熟，而传感器网络相关技术尚有很大发展空间。

### 1.1.1　传感器网络

传感器网络（Sensor Networks）诞生于军事应用中，最早可以追溯到 20 世纪 60 年代的越南战争。由于密林和多雨的天然屏障，大大削弱了卫星与航空侦察的效果。美军从 1968 年开始，在胡志明小道上投放了数十万个具有音频和振动感知功能的无线传感器，以期建立电子屏障来切断越军的补给线。这个项目的名称为 Operation Igloo White。这一阶段的无线传感器除了与侦察机点对点通信外，还不具备现代传感器网络所具备的节点计算功能和节点间的通信功能。

1980 年，美国国防部先进研究计划局（Defense Advanced Research Projects Agency，DARPA）启动了分布式传感器网络（Distributed Sensor Networks，DSN）项目。但由于技术条件的限制，传感器网络的研究热潮在 20 世纪 90 年代才开始真正出现。

早期传感器网络的研究主要来自美国军方和自然科学基金的资助项目。1993 年开始的无线集成网络传感器（Wireless Integrated Networks Systems，WINS）项目，由美国加州大学洛杉矶分校和罗克韦尔自动化中心共同开发。1996 年开始的由美国麻省理工学院承担的μAMPS（Micro-Adaptive Multi-domain Power Aware Sensors）项目致力于开发一个完全面向低功耗需求的无线传感器网络系统。1998 年开始的 SensIT（Sensor Information Technology）项目致力于研究大规模分布式军事传感器系统。Smart Dust 和 PicoRadio 项目在 1999 年启动，由美国加州大学伯克利分校负责。

上述传感器网络科研项目主要致力于研究和开发小型化、低功耗无线传感器网络节点。其中，WINS 项目涵盖了 MEMS 传感器、通信芯片、信号处理体系、网络通信协议等多个研究领域；μAMPS 项目有一个重要研究成果，即著名的低功耗无线传感器网络组网 LEACH（Low Energy Adaptive Cluster Hierarchy）协议；SensIT 项目的首要任务是为网络化微传感器开发所需要的软硬件；Smart Dust 和 PicoRadio 项目负责研究低成本、低功耗的传感器网络节点芯片。

早期传感器网络科研项目的主要成果是一系列无线传感器网络平台和初级应用示范系统，其中以 Motes 硬件平台及其配套操作系统 TinyOS 的影响最为广泛，目前已被全球 400 多家研究机构所采用。

进入 21 世纪以来，传感器网络系统不再只局限于军事应用，在非军事方面也获得了日益广泛的应用。例如，部署于美国缅因州大鸭岛的传感器网络主要用于监测环境；部署于旧金山金门大桥的传感器网络主要用于监测桥梁状态；部署于地下矿井的传感器网络主要用于保证煤矿安全生产。这些实际的应用场景为传感器网络提供了真实的测试验证环境，同时也发掘了传感器网络研究的新方向。

近期传感器网络的科研工作主要致力于开展大量针对传感器网络通信协议及其支撑技术的细化研究，如网络拓扑控制、MAC 协议、路由协议、网络安全、时间同步、节点定位等，同时也对传感器网络中的信息处理、数据查询、数据融合、部署覆盖等相关问题进行了深入研究。

综合以上介绍不难看出，与传感器网络相关的研究工作起步于传感器节点平台的研制，随后以应用为驱动扩展到网络通信协议、数据信息处理等研究领域，目前已经在数据信息的采集、处理、传输、应用等方面取得了丰硕的成果并积累了宝贵经验。从技术和应用两方面的经验总结来看，传感器网络最显著的技术特征和最重要的应用目标是感知现实物理世界。

许多专家和学者认为，物联网最重要的特点之一同样是感知现实物理世界。随着传感器网络技术的进步和应用领域的延伸，使得物联网的目标逐渐清晰、发展时机日趋成熟。因此，传感器网络被视为物联网的一个主要起源。

### 1.1.2 传感器技术

传感器技术一直以来就同计算机技术与通信技术一起被认为是信息技术的三大支柱。如果把计算机看成处理和识别信息的“大脑”，把通信系统看成传递信息的“神经系统”的话，那么传感器就是“感觉器官”。传感器技术是从外界获取信息，并对之进行处理和识别的一门多学科交叉的现代科学与工程技术，是物联网获取外部世界信息不可或缺的一环。

在工农业生产领域，工厂的自动流水生产线、全自动加工设备、许多智能化的检测仪器设备都大量采用了各种各样的传感器。在家用电器领域，全自动洗衣机、电饭煲和微波炉都离不开传感器。在医疗卫生领域，电子脉搏仪、体温计、医用呼吸机、超声波诊断仪、断层扫描(CT)及核磁共振诊断设备，都大量地使用了各种各样的传感技术。在军事国防领域，各种侦测设备、红外夜视探测、雷达跟踪、武器的精确制导没有传感器是难以实现的。在航空航天领域，空中管制、导航、飞机的飞行管理和自动驾驶、仪表着陆盲降系统都需要传感器。此外，在矿产资源、海洋开发、生命科学、生物工程等领域传感器都有着广泛的用途。

目前，传感器技术已受到各国的高度重视，并已发展成为一种专门的技术学科。

虽然传感器技术的发展历史很长，然而在相当长的一段时间内，传感器技术并没有得到相应的重视。直到集成电路、计算机技术、通信技术乃至传感器网络技术飞速发展以后，人们才逐步认识到作为获取外界信息的关键一环——传感器技术，并没有跟上信息技术的发展。至此，传感器技术开始在世界范围内受到了普遍重视。

从 20 世纪 80 年代起，世界范围内逐步掀起了一股“传感器热”。美国国防部将传感器技术视为关键技术之一，美国早在 20 世纪 80 年代初就成立了国家技术小组(BTG)，帮助政府组织和领导各大公司与国家企事业部门进行传感器技术开发工作，并声称世界已进入传感器时代。在对美国国家长期安全和经济繁荣至关重要的 22 项技术中，有 6 项与传感器信息处理技术直接相关。在与保护美国武器系统质量优势至关重要的关键技术中，就有 8 项与传感器相关。美国空军 2000 年列举了 15 项有助于提高 21 世纪空军能力的关键技术，传感器技术就名列其中。日本把传感器技术与计算机、通信、激光半导体、超导、人工智能并列为 6 大核心枝术，日本工商界人士声称“支配了传感器技术就能够支配新时代”。日本科学技术厅制定的 20 世纪 90 年代重点科研项目中有 70 个重点课题，其中有 18 项与传感器技术密切相关。德国视军用传感器为优先发展技术，英、法等国对传感器的开发投资逐年升级，俄罗斯军事航天计划中同样列有传感器技术。传感器技术在我国的快速发展始于 1986 年，即第 7 个五年计划开始，我国才正式将传感器技术列入国家重点攻关项目，以机械敏、力敏、气敏、湿敏、生物敏，传感器作为 5 大研究重点，并成立了多个传感器技术国家重点实验室及工程中心，但我国的传感器技术水平目前仍然落后于国外先进水平。

由于世界各国的普遍重视和投入开发，传感器的发展十分迅速。近十几年来，其产量及市场需求年增长率均在 10%以上。目前，世界上从事传感器研制生产的单位已增到 5000 余家。

传感器技术是当前信息社会的重要技术基础，属于多学科交叉、技术密集的高技术产品。一方面，随着传感器技术应用范围的不断扩展，需要在新的应用场景下测量多种新信息，对于新型传感器有着大量的需求。另一方面，随着新型敏感材料及精密制造技术的不断进步，新材料、新元件和新工艺不断出现，也为新型传感器的出现提供了新的基础。当前除了传统的电阻式传感器、电感式传感器以外，不断出现了多种新颖、先进的传感器。如超导传感器、生物传感器、智能传感器、基因传感器以及模糊传感器等等。

传感器是物联网必不可少的信息来源。随着传感器技术的进步和应用领域的延伸，使得物联网能够获取的信息与日俱增。因此，传感器技术也被视为物联网的一个主要起源。

### 1.1.3 射频识别（RFID）技术

射频识别（Radio Frequency IDentification，RFID）技术利用无线射频方式进行非接触双向通信，以达到目标识别目的并交换数据。RFID 技术能实现多目标识别、运动目标识别，便于通过互联网实现物品的识别、跟踪和管理，因而受到广泛的关注。

产品电子编码（Electronic Product Code，EPC）是与 EAN/UCC 码兼容的编码标准，其特点是给每一个单独的产品编号，并且为 RFID 标签的编码和解码提供一致的标准。EPC 标准的出现使得 RFID 标签在整条物流供应链中的任何时候都可以提供产品的流向信息，使每个产品信息有了共同的沟通语言。通过互联网实现物品的自动识别和信息交换与共享，进而实现对物品的透明化管理。

在 1999 年成立的 Auto-ID 中心最早开展 RFID 技术的研究工作。在 2003 年，Auto-ID 中心将研究成果和相关技术形成了无线射频身份标签的标准草案。同年 10 月，Auto-ID 中心的管理职能正式终止，其研究功能并入新成立的 Auto-ID 实验室，而商业功能则由新成立的 EPC global 负责。

Auto-ID 实验室已建立一个具有商业驱动力、全球可持续、经济高效、面向未来的 RFID 基础设施网络。这种基础设施网络具有很强的鲁棒性和灵活性，能够很好地支持未来的技术、应用和产业。目前，Auto-ID 实验室的总部设在美国的麻省理工学院，并有 6 所全球顶尖的研究型大学的实验室参与，它们是英国的剑桥大学、澳大利亚的阿德莱德大学、日本的庆应义塾大学、瑞士的圣加仑大学、中国的复旦大学和韩国的信息与通信大学。

EPC global 是国际（欧洲）物品编码协会（European Article Number Association，EANA）和美国统一代码委员会（Uniform Code Council，UCC）的一个合资公司，它是一个受业界委托而成立的非盈利组织。EPC global 在许多著名的跨国公司和世界范围内的顶级大学之间建立了密切的合作关系。EPC global 的主要职责是在全球范围内对各个行业建立和维护 EPC 网络，保证供应链上各环节信息的自动、实时识别采用全球统一标准，通过发展和管理 EPC 网络标准来提高供应链上贸易单元信息的透明度与可视性，以此来提高全球供应链的运作效率。

从以上介绍不难看出，Auto-ID 实验室和 EPC global 分别从研究和应用的角度推动了 RFID 技术的不断发展。

近年来，RFID 技术的重要进展包括：超高频 RFID 读写器功能增强，并向低功耗、低成本、一体化、模块化发展；采用新开发的喷墨打印制造工艺生产 RFID 电子标签，可以使单个电子标签价格降至 4 美分；RFID 新型中间件的推出使标签数据、读写器的管理更加快捷和简单。RFID 技术的这些进步，为准确、高效地实现物品识别提供了可靠保障。

目前，RFID 技术的应用领域包括电子门票、手机支付、车牌识别、不停车收费、港口集装箱管理、食品安全管理等。由于具备实现物品自动识别和信息交换的能力，RFID 技术被形象地比喻为“物物通信技术”。加之 RFID 技术广泛应用于物流领域的现状，RFID 被视为物联网的起源之一。

### 1.1.4 标识及编址技术

在物联网中，为了实现人与物、物与物的通信以及各类应用，需要利用标识来对人和物等对象、终端和设备等网络节点以及各类业务应用进行识别，并通过标识解析与寻址等技术进行翻译、映射和转换，以获取相应的地址或关联信息。据权威机构统计分析，物物通信的数量将会是现在互联网通信节点数量总和的 30 倍以上。因此，标识及编址技术对于物联网来说是保证其能够正确运行的技术基础，也被认为是能够形成物联网概念的起源之一。

通常来说，一般可以将物联网标识分成对象标识、通信标识和应用标识三类。对象标识主要用于识别物联网中被感知的物理或逻辑对象，例如某个特定的人或物体等。该类标识通常用于相关对象信息的获取及控制与管理，不直接用于网络层通信或寻址，如二维码，RFID 都可认为属于对象标识的范畴。通信标识主要用于识别物联网中具备网络通信能力的网络节点，例如传感器节点等网络设备节点。这类标识的形式可以是 E.164 号码、IP 地址、国际移动用户识别码（Internation Mobile Subscriber Identification Number，IMSI）等等。通信标识可以作为相对或绝对地址用于通信或寻址，用于建立到通信节点的连接。应用标识主要用于对物联网中的相关业务应用进行识别，例如智慧城市、智慧农业应用等。同时，物联网中标识管理技术与机制也必不可少。用于实现标识或地址的申请与分配、注册与鉴权、生命周期管理，并确保标识或地址的唯一性、有效性和一致性。

在物联网对象标识方面，相关的应用、技术标准和市场都在不断增强和拓展。以 RFID 技术为例，采用 RFID 技术的中国二代身份证发行量已经超过 10 亿张，城市交通一卡通应用也已经覆盖国内 100 多个大中型城市。同时，随着智能手机和移动互联网的发展，基于智能手机的二维码标识类公共服务应用，如电子票据、电子优惠券、商品信息查询等已经在大中型城市初步普及，随着三大电信运营企业、腾讯微信和阿里巴巴等互联网企业的推进，二维码应用的前景被普遍看好。

在标准化方面，一维码、二维码的相关国际标准已经比较成熟，目前国际上的标准化工作主要集中在 RFID 方面。国际上 RFID 技术标准的制定主要是以国际标准化组织（ISO）/国际电工委员会（IEC）为主导，涉及空中接口标准、数据标准、测试标准、实时定位标准、安全标准等，另外 EPCglobal、日本 UID 等也制定了相关的 RFID 通用技术标准。总体上，当前国际上 RFID 技术标准已经形成了以 ISO/IEC 为主导的比较完善的体系。

与此对应，相应的对象标识解析技术标准在国际上主要有三大体系，即由 EPCglobal 定义的 ONS（Object Name Service，对象名称服务）、ITU 和 ISO 联合制定的面向 OID（Object IDentifiers，对象标识符）的 ORS（Object identifier Resolution System)，对象标识符解析系统)、日本泛在识别中心定义的 uCode 解析服务体系。EPCglobal 全球解析服务委托由 VeriSign 营运，现在在国际范围内已建立了 7 个解析服务中心。ITU 和 ISO 已经联合发布 ORS 标准（ITU-T X.672；ISO/IEC 29168-1），其解析系统还在发展建设中。日本 uCode 解析服务体系与上述网络化的解析体系相比，通过在读卡器中预置标识关联信息，还支持不通过网络来检索商品详细信息的功能。另一方面，对象标识的编码和分配管理与对象标识解析体系紧密相关。不同组织所采用的编码方案和管理规则通常不同，EPCglobal 使用 EPC 编码，包括 96 位、64 位两种，可以扩展到 256 位。我国的 EPC 编码分配由中国物品编码中心负责。OID 采用树状结构，树顶层分成 ITU、ISO 和 ITU/ISO 联合三个分支。日本使用的 uCode 编码，长度为 128 位，可以扩展到 512 位,能够兼容日本已有的编码体系，同时也能够兼容 EPCglobal 等编码体系。

在物联网通信标识方面，由于物联网是通信网和互联网的拓展应用和网络延伸，当前物联网中的通信标识，很大一部分仍然延用了现有电信网及互联网标识方式，如 IP 地址、E.164 号码和 IMSI 等通信标识。

大部分物联网终端节点通过固定或移动互联网的 IP 数据通道与网络和应用进行信息交互，需要为物联网终端节点分配 IP 地址。物联网终端数量将是人与人通信终端的 10 倍到几十倍，目前我国 M2M 终端节点超过 3000 万，按照每年 30%的增长率，未来五年我国 M2M 终端节点将达到 1.1 亿左右，物联网将对 IP 地址产生强劲需求。目前 IPv6 是突破 IP 地址空间不足的最佳选择，国内外正在积极研究基于 IPv6 的物联网标识及编码机制。基于 IEEE 802.15.4 实现 IPv6 通信的 IETF 6LoWPAN 草案标准的发布是在此方向上的一个有效探索。IETF 6LoWPAN 工作组的任务是在定义如何利用 IEEE 802.15.4 链路支持基于 IP

的通信的同时，遵守开放标准以及保证与其他 IP 设备的互操作性。6LoWPAN 所具有的低功率运行的潜力使它很适合应用在从手持机到仪器的设备中，而其对 AES-128 加密的内置支持为强健的认证和安全性打下了基础。6LoWPAN 为 IPv6 在物联网中的应用提供了一个有效的思路。

除了 IP 地址以外，E.164 及 IMSI 地址也是物联网通信标识的有效组成部分。我国已经规划了 1064xxxxxxxxx 共计 10 亿个专用号码资源用作 M2M，中国移动获得 10648 号段、中国电信获得 10649 号段、中国联通获得 10646 号段，每个运营商分别有 1 亿个 E.164 号码资源可用。同时还规划了 14xxxxxxxxx 共计 10 亿个号码资源用于有语音通信需求的物联网应用。根据未来五年我国 M2M 终端节点将达到 1.1 亿左右的预测，我国目前 E.164 号码资源满足物联网 5 年发展需求。我国 IMSI 由 460+2 位移动网络识别码+10 位用户识别码组成，共计有 1 万亿 IMSI 资源，按当前 IMSI 的实际利用率约为 3%~4%计算，至少满足 300~400 亿终端的需求，可满足相当长一段时间的发展。

综上所述，物联网当前所用的标识技术由于适用范围、成本等的不同，将长期共存。为了支持跨异构网络跨行业的物联网标识技术，可以首先推进不同标识体系的互联互通，未来还需要考虑物联网的新型标识及编址技术来满足物联网特殊的物与物通信的需求。

## 1.2 物联网的概念

由于物联网出现不久，其内涵仍然在不断发展和丰富，所以目前对于物联网的概念在业界一直存在着很多不同意见。本节先介绍与物联网有着密切关系的智慧地球、M2M 系统、CPS 系统、Sensor Web 系统等相关概念；接着对物联网的内涵进行辨析，同时探讨泛在网络、普适计算与物联网的关系；最后介绍物联网的系统组成。

### 1.2.1 物联网相关概念

#### 1. 智慧地球

长久以来，由于人们的思维惯性，认为公路、建筑物、电网、油井等物理基础设施与计算机、数据中心、移动设备、宽带等 IT 设施是两种完全不同的事物。但互联网技术的成熟使人们憧憬在不远的未来几乎任何系统都可以实现数字量化和互联。同时，计算能力的高度发展，使爆炸式的信息量得到高速且有效的处理，从而实现智慧的判断、处理和决策。在此基础上，人类可以以更加精细和动态的方式管理生产和生活，从而达到“智慧”的状态。

IBM 公司在其提出的“智慧的地球”的愿景中，勾勒出了世界智慧运转之道的三个重要维度：第一，我们需要也能够更透彻地感应和度量世界的本质和变化；第二，我们的世界正在更加全面地互联互通；第三，在此基础上所有的事物、流程、运行方式都具有更深入的智能化。

智慧地球涵盖了医疗、城市、电力、铁路、银行、零售等多个领域。

（1）智慧的医疗

建立一套智慧的医疗系统，保障患者只需要用较短的治疗时间、支付较低的医疗费用，就可以享受到更多的治疗方案、更高的治愈率，还有更友善的服务、更准确及时的信息。通过部署新业务模型和优化业务流程，医疗保健和生命科学体系中的所有实体都可以经济有效地运行。

（2）智慧的城市

建设更智慧的城市是为了将数字技术应用到物理系统中去，并利用所有产生的数据改善和提高生活的空间、效率与质量。一方面，智慧城市的实施将能够直接帮助城市管理者在交通、能源、环保、公共安全、公共服务等领域取得进步；另一方面，智慧基础设施的建设将为物联网、新材料、新能源等新兴产业提供广阔的市场，并鼓励创新，为知识型人才提供大量的就业岗位和发展机遇。

（3）智能的电力

通过电网和发电资产优化管理、智能电网成熟度模型、智能停电优化管理等方案，使发电、输电、配电、送电、用电 5 个方面互动互通。电力企业建立起可自测、自愈的智能电网，主动监管电力故障并进行迅速反应，可以实现更智慧的电力供给和配送，更高的可靠性和效率，以及更高的生产率。

（4）智慧的铁路

在智慧铁路系统中，可以动态调整时刻表，以应对因天气等原因导致的停运状况；以智能化提升运能和利用率，减少拥堵；拥有自我诊断子系统，减少延误。它的智慧传感器，能在造成延误或脱轨之前，检测出潜在问题。列车可以进行自我监控、监控供应链，并分析乘客的出行模式，以便将环境影响降到最低限度。

（5）智慧的银行

智慧的银行能够预测客户需求，感知客户行为模式的变化，随时随地通过便捷的渠道提供个性化金融产品与服务；实时、准确地预测及规避各类金融风险，优化内部资本结构；通过快捷、智能地分析银行内的海量客户与交易数据来提升洞察力和判断力；创建一种智能又安全，适应多变商业环境的灵活的 IT 架构，以满足来自于不同部门、客户和合作伙伴的各种需求。

（6）智慧的零售

智能的零售系统使零售商可以收集客户数据并做出反应，从而生产和销售满足市场需求的产品。具体功能包括：根据消费者特点提供相应的商品陈列；合理地管理商品和运营信息；利用敏捷的供应链优化库存投资；以客户为中心的商品采购和生产。

智慧地球的核心是借助微处理器和射频识别标签等 IT 手段，使整个社会网络化、智能化。通过数据分析、比较和数据建模，使各种数据可视化，进而对所有信息进行统一管理，为人们创造智慧的生活和工作方式。

**2．M2M 系统**

M2M（Machine to Machine）是指通过在机器内部嵌入无线通信模块（M2M 模组），以无线通信为主要接入手段，实现机器之间智能化、交互式的通信，为客户提供综合的信息化解决方案，以满足客户对监控、数据采集和测量、调度和控制等方面的信息化需求。

图 1-1 给出了简化的 M2M 系统结构。从中可以看到，M2M 系统在逻辑上可以分为 3 个不同的域，即终端域、网络域和应用域，其中终端域包括 M2M 终端、M2M 终端网络及 M2M 网关等，经有线、无线或蜂窝等不同形式的接入网络连接至核心网络，M2M 平台可为应用域用户提供终端及网关管理、消息传递、安全机制、事务管理、日志及数据回溯等服务。

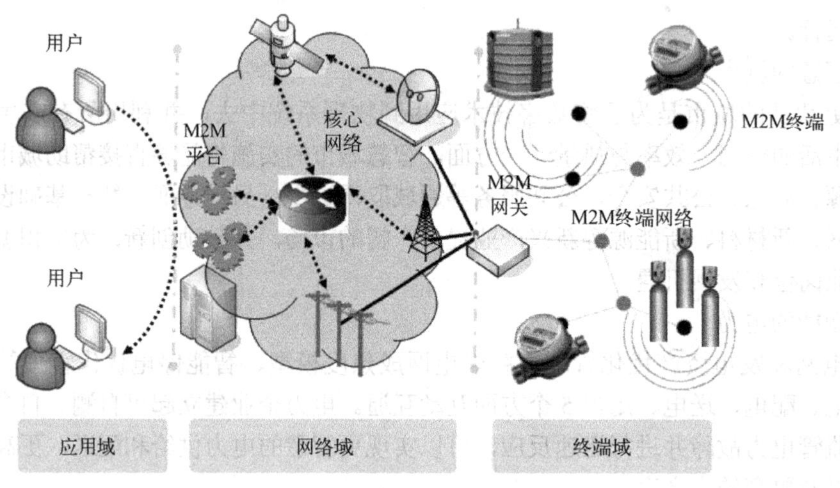

图 1-1　简化的 M2M 系统结构

（1）M2M 技术的核心价值

M2M 使机器、设备、应用处理程序与后台信息系统共享信息，并与操作者共享信息，为设备提供了与系统之间、远程设备之间或与个人之间建立实时无线连接和传输数据的手段。M2M 技术的核心价值在于以下几个方面。

- 可靠的通信保障。由于物联网中大部分机器终端具有无人值守的特点，因此有对机器远程监控和维护的基本管理需求，要求能实时监测机器的运行状况以及所连接和控制的外设状态，及时排查和定位故障，以便快速诊断和修复。M2M 为物联网数以亿万计的机器终端提供远程监控和维护功能，为物联网的自由传输提供通信保障。
- 统一的通信语言。由于物联网的应用横跨几乎所有行业，同一信息需要被多方广泛共享，因此必须有一种统一的语言描述来规范对同一信息的共同理解，并确保信息在网络的传输过程中采用统一的通信机制，以及信息能被准确识别和还原。M2M 为物联网数以亿万计的机器与机器之间、人与机器之间的通信提供了统一的通信语言。
- 智能的机器终端。M2M 不是简单的数据在机器和机器之间的传输，而是提供机器和机器之间的一种智能化、交互式的通信方式，即使人们没有实时发出信号，机器也会根据既定程序主动进行数据采集和通信，并根据所得到的数据智能化地做出选择，对相关设备发出指令而进行控制。可以说，智能化、交互式特征下的机器也被赋予了更多的“思想”和“智慧”。

（2）M2M 的主要业务类型

目前来看，M2M 涵盖以下 5 种主要类型的业务。

- 数据测量。数据测量就是指远程测量并通过无线网络传递测量的信息和数据。自动抄表即是一种典型的数据测量应用。这种业务被广泛应用于公共事业领域，比如自来水供应、电力供应以及天然气供应等行业，传感器被广泛地安装到用户的终端上，到指定日期或时间，传感器将自动读取计量仪表的数据并把相关的数据通过无线网络传输到数据中心，然后由数据中心进行统一的处理。
- 监控与告警。监控与告警包括远程测量和数据传输报告两个部分。监控的主要目的是通过远程测量去检测异动或者非正常事件，以触发相应的反应。通常，在后台系统处理远程测量通过无线网络传输回来的数据，一旦突破设定的临界值便会触发警报，提醒有关人员进行处理。如安全监控系统，使用各种传感器监控敏感区域，一旦有异常情况，即触发告警，通知安全管理人员前往处理。

- 控制。控制常与数据测量、监控等联合应用，它通常是指通过无线网络发出指令对机器进行远程控制。控制过程一般是自动的，包括打开或者关闭机器以及重新启动发生故障的机器等。控制类业务的典型应用是在有大量分散资产和设备的公共事业部门，它们可以利用 M2M 远程关闭或者打开设备。比如，市政单位可以通过 M2M 自动控制路灯的关闭和打开。
- 支付与交易处理。通过无线 M2M 可以进行支付与交易处理，使得远程的自动售货机、移动支付或者其他新商业模式的应用成为可能。自动售货机可以通过 M2M 系统进行移动支付处理和经营信息分析，移动 POS 机也可以通过 M2M 平台安全地处理交易信息。
- 追踪与物品管理。追踪与物品管理业务功能通常被用做物品管理或者位置管理，典型的应用有车辆管理。这种业务被交通运输企业大量使用，它们可以通过远程的传感器结合无线网络，监控车队和司机，收集速度、位置、里程等大量信息，这些信息不仅能够使管理人员实时掌控车队现状，还能被存储和分析，应用于路线规划、车辆调度等方面。

M2M 表达的是多种不同类型的通信技术的有机结合：机器之间通信、机器控制通信、人机交互通信和移动互联通信等。这种 M2M 通信机制是建立物联网的重要基础。

**3．信息物理系统**

信息物理系统（Cyber-Physical Systems，CPS）概念的起源最早可以追溯到工业监视控制与数据采集系统（Supervisory Control And Data Acquisition，SCADA）、物理计算系统（Physical Computing System）等概念在一些 IEEE 国际学术会议上被陆续提出。

2006 年 10 月，美国国家自然科学基金会在其举办的一系列研讨会上首次提出 CPS 的概念，并围绕 CPS 的基本概念、网络化嵌入式控制（Networked Embedded Control）、高可信软件平台（High-Confidence Software Platform）等问题展开了热烈的讨论。

2007 年，美国国家自然科学基金会召开了有关 CPS 的工业界圆桌会议。此后，CPS 得到了学术界和工业界的广泛关注。2007 年 8 月，美国总统科技顾问委员会在其报告中对 CPS 在维持美国工业竞争力的重要性与紧迫性等问题上给予了极大的关注，并将 CPS 列为美国联邦科研投入应当优先关注的技术之一。

作为对该报告的回应，2008 年美国国家自然基金会再次主办 Cyber-Physical Systems 峰会，参与这次峰会的机构来自学术界和工业界，涵盖了当今美国主要的顶尖大学和著名企业，如卡内基·梅隆大学、加州大学伯克利分校、宾夕法尼亚大学、美国国家仪器公司、微软公司、霍尼韦尔公司、罗克韦尔公司等。此次峰会对 CPS 的定义进行了讨论和归纳，概述如下：

- CPS 是将物理系统及过程与网络化计算相结合催生出的新一代工程系统。在该系统中，计算、通信被深深地嵌入物理过程并且与之相互作用，使物理系统具有了新的能力。
- CPS 是将计算、信息处理和物理过程紧密结合的系统，并且三者结合的紧密程度已能使得如果要对系统表现出的行为特征进行判断，则可以区分出该特征是由计算还是物理规律作用的结果，抑或是它们共同作用的结果。

- CPS 的功能性和主要系统特征是在物理实体与计算相互作用的过程中表现出来的。
- 在 CPS 中，计算资源、网络、设备以及它们所嵌入的环境之间存在交互的物理属性，它们共享资源并共同决定系统的整体表现。

从 CPS 现阶段的存在形式来看，依赖于计算机的控制系统（Computer-Mediated Control Systems）可以被看做常见的简单信息系统与物理系统结合的实例之一。目前，信息系统可用于复杂传感和决策判断，其复杂程度已经远远超过了简单的专用反馈控制回路。如在 DARPA 组织开展的应对沙漠与城市环境挑战的军事研究项目中，车辆的片上信息系统通过对大范围覆盖的多种传感器进行数据采集和信息处理，可以完成车辆定位，地形推断，对周围车辆、人、障碍的位置以及指示标识的判断等。

图 1-2 给出了 CPS 系统中核心概念之间的关系。CPS 系统实现了通信能力、计算能力、控制能力的深度融合。

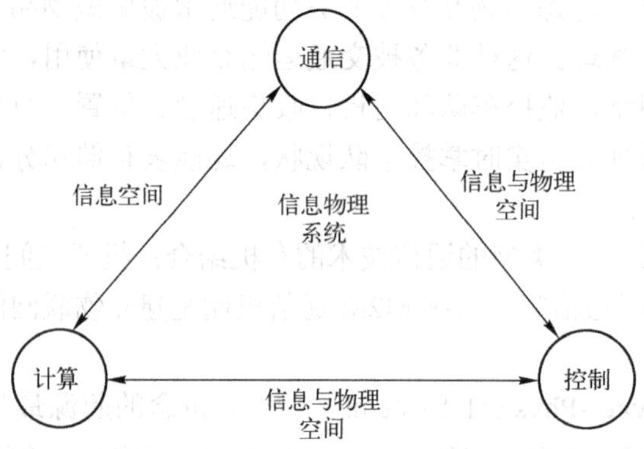


图 1-2　CPS 系统中核心概念之间的关系

就目前的情况来看，CPS 的发展还存在诸多问题，以 CPS 为议题的会议多以学术研讨会的形式展开，有关的讨论也多处于前期理论体系、框架结构的建立，内涵、关键技术的划分等阶段。美国国家自然基金会 2009 年的 Cyber-Physical Systems 项目指南也明确指出：我们仍然不具有实现 CPS 愿景所必需的有关原理、方法和工具。CPS 的发展也缺乏可将信息与物理资源包含到同一框架下的理论。

尽管如此，CPS 在交通、国防、能源与工业自动化、健康与生物医学、农业和关键基础设施等方面所表现的广阔应用前景，正推动着 CPS 相关理论和技术的发展，使之进一步走向成熟。

在我国物联网被热烈讨论的同时，CPS 相关概念正日益受到越来越多人的关注，抓住时机认真研究 CPS 相关理论和技术，对我国信息技术的变革和发展具有重要意义。

**4．Sensor Web 系统**

Sensor Web 系统旨在将异构传感器通过多种接入方式直接接入互联网络，基于开放的、标准化的 Web 服务和透明的网络信息通信与交互服务，实现传感器数据测量、设备管理、反馈控制、任务分配和任务协作等用户服务。基于下一代互联网技术和 Web 服务技术，传感器 Web 系统可实现大尺度时空范围内高效、实时或非实时的传感器信息感知和反馈决策服务。

开放地理信息联盟（Open Geospatial Consortium，OGC）专门成立了一个名为 SWE（Sensor Web Enablement）的工作小组，其目标是制定相关标准，基于 Web 实现传感器、变送器或传感器数据存储系统的可发现、可访问和可使用的服务。

图 1-3 给出了一个简化的 OGC SWE 标准相关的概念模型。可以看到，用户基于标准化的数据编码和信息模型，使用如 SPS、SOS、SAS 和 WNS 等标准化服务，可以实现传感器的任务规划、观测、告警及事件通知等服务。

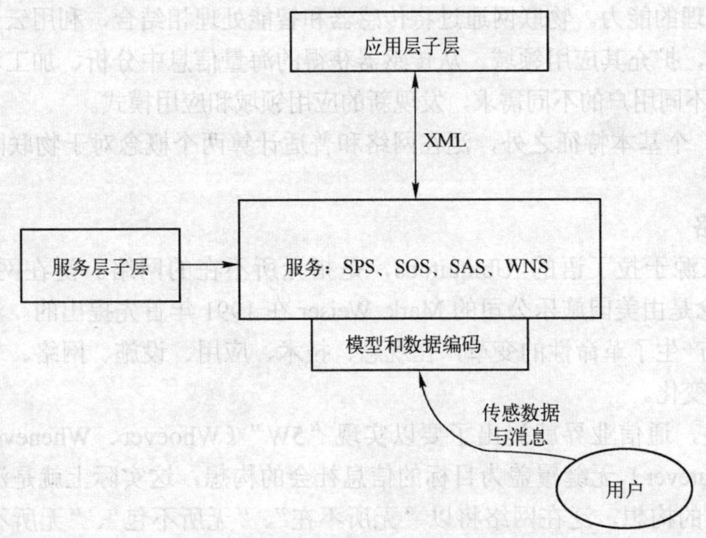


图 1-3　简化的 OGC SWE 概念模型

万维网联盟（World Wide Web Consortium，W3C）和 OGC 目前正在一起制定语义 Sensor Web 相关标准，旨在将语义 Web 的相关技术应用到 Sensor Web 系统中，提供针对传感器数据描述和访问的服务，同时探索具有参考价值的物联网应用和服务模式。

### 1.2.2　物联网内涵辨析

**1．物联网的内涵**

物联网（Internet of Things，IoT）概念最早是由美国麻省理工学院于 1999 年提出的，早期的物联网概念局限于使用射频识别（RFID）的技术和设备相结合，使物品信息实现智能化识别和管理，实现物品的信息互联而形成的网络。随着相关技术和应用的不断发展，物联网的内涵也在不断扩展。现代意义的物联网可以实现对物的感知识别控制、网络化互联和智能处理有机统一，从而形成高智能决策。

基于现有关于物联网的论述，本书认为物联网和传统的互联网相比，物联网具有以下几个鲜明的特征：

一是全面感知，即利用传感器网络、RFID 等随时随地地获取对象信息。物联网是各种感知技术的广泛应用。物联网里会部署海量的多种异构类型传感器，每个单独的传感器都是一个信息源，不同类别的传感器所捕获的信息内容和信息格式各不相同。传感器获得的数据具有实时性，不断更新数据。

二是可靠传输，通过各种电信网络与互联网的融合，实现对数据和信息的实时准确传输。物联网是一种基于互联网的网络。物联网技术的重要基础和核心仍旧是互联网，通过各种有线和无线网络与互联网融合，物联网能够将物体的信息准确地传递出去。在物联网上的信息由于其数量极其庞大，形成了海量信息，在传输过程中，为了保障海量数据的正确性和及时性，必须适应各种异构网络和协议。

三是智能处理，利用云计算、模糊识别等各种智能计算技术，对海量的数据和信息进行分析和处理，对物体实施智能化的控制。物联网不仅仅提供了传感器的感知能力，其本身也具有一定智能处理的能力。物联网通过将传感器和智能处理相结合，利用云计算、模式识别等各种智能技术，扩充其应用领域。从传感器获得的海量信息中分析、加工和处理出有意义的数据，以适应不同用户的不同需求，发现新的应用领域和应用模式。

除了上述 3 个基本特征之外，泛在网络和普适计算两个概念对于物联网内涵的延伸有着重要影响。

**2．泛在网络**

泛在网络来源于拉丁语的 Ubiquitous，是指无所不在的网络。泛在网络（Ubiquitous Network）的概念是由美国施乐公司的 Mark Weiser 在 1991 年首先提出的。泛在网络概念的提出对信息社会产生了革命性的变革，在观念、技术、应用、设施、网络、软件等各个方面都将产生巨大的变化。

很早的时候，通信业界就提出了要以实现“5W”（Whoever、Whenever、Wherever、Whomever、Whatever）无缝覆盖为目标的信息社会的构想，这实际上就是泛在网络的建设目标。根据这样的构想，泛在网络将以“无所不在”、“无所不包”、“无所不能”为基本特征，帮助人类实现“4A”化通信，即在任何时间（Anytime）、任何地点（Anywhere）、任何人（Anyone）、任何物（Anything）都能顺畅地通信。

与泛在网络相关的战略计划最早在日本和韩国发起。

2000 年，日本政府首先提出了“IT 基本法”，其后由隶属于日本首相官邸的 IT 战略本部提出了“e-Japan 战略”，希望能推进日本整体 ICT 的基础建设。2004 年 5 月，日本总务省向日本经济财政咨询会议正式提出了以发展 Ubiquitous 社会为目标的 U-Japan 构想。在日本总务省的 U-Japan 构想中，希望在 2010 年将日本建设成一个“任何时间、任何地点、任何人、任何物”都可以联网的环境。此构想于 2004 年 6 月 4 日被日本内阁通过。

韩国于 2002 年 4 月提出了 e-Korea（电子韩国）战略，其关注的重点是如何加紧建设 IT 基础设施，使得韩国社会的各方面在尖端科技的带动下跨上一个新的发展台阶。为了配合 e-Korea 战略，韩国于 2004 年 2 月推出了 IT 839 战略。韩国情报通信部又于 2004 年 3 月公布了 U-Korea 战略，这个战略旨在使所有人可以在任何地点、任何时间享受现代信息技术带来的便利。U-Korea 意味着信息技术与信息服务的发展不仅要满足产业和经济的增长，而且将给人们的日常生活带来革命性的进步。

国际上各相关标准化组织都在开展泛在网络的标准研究和制定。ITU 从 2005 年开始，对泛在网络的定义、需求、体系架构、应用、安全、编号命名和寻址及典型应用（如智能交通、智能家居）等开展了研究。ETSI 制定了欧洲智能计量标准、健康医疗等标准；IEEE 对低速近距离无线通信技术标准、RFID 等进行了规范。其他一些工业标准组织，如 IETF 和 3GPP 等，也开展了一些具体的技术标准研究工作。

然而就当前而言，构成未来泛在网络的各个子网络，如互联网、电信网、移动通信网、广播电视网等技术都在不断完善和发展之中，而且要实现各种无线通信技术之间的无缝覆盖、无缝衔接还存在着许多技术和商用难题，距离真正商用推广尚需时日。

移动泛在业务环境（Mobile Ubiquitous Service Environment，MUSE）最初是作为对未来无线世界愿景目标的一种尝试性描述，在 2004 年世界无线研究论坛主办的会议上被提出的。MUSE 参考模型的示意图如图 1-4 所示。MUSE 参考模型综合考虑了网络和终端对于业务的支撑能力，将网络和终端统一归纳为无处不在的，具备个性化、普遍感知和适配性支持能力的业务环境。作为一个未来信息网络的构建模型，MUSE 希望在机器之间、机器与人之间、人与现实环境之间实现高效的信息交互，并通过新的服务使各种信息技术融入社会行为，从信息采集、传输、处理、反应等方面整体优化信息流通模式，最终通过效率的提升带动人类社会综合劳动生产力的提高。

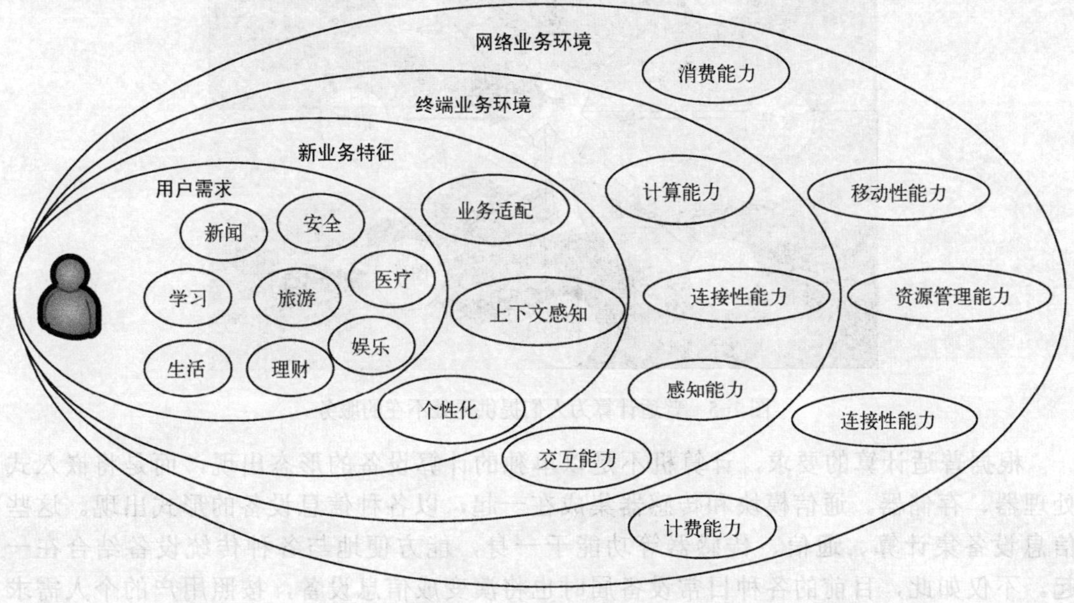


图 1-4　MUSE 参考模型

综合以上论述可以发现，在环境感知能力、内容感知能力以及智能性方面，泛在网络和物联网有着很高的相似度。泛在网络所代表的为人类社会提供泛在的、无所不包的信息服务和应用这一理念，对物联网内涵的延伸有重要的指导意义。

**3. 普适计算**

随着计算机、通信、网络、微电子、集成电路等技术的发展，信息技术的硬件环境和软件环境发生了巨大变化。这种变化使得通信和计算机构成的信息空间，与人们生活和工作的物理空间正在逐渐融为一体。普适计算（Pervasive Computing）的思想就是在这种背景下产生的。普适计算概念的提出始于 1991 年，从 20 世纪 90 年代后期开始，普适计算受到了广泛关注。

普适计算作为一项面向未来的新技术，有各种各样的定义。人们普遍认为，在完善的普适环境下，使用任意设备和任意网络、在任意时间都能获得相当质量的计算服务。普适计算的重点在于，提供面向客户、无处不在的自适应计算环境。

在普适计算建立的融合空间中，人们可以“随时随地”和“透明”地获得数字化的服务。在普适计算环境成熟以后，使用者可以在生活和工作场所的任意位置很自然地获得所需要的网络和计算服务。在使用者获得计算服务的过程中，由于提供计算和通信的设备已经融入到该环境中，使用者并不需要有意识地选择使用某种设备或者网络。

由于计算能力的无所不在，信息空间将与人们生活和工作的物理空间融为一体。同时，这些设备对于用户而言虽然广泛存在，并可以人机交互，却无需去有意识地寻找、感知和操控，计算机好像隐身了——这是普适计算最重要的特征。图 1-5 给出了普适计算的愿景。

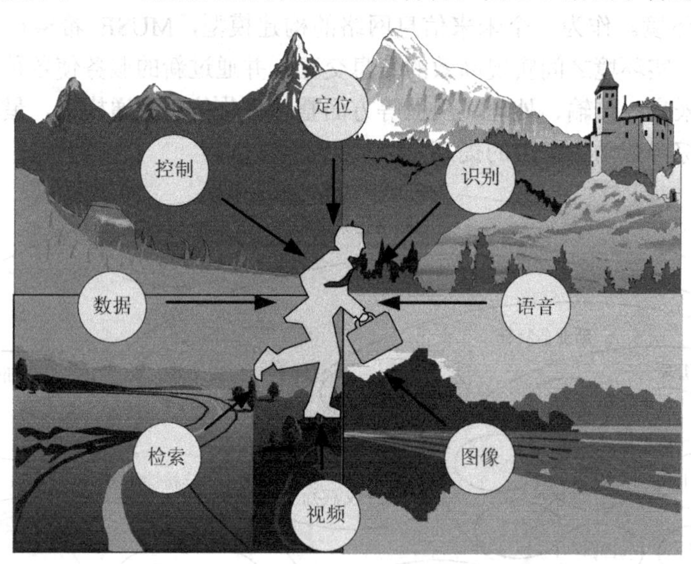


图 1-5　普适计算为人们提供无处不在的服务

根据普适计算的要求，计算机不是以单独的计算设备的形态出现，而是将嵌入式处理器、存储器、通信模块和传感器集成在一起，以各种信息设备的形式出现。这些信息设备集计算、通信、传感器等功能于一身，能方便地与各种传统设备结合在一起。不仅如此，目前的各种日常设备届时也将演变成信息设备，按照用户的个人需求进行个性化服务。

展望普适计算的美好前景，有人将其称为第四代计算。这个说法将信息技术发展到目前为止的整个过程划分为 3 个层次，具体包括：第一代计算，独立的大型主机阶段；第二代计算，具有一定联网比例的个人电脑普及阶段；第三代计算，互联网普及阶段。

综上所述可以发现，普适计算所倡导的信息计算处理设备与周围环境融为一体这一先进的理念，不仅代表了未来信息计算技术的发展趋势，同时也为实现“各种设备之间、由各种设备构成的各个相对独立的环境之间，以及设备和用户之间的自由信息交互”提供了重要的参考。因此，普适计算对于物联网内涵的延伸具有重要的指导意义。

### 1.2.3　物联网的系统组成

前面两小节介绍了与物联网相关的概念，分析、比较了物联网的典型定义，讨论了物联网内涵的延伸。然而，要彻底、清晰地认识物联网，离不开从体系架构和技术发展的角度了解物联网的系统组成。

从系统结构的角度看，物联网可划分为一个由感知互动层、网络传输层和应用服务层组成的3层体系，如图1-6所示。

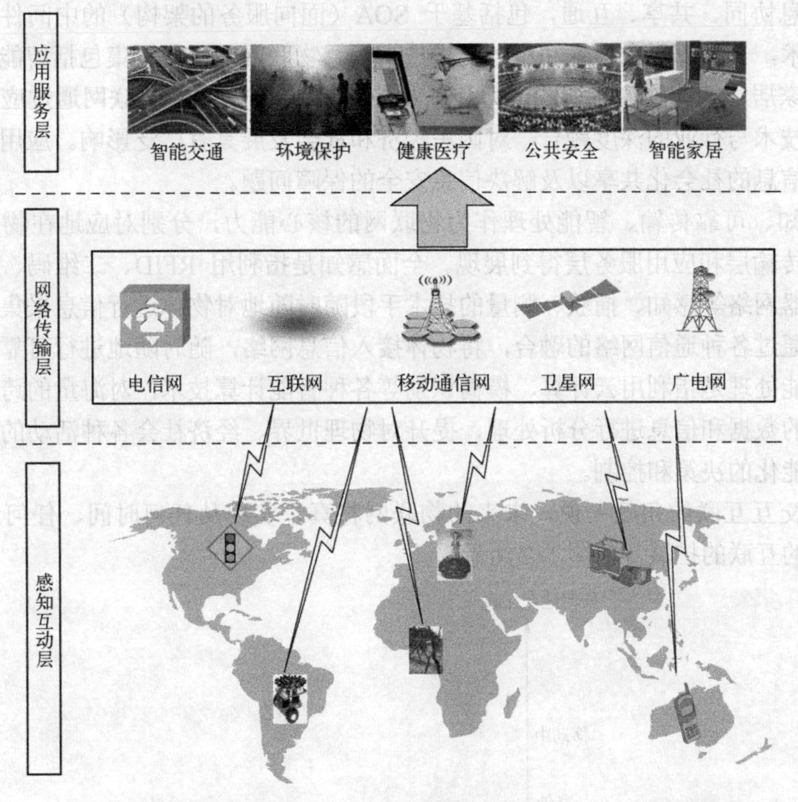


图1-6 物联网体系架构

感知互动层处于整个体系的最下面。感知互动层由大量具有感知和识别功能的设备组成，可以部署于世界上任何位置、任何环境之中，被感知和识别的对象也不受限制。感知互动层的主要作用是感知和识别物体，收集环境信息。感知层中主要关注信息采集、组网和传输技术。信息采集技术主要涉及传感器、RFID、多媒体信息采集、MEMS、条码和实时定位等技术。感知层的组网通信技术要实现传感器、RFID等数据采集技术所获取数据的短距离传输、自组织组网。感知层传输技术包括有线和无线方式，有线方式包括现场总线、M-BUS总线、开关量、PSTN等传输技术，无线方式包括红外感应、Wi-Fi、GMS短信、Zigbee、超宽频（Ultra WideBand）、近场通信（NFC）、WiMedia、GPS、DECT、无线1394和专用无线系统等传输技术。

网络传输层位于整个体系的中间位置。网络传输层包括各种通信网络（互联网、电信网、移动通信网、卫星网、广电网）形成的融合网络，这被普遍认为是最成熟的部分。网络传输层是物联网提供无处不在服务的基础设施。网络层涉及不同网络传输协议的互通、自组织通信等多种网络技术，此外还涉及资源和存储管理技术。网络层构建在强大的基础设施之上，提供四通八达的信息高速公路，将海量的感知信息进行全面的共享。

应用服务层位于整个体系的最上面。应用服务层是将物联网技术与行业专业技术相结合，提供应用支撑，从而实现广泛智能化应用的解决方案集。应用服务层主要包括物联网应用支撑技术和物联网应用服务集。其中物联网应用支撑技术包括支撑跨行业、跨应用、跨系统之间的信息协同、共享、互通，包括基于 SOA（面向服务的架构）的中间件技术，信息开发平台技术，云计算平台技术和服务支撑技术等。物联网应用服务集包括智能交通、智能医疗、智能家居、智能物流、智能电力和工业控制等应用技术。物联网通过应用服务层最终实现信息技术与行业的深度融合，对国民经济和社会发展具有广泛影响。应用服务层的关键在于实现信息的社会化共享以及解决信息安全的保障问题。

全面感知、可靠传输、智能处理作为物联网的核心能力，分别对应地在物联网感知互动层、网络传输层和应用服务层得到展现。全面感知是指利用 RFID、二维码、摄像头、传感器、传感器网络等感知、捕获、测量的技术手段随时随地对物体进行信息采集和获取；可靠传输是指通过各种通信网络的融合，将物体接入信息网络，随时随地进行可靠的信息交互和共享；智能处理是指利用云计算、模糊识别等各种智能计算技术，对海量的跨地域、跨行业、跨部门的数据和信息进行分析处理，提升对物理世界、经济社会各种活动的变化的洞察力，实现智能化的决策和控制。

从信息交互互联的角度上说，未来的物联网将真正实现从任何时间、任何地点的互联到任何物间的互联的扩展，如图 1-7 所示。

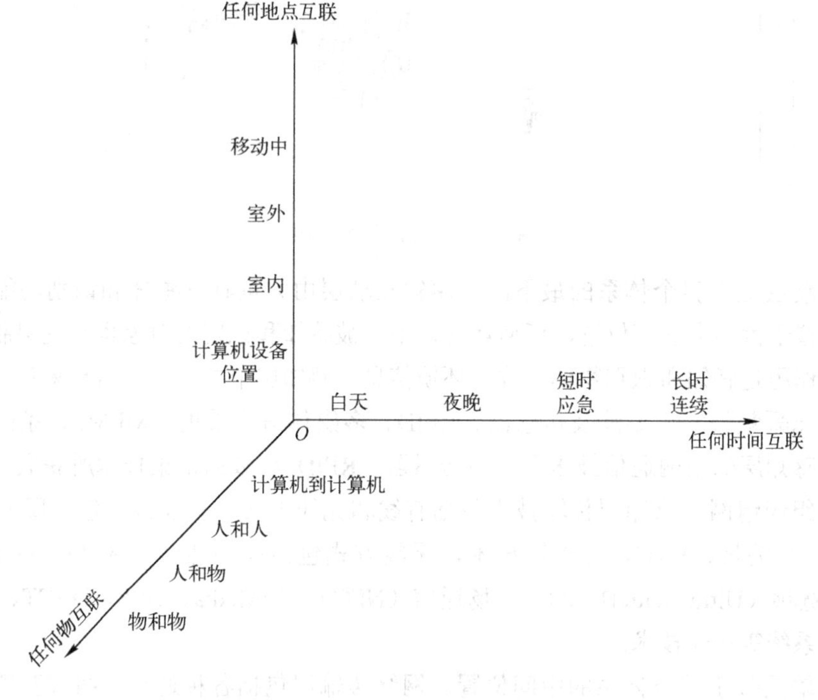


图 1-7 从信息交互互联角度看物联网

从支撑技术发展角度上看，未来的物联网将在标识、体系架构、通信、网络、软硬件、数据与信号处理、发现与搜索、能量获取与存储、安全与隐私等支撑技术方面取得实质性的进步，为未来物联网真正实现物理世界和信息世界有机融合奠定基础技术条件。表 1-1 给出了现有支撑技术与未来物联网所使用的支撑技术特性的对照。

表 1-1　现有支撑技术与未来物联网支撑技术特性对照

| 技术名称 | 现有支撑技术特性 | 未来物联网支撑技术特性 |
| --- | --- | --- |
| 标识技术 | 不同的标识方案<br>特定的域标识 | 统一、开放的标识体系<br>语义标识 |
| 体系架构 | 物联网体系架构规范<br>上下文敏感中间件 | 认知体系架构<br>自适应、基于上下文的体系架构 |
| 通信技术 | RFID、UWB、WiFi、ZigBee、6LowPAN、Bluetooth 等 | 宽频谱统一通信协议 |
| 网络技术 | 传感器网络 | 自学习、自修复网络 |
| 软件技术 | 传感器网络中间件<br>关系数据库整合 | 面向目标、用户的软件<br>分布式智能协作环境 |
| 硬件技术 | RFID 标签、MEMS 传感器等 | 纳米技术材料传感器<br>智能传感器与微纳执行器 |
| 数据与信号处理技术 | 串、并数据处理 | 基于上下文的数据处理<br>认知处理与优化 |
| 发现与搜索技术 | 分布式注册、搜索和发现机制 | 语义传感器及传感器数据发现<br>自主、认知搜索引擎 |
| 能量获取与存储技术 | 电池<br>能量优化机制<br>短、中距无线能量供给 | 能量捕获<br>恶劣环境能量再生<br>无线能量供给<br>生物可降解电池 |
| 安全与隐私技术 | RFID 和 WSN 安全机制及安全协议 | 自适应安全机制及安全协议<br>以用户为中心、基于上下文的隐私策略、隐私数据处理 |

## 1.3　物联网标准化工作

### 1.3.1　物联网标准制定的意义

物联网是近几年才兴起的一个全球科技热点，但物联网将成为推动经济发展与社会进步的强大动力。物联网标准的制定是物联网发挥自身价值和优势的基础支撑。由于物联网涉及不同专业技术领域、不同行业部门，物联网的标准既要涵盖不同应用场景的共同特征以支持各类应用和服务，又要满足物联网自身可扩展、系统和技术等内部差异性的特点。所以物联网标准的制定是一个历史性的挑战。

目前，很多标准化组织均开展了与物联网相关的标准化工作，但尚未形成一套较为完备的物联网标准规范，在市场上仍有多项标准和技术在争夺主导地位，这种现象严重制约了物联网技术的广泛应用和产业的迅速发展，所以亟需建立统一的物联网体系架构和标准技术体系。

在当前物联网产品开发和应用实施的过程中，我们要面对的共性问题就是物联网标准的缺失以及国内外物联网标准的不一致。现有的物联网标准和联盟，主要包括 ISO/IEC、电气和电子工程师协会（IEEE）、国际电信联盟远程通信标准化组织（ITU-T）、欧洲电信标准化协会（ETSI）、第三代合作伙伴计划（3GPP）、ZigBee、Z-Wave、互联网工程任务组（IETF）基于 IPv6 的低功耗个域网（6LowPan）、EPC global 等。各类技术方案主要针对某一类物联网应用展开。例如 Z-Wave 是低速率物物互联应用的一种解决方案，面向的是家庭控制应用市场。各类方案间缺乏统一的规划、兼容和接口，处于离散状态。另外，由于物物互联应用领域众多，各类应用特点和需求不同，当前技术解决方案无法满足共性需求，尤其是在物理世界的信息交互和统一表征方面。以上问题对物联网产业发展极为不利，亟需建立统一的体系架构和标准技术体系，引导和规划物联网标准的统一制定。

在大多数传统信息技术领域，我国已经失去了国际标准制定的话语权，但我国对物联网的研究与国际上相比具有同发优势、同等水平，在研究、应用及标准化等方面与国际先进水平基本同步，个别领域甚至超前。当前国际标准化组织对物联网国际标准的研究刚刚启动，尚未形成统一标准。通过物联网各个标准化组织的共同努力，力图抢先制定适合我国产业发展特点的标准，引领国际标准走向，引导我国物联网产业的发展。

制定我国物联网技术标准的目标是根据物联网技术的特点和发展趋势，掌握国际物联网技术标准的发展动态，制定符合我国国情的，有利于推动我国物联网技术和应用的发展，有利于促进我国对外经济交往的物联网技术标准发展规划。重点是在深入分析国际物联网标准体系的基础上，提出制定我国物联网标准体系的研究思路和原则；在分析物联网系统各基本要素相互关系的基础上，建立物联网体系架构和物联网标准体系。

确立我国物联网标准体系更重要的目的在于，从维护国家利益、推动我国物联网技术和应用的发展的角度出发，从系统的和形成有机整体角度考虑，建立我国物联网基础标准体系结构图，并分析标准体系中各个层次标准和各个标准的作用以及它们之间的相互关系；结合我国国情和物联网基础标准体系的特点，给出物联网标准体系优先级列表。进而为国家的宏观决策和指导提供技术依据，为与物联网技术相关的国家标准和行业标准的立项和制定提供指南。

### 1.3.2 国际物联网标准制定现状

从电子标签（Radio Frequency IDentification，RFID)、机器类通信（Machine to Machine ，M2M)、传感网（Sensor Network，SN)、物联网（Internet of Things，IoT）到泛在网（Ubiquitous Networking，UN)，国外标准组织开展了大量的物联网相关标准工作。自2009 年至今，物联网标准已成为国外标准化组织的工作热点。目前有很多标准化组织开展了与物联网相关的标准化工作，主要包括 ISO/IEC JTC1、IEEE、ITU-T、IETF、EPC global、ETSI、3GPP、ZigBee 等。

**1．ISO/IEC JTC1**

ISO/IEC JTC1 是国际标准化组织（International Organization for Standardization，ISO）和国际电工委员会（International Electrotechnical Commission，IEC）的第一联合技术委员会，主要从事信息技术标准化工作。

ISO/IEC JTC1 在 2007 年的澳大利亚全会上通过了成立传感器网络专门的研究组 SGSN（Study Group for Sensor Network）的决议。在 2008 年的大会上，中国提出三层传感器网络体系架构，得到了各成员国的一致认可。该项决议的确立将对传感器网络发展和标准化产生深远影响，同时也标志着中国在传感器网络这一新兴领域的国际标准制订中拥有了重要话语权。此外，中国提出的传感器网络体系架构、标准体系、演进路线、协同架构等代表传感器网络发展方向的顶层设计被 ISO/IEC 国际标准认可。其中的传感器设备体系架构，已被ISO/IEC JTC1 SGSN 纳入总技术文档中。

在经过一年多的研究和论证后，2009 年 10 月 ISO/IEC JTC1 全体会议在以色列特拉维夫召开，会上正式通过了成立传感器网络标准化工作组（ISO/IEC JTC1 WG7）的决议。根据 SGSN 的论证结果，计划按照统一的标准技术体系和架构来协调各个相关分技术委员会和其他国际标准组织，并处理传感网中新方向的技术标准提案，全面启动传感网国际标准的制定工作。WG7 主要的成员国包括中国、美国、韩国、德国、法国、英国等，中国通过前期的努力，已在 JTC1 传感网标准制定方面占据了重要的地位。2010 年 3 月底，中国提出的《传感器网络协同信息处理服务和接口规范》通过了新工作项目（NP）投票，这是我国第一个在国际标准化组织取得立项的传感器网络领域的国际提案。

**2. IEEE**

美国电气和电子工程师协会（Institute of Electrical and Electronics Engineers，IEEE）成立于 1963 年 1 月 1 日，由美国电气工程师学会（AIEE）和美国无线电工程师学会（IRE）合并而成，是一个国际性的电子技术与信息科学工程师的协会，在全球拥有近 175 个国家的 36 万多名会员。

为了适应物联网发展形势，满足低功耗、低成本的无线网络需求，IEEE 标准委员会在 2000 年 12 月正式批准成立了 802.15.4 工作组，该工作组的任务是开发支持低速率数据传输的 WPAN 标准。IEEE 802.15.4 标准就是 802.15.4 工作组开发出的标准。

为解决传感器与各种网络连接的问题，早在 1994 年，IEEE 就与美国国家技术标准局（NIST）共同组织了一次关于制定智能传感器接口和智能传感器连接网络通用标准的研讨会，即 IEEE 1451 传感器/执行器智能变送器接口标准。经过几年的努力，IEEE 会员分别在 1997 年和 1999 年投票通过了其中的 IEEE 1451.2 和 IEEE 1451.1 两个标准。随后在 2003 年和 2004 年又分别通过了 IEEE 1451.3 和 IEEE 1451.4 两个标准。

**3. ITU-T**

国际电信联盟远程通信标准化组织（ITU Telecommunication Standardization Sector，ITU-T），是国际电信联盟管理下的专门制定远程通信相关国际标准的组织。其创建于 1993 年，主要从事研究和制定除无线电以外的所有电信领域设备和系统标准。

图 1-8 所示为 ITU-T 传感器网络标准化领域。此外，ITU-T 工作组 SG13、SG16、SG17、SG11 的研究，也涉及传感网的应用和服务需求、中间件需求以及安全需求等。

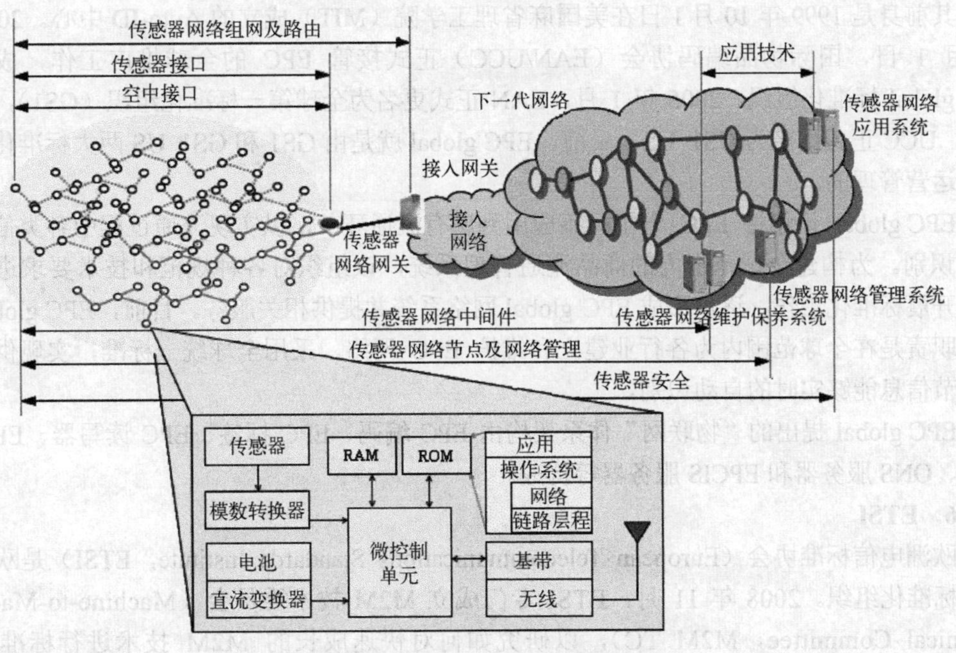


图 1-8 ITU-T 传感器网络标准化领域

- SG13 组主要从 NGN（Next Generation Net Work）角度展开泛在网相关研究，标准主导是韩国。
- SG16 组成立了专门的 Question 展开泛在网应用相关的研究，由日、韩共同主导，研究工作集中在业务和应用、标识解析方面。
- SG17 组成立专门的 Question 展开泛在网安全、身份管理、解析的研究。
- SG11 组成立专门的 Question 12“NID 和 USN 测试规范”，主要研究 NID 和 USN 的测试架构、H.IRP 测试规范以及 X.oid-res 测试规范。

**4. IETF**

互联网工程任务组（Internet Engineering Task Force，IETF）成立于 1985 年底，是全球互联网最具权威的技术标准化组织，主要任务是负责互联网相关技术规范的研发和制定，当前绝大多数国际互联网技术标准都出自 IETF。

IETF 成立了 3 个工作组来进行低功耗 IPv6 网络方面的研究。

- 6LowPan（IPv6 over Low-power and Lossy Networks）工作组主要研究如何把 IPv6 协议适配到 IEEE 802.15.4 MAC 层和 PHY 层协议栈上的工作。
- RoLL（Routing over Low-power and Lossy Networks）主要研究低功耗网络中的路由协议，制订了各个场景的路由需求以及传感器网络的 RPL（Routing Protocol for LLN）路由协议。
- CoRE（Constrained Restful Environment）工作组由 6LowApp 兴趣小组发展而来，主要研究资源受限网络环境下的信息读取操控问题，旨在制定轻量级的应用服务层协议（Constrained Application Protocol，CoAP）。

**5. EPC global**

EPC global 是 RFID 的国际性标准化组织，是为全球提供 RFID 应用服务的非盈利性组织。其前身是 1999 年 10 月 1 日在美国麻省理工学院（MIT）成立的 Auto-ID 中心。2003 年 11 月 1 日，国际物品编码协会（EAN/UCC）正式接管 EPC 的全球推广工作，成立了 EPC global 标准化组织。2005 年 1 月，EAN 正式更名为全球第一标准化组织（GS1），同年 6 月，UCC 正式更名为 GS1 US。目前，EPC global 就是由 GS1 和 GS1 US 两大标准化组织联合运营管理的。

EPC global 计划将 EPC 电子标签应用到所有流通环节，以实现流通过程中各类信息的自动识别。为构建全球范围内的商品流通管理系统，该组织对各种规范和技术要求进行研究，开展标准化工作，逐步形成 EPC global 网络系统并提供相关服务。目前，EPC global 的主要职责是在全球范围内为各行业建立和维护 EPC 网络，采用全球统一标准，实现供应链各环节信息能够实时的自动识别。

EPC global 提出的“物联网”体系架构由 EPC 编码、EPC 标签、EPC 读写器、EPC 中间件、ONS 服务器和 EPCIS 服务器等构成。

**6. ETSI**

欧洲电信标准协会（European Telecommunications Standards Institute，ETSI）是欧洲地区性标准化组织。2008 年 11 月，ETSI 专门成立 M2M 技术委员会（Machine-to-Machine Technical Committee，M2M TC），以研究如何对快速成长的 M2M 技术进行标准化。ETSI M2M TC 的主要研究目标是从端到端的全景角度研究机器对机器通信，并与 ETSI

内 NGN 的研究及 3GPP 已有的研究开展协同工作。

ETSI M2M TC 的职责是：从利益相关方收集和制定 M2M 业务及运营需求；建立一个端到端的 M2M 高层体系架构（如果需要会制定详细的体系结构）；找出现有标准不能满足需求的地方并制定相应的具体标准；将现有的组件或子系统映射到 M2M 体系结构中；M2M 解决方案间的互操作性（制定测试标准）；硬件接口标准化方面的考虑；与其他标准化组织进行交流及合作。

图 1-9 所示为 ETSI 定义的 M2M 体系架构。

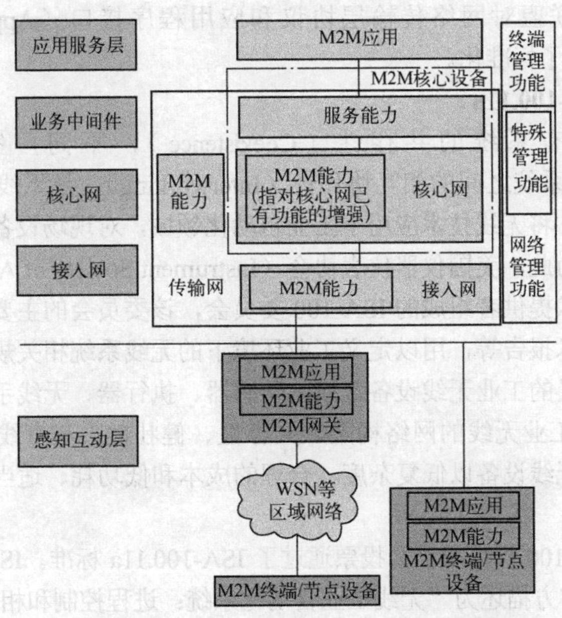


图 1-9 M2M 体系架构

**7. 3GPP**

第三代合作伙伴计划（3GPP）是领先的 3G 技术规范机构，是由欧洲的 ETSI、日本的 ARIB 和 TTC、韩国的 TTA 以及美国的 T1 在 1998 年底发起成立的，旨在研究制定并推广基于演进的 GSM 核心网络的 3G 标准，即 WCDMA、TD-SCDMA、EDGE 等。

3GPP 针对 M2M 的研究是以网络增强为重点，主要从移动网络出发，研究 M2M 应用对网络的影响，包括网络优化技术等。3GPP 对于 M2M 的研究范围为：只讨论移动网的 M2M 通信；只定义 M2M 业务，不具体定义特殊的 M2M 应用；无线侧和网络侧的改进，不讨论与（x）SIMs 和/或（x）SIM 管理的新模型相关的内容。3GPP 于 2010 年进一步开展了 M2M 规范工作，旨在支持具有互操作性的解决方案，鼓励厂商通过研发来提高产品创新性，支持开拓更广阔的产品市场，并用以满足重要的监管要求。

目前，3GPP 主要在 SA1、SA2、SA3 和 RAN2 等工作组展开 M2M 的规范工作。其中，SA1 工作组面向服务，SA2 工作组面向体系架构，SA3 工作组面向安全，RAN2 工作组面向无线接入，它们已经在 MTC 需求和特性、支持 MTC 对核心网络的增强要求、MTC 安全特性、无线网络优化等方面取得了进展，主要成果包括 SA1 的 22 系列（M2M、NIMTC）、SA2 的 23 系列（NIMTC）、SA3 的 33 系列（USIM M2M）及 RAN2 的 NUMTC。

**8．ZigBee**

ZigBee 联盟成立于 2001 年 8 月，最初成员包括：霍尼韦尔（Honeywell）、Invensys、三菱（MITSUBISHI）、摩托罗拉和飞利浦等公司，目前拥有超过 200 个会员。ZigBee 1.。（Revision7）规格于 2004 年 12 月正式推出；2006 年 12 月，推出了 ZigBee 2006（Revision 13），即 1.1 版；2007 年又推出了 ZigBee 2007 Pro；2008 年第一季度又有一定的更新。

ZigBee 技术具有功耗低、成本低、网络容量大、时延短、安全可靠、工作频段灵活等诸多优点，是目前被普遍看好的无线个域网解决方案，也被很多人视为是无线传感器网络的实施标准。ZigBee 联盟对网络传输层协议和应用程序接口（Application Programming Interfaces，API）进行了标准化。

**9．ISA-100 / ISA-100.11a**

无线系统与现有系统的共存性（Coexistence），不同厂家设备的互操作性（Interoperability）以及系统之间的相互协作性（Interworking），是无线传输在工控领域中 3 个重要的概念。目前，将无线技术应用于工业自动化领域，对现场设备进行检测和控制还缺乏一个统一的标准。为此，美国仪器仪表协会（Instrument Society of America，ISA）成立了一个由终端用户和技术提供者组成的 ISA-100 委员会，该委员会的主要任务是制定标准、推荐操作规程、起草技术报告等，用以定义工业环境下的无线系统相关规程和实现技术。

ISA-100 标准定义的工业无线设备包括：传感器、执行器、无线手持设备等现场自动化设备。主要内容包括工业无线的网络构架、共存性、健壮性、与有线现场网络的互操作性等。该组织希望工业无线设备以低复杂度、合理的成本和低功耗、适当的通信数据速率去支持工业现场应用。

2009 年 5 月 ISA-100 标准委员会投票通过了 ISA-100.11a 标准。ISA-100.11a 是一种无线组网技术开放标准，官方描述为“无线工业自动化系统：进程控制和相关应用”。该标准制定的目标是为了确保在恶劣的工业环境以及多方干扰的情况下，用户依然可以实施部署以及与网络实现连接，为监测、报警、监控、开环控制和闭环控制提供可靠、安全的无线操作。

### 1.3.3 中国物联网标准制定现状

由于我国政府对物联网的支持，以及研究机构的努力，目前中国物联网标准的研究和制定现状，已基本与国外的技术研究和标准制定水平同步，具备了制定具有自主知识产权的国家标准，大力推进国际标准化工作的条件。目前我国已成立的物联网标准化组织有传感器网络标准工作组、电子标签标准工作组、国家物联网标准联合工作组等。

**1. 传感器网络标准工作组**

传感器网络标准工作组成立于 2009 年 9 月 11 日是由国家标准化管理委员会批准筹建，全国信息技术标准化技术委员会批准成立并领导，从事传感器网络（简称传感网）标准化工作的全国性技术组织。传感器网络标准工作组的主要任务是根据国家标准化工作的方针政策，研究并提出有关传感网标准化工作方针、政策和技术措施的建议；按照国家标准制订、修订原则，以及积极采用国际标准和国外先进标准的方针，制订和完善传感网的标准体系表；提出制订、修订传感网国家标准的长远规划和年度计划的建议；根据批准的计划，组织传感网国家标准的制订、修订工作及其他与标准化有关的工作。

目前工作组有国内外 80 多家成员单位，200 余名专家，成员单位包括了传感网领域的优势单位：中科院等各大科研院所、国内知名大学、三大运营商、设备集成商等。组长单位为中科院上海微系统与信息技术研究所，秘书处单位为中国电子技术标准化研究所。

工作组下设 13 个项目组：国际标准化（PG1）、标准体系与体系架构（PG2）、通信与信息交互（PG3）、协同信息处理（PG4）、标识（PG5）、安全（PG6）、接口（PG7）、电力需求调研（PG8）、传感器网络网关（PG9）、无线频谱研究与测试（PG10）、传感器网络设备技术要求和测试规范（PG11）、机场围界传感器网络防入侵系统技术要求（HPG1）、面向大型建筑节能监控的传感器网络系统技术要求（HPG2）。

截至 2012 年底，该工作组起草的 6 项传感器网络规范已获国家标准化管理委员会批准正式立项，它们分别是：《传感器网络 第 1 部分 总则》《传感器网络 第 2 部分 术语》《传感器网络 第 3 部分 通信与信息交互》《传感器网络 第 4 部分 接口》《传感器网络 第 5 部分 安全》《传感器网络 第 6 部分 标识》。两项行业标准为《机场围界传感器网络防入侵系统技术要求》和《面向大型建筑节能监控的传感器网络系统技术要求》。另有多项在研标准，如《传感器网络数据描述规范》《传感器网络节点中间件数据交互规范》《传感器网络协同信息处理支撑服务及接口》《传感器网络标识解析和管理规范》《传感器网络测试低速无线传感器网络媒体访问控制和物理层》《传感器网络测试低速无线传感器网络网络层和应用支持子层》《传感器网络测试通用要求》《传感器网络通信与信息交换第 2 部分：高可靠性传感器网络媒体访问控制和物理层规范》《传感器网络网关技术要求》《传感器网络信息安全网络传输安全技术规范》等。

经过传感器网络标准工作组及各成员单位一年多的努力，现已基本确定了“共性平台+应用子集”的传感器网络标准体系（如图 1-10 所示）。该体系很好地分离了各类不同传感网应用之间的共性技术特征和差异性，为形成统一体系的传感网标准体系提供了很好的解决思路，随着传感网标准制定工作的逐步深入，该标准体系也将进一步完善。

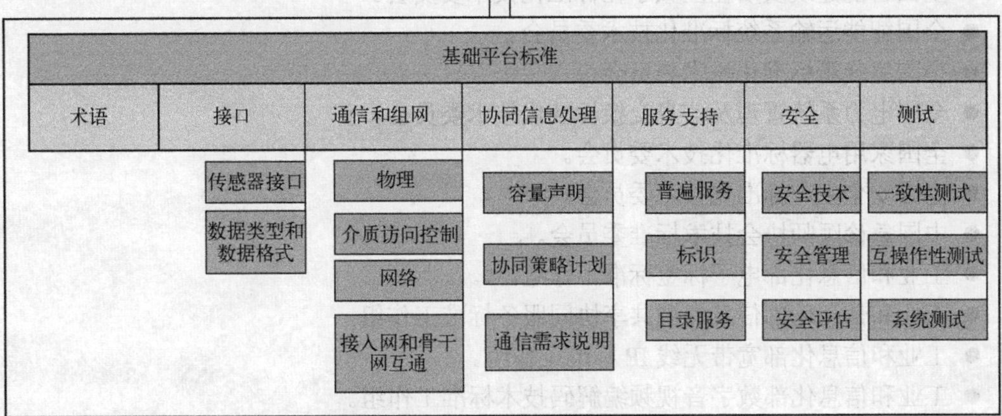


图 1-10 传感器网络标准体系

**2. 电子标签标准工作组**

为了促进我国电子标签技术和产业的发展，加快国家标准和行业标准的制订、修订速度，充分发挥政府、企事业单位、研究机构、高校的作用，2005 年 10 月由原信息产业部科技司正式发文批准成立中国电子标签标准工作组。截至 2009 年 10 月 31 日，该工作组共有 96 家成员单位，包括 89 家全权成员和 7 家观察成员。

电子标签标准工作组下设 7 个专题组，包括：（1）总体组、（2）标签与读写器、（3）频率与通信组、（4）数据格式组、（5）信息安全组、（6）应用组、（7）知识产权组。

目前电子标签标准工作组的工作主要处于研究阶段，已立项的 RFID 标准主要对应 ISO 18000 系列标准。工作组正在研究和制定的标准项目共 41 项，包括已有国家标准计划项目 24 项，其中：空中接口通信协议标准 6 项，数据协议标准 5 项，产品标准 3 项，测试标准 5 项，实施指南 2 项，术语 2 项，唯一标识 1 项。

工作组结合行业应用需求，开展了行业标准研究并制订了 10 项标准，已开始研究并拟上报国标的标准 7 项。上述标准涵盖了 RFID 技术术语标准、协议标准、设备标准、测试标准、安全标准、网络标准和应用标准。这些标准的制定对于规范我国目前的 RFID 产品市场，促进 RFID 产业健康、有序的发展将起到重要的作用。

此外，中国在食品安全追溯方面正在研究相关标准，包括：食品安全追溯方法及一般原则、食品安全追溯系统数据规范、食品安全追溯系统管理与维护规范。在集装箱方面，相关的 RFID 标准已经在 ISO TC104 讨论。2010 年 8 月 9 日，国际标准化组织（ISO）正式发布了集装箱货运标签系统《ISO/PASS18186：集装箱 RFID 货运标签系统》。

这是在物流和物联网领域，首个由我国提出并推动制定，并由 ISO 正式发布的可公开提供的规范。它的推广有助于加速开发低成本、安全可靠、使用方便的集装箱电子装置，将对提升国际集装箱安全运输水平发挥作用。

**3. 中国物联网标准联合工作组**

2010 年 6 月 8 日，中国物联网标准联合工作组在北京成立，以推进物联网技术的研究和标准的制定。在国家标准化管理委员会、工业和信息化部等相关部委的共同领导和直接指导下，由下列 19 家国内现有标准化组织联合倡导并成立了物联网标准联合工作组，它们是：

- 全国工业过程测量和控制标准化技术委员会。
- 全国智能建筑及居住区数字化标准化技术委员会。
- 全国智能运输系统标准化技术委员会。
- 全国集装箱标准化技术委员会。
- 全国电力系统管理及信息交换标准化技术委员会。
- 全国家用电器标准化技术委员会。
- 全国安全生产标准化技术委员会。
- 中国急诊医师协会技术标准委员会。
- 工业和信息化部电子标签标准工作组。
- 工业和信息化部信息资源共享协同服务标准工作组。
- 工业和信息化部宽带无线 IP 标准工作组。
- 工业和信息化部数字音视频编解码技术标准工作组。
- 工业和信息化部家庭网络标准工作组。

- 全国信息技术标准化技术委员会传感器网络标准工作组。
- 总后信息化专家咨询委员会标准化专业委员会。
- 卫生行业 RFID 与物联网标准工作组。
- 商务领域射频识别标签数据格式标准工作组。
- 国家密码管理局电子标签密码应用体系研究专项工作组。
- 香港物流与供应链管理应用技术研发中心。

该联合工作组的主要任务是紧紧围绕物联网产业与应用发展需求，统筹规划，整合资源，坚持自主创新与开放兼容相结合的标准战略，加快推进我国物联网国家标准体系的建设和相关国标的制定，同时积极参与有关国际标准的制定，以掌握发展的主动权。

**4．中国通信标准化协会泛在网技术委员会（CCSA TC10）**

2010 年 2 月 2 日，中国通信标准化协会（CCSA）泛在网技术工作委员会（TC10）成立大会暨第一次全会在北京召开。为推动与支持泛在网的应用与发展，中国通信标准化协会先后启动了《无线泛在网络体系架构》、《无线传感器网络与电信网络相结合的网关设备技术要求》等标准的研究与制定，并多次召开相关技术研讨会，组织专家对泛在网的关键技术、研究热点、发展趋势等进行交流与探讨。

CCSA 建立 TC10 技术委员会的目的在于能够深入开展泛在网技术与标准化的研究，建立健全泛在网标准化体系，保障泛在网的可用性和互通性，构建真正的、无处不在的信息通信网络。该技术委员会的主要研究内容包括面向泛在网相关技术，根据各运营商开展的与泛在网相关的各项业务，研究院所、生产企业提出的各项技术解决方案，以及面向具体行业的信息化应用实例，形成若干项目组，有针对性地开展标准研究。

该技术委员会下设 4 个工作组：（1）总体工作组（WG1）、（2）应用工作组（WG2）、（3）网络工作组（WG3）、（4）感知/延伸工作组（WG4）。

## 1.3.4 物联网应用标准进展

物联网是以感知为目的的物物互联系统，涉及网络、通信、信息处理、传感器、RFID、安全、服务技术、标识、定位、同步、数据挖掘、多网融合等众多技术领域。经过数年的快速发展，各国不同的单位和机构均初步建立了各自的技术方案，但核心技术研发方面缺乏单位间的协同攻关，各类方案间缺乏统一的规划和接口，处于离散状态。

**1．公安物联网标准**

公安行业重视公安物联网标准的制订、修订和应用工作，2011 年 3 月成立社会安全行业物联网应用标准工作组，由公安部科技信息化局标准处牵头。

在公共安全行业标准中，一些与物联网相关的标准已经颁布实施，如城市监控报警联网系统系列标准，并在各地的视频物联网系统中得到应用。目前总体来说，公安物联网标准还处于推进阶段，这项工作的开展既要与现有行业内的标准保持衔接，也要与应用示范工程建设相匹配，将以应用示范工程为载体，总结成功模式和成熟技术，形成一系列具有推广价值的行业应用标准，以标准指导示范、以示范促进标准。

**2．医疗物联网标准**

目前，国际上医疗信息化领域主流的标准有 ISO/IEEE 11073 系列标准、DICOM、HL7 等。这些标准所覆盖的范围不尽相同，基于各种底层协议，在应用层对医疗信息进行规范。

但在医疗物联网的应用中，体系架构庞大复杂，需要解决整个端到端的信息传输，包括信息的感知、传输、处理等，这些标准仅仅能够解决整个体系架构之中的局部的信息规范，且目前现有标准各自使用不同的技术，面向不同的应用，以各自的方式定义了固定的语义和通信方式，彼此之间在应用上很难衔接，不能完全互通，不能自动实现互操作性。针对医疗物联网所涉及的不同标准间的互操作性问题，国际上的一些标准化组织进行了大量工作，致力于提供整个系统架构的标准，解决系统中局部标准的互操作性问题。这些专门的标准化组织有：IHE、康体佳、GSMA 等。

**3. 交通物联网标准**

目前国际上已公布的 ITS 标准主要分为 3 个系列，分别是：IEEE1609 系列、IEEE802.11 p，以及 ISO 组织定义的 CALM 系列标准。

IEEE 制定的 1609 系列标准主要制定车用环境下无线接入通信系统的参数规范，所规范的是汽车环境下的无线接入 WAVE(Wireless Access in Vehicular Environments)技术；

IEEE802.11p 针对 IEEE1609 协议提出的 WAVE 系统，对其路边工作站的功能和服务做出了相应的规范；

ISO 组织提出的 CALM 则是定义了陆地移动通信的架构和无线接口等。3 种标准并不冲突，并且在智能交通技术的发展过程中会更加兼容和合作，发挥出其重大的标准化作用。

**4. 智能电网标准**

当前可用于智能电网的已制定标准主要有以下 3 项。 IEEE 1588 网络测控系统精确时钟同步协议。ISA SP100 是特别针对工业用户的需要，为非紧急监控、报警和控制应用提供可靠和安全操作的无线通信标准。可应用于智能电网的工业级电表上。IEEE P2030 是由美国电气和电子工程师协会(IEEE)与美国国家标准与技术研究院(NIST)共同提出，致力于制定一套智能电网的标准和互通原则，并推广为全球标准的计划。

智能电网领域的 3 个国际标准分别从网络时钟同步、网络安全和网络互联互通这 3 个方面进行了规范和标准化。同时，智能电网的网络互操作和数据交互方面的相关标准也在进一步制定中。各个标准相互兼容及相辅相成将会成为未来智能电网标准化的发展目标和方向。

### 1.3.5 全面推进物联网标准化

国际、国内标准化组织普遍重视物联网标准化工作，并陆续启动了相关标准项目，物联网标准化工作成为当前标准化领域的热点和重点。然而，随着物联网应用建设和标准化工作的深入开展，标准缺失对物联网发展的影响日益突出，物联网标准综合性、复杂性、多变性的挑战更加明显。

国际物联网涉及标准组织众多，标准化对象多样，协调困难。当前国际上数十家国际标准化组织分别从各自专注的领域开展相关标准化工作，标准化的对象各异。或聚焦于感知层、网络层和应用层不同层次；或聚焦于电子标签、机器类通信、传感网、物联网和泛在网不同领域。标准内容之间多有交叉、重复，但缺乏有效的协调机制。

中国物联网标准化工作快速发展，形成了良好的物联网标准工作体系、机制和环境。国家从政策、专项资金等方面入手，为物联网标准化工作创造了有利的环境。国家发展和改革委员会和国家标准化管理委员会会同相关部委，确立了以基础标准+应用标准的工作体系，成立了 10 余个物联网相关标准工作机构，物联网标准化工作架构基本形成，取得了良好的开端。当前已经有超过 100 项物联网相关的国标、行标项目获得立项，部分领域国际标准工作取得突破，成为 ISO/IEC JTC1 传感器网络,ITU-T 泛在网、物联网等标准领域的重要力量。

中国物联网标准化工作刻不容缓，且任重道远。目前，物联网标准尚处于发展初期，但我国相关的科研和产业进展与国际上几乎同步。自 2009 年起，中国物联网应用获得了跨越式的发展，而相关标准滞后于应用的发展，不能有效规范物联网应用有序发展，标准研制工作十分紧迫。物联网标准涉及不同的标准化组织、标准化对象，面临诸多挑战，物联网标准化工作是一项长期而又艰巨的任务，相关的标准化工作对于物联网的大规模发展应用起到至关重要的作用。

## 本章小结

本章以传感器网络和 RFID 为主线，系统地阐述了物联网的起源和发展。在详细介绍与物联网相关的智慧地球、M2M 系统、CPS 系统和 Sensor Web 系统等概念的基础上，深入地辨析和比较了当前典型的物联网定义，同时给出了本书对物联网概念的理解。此外，以泛在网络和普适计算为代表探讨了物联网内涵的延伸方向，从体系结构和技术发展的角度介绍了物联网的系统组成。最后，系统地介绍了物联网的标准化现状。

# 第 2 章　物联网的战略意义与现状分析

本章主要介绍物联网的战略意义，同时对物联网的现状进行分析。前者包括物联网在发展国民经济、建设文明和谐社会、维护保障国家安全以及推动科学技术进步等方面的战略意义；后者针对物联网战略规划和产业现状进行分析。

## 2.1　物联网的战略意义

物联网作为信息技术前沿领域，将改变未来人类的生活方式，对国家安全、经济和社会发展产生重大影响。2005 年以后，在世界范围内有重要影响力的国家相继公布了相关政策和措施，表明大力发展物联网产业将成为这些国家今后一项具有国家战略意义的重要决策。

### 2.1.1　经济价值

近代工业文明在一定程度上促进了经济和社会的发展，但也使人类面临着环境恶化、资源被过度开发的困境和危机。当前人类面临的各种困境和危机，归根到底是这种发展模式和道路的危机。经济和社会的长足进步与发展不能以摧毁人类的基本生存条件为代价。如果我们对传统的发展模式的危险性没有足够的认识，不能及时改变价值观念、调整发展方向，人类的可持续生存和发展就将受到威胁。正是在这种背景下，经济可持续发展成为全球范围内共同关注的热点问题。

**1．绿色经济与低碳经济**

经济可持续发展首先需要解决的两个问题是：最大限度地减少对自然资源的挥霍浪费和最大限度地降低对环境的污染与破坏。针对这两个问题，绿色经济、低碳经济成为发展经济的重要目标和方式。

“绿色经济”的概念在英国经济学家皮尔斯 1989 年出版的《绿色经济蓝皮书》中首次被提出。绿色经济是以市场为导向、以传统产业经济为基础，以经济、环境和谐为目的而发展起来的一种新的经济形式，是产业经济为适应人类环保与健康需要而产生并表现出来的一种发展状态。

绿色经济与传统产业经济的区别在于：传统产业经济是以破坏生态平衡、大量消耗能源与资源、损害人体健康为特征的经济，是一种损耗式经济；绿色经济则是以维护人类生存环境、合理保护资源与能源、有益于人体健康为特征的经济，是一种平衡式经济。绿色是生命的象征。绿色经济是 21 世纪最具有活力和发展前景的经济形式之一。

“低碳经济”最早见诸于政府文件是在 2003 年的英国能源白皮书《我们能源的未来：创建低碳经济》。低碳经济是以低能耗、低污染、低排放为基础的经济模式，是人类社会继农业文明、工业文明之后的又一次重大进步，是国际社会应对人类大量消耗化学能源、大量排放二氧化碳（$CO_2$）和二氧化硫（$SO_2$）引起全球气候灾害性变化而提出的能源品种新概念，其实质是提高能源利用效率和解决清洁能源结构问题，核心是能源技术创新和人类生存发展观念的根本性转变。

从能源供应结构来看，目前我国能源供应以煤为主，石油、天然气资源短缺，人均资源量仅为世界平均水平的 10%。我国煤炭消费量中大部分是原煤直接燃烧，这种利用方式不仅能效低，还产生了严重的环境污染。据统计，全国烟尘和二氧化碳排放量的 70%、二氧化硫排放量的 90%、氮氧化合物排放量的 67%均来自于燃煤。

2007 年，我国的能源消耗总量是 1863.5 百万吨石油当量，是日本（517.4）的 3 倍、德国（311）的 6 倍，其中，煤炭消耗 1311.4 百万吨石油当量，是日本的 10.5 倍、德国的 15.2 倍；石油消耗 368 百万吨，是日本的 1.5 倍、德国的 3 倍。表 2-1 给出了 2005 年全球各国碳排放量的排行榜。

**表 2-1　全球碳排放量排行榜（2005 年）**

| 排　名 | 国家和组织 | 排放量/百万吨 | 占全球百分比（%） | 人均排放量/吨 |
|---|---|---|---|---|
| 1 | 中国 | 7219.2 | 19.12 | 5.5 |
| 2 | 美国 | 6963.8 | 18.44 | 23.5 |
| 3 | 欧盟 | 5047.7 | 13.37 | 10.3 |
| 4 | 俄罗斯 | 1960.0 | 5.19 | 13.7 |
| 5 | 印度 | 1852.9 | 4.91 | 1.7 |
| 6 | 日本 | 1342.7 | 3.56 | 10.5 |
| 7 | 巴西 | 1014.1 | 2.69 | 5.4 |
| 8 | 德国 | 977.4 | 2.59 | 11.9 |
| 9 | 加拿大 | 731.6 | 1.94 | 22.6 |
| 10 | 英国 | 639.8 | 1.69 | 10.6 |
| 11 | 墨西哥 | 629.9 | 1.67 | 6.1 |
| 12 | 印度尼西亚 | 594.4 | 1.57 | 2.7 |
| 13 | 伊朗 | 566.3 | 1.50 | 8.2 |
| 14 | 意大利 | 565.7 | 1.50 | 9.7 |
| 15 | 法国 | 550.3 | 1.46 | 9.0 |
| 16 | 韩国 | 548.7 | 1.45 | 11.4 |
| 17 | 澳大利亚 | 548.6 | 1.45 | 26.9 |
| 18 | 乌克兰 | 484.7 | 1.28 | 10.3 |
| 19 | 西班牙 | 438.7 | 1.16 | 10.1 |
| 20 | 南非 | 422.8 | 1.12 | 9.0 |

在此背景下，“低碳经济”、“低碳技术”、“低碳发展”、“低碳生活方式”、“低碳社会”、“低碳城市”、“低碳世界”等一系列新概念、新政策应运而生。能源与经济以至价值观的大变革，将为逐步迈向生态文明走出一条新路，即摒弃 20 世纪的传统经济增长模式，直接应用新世纪的创新技术与创新机制，通过低碳经济模式与低碳生活方式，实现经济可持续

发展，保护人类共同的地球家园，如图 2-1 所示。

图 2-1　绿色生活创造美好家园

物联网能为公共服务提供保障，应用领域涵盖楼宇、城市的智能管控，生态环境的监测等，形成了智能楼宇、智能城市、智能环保等一系列典型的物联网应用。这些物联网应用着眼于节省能源消耗、减少资源浪费、保护自然生态环境等关系人类生存发展的重要课题，强调利用科技进步探索经济发展的新模式，与绿色经济、低碳经济的发展目标完全相同。

**2．信息经济与知识经济**

有效利用资源与保护自然环境是经济可持续发展的基础，它能不断创造价值赋予经济发展不竭的动力。传统的农业经济和工业经济等物质生产经济，更多地是通过物质的产量输出价值，在产业模式上出现革命性突破的可能性不大。信息经济与知识经济可以超越物质实体的限制，提供更多的创新机会和更大的创造空间。

“信息经济”的概念最早是由美国学者马克卢普在 20 世纪 50 年代提出的。信息经济是以现代信息技术等高科技技术为物质基础，信息产业起主导作用的，基于信息、知识、智力的一种新型经济，是产业信息化和信息产业化两个相互联系和沿着彼此促进的途径不断发展的产物。

在信息经济中，居重要地位的是芯片、集成电路、电脑的硬件和软件、光纤光缆、卫星通信和移动通信、数据传输、信息网络与信息服务、新材料、新能源、生物工程、环境保护、航天与海洋等新兴产业部门，同时，科技、教育、文化、艺术等部门通过产业化而变得越来越重要。信息经济的发展，不仅不会否定农业经济和工业经济的存在，相反会促使物质生产经济通过信息化后大为提升，并导致不可触摸的信息型经济取代可以触摸的物质型经济而在整个经济中居于主导地位。

“知识经济”最早是由联合国研究机构在 1990 年提出来的。知识经济是以现代科学技术为基础，建立在知识和信息的生产、存储、使用和消费之上的经济。知识经济基于工业经济和信息经济，是以知识的生产、传播、转让和使用，展示最新科技和人类知识精华为主要活动的经济形态。

知识经济是促进人与自然协调、持续发展的经济，其指导思想是科学、合理、综合、高效地利用现有资源，同时开发尚未利用的资源以取代已经耗尽的稀缺自然资源；知识经济是以无形资产投入为主的经济，知识、智力、无形资产的投入起决定作用；知识经济是世界经济一体化条件下的经济，世界大市场是知识经济持续增长的主要因素之一；知识经济是以知识决策为导向的经济，科学决策的宏观调控作用在知识经济中有日渐增强的趋势。

物联网产业是一个充满创造性的产业，使人们摆脱了现有基于互联网的信息产业的束缚。在物联网的技术和应用背景下，不同的科学技术有了更多的结合点，并不断催生出新的应用方向和产业模式，为经济发展注入创新的动力。物联网产业是一个极具渗透性的产业，以连接现实物理世界与计算机世界为目标。物联网为跨领域的学科交叉，综合利用不同先进信息技术的优势提供了平台。

物联网产业是一个富有带动性的产业。物联网引领信息科技发展的方向，成为推动信息新技术发展的发动机。物联网的发展不仅带来了科学技术的革新，产业应用模式的创新，同时也深刻地改变着人类观察、认识世界的视野和方法。因此，物联网产业是信息经济和知识经济的重要表现方式。

### 2.1.2 社会价值

城市是人们经济、政治和社会生活的中心，也被视为人类社会文明的重要象征。城市化的程度是衡量一个国家和地区经济、社会、文化、科技水平、社会组织程度和管理水平的重要标志。城市化是人类进步必然要经过的过程，城市化标志着现代化目标的实现。

然而，仅仅看到城市化所带来的丰硕成果而赞叹不已、振臂高呼是远远不够的，城市化过程并不一定全都是一曲美妙的乐章，城市化过程中也夹杂着许多不和谐的声音。老龄化、交通拥堵、环境污染等问题日益严峻，困扰着人类社会的发展。针对这些社会问题，物联网可以凭借自身特点积极地为相关政策的制定和实施、可行性解决方案的优化与决策提供重要参考。

**1．老龄化问题**

随着医疗卫生水平前所未有的提高，人类的平均寿命得到很大延长。长寿可以令人有更多的时间来享受美好的人生。然而，从另一个角度来看，人类平均寿命的延长，提高了老年人口占总人口的比例，也就是常说的人口老龄化。

人口老龄化之所以成为一个社会问题主要体现在两个方面：第一，大多数老年人退休之后不再有直接的、丰厚的经济收入，如何“养老”必然成为一个对社会经济发展有重要影响的问题；第二，老年人体弱多病是自然规律，老年人必然对于健康医疗和照料看护等服务有着很高的要求。

据联合国统计和预测，1990 年世界上 60 岁及以上老年人口约为 4.8 亿，中国约为 0.97 亿；2000 年全世界 60 岁及以上老年人口约为 6.0 亿，中国约为 1.3 亿；到 2025 年，全世界 60 岁及以上老年人口约为 11.7 亿，中国约为 2.8 亿。预计到 2025 年，中国 60 岁及以上老年人口占世界老年人口的比例将从 1990 年的 20.21%，上升到 25.41%。如此庞大的老年人群，必然对我国经济和社会发展产生深远的影响。

因为抚养成本越来越高，人们生育孩子的愿望日益降低，使生育率迅速降低，同时医疗条件显著改善带来的人均寿命的提高，使全球许多国家正在快速进入老龄化社会。人口老龄化减少了劳动人口，增加了退休人口，在一定程度上相当于减少了为社会创造财富的人，而增加了需要社会支出赡养的人。人口老龄化的趋势使得发达国家现行的高福利模式屡屡遭到重创，如果继续下去意味着政府需要承担更多的退休养老金和医疗救助保健等支出，而许多国家的政府目前已经被庞大的赤字所困扰。

现代社会的生活压力和就业压力使得年轻人必须在大部分时间里忙于自己的工作，而且许多年轻人与自己的父母不在同一个城市。因此，子女很难有更多的时间陪伴、照顾家里的老人，以至于对于老年人所遭受的疾病和伤痛无法及时知晓，更谈不上什么有效的救治了。如何有效地照料、看护老人，及时发现他们潜在的健康威胁，是许多家庭面临的一个难题。

基于物联网技术的医疗保健，可以满足为老人提供及时、准确、有效的医疗救治服务的要求，这就是常说的“智能医疗”。智能医疗系统借助简易实用的家庭医疗传感设备，对家中老年人的生理指标进行自测，并将生成的生理指标数据通过网络传输到护理人或有关医疗单位。根据需求，还可提供紧急呼叫救助服务、专家咨询服务等。

基于物联网技术的远程看护，可以实时地向老年人的子女或者监护人反馈老年人的起居生活信息。远程看护系统借助视频、温度、湿度等环境感知设备，对老年人周围的环境进行监测，同时关注老年人的各种活动，并能自动判断当前环境是否让老年人感到舒适，老年人目前的活动是否存在危险性等，将判断结果通知老年人或者老年人的子女以及监护人。

物联网技术在医疗保健和远程看护上的应用，使得年轻人可以专注于自己的工作，从而为人类社会创造更多的价值，同时不必担心老年人缺乏有效的医疗和看护服务。

**2．城市交通问题**

随着城市人口的增多和汽车数量的增加，城市交通问题日益突出。在许多大城市，由于过量的汽车，经常导致交通阻塞、交通事故频发、大气遭到污染等。交通问题已经给城市的社会经济发展带来了严重影响。大城市面临的最主要的交通问题有以下两方面。

（1）交通阻塞

相对于道路网的承载力来说，汽车数量过多，诱发了交通阻塞问题。从某种程度上说，交通阻塞是汽车社会的产物。在人们上下班的高峰期，交通阻塞现象尤为明显，在很多大城市的中心区，高峰期汽车行驶速度甚至在每小时 10 公里以下（甚至比自行车还慢）。

交通阻塞导致时间和能源的严重浪费，城市的经济活动变得缓慢，公民的正常生活受到影响。大城市圈内的汽车道路还在继续建设，汽车数量也在进一步增加，道路的建设和汽车的增加有可能形成恶性循环，导致更为严重的交通阻塞。图 2-2 为发生严重交通拥堵的城市道路。

自 2009 年 3 月以来，我国机动车保有量一直保持较快的增长速度。截至 2010 年 3 月，全国机动车保有量约 1.92 亿辆。截至 2007 年底，我国城市道路的长度已达到 24.6 万 km，城市道路面积达 42.36 亿 $m^2$，人均道路面积增加到 $11m^2$，仍然低于国外城市 15～$20m^2$ 的人均道路面积。再加上现有城市路网布局不合理、交通管理水平跟不上、人们出行结构不合理等因素的影响，进一步激化了城市交通供需矛盾。

图 2-2　严重的交通阻塞

（2）停车问题

汽车并非总处于运动之中。当它们处于静止状态时，就要占据一定空间。汽车越多，占据的空间越大。在城市中心区，人多车多空间少，停车场与汽车数量很不相称，停车是让每个现代都市饱受困扰的难题之一。在一个城市的购物商圈或者办公楼集中区域附近，找不到停车位的车主通常有两个选择：第一，驾驶汽车在路上缓慢行驶、不断寻找停车场；第二，迫不得已在马路两边将汽车乱停乱放。另外，伴随停车难产生的慢速行驶和乱停车现象也变相加剧了交通阻塞。

交通管理的科学化、现代化，一直是为实现综合治理、解决交通问题而追寻的目标。基于物联网技术的智能交通系统，以道路交通信息的收集、处理、发布、分析为主要方式，为交通参与者提供多样性的服务，被认为是改善交通状况的必由之路。

通过准确地收集交通信息，可以及时地判断当前交通的拥堵情况，分析出交通阻塞的瓶颈区域；通过交通诱导信息的发布，可以有效地引导车辆避开拥堵区域，避免交通阻塞进一步加剧；借助先进的交通信号系统，能够从宏观上对交通进行动态调节与管制，实现车流量与道路通行能力的匹配。

基于物联网技术的智能交通产业不仅是高新技术产业，同时也是综合性很强的交叉产业，涉及交通运输、电子信息、交通工程和城市规划等。因此，智能交通在提升交通系统的现代化管理水平和运营服务水平的同时，也孕育着巨大的商机。

**3．环境污染问题**

在工业生产和物质消耗水平不断提高的今天，人类也在越来越多地制造各种各样的垃圾。当这些生产或生活过程中产生的垃圾的数量大到超过了自然环境的自净能力时，就造成了对环境的污染和破坏。

环境污染包括以下几个方面。

（1）大气污染

人每时每刻都需要呼吸，当空气中包含的有害物质和有毒气体超过了许可的限度，人的身体健康就会受到伤害，甚至会危及生命。大气污染的严重后果还包括温室效应、酸雨、臭氧层破坏等。

近年来，我国城市大气污染严重。主要污染物包括大量的废气、粉尘、硫氧化物、氮氧化物、碳氧化物、臭氧等。表 2-2 为我国近年废气中主要污染物排放量统计表。

**表 2-2　中国近年废气中主要污染物排放量**

（单位：万吨）

| 污染物排放量 / 年度 | 二氧化硫 | | | 烟尘 | | | 工业粉尘 |
|---|---|---|---|---|---|---|---|
| | 合计 | 工业 | 生活 | 合计 | 工业 | 生活 | |
| 2001 | 1947.8 | 1566.6 | 381.2 | 1069.8 | 851.9 | 217.9 | 990.6 |
| 2002 | 1926.6 | 1562.0 | 364.6 | 1012.7 | 804.2 | 208.5 | 941.0 |
| 2003 | 2158.7 | 1791.4 | 367.3 | 1048.7 | 846.2 | 202.5 | 1021.0 |
| 2004 | 2254.9 | 1891.4 | 363.5 | 1095.0 | 886.5 | 208.5 | 904.8 |
| 2005 | 2549.3 | 2168.4 | 380.9 | 1182.5 | 948.9 | 233.6 | 911.2 |
| 2006 | 2588.8 | 2234.8 | 354.0 | 1078.4 | 854.8 | 223.6 | 807.5 |
| 2007 | 2468.1 | 2140.0 | 328.1 | 986.6 | 864.5 | 215.5 | 698.7 |
| 2008 | 2321.2 | 1991.3 | 329.9 | 901.6 | 771.1 | 230.9 | 584.9 |
| 2009 | 2214.4 | 1866.1 | 348.3 | 847.2 | 603.9 | 243.3 | 523.6 |

图 2-3 所示为我国一些地方采用土法炼焦造成的空气和环境污染的严重情景。

图 2-3　土法炼焦造成严重空气污染

据估算，我国每年因大气污染而造成的呼吸系统门诊病例达到 35 万人，急诊病例达到 680 万人，因城市空气污染和室内空气污染导致的超额死亡分别达到 17.8 万人和 11 万人，大气污染对健康的危害已成为影响人们生活质量的重大因素。

（2）水污染

饮用水源污染之后，通过饮水或者食物链对人体健康产生影响，水中包含的污染物进入人体，甚至引起一些严重的疾病，比如癌症、重金属中毒等。工农业生产水源污染之后，生产用水必须投入更多的处理费用，这将造成资源、能源的浪费。此外，水源富营养化现象会导致水质变差，以致大量水生植物和鱼类死亡。

我国水环境普遍恶化，水资源短缺和水污染现象并存。有关数据表明，目前全国年缺水量达 400 亿立方米，近 2/3 的城市存在不同程度的缺水。据水利部门披露，2005 年全国污废水排放总量达 717 亿吨，其中 2/3 未经处理直接排入水体，造成 90%的城市地表水域受到不同程度的污染，不少地区符合标准、水质稳定的饮用水水源地呈缩减趋势。部分城市浅层地下水已不能直接饮用。

据调查，113 个环保重点城市的 222 个地表饮用水源地，平均水质达标率只有 72%。2005 年初，建设部组织开展的专项调查结果表明，被调查的 45 个重点城市的饮用水水源都存在不同程度的有机物污染，有机污染物的总数高达 200 多种。

（3）噪声污染

随着城市发展的加快，噪声已经成为城市的一大公害，严重影响了人们的生活和健康。噪声污染主要来源于交通运输、车辆鸣笛、工业噪声、建筑施工等，如汽车、火车、飞机、船舶等产生的交通噪声，大型工业设备产生的工业噪声，建筑施工场所发出的建筑噪声。噪声会对人类的生活和工作造成干扰，严重时也会损害人的身心健康。

据 2009 年统计公报，在监测的 327 个城市中，城市区域声环境质量好的城市仅占 4.9%，较好的占 70.0%，轻度污染的占 23.9%，中度污染的占 1.2%。大量的统计研究资料表明，高噪声不仅损害人的听觉，而且对神经系统、心血管系统、消化系统等都有不同程度的影响，严重损害人们的身心健康。

（4）放射性污染

放射性物质发出的射线可以破坏人体的细胞和组织结构，也能损伤中枢神经，对人体造成不可逆转的严重伤害。核武器使用及试验的沉降物、核电站等核设施运营中产生的泄漏、核电站产生的废料以及民用放射性物质是人类接触到放射性物质的几种主要途径。1945 年，美国在日本的广岛和长崎投放了两颗原子弹，使几十万人死亡，大批幸存者也饱受放射病的折磨。1986 年，前苏联乌克兰切尔诺贝利核电站由于反应堆管道发生爆炸，大量放射性物质泄漏，发生了核电史上最严重的核泄漏事故，引起全世界的震惊。整个过程持续了 10 天，有 16.7 万人被核辐射夺去生命，320 万人受到核辐射侵害，其中有 95 万儿童。除此之外，还有核潜艇事故、携带核弹的飞机失事、用核电源的人造卫星坠入大气层等事件，同样会造成核污染。

根据国际原子能机构的统计，全球目前有 438 座动力反应堆，651 座研究堆，还有 250 个核燃料工厂，包括铀矿山、转化厂、浓缩厂及后处理厂。一个容量为一百万千瓦的反应堆，在运行 3 年之后，能产生差不多 3 吨的核废料，其中绝大部分是具有放射性的。

国际原子能机构曾指出，全球 100 多个国家在防止放射物质被盗方面都有程序漏洞，就连曾遭恐怖袭击的美国对本国的放射物质也疏于管理。美国核管理委员会在一份报告中承认，自 1996 年以来，美国 1500 多件放射源曾下落不明，半数以上至今没有找到。此外，欧盟的一份报告显示，欧盟国家每年都有 70 多件放射源丢失。

由此可以看出，环境污染不仅影响人类社会与自然环境的协调、可持续发展，还能够直接威胁人类自身的生存。

通过使用基于物联网技术的环境监测系统，可以完成对自然环境的实时监控和远程监控。采用传感器技术、环境可视化技术、虚拟现实技术等高新技术，能够监控环境状态的变化、确定环境污染源、监测污染源的异常变化、对污染事故进行预警，根据环境保护的要求对环境参数进行深入的分析，从而最大限度地提高环境保护的信息化水平。

环境监测系统的具体应用包括淡水湖泊蓝藻暴发预警、秸秆焚烧监控、汽车尾气排放监测、环境噪声等级监测以及企业超标排污监控等，关系到社会生活的方方面面。物联网技术的出现，为构建规范化、信息化、一体化的环境监测提供了有力的支持，必将推动环境保护产业变革性的发展。

### 2.1.3 国家安全

从政治的角度理解，国家安全代表国家独立、主权和领土完整以及相关的国家政权、社会制度的安全。在一个普通公民眼里，国家安全是安居乐业的基础，是自身生命、财产，正常的政治、经济、文化、社会生活不会受到国内外敌对、恐怖、极端势力威胁和侵害的保障。

随着国家之间发展和竞争的重点逐渐开始从军事、国防向经济、文化、信息等领域转移，国家安全的威胁更多地体现为局部暴力事件、情报窃取和恐怖袭击。因此，在当前更多地从国界安防、反恐维稳、机场入侵防范、轨道交通安全、经济信息安全等角度思考如何维护国家安全更具有现实意义。

**1. 国界安防**

国界是一个国家领土范围的地理界限，也是该国与其邻国相接触的最前沿部分。国界主要体现为两种形式：第一，人为形成的国界，如界碑、界墙等；第二，自然形成的国界，如山脉、荒漠、草原、海岸线等。

偷渡、非法越境严重损害一个国家的主权和利益。在我国云南边境，境内外不法分子采用非法越境的方式，携带海洛因、冰毒等毒品进入我国境内。在我国的福建、广东、广西边境，境内外不法分子相互勾结，一方面走私汽车、电器设备、油料等，偷逃巨额关税，另一方面，偷运在国内各地收购的文物出境。各种走私活动使我国的经济和文化蒙受重大损失。

设置边防哨所，由边防军警守卫重要关卡、要道，并定期巡逻整个辖区是目前许多国家采用的主要边防手段。然而，依靠边防军警的巡逻防护国界存在几个问题：第一，除去重点关卡和要道，一个边防哨所辖区内的大部分区域长时间处于无人值守状态，这些区域内的偷渡和非法越境行为很难在第一时间被发现；第二，一些边界附近自然环境恶劣（如酷热、严寒、缺氧），极不适合人类生存，对边防军警人员的身心造成极大的伤害。

构筑严密、坚固并且智能化的国界安防系统这一重大而迫切的需求，为物联网提供了用武之地。由于许多高精度感知设备的外形微小易于掩蔽，使得国界安防系统的“存在”不易被偷渡者察觉。多种传感器的联合上报可以为拦截偷渡者提供准确的越境方位信息；图像和视频等多媒体设备可以准确地记录偷渡者的外形特征和偷渡过程，提供偷渡事实的铁证。利用安防系统提供的准确信息，边防部门可以快速制定出针对偷渡者的响应方案。物联网技术的应用，可以有效地防范偷渡和非法越境，极大地增强了一个国家的国界安防实力。

**2. 防范恐怖主义**

从 20 世纪后期开始，恐怖主义活动日益频繁，即使像美国、俄罗斯这样的大国也常面临恐怖袭击的威胁。

恐怖主义活动手段卑劣而且残忍，严重影响了国际社会的安全与稳定。近 10 年来，世界上许多国家都被恐怖主义活动深深地困扰，例如，俄罗斯北高加索地区的水电站爆炸，美国驻叙利亚使馆遭遇炸弹袭击，印度孟买的枪击袭击事件，伊朗清真寺爆炸袭击事件，还有给人类留下最惨痛记忆的，2001 年发生在美国纽约的“9·11”事件，等等。

恐怖主义袭击大多发生在人多热闹、疏于防范的地区。为尽可能大地渲染恐怖气氛，恐怖分子多采用枪击、爆炸、焚烧、毒气等十分血腥、残忍的暴力方式，对无辜的平民下毒手。由于恐怖袭击造成的严重后果是人力无法扭转的，因此应对恐怖主义活动的最好方法是阻止恐怖袭击的实施。预防恐怖袭击具体的方式包括：严密监视可疑人员的行动和严格检查可疑的危险物品。

爆炸物传感器、有毒物传感器作为物联网的鼻子，可以灵敏地“嗅探”出易燃易爆物品、危险化学物品的存在。物联网智能分析平台可以根据感知设备的上报数据，对这些危险品造成的危害程度以及危害波及的范围进行评估。温度传感器、力学传感器作为物联网的触觉，可以及时地发现环境中异常的温度变化或者物体形变。物联网智能分析平台可以根据变化信息判断出异常变化的区域是否有险情以及险情的级别。视频设备作为物联网的“眼睛”，可以详细记录人的面部表情和身体动作。物联网智能分析平台通过对人的面部表情或身体动作的分析，可以在人群中锁定嫌疑目标。

**3．机场入侵防范**

在旅游、商贸等需求日益旺盛的今天，飞机以其速度快、乘坐舒适的优点成了许多人长途旅行的首选交通工具。

美国的“9·11”事件之后，世界上许多国家不得不重新审视本国的航空安全状况以及预防航空事故的能力和措施。通过制定完善的安全检查流程、采用先进的安全检查设备、部署强大的巡视和警戒力量等具体措施，使航空安全得到了很大的提升。

当破坏分子或危险物品通过航站楼接近飞机的通路被堵死之后，长度达十几甚至几十公里的停机坪围界成为潜在破坏势力突破机场安防的新目标。穿越停机坪围界成为非法进入机场的主要方式和手段，也称为机场入侵。

机场入侵人员可以分为两类：第一类属于非恐怖性入侵，这类人员入侵机场为的是非法搭乘飞机，达到其偷渡、走私国家禁运物品的目的，虽不对航空安全构成威胁，但属于违法犯罪行为；第二类属于恐怖主义入侵，这类人员入侵机场，企图非法搭乘飞机，其目的是在飞行途中实施劫机、绑架等恐怖活动，或者在飞机上放置炸弹、易燃物、毒气罐等制造空难。

铁丝网、墙体是机场围界的主要形式。人们很早就认识到，单纯依靠铁丝网和墙体并不能有效防范不法分子对于机场的入侵。当前，视频监控是机场围界防范入侵的主要方法。视频监控系统不具备主动提示、预警和报警的功能，要求安防人员 24 小时不间断地守在监控室观察屏幕，监控围界的现场情况。这种系统对安防人员的专业素质有很高的要求，很容易由于安防人员的主观失误，不能及时、有效判断入侵行为。

随着物联网技术的成熟，采用基于物联网的机场防入侵系统将成为机场围界安防的首选方案。对于不同气候条件下、不同能见度条件下在机场环境中所获得的物理信号，物联网感知设备采用分布式处理方式，能够准确地捕捉入侵目标的特征。通过感知设备间的信息交互，可以利用网络群组的资源优势，使得上层的任务管理设备充分分析不同区域内感知设备获取的数据，对入侵行为做出更加全面、准确的判断。

采用物联网技术，可以根据机场的规模、安全级别、地理环境、气候等条件，灵活地为不同的机场定制机场围界安防系统，如图 2-4 所示。物联网技术的应用可以显著地改善机场的安全管理水平，消除乘客和飞机的安全隐患。

图 2-4 机场围界安防系统实景

**4. 轨道交通安全**

为了缓解城市交通的压力，保证市民出行便捷、畅通，世界上许多大城市都在大力、优先地建设和发展城市轨道交通系统。北京、上海、中国香港，日本东京，英国伦敦，法国巴黎，美国纽约，德国柏林等大城市的实践经验证明，轨道交通对于繁忙、快节奏的都市生活至关重要。

地铁车厢、候车站台、站台与地面的连接通道等城市轨道交通空间作为城市空间的重要组成部分，属于一个大型城市重要的基础设施。在建筑设计者的规划之下，城市轨道交通空间的布局和景观，充分展示了城市的特点和魅力。大量的客流也促使城市轨道交通空间成为城市中人口密集的区域之一。

城市轨道交通空间狭小、环境封闭，在人员疏散方面受到很大制约，一旦发生事故，后果严重，救援难度很大。此外，地铁站点相比机场显得平民化，为不影响乘客在出入口的通过速度，安检程序较为简单，安检强度较弱。图 2-5 显示了地铁入口处使用的安检设备。

图 2-5 地铁入口处的安检设备

城市轨道交通的安全事故主要有两个来源：第一，恐怖分子将城市的轨道交通空间选为实施恐怖活动的场所，有计划、有准备地实施恐怖袭击；第二，普通乘客无意中携带的易燃、易爆、有毒的危险品，为轨道交通正常运行埋下安全隐患。

对于轨道交通的恐怖袭击主要包括：使用炸弹、毒气、放射性物质危害乘客的健康和生命，破坏轨道交通设施。重大的地铁事故有：1995 年，日本东京地铁沙林毒气事件；2003 年，韩国大邱地铁恶性蓄意纵火案；2004 年，西班牙马德里地铁爆炸事件；2010 年，俄罗斯莫斯科地铁连环爆炸事件。针对轨道交通的恐怖袭击造成的后果是严重的，如果疏于防范，类似的恐怖袭击将会层出不穷。

城市轨道交通安全系统的主要防范目标是各种恐怖袭击。基于物联网技术的城市轨道交通反恐安全系统具备预警功能、应急处理功能等。预警系统的功能主要包括：由各种高精度传感器构成的安检子系统可以检测痕量爆炸物、有毒气体、放射性物质；智能视频子系统可以自动分析高危人群的行为特征与面部表情特征。应急处理系统的主要作用包括：移动应急指挥子系统根据现场态势和危险级别生成应急指挥方案；应急联动子系统负责协调公安、轨道交通、电力、消防等相关部门联合应对紧急事故、将事故的危害降到最低。

城市轨道交通的安全事故不完全由恐怖主义活动导致，也有因乘客未遵守安全乘车规则所导致的事故，还有因为工作人员职责疏忽而引发的危险性事故。此外，车辆、轨道、供电、信号等故障都可导致事故的发生。物联网也为轨道交通安防系统应对非恐怖性安全隐患提供了技术基础和解决方案。

**5. 经济信息安全**

在经济全球化背景下，经济信息安全事关国家安全，它以资本市场信息安全为核心，包括内容安全和技术安全两个层面。当前，大规模资本市场交易和资金流动都通过交易平台以网络化的形式实现。片面、虚假、歪曲的信息，会误导、扰乱市场；核心技术失控、网络漏洞以及黑客、病毒等都可能使大量财富瞬间化为乌有。没有经济信息安全，就没有交易安全，没有金融安全和经济安全，也就没有完全意义上的国家安全。

国外一些钢铁巨头近年采用涉嫌商业贿赂和商业间谍的不法手段，获取中国钢铁企业大量机密，使中国钢铁企业蒙受巨大的经济损失。此类案件暴露了国内企业保密意识淡薄、重要经济领域的安全体系存在严重隐患，从而使得国外跨国公司可以轻松窃取商业情报。其实，钢铁行业领域内的商业贿赂案件只是一个缩影，近年来很多国际知名公司都曾被爆出在中国犯下商业贿赂案件，给中国带来严重的经济损失。

RFID 技术作为一种典型的物联网技术，目前被广泛应用于物流、交通、金融等领域。目前，物流行业内广泛采用 RFID 技术构建高效、经济的供应链，在世界范围内基于 RFID 技术正在形成一张巨大的物流信息网络。由于每个 RFID 标签中都包含了与产品相关的重要信息，这些信息一旦被非法获取，必然给产品的生产和销售厂商造成经济损失。目前，RFID 相关的加密技术、安全认证技术也存在着严重的漏洞，给 RFID 产业的发展造成障碍，为国家的经济信息安全埋下隐患。

国家话语权和经济信息安全密不可分。没有话语权，就不可能实现真正意义上的、可持续的经济信息安全；没有经济信息安全，也不可能拥有强大的、有效的话语权。因此，物联网作为一个国家战略级的新兴产业，关联着许多国民经济生产的重要行业，被赋予带动其他相关产业发展的重要使命，其在经济信息安全方面的影响不容忽视。只有在经济信息安全得到保障的前提下，物联网才能走上快速发展的道路。

### 2.1.4 科技发展需求

科技进步是推动人类文明和社会进步的重要动力，然而科技发展本身也需要推动力和牵引力。在人类历史上，科技进步的推动力来自不同的领域。战争对先进武器的需求，工农业生产对先进生产工具的需求，跨国贸易对先进交通工具的需求，信息传播对信息高速公路的需求等等，都是科技发展的推动力。

人类对未知领域充满好奇，不懈探索才是科技发展的真正动力。人类探索未知世界的过程主要包括信息的获取、学习、使用、传输和存储等几个环节。物联网作为人类感知现实物理世界的智慧化工具，将全面服务于信息获取、学习、使用、传输和存储的每个环节。物联网技术涵盖了传感器技术、信息处理与服务技术、网络通信技术、能源技术等。物联网的应用需求必然目标明确地引领这些科技的发展，脚踏实地地推动科技的进步。

**1．传感器技术**

传感器是一种物理装置，能够测量代表一定物理意义的信号和参数，或者化学成分，是人类感知现实物理世界、获取信息的重要工具。

根据被测量的类型，传感器可以分为物理传感器、化学传感器和生物传感器。物理传感器主要检测物理参量的变化，典型的物理量类型包括压力、力矩、速度、加速度、位移、密度、黏度、硬度、浊度、温度、光强、磁场强度、电流、电压、噪声等。化学传感器主要检测化学成分，典型的用途包括分析气体组分、检测离子浓度等。生物传感器主要检测生化量和生理量，典型生物量类型包括酶、血型、微生物、脉搏、心音、体电等。

在物联网中，各种类型的传感器是外围世界信息的感知器，传感器决定了原始信息的真实性和准确性。不同于实验室中的理想环境，传感器的实际工作环境中往往存在许多无法预料的干扰因素（如电磁干扰、恶劣的气候条件、噪声信号等），这些因素影响着传感器的正常工作，对传感器的设计、制造和使用提出了很高的要求。

电子元器件制造的微型化一直是电子技术相关产业不断坚持的技术路线。目前，基于微机电系统技术已经可以批量制作集微型机构、微型传感器、微型执行器以及信号处理和控制电路，直至接口、通信和电源于一体的微型传感器节点。在未来，随着纳米电子技术的成熟，生产制造外观结构在纳米尺度的电子元器件必将成为可能。

在医疗保健、疾病诊断这些应用中，传感器需要附着在人身体上，或者被植入人体内。这种情况下，传感器的正常工作需要满足两个条件：传感器的工作不受人体生理活动的干扰；传感器的存在不会影响人体的正常机能。因此，传感器的制造材料必须是对人体无毒无害，同时能够抵抗人体内的血液、酸性液体、各种酶的腐蚀；必须保证传感器所产生的电磁信号的强度和频率对人体无伤害。图 2-6 所示为一种腕式血压传感器的外观。

视频传感器研发的重要内容是使用计算机图像视觉分析技术，将场景中的背景和目标分离进而分析并追踪场景内出现的目标，实现视频技术的智能化。图 2-7 为一种智能视频探头的外观。

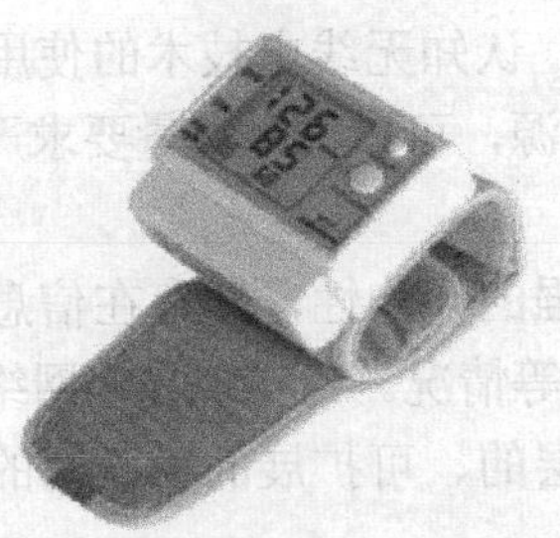

图 2-6　腕式血压传感器

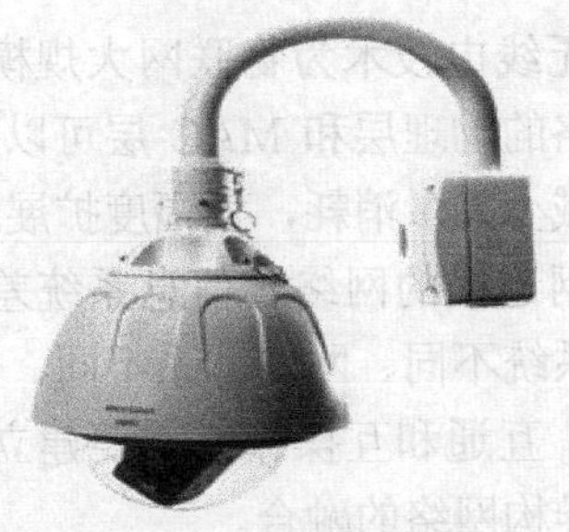

图 2-7　智能视频探头

**2. 信息处理与服务技术**

由于感知设备数量庞大，分布范围广，物联网从现实物理世界获取的数据量多到难以估计的程度。物联网信息处理方面的一个重要研究内容就是海量信息处理。

信息存储是对信息进一步加工，提取更多有用信息的基础。为应对数据的海量增长，分布式数据库系统比集中式数据库系统拥有更好的扩展性。分布式数据库系统可以保证用户就近访问和使用数据库资源，降低了通信代价。由于分布式数据库系统具有在空间位置上分散的特点，系统故障造成的损失可以最小。发展和完善分布式数据库系统是解决海量信息存储问题的主要方式。

海量信息的查询和检索，对于信息的分析和利用有重要意义。从海量信息中查询、检索目标信息的效率，往往由信息的存储、访问方式决定。提高海量信息查询、检索效率的关键在于设计优化的信息索引结构和高性能的信息查询算法。

物联网信息处理的另外一个重要内容是智能信息处理，即利用信息提供各种有意义、有价值的服务，使信息处理进入一个更高级的阶段，如数据挖掘、知识发现等。

数据挖掘技术的目的在于发现不同数据之间潜在的联系，在不同应用背景下进行更高层次的分析，以便更好地解决决策、预测等问题。数据挖掘是多学科交叉研究领域，涉及数据库技术、人工智能、机器学习、统计学、高性能计算、信息检索、数据可视化。数据挖掘的发展依赖相关科技的进步，也推动了相关科技的发展。

知识发现的目的是向使用者屏蔽原始数据的烦琐细节，从原始数据中提炼出有意义的、简练的知识，让使用者直接把握核心内容。一个完整的知识发现过程，包括问题定义、数据抽取、数据预处理、数据挖掘以及模式评估。按照知识类型对知识发现技术分类，有关联规则、特征挖掘、分类、聚类、总结知识、趋势分析、偏差分析、文本挖掘等。

**3. 网络通信技术**

网络通信是物联网信息传递和服务支撑的基础技术。面向物联网的网络通信技术主要解决异构网络、异构设备的通信问题，以及保障相关的通信服务质量和通信安全，如近场通信、认知无线电技术等。

能量受限是传感器节点在实际工作环境中普遍面临的问题，而通信消耗的能量在传感器节点消耗的总能量中所占比重最大。为降低传感器节点的能量消耗，延长其工作寿命，低功耗通信技术是极为关键、有效的解决方案。

近场（近距离）通信技术让各种电子设备在短距离内简单地进行无线连接通信，可以大大简化设备之间的识别、认证过程，使网络设备间的相互访问更直接、更安全。手机支付、身份认证、产品防伪都是近场通信技术的典型应用。

认知无线电技术为物联网大规模应用奠定了基础。认知无线电技术的使用，使得感知互动层网络的物理层和 MAC 层可以获得更多的通信资源，可以满足质量要求严格的业务服务需求，减少能量消耗，大幅度扩展通信效率。

物联网连接的网络、信息系统差异巨大，具有很强的异构性，即存在信息定义结构不同、操作系统不同、网络体系不同、信息传输机制不同等情况。为实现异构网络信息系统之间的互联、互通和互操作，需要建立一个开放的、分层的、可扩展的物联网的网络体系架构，实现异构网络的融合。

移动通信网、下一代互联网、传感器网络等都是物联网的重要组成部分，这些网络以网关为核心设备进行连接、协同工作，并承载各种物联网的服务。随着物联网业务的成熟和丰富，移动性支持和服务发展成为网关设备的必要功能。

信息和网络安全是物联网实现大规模商业应用的先决条件。物联网安全技术的研究包括安全体系结构、安全算法、网络组件及其互操作的隐私和安全策略等。

**4. 能源技术**

能源和信息一样是人类赖以生存的重要资源。人类制造的各种机器和工具，甚至人类自身都需要各种能源提供的能量和动力。为解决人类面临的能源枯竭问题，大力发展新能源技术是当务之急。在人类使用的各种能源中，电能无疑是用途最广、最为重要的一种能源。属于新能源技术范畴的发电技术包括太阳能发电、原子能发电、水力发电、风力发电等。图 2-8 所示为新的发电技术的发展方向，它在未来将会取代现有的火力发电技术。

组成物联网的各种设备需要消耗能量才能完成信息的获取、传输、处理、存储。物联网设备主要以电能形式接受能量供给。物联网感知互动层的许多设备，比如各种类型的传感器节点主要由电池供电，但是电池所能储存的电能有限。为延长传感器节点的工作时间，有两种解决方法：第一，研究太阳能电池，提高将太阳能转换为电能的效率；第二，提高电池储存电能的能力和效率。因此，物联网促进了太阳能电池以及电池储能技术的发展。

除了促进电池技术的发展，基于物联网技术的智能电网的应用也带动了电力技术的革新。物联网技术在电网中的运用，可以实现在发电、输电、配电、供电等重要环节对电力设备的实时监控，减少电能的浪费，提高电能的使用效率。

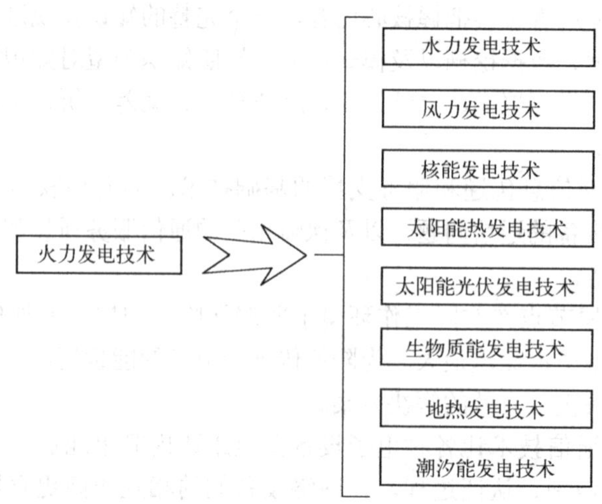


图 2-8　发电技术的发展方向

## 2.2 物联网现状分析

物联网作为正在兴起的、支撑性的多学科交叉前沿信息领域，无论从政府规划层面，还是从科研发展和产业推进等层面，正被世界各国政府积极推进。美、日、韩和欧洲的一些信息技术发达国家和组织纷纷制定了各自与物联网相关的战略性发展规划。

国内外学术界前期已经开展面向环境监测、智能交通、公共安全等广泛应用的物联网相关项目研究的，并取得了一定的科研成果。从产业发展角度来看，物联网的一些支撑性技术，如传感器、微电子、通信网络等，已具有一定的产业基础。

### 2.2.1 物联网战略规划现状

当前，国际国内普遍面临经济、社会、安全、环境等问题带来的挑战，低碳经济、节能减排、气候、能源等问题日益受到关注。美国、欧盟、日本、韩国等国家和组织纷纷制定了各自的信息技术战略发展规划，物联网在这些战略规划中具有举足轻重的地位。在我国，物联网已被确定为 5 大新兴国家战略产业之一。

**1. 美国“智慧地球”战略**

美国在世界上率先开展传感器网络、RFID、纳米技术等物联网相关技术研究。2008 年美国国家情报委员会发布报告，将物联网列为 6 项“2025 年前影响美国国家利益”的颠覆性民用技术之一。

“智慧地球”概念最初由美国 IBM 公司提出，2009 年被上台伊始的美国总统奥巴马积极回应，物联网被提升为一种战略性新技术，全面纳入到智能电网、智能交通、建筑节能和医疗保健制度改革等经济刺激计划中。IBM 公司的“智慧地球”市场策略在美国获得成功，随后迅速在世界范围内被推广。

IBM 将“智慧地球”的构建归纳为 3 个步骤，一是完成部署（Instrumented），二是实现互联（Interconnected），三是使其智能（Intelligent）。“智慧地球”的特征在中国推广时被进一步归纳为“更透彻的感知”、“更全面的互联互通”和“更深入的智能化”。

IBM 公司围绕“智慧地球”的策略推出了涵盖智慧医疗、智慧城市、智慧电力、智慧铁路、智慧银行等一系列解决方案，包括基于系统的观念构建智慧地球的方案，力求在物联网这一新兴战略领域和市场占据有利地位。

**2. 欧盟物联网发展计划**

2009 年 6 月欧盟委员会发布物联网发展规划，给出了未来 5～15 年欧盟物联网发展的基础性方针和实施策略。该规划中对物联网的基本概念和内涵进行了阐述，指出物联网不能被看做是当今互联网的简单扩展，而是包括许多独立的、具有自身基础设施的新系统（也可以部分借助于已有的基础设施）。同时，物联网应该与新的服务共同实现。

规划中指出，物联网应当包括多种不同的通信连接方式，如物到物、物到人、机器到机器等，这些连接方式可以建立在网络受限或局部区域，也可以面向公众可接入的方式建立。物联网需要面临规模（Scale）、移动性（Mobility）、异构性（Heterogeneity）和复杂性（Complexity）所带来的技术挑战。这份规划还对物联网发展过程中涉及的主要问题如个人数据隐私和保护、可信和安全、标准化等进行了对策分析。

与物联网发展规划相呼应，欧盟在其第七科技框架计划下的信息通信技术、健康、交通等多个主题中实施物联网相关研究计划，目的是在物联网相关科技创新领域保持欧盟的领先地位。

**3．日本“I-Japan”及韩国“U-Korea”战略规划**

作为亚洲乃至世界信息技术发展的强国，日本和韩国均制定了各自的信息技术国家战略规划。

2009 年 7 月，在之前“e-Japan”、“U-Japan”战略规划的基础上，日本发布了面向 2015 年的“I-Japan”信息技术战略规划，其目标之一就是建立数字社会，实现泛在、公平、安全、便捷的信息获取和以人为本的信息服务，其内涵和实现物理空间与信息空间互联融合的物联网相一致。以医疗和健康领域为例，“I-Japan”计划通过信息技术手段实现高质量的医疗服务和电子医疗信息系统，并建立了基于医疗健康信息实现全国范围流行病研究和监测的系统。

早在 2006 年，韩国就制定了“U-Korea”规划，其目标是通过 IPv6、USN（Ubiquitous Sensor Network）、RFID 等信息网络基础设施的建设建立泛在的信息社会。为实现这一目标，韩国启动了名为“IT839”的战略规划。

“U-Korea”分为发展期和成熟期两个执行阶段。发展期（2006～2010 年）以基础环境建设、技术应用以及 U 社会制度建立为主要任务，成熟期（2011～2015 年）以推广 U 化服务为主。目前，韩国的 RFID 发展已经从先导应用开始转向全面推广，而 USN 也进入实验性应用阶段。

**4．中国“感知中国”计划**

我国现代意义的传感器网络及其应用研究几乎与发达国家同步启动，首次是在 1999 年中国科学院《知识创新工程试点领域方向研究》的信息与自动化领域研究报告中提出的，并将其作为该领域的重大项目之一。此后，中国科学院和国家科学技术部在传感器网络方向上，陆续部署了若干重大研究项目和方向性项目。

2009 年 8 月 7 日，温家宝总理在中国科学院无锡高新微纳传感网工程技术研发中心考察时指出，要大力发展传感网，掌握核心技术，并指出“把传感系统和 3G 中的 TD 技术结合起来”。

在 2009 年 11 月 3 日，温家宝总理在《让科技引领中国可持续发展》的讲话中，再次提出“要着力突破传感网、物联网关键技术，及早部署后 IP 时代相关技术研发，使信息网络产业成为推动产业升级、迈向信息社会的‘发动机’”。

2009 年 11 月 13 日，国务院批复同意《关于支持无锡建设国家传感网创新示范区（国家传感信息中心）情况的报告》，物联网被确定为国家战略性新兴产业之一。

2010 年，《政府工作报告》指出，要加快物联网的研发应用，抢占经济科技制高点。至此，“感知中国”计划正式上升至国家战略层面。

2010 年 6 月 5 日，胡锦涛总书记在两院院士大会上讲话指出，当前要加快发展物联网技术，争取尽快取得突破性进展。“感知中国”计划进入战略实施阶段，中国物联网产业发展面临着巨大机遇。

2011 年 11 月工业和信息化部《物联网“十二五”发展规划》正式发布，将超高频和微波 RFID 标签、智能传感器等领域作为支持重点，并在九大领域开展示范工程。

2013 年 1 月发布的《国家重大科技基础设施建设中长期规划（2012—2030 年)》中，涵盖了有关云计算服务、物联网应用等内容。

2013 年 2 月《国务院关于推进物联网有序健康发展的指导意见》等政策密集出台，一方面重视政策支持、规范、指导，另一方面逐步放开市场，推动资本市场对接物联网产业发展。

2013 年国家发改委设立物联网关键技术研发及产业化、信息安全两大专项，支持物联网发展，重点包括海铁联运的货物物流运输，与司法部推进监狱管控的物联网应用，与水利部进行重点水库监测的物联网应用等。

2013 年 9 月发布十大“物联网发展专项行动计划”，包括顶层设计、标准研发、商业模式、政府扶持等方面。工信部则通过组织产业目录编制以及制定专项规划等工作，重点支持智能工业、智能农业、智能物流、智能交通、智能电网、智能环保、智能安防、智能医疗和智能家居等 9 个重点领域发展。

2013 年由全国智能建筑及居住区数字化标准化技术委员会组织专家起草的《中国智慧城市标准体系》正式发布，对“智慧城市”的定义、体系、功能特征、建设关键部署等进行了详细阐述。

我国各省市也积极采取措施发展物联网相关产业， 2012 年 8 月，国务院正式批复《无锡国家传感网创新示范区发展规划纲要》，提出无锡要作为我国物联网“先行军”，打造具有全球影响力的传感网创新示范区。截至 2013 年 9 月无锡市共布局建设 38 个物联网公共服务平台，实现物联网技术创新链的全覆盖。9 月出台建设传感网创新示范区三年实施计划，物联网产业规模加速扩容，截至 12 月已集聚企业超千家，预计 2013 年总产值将达 1400 亿元。11 月全球知名芯片商英特尔公司拟与该区合作成立“联合创新中心”项目，计划依托英特尔公司在移动互联、云计算、物联网等领域的技术优势，于“感知中国中心”无锡打造集人才培养、项目孵化为一体的创新生态链。12 月首条应用“物联网”技术的 10 千伏输电线路示范工程建成。2013-2015 年无锡市每年筹集和整合专项资金 5 亿元，支持物联网应用示范、创新能力建设和产业规模发展。

2013 年 11 月山西“物联网应用技术国家地方联合工程研究中心”正式获得国家发改委批准建设。山西环保物联网建设在 2013 年获世行 1.5 亿美元贷款，在全省范围内建成“精准覆盖，全程掌控，重点突出，运行有效”为一体的环保物联网体系。

2012 年物联网被上海市列为全市战略性新兴产业发展专项资金扶持的 11 个产业之一。在射频识别标签(RFID)芯片及智能卡领域，集聚了华虹集成电路、复旦微电子等一批国内领军企业，初步形成了从芯片设计和生产到应用系统的产业链。

此外，深圳市出台了《推进物联网产业发展行动计划（2011—2013 年)》，天津市出台了《物联网产业发展“十二五”规划》，东莞市出台了《加快发展物联网建设智慧东莞规划(2012—2015)》。

### 2.2.2 物联网技术发展现状

当前，世界范围内物联网相关技术、标准、应用、服务总体上仍处于起步阶段，多项物联网所需的关键技术尚未成熟。物联网是多种先进技术融合的网络，要实现物联网性能的最优化，不但要对各种技术进行深入的研究，提高相关技术的精度，同时还要保证多项技术的平衡发展。

我国也十分重视这一新兴领域的研究，大力发展物联网关键技术，并积极推动技术应用和产业化发展。物联网发展的战略机遇推动了我国在不同技术领域的全面提升。我国在传感器、RFID、网络和通信、智能计算、信息处理等领域的技术研究能力也在不断提升，技术创新能力也取得了一定突破。但是我国在物联网核心技术上与国外发达国家还存在一定的差距，大部分技术领域落后于国际先进水平，以跟随为主，处在产业链低端。

物联网是从感知到传输（诸如 RFID、传感器、二维码、网络通信等核心技术）的高度集成和综合运用，物联网的发展主要涉及传感器等识别技术、网络通信技术和包括云计算在内的计算技术等。

**1. 感知技术**

物联网的发展首先要解决的问题，即如何使物体具备感知能力。感知技术服务于感知层，是物联网系统中获取外部数据的关键，是整个物联网架构的基础。物联网利用各种传感器、RFID 以及二维码等技术采集各类信息，同时也具备将数据上传至网络层的功能。传感器技术和 RFID 技术是物联网中最为典型的数据采集技术，其基本的技术支撑在物联网概念出现之前就已基本具备，目前应用较为广泛。但作为服务于物联网的感知技术，仍存在很多不足，仍在不断的发展进步中。

射频识别(RFID)技术在物联网中位于最前端，是最关键的技术。RFID 技术通过射频信号自动识别目标并收集信息，可以工作在各种恶劣环境中，但存在着数据安全和隐私泄露问题，安全机制的建立意味着更复杂的设计和更高的额外能耗，这就引出了 RFID 技术的能耗问题。物联网的部署需要海量的 RFID 标签，无论是有源 RFID（外部供能）还是无源 RFID（自主供能），能耗问题都是不容忽视的。在保证性能的前提下，尽可能地降低成本、减少能耗、缩小体积是 RFID 技术当前的发展方向。

传感器技术是利用能感受规定的被测量的敏感元件或转换元件，按照一定的规律，将人类无法直接获取或识别的信息转换成可识别的信息数据的技术。由于物联网将服务于各行各业，其感知层的传感器也将配置在各种各样的环境中，同时需要保证信息的感知性能以确保物联网系统的数据质量。此外，物联网的智能化特点还要求传感器必然向着智能化和网络化方向发展。近年来，智能化和网络化已成为传感器技术发展的主要趋势，并且开始由传统的传感器逐渐向着智能传感器及嵌入式 Web 传感器的方向转变。上述这些因素对传感器的设计和制造工艺提出了更高的要求。目前，物联网传感器技术发展的主要方向有：先进测试技术和网络化测控、智能化传感器网络节点探究、传感器网络组织结构与底层协议研究、传感器网络的自身检测和控制、传感器网络安全问题研究等等。

当前，我国的感知技术研究与发达国家相比还有一段距离。感知设备研发力量相对薄弱，缺乏传感器的核心芯片，传感器的精确性以及稳定性都表现较差，尤其是重金属传感器以及光感应传感器，国内还没有相关的生产以及研发企业。2010 年，西安优势微电子公司研制成功“唐芯一号”芯片，该芯片是中国第一颗物联网核心芯片，这标志着我国在物联网核心技术方面开始走向独立，为我国物联网产业的发展奠定了一定的硬件基础。

此外，当前感知技术的标准化工作还不尽完善，不同的厂商采用不同的组网技术，如 ZigBee 网络、无线 Mesh、有线或者蓝牙等技术，缺乏统一标准。传感器电源的使用寿命也是不小挑战，如何降低传感器本身功耗，延长传感器寿命是传感器技术发展的方向。如何突破这些瓶颈，是物联网能否规模普及的重要关键。

**2. 传输技术**

传输层是整个物联网信息传输的通道，物联网的传输技术主要涉及近距离通信技术和远程数据传送技术两个层面。

感知层末端的感知设备收集信息的过程主要用到近距离通信技术，目前应用的近距离通信方式有 WiFi、蓝牙、ZigBee、UWB 超宽带技术等，目前近距离无线通信技术基本采用 IEEE 802.15.4、WLAN 等国外提出的技术，芯片以国外产品为主，国内正在向无线传感器组网技术方面寻求突破。

而另一方面，海量数据信息在物联网中进入网络层传向目的地的过程主要是使用远程数据传送技术，目前的技术主要是依托现存的各类网络，如电话网络、2G/3G 通信网络、卫星网络、互联网以及各类专用网络等。随着互联网的进一步扩展，业界开始研究如何通过一种新型的低功耗网络连接技术将 IP 的使用扩展到资源受限的传感器节点设备上，IETF 6LowPAN 工作组负责研究的 Iev6over 802.15.4 协议，在应用层和 MAC 层之间增加了一个适配层，使得 IPv6 可以在 802.15.4 网络上实现高效通信，从而逐步实现物联网和互联网的融合。目前 IETF 在该领域已经形成两个 RFC：RFC 4919 和 RFC 4944。物联网能够整合上述所有技术实现一个完全交互式和反应式的网络环境。

传输技术发展面临的主要问题包括标准化和安全与隐私保护方面，此外物联网感知层的数据巨大，通信技术要尽可能地提高传输速度同时保证数据质量，这不仅要求更优化的通信协议和网络架构设计，还需要硬件水平的不断提升。

**3. 计算技术**

计算技术服务于应用层，通过对感知层的数据进行数据挖掘分析得出有用的信息对行业应用提供辅助决策支持。计算技术面临的问题主要来自于物联网的海量数据特性，感知层收集的信息量大且种类繁多，因此数据挖掘过程不仅要分析海量数据，同时也要处理各种异构网络或多个系统之间数据的融合问题。这就要求应用层计算技术具有更强的数据处理能力和更高效的数据挖掘方法。

目前，云计算作为一种新的高效计算模式成为解决以上问题的一个有效的发展方向，物联网的形成和发展会产生分布在各处的大量的数据需要协调和处理。云计算对于物联网数据处理起到重要的支持作用。没有云计算， 物联网就会成为一个个信息孤岛，没有云计算平台支持的物联网价值不大，物联网产业要真正的蓬勃发展离不开云计算的支撑。

另一方面，认知计算也是解决物联网信息处理能力的一个技术发展方向。认知计算的目的是模拟并效仿人脑的感觉、观念、行为、互动以及认识能力，是当前人工智能的最新研究方向，其研究成果将为智能控制提供理论支持。认知计算对物联网系统智能控制具有一定的借鉴作用。未来物联网要想实现“以物控物”的目标，从物对外界环境信息的感知学习，到物体自身行为习惯的觉察发现，都将成为策略调用的判断依据。

随着物联网的进一步发展，数据量和业务量的不断增长，计算技术面临的问题将会长期存在，更优化的数据挖掘和分析方法能使有限的计算源达到实际效用的最大化，这将是未来研究的一个方向。当前，国内海量信息智能处理技术研究和发展比较滞后。只有少数研究单位和企业正在开展研究，且技术水平和影响力较弱，未来，我国还需要在此技术领域做出更多的探索。

#### 4. 信息融合技术

物联网具有明显的“智能性”要求和特征，智能信息处理是保障物联网智能特性的关键技术，因此智能信息处理的相关关键技术对于物联网的发展具有重要的作用。

信息融合是智能信息处理的重要方式。信息融合技术是指按照一定的规则条件，将传感器获得的海量信息数据按照某种规则，对其进行收集、分析、提炼和处理的过程。通过信息融合技术，能够过滤无用的信息，获得所需要的精准信息数据。可以说，信息融合就是对大量的不同的信息加以提炼和整合的过程，通过信息融合得到更加精炼更加准确的数据，为某种决策需要或者数据要求提供信息数据的支持。信息融合的主要功能在于将信息加以提炼，提高信息的可用性。信息融合是一个多级的、多方面的数据处理过程。它能够获得比单一传感器更加准确有效的信息。同时，它又是一个包含将来自不同节点数据进行联合处理的方法和工具的架构。在感知、接入、互联网和应用层均需要采用信息融合技术来获取所需的信息。

物联网中，通过信息融合技术处理的海量数据信息呈现出多源异构的典型特点，而且在物联网中的各个不同节点对信息的分析和处理的数据量也具有很大的异构性，因此，对于当前物联网中的信息融合技术，还需要解决以下几个问题：首先是在数据信息融合时需要将不同维数的信息进行降维优化处理；其次，网络中各个节点不同的采样时间和采样率使得信息融合时有不确定的融合问题存在；最后，是进行信息融合的时候需要进行大量的运算，这就要求节点间数据的访问、调动和管理必须高效地进行。

此外，物联网中多个传感设备采集的信息是海量的，要从海量的信息中提取出用户需要的有用信息，就必须先对海量信息进行识别、提炼。当前的数据融合技术，对于大规模信息融合的节点信息的承载能力还有待提高，无论在运算方法方面还是在信息传输的可靠性方面都需要进一步的研究和发展，这也是今后数据融合技术的一个发展方向。

另一方面，在物联网中，如果有一个节点的信息被病毒所篡改，就会对信息融合带来麻烦和阻碍。如果融合信息遭到破坏，会直接影响信息融合的有序进行，从而影响正确的结论的产生。用户在错误的指导下进行决策，必将带来不利的影响。因此，在信息融合处理时必须对信息的安全的问题加以重视。

#### 5. 网络融合技术

网络融合最早起源于对电信网、电话网及互联网在业务层面的融合。随着当前网络标准的不断增多，网络复杂度及异构度的增加，给跨网业务的提供造成了极大的困难。网络融合技术旨在通过对各种异构网络在网络层面进行融合，从而实现异构网络间的无缝切换。目前，大多数的传感网应用仅仅是孤立应用系统，相互之间没有关联和交互。要想真正达到物联网确定的最终目标，就必须实现和电信网、互联网、电话网络的融合，打破这种孤立的形态，形成新一代物联网。

当前，网络融合技术已成为热门研究领域，并成为了物联网的基础设施搭建的基础。具有代表性的包括欧盟IST第六框架计划（FP6）的Moby Dick项目及IETF 6LowPAN工作项目。Moby Dick项目对未来全IP网络中的移动性和Qos解决提供最新方案，并以WCDMA、WLAN和以太网为最主要的接入方式，并在欧洲搭建了试验网，Moby Dick项目的目标是在IPv6的基础上无缝集成移动性支持、Qos、AAA和全IP体系结构，从而实现在不同的接入网络或者管理域之间的无缝切换。IETF 6LowPAN工作组所做的工作将使传感器逐步 IP 化，互联网的功能范围将从个人电脑等传统终端逐渐扩展到传感器节点中，传感器节点将真正成为电信网中的一个终端节点。

从上述项目的实施情况来看，网络融合技术已取得重大进展，尤其是 3G-WiMax、WCD-MA-WLAN 以及 UMTS-WLAN 的融合已成为现实，从而为实现不同网络间的“物物”互联以及全球物联网的形成奠定了基础。

**6. 大数据技术**

物联网是大数据的重要来源之一。物联网不仅仅是传感器，而是提供支撑智慧地球的一个基础架构，物联网的存在使这种基于大数据的采集以及分析变成了一种可能。物联网时代的数据主要分为感知数据和网络数据两种。目前来说，网络数据量还是大于传感设备感知到的数据量。然而，随着物联网技术的不断发展，物联网感知数据量将最终远远超过传统的网络数据量。

因此，现在的大数据技术大多是指互联网中的大数据。而物联网中的大数据和互联网的大数据有重大的区别。首先，一个重要区别就是互联网的大数据，大多是对已经发生数据的搜索或关联分析。而物联网的大数据更多是对未来数据的预测。其次，物联网的数据一般是异构的、多样性的、非结构和有噪声的。最后，物联网的数据有明显的颗粒性，其数据通常带有时间、位置、环境和行为等信息。物联网数据可以说也是社交数据，但不是人与人的交往信息，而是物与物、物与人的社会合作信息。物联网的混搭将使物联网的数据变得更有用，将物联网感知的数据与通过社会媒体获得的数据结合，也就是人跟机器的社会联网，将使决策更科学。

因此，物联网大数据技术的研究内容和传统的互联网大数据技术有很大不同。需要在大数据技术的架构和关键技术上取得重大突破。考虑到大数据在物联网领域应用的紧迫性和相对落后的状况，物联网大数据技术发展迫切需要解决上述问题。

**7. 纳米技术**

纳米技术主要研究结构尺寸在 0.1～100nm 范围材料的性质和应用，其应用领域广泛，包括微电子和计算机技术、材料和制备、航天和航空、生物技术、环境和能源等等方面。纳米技术在近几年得到飞速发展。纳米技术在物联网中的应用主要体现在传感器技术中的应用。利用纳米技术制造的“纳米传感器”能够完成传统传感器无法实现的功能。纳米技术在物联网中的应用使得物联网由宏观走向微观，使得物联网的应用范围进一步扩大。

综上所述，在传感技术、大数据和计算技术等关键技术发展的推动下，全球物联网已经开始进入实质推动阶段，预计到 2016 年前，欧洲国家的 M2M 市场复合年增长率将达到 33%。美国也以物联网应用为核心，投资 110 亿美元用于智能电网及相关项目。在国内，虽然物联网技术与市场的对接还存在一些挑战，但也开始进入初步推进阶段。目前，我国物联网应用主要集中在智能工业、智能物流、智能交通、智能电网、智能医疗、智能农业和智能环保等领域， 随着物联网技术的成熟和相关政策的进一步完善，物联网必将在工业、农业、节能环保、公共安全、资源环境等更为广阔的领域发挥自身的作用。

### 2.2.3 物联网产业现状

从技术构成角度看，一些物联网相关技术产业，如传感器、RFID、微电子芯片、互联网等已相当成熟，数据挖掘、云计算等软件技术产业也进入蓬勃发展时期。下面以 RFID、传感器、云计算为例，阐述物联网相关技术产业发展现状。

**1．RFID**

2009 年，全球 RFID 市场规模达到 87 亿美元，在经济复苏的推动下，其市场规模在 2012 年达到 212 亿美元，应用将渗透到物流、零售、医疗、金融等多个领域。从芯片设计制造、天线设计制造、加工标签成品、读写器、中间件、系统集成、应用软件到最终的测试与服务的完整 RFID 产业链已经形成。

图 2-9 给出了 2007～2012 年 RFID 全球市场规模预测图。

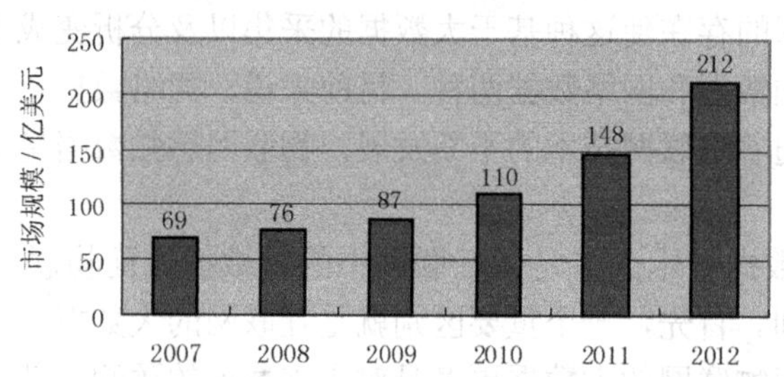


图 2-9　2007～2012 年 RFID 全球市场规模预测

**2．传感器**

传感器是物联网实现物理世界感知不可缺少的核心部件，从世界范围来看，全球传感器市场正在以持续稳定的增长态势向前发展。全球传感器市场 1998 年为 325 亿美元，2009 年增加到 550 亿美元，预计 2010 年将突破 600 亿美元。近年来，我国传感器的市场保持了较快的发展态势，增长超过 30%。2009 年我国传感器主要应用于工业、汽车电子产品、通信电子产品、消费电子产品、专用设备等领域，整个传感器市场产值突破 327 亿元，预计 2010 年有望达到 500 亿元。图 2-10 给出了 2010～2013 年我国传感器产品产量预测图。

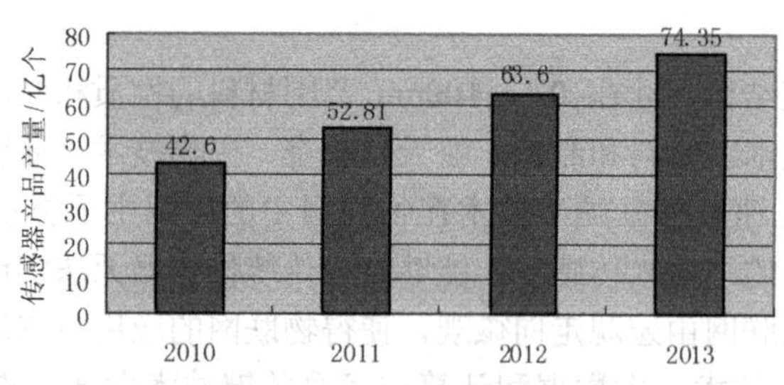


图 2-10　2010～2013 年我国传感器产品产量预测

MEMS 等新型传感器加工成本的降低，将促进其在物联网中的广泛应用。力学传感器、湿度传感器、光传感器、磁传感器、生物传感器、温度传感器等传统传感器主要品种的产业化也逐渐成熟，将为物联网应用的进一步发展奠定坚实基础。从传感器产业角度看，欧美发达国家在传感器特别是高端传感器行业占据主导地位，传感器产业被西门子公司、博世公司、霍尼韦尔公司、欧姆龙公司等国际巨头所垄断。

**3．云计算**

自 2008 年经济危机以来，SaaS（软件即服务）服务模式和云计算概念逐渐兴起。2010 年云计算技术从概念层面逐渐走向应用服务层面。许多研发公司，如谷歌公司、微软公司、IBM 公司，已经将云计算作为新的战略核心，并探索其企业级、社会级的应用。

亚马逊公司的 AWS、Sun 公司的存储云、IBM 公司的“蓝云”以及其他厂商共同倡导的云计算，正在为整个业界提供所需要的存储资源和虚拟化服务器等应用，帮助企业将内存、I/O、存储和计算容量通过网络集成为一个虚拟的资源池来使用。云计算从技术上讲已趋于成熟，但还缺乏成熟的商业模式。如何在物联网中运用云计算，是物联网产业化过程中需慎重考虑的问题。图 2-11 给出了 2010～2012 年我国云计算市场规模预测图。

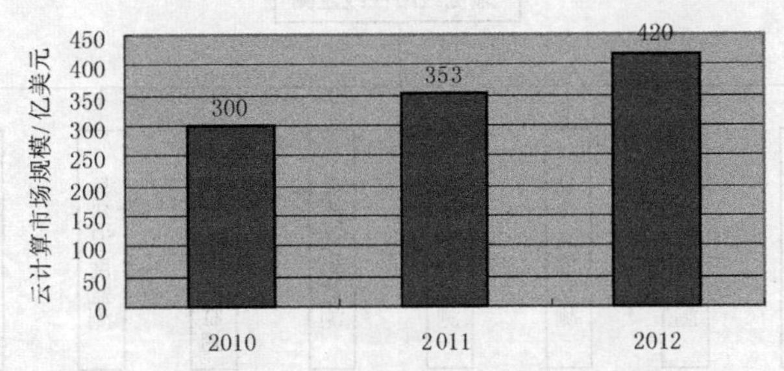


图 2-11　2010～2012 年我国云计算市场规模预测

**4．物流管理**

RFID 技术和二维条码技术等物联网支撑技术正逐步在物流管理领域发挥不可或缺的作用。通过存储在 RFID 标签中的 EPC 代码，对实体目标加以标识，RFID 标签同时存储目标的一些实时动态信息并可进行更新，高层的信息处理软件可以通过 RFID 读写器对目标信息进行识别、传递和查询，与互联网技术进一步结合，可以向用户提供综合信息服务。

物联网技术的运用可以实现现代企业信息资源的整合，可优化内部物流供应和流程，提高工厂的生产效率和产品质量，进而提高整个企业的核心竞争力。RFID 标签可分为主动（Active）和被动（Passive）两种类型。表 2-3 比较了主动 RFID 标签和被动 RFID 标签的特征差异。

**表 2-3　主动与被动 RFID 标签的特征比较**

| | 主动 RFID 标签的特征 | 被动 RFID 标签的特征 |
|---|---|---|
| 标签能量来源 | 标签内部 | 读写器射频信号获取 |
| 标签电池 | 需要 | 不需要 |
| 标签能量可用性 | 长时持续 | 仅在读写器区域 |
| 标签所需信号强度 | 较弱 | 较强 |
| 距离/m | >100 | 3～5 |
| 多标签读写能力 | 数千个 | 数百个 |
| 数据存储能力/KB | ～128 | ～2 |

从应用实现层面看，RFID 面临基础设施缺乏、价格、频率等问题的挑战。从技术层面看，RFID 面临安全、数据隐私保护、冲突、数据同步与管理等问题所带来的挑战。

**5．智能电网**

智能电网是指基于信息技术，结合先进的传感和测量技术、先进的设备技术、先进的控制方法以及先进的决策支持系统技术的应用，实现电网的可靠、安全、经济、高效运行的目标。物联网相关技术可以应用于智能电网的输、变、配、用等各个环节。

以输电线路在线监测为例，图 2-12 给出的输电线路在线监测系统包括导线风偏监测、线路覆冰监测、线路气象监测、导线微风振动监测、导线温度监测和动态增容评估等。输电线路在线监测系统设计的传感器包括温湿度传感器、加速度传感器、风速传感器、倾角传感器、拉力传感器等。

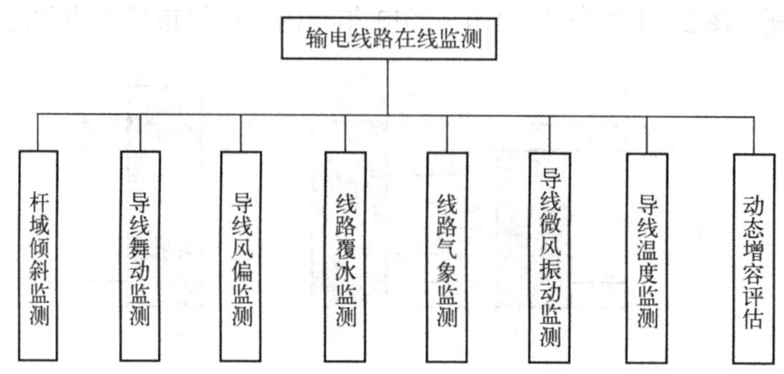


图 2-12　输电线路在线监测系统框架图

**6. 智能交通**

智能交通是指有效地集成了先进的信息技术、数据通信传输技术、电子传感技术、控制技术及计算机技术等，并可运用于整个地面交通管理系统的一种在大范围、全方位发挥作用的，实时、准确、高效的综合交通运输管理系统，是未来交通系统的发展方向。

物联网在智能交通应用领域具有明显的优势。通过磁敏、视频、雷达等多种传感器节点，与基础设施相结合，构成面向交通的物联网应用系统，实现缓解交通拥堵、增强交通安全、减少交通环境污染、降低交通能耗的目标。

韩国最大的移动运营商 SK 电讯与三星公司、起亚汽车和车内通信企业 UDtech 建立了合作关系，四家企业联手推动车载通信服务的发展，首批将推出一款可在智能手机和平板电脑上使用的车载通信应用，可帮助记录行车速度、距离、油耗等信息。

**7. 物联网产业总体现状**

总体上看，物联网作为新兴产业，目前正处于产业化前期，其大规模产业化与商业化时代即将到来。欧洲智能系统集成技术平台（EPoSS）在《Internet of Things in 2020》报告中分析预测，未来物联网的发展将经历 4 个阶段，2010 年之前 RFID 被广泛应用于物流、零售和制药领域，2010～2015 年物体互联，2015～2020 年物体进入半智能化，2020 年之后物体进入全智能化。

我国在这一新兴领域自 20 世纪末与国际同时起步，具有同等水平，部分达到领先，如何将技术优势快速转化为国际产业优势，是我国面临的严峻挑战。

在物联网产业化进程方面，由于物联网应用众多、环境差异大、物物互联系统异构性、用户需求和市场培育速度等诸多因素，当前物联网在成果转化和技术熟化方面存在的主要问题表现在以下方面。

- 在物联网产品开发环境方面，缺乏物联网产品开发和工程化平台，如物联网设计与仿真平台、样本数据库平台、专用测试平台等。这种情况限制了物联网各研发机构对核心技术的成果转化，降低了科研成果的转化率。
- 在物联网产品中试方面，缺乏规范的中试平台，难以批量化生产，生产类测试、工艺类测试、功能类测试、性能类测试等规范化物联网中试环境缺乏，使得绝大多数的物联网相关设备没有达到批量化生产的要求，从而严重制约了产业化的发展进程。

- 在物联网应用示范方面，缺乏物联网多行业应用的集成示范平台，物联网应用场景多种多样，并且行业要求各异，在各应用领域内建立完整系统的解决方案有待进一步推进。
- 在物联网标准化方面，缺乏统一的标准体系，难以形成明确的市场分工。
- 在物联网产品认证方面，缺乏具有行业公信力的认证机构；物联网系列标准认证是促进物联网大规模应用推广和建立完整、规范的产业链的重要基础。物联网国际、国内标准仍在进一步制定中。因此，物联网行业内的各类机构仍处于粗放式的发展过程中。缺乏具有行业公信力的认证机构的认证，使得产品难以被社会接受，更加难以规模化推广。
- 在物联网系统集成和商业模式方面缺乏较成熟和规模化的发展模式。由于物联网具有多样的应用场景，因此在规模化发展模式设计时应当基于共性的应用需求，在此基础上再通过成熟的商业模式真正实现物联网的规模化应用和发展。

## 本章小结

本章介绍了物联网在经济、社会、国家安全、科技发展等多个方面的重大战略意义。世界强国陆续制定相关的战略发展规划，物联网的相关研究已经覆盖安全、环境、医疗、物流、能源、交通等各方面。一些物联网的相关技术已具备产业化基础，物联网作为产业集群发展的动力已非常明朗。抓住以物联网为核心的第三次信息技术革命的有利时机，推进物联网产业发展，是实现我国信息技术跨越式发展的重大课题。

# 第3章 物联网体系架构

本章主要介绍物联网的体系架构，便于读者形成对物联网的系统的、全面的认识。首先是对物联网体系的一个简单的概述。然后，按自下而上的顺序，依次介绍了物联网的感知层、网络层以及应用层的功能特点和结构组成。

## 3.1 物联网体系概述

物联网是以感知为目的的物物互联系统，涉及众多技术领域和应用领域。为了梳理物联网的系统结构、关键技术和应用特点，促进物联网产业健康稳定的发展，需要建立统一的系统架构和标准的技术体系。随着物联网技术的发展、融合，以及应用需求的不断演变，物联网的内涵也在不断丰富。需要建立一种科学的物联网体系架构，引导和规划物联网标准的统一制定。

物联网的体系架构必须综合各类应用的特点和需求，满足其共性需求。物联网体系架构相关标准建立后，将规范和引领物联网产业发展，最终为物联网的设计者、厂商和服务提供者带来以下好处：

- 有效集成新的设备、软件和服务到现有的物联网中。
- 建立不同网络融合的桥梁。
- 使未来物联网的设计和应用更加高效。
- 可与其他组织和应用领域的关系者共享系统数据。
- 可使用共享数据提供更多的目标应用。

物联网体系架构描述了通用物联网服务，是物联网中设备实体的功能、行为和角色的一种结构化表现。物联网体系架构是抽象的物联网应用解决方案；是为物联网开发和执行者的目标应用提供可重复使用的结构；是在对物联网系统深入研究的基础上，对其系统框架进行抽象性描述，抽取其基本要素并描述其相互关系，建立的体现物联网特点的系统参考架构。

**1．面向服务的体系架构**

面向服务的体系架构（SOA）是一种粗粒度、松耦合的服务架构，符合物联网规模化应用的需求。物联网上的各项服务之间通过简单、精确定义的接口进行通信，可以不涉及底层编程接口和通信模型，使用户在不触及复杂的物联网本身的情况下，就能够真正实现随时、随地与任何人、任何物进行有效的感知、互联与协同控制。目前关于 SOA 有许多国际组织和公司开展研究，他们推出了一系列的体系架构框架，如 Zachman 架构框架、美国国防部架构框架（Department of Defense Architecture Framework，DoDAF）、开放组织架构框架（The Open Group Architecture Framework，TOGAF）、英国国防部体系架构框架（Ministry of Defense Architecture Framework，MoDAF）等。

表 3-1 列举了用于工业的架构框架，以及对每个体系架构框架的不同类型的架构角度（比如信息、过程、技术等架构角度）。

**表 3-1　工业使用的架构框架**

| 框架名 | 信　息 | 过　程 | 产　品 | 技　术 | 人　员 | 结　果 |
|---|---|---|---|---|---|---|
| DoDAF | 运营角度（Operational View），系统角度（System View） | 运营角度（Operational View） | 系统角度（System View） | 技术角度（Technical View） | - | - |
| FEA RM | 数据参考模型（Data Reference Model） | 业务参考模型（Business Reference Model） | 服务组件参考模型（Service Component Reference Model） | 技术参考模型（Technical Reference Model） | - | - |
| FEAF | 数据架构（Data Architecture） | - | 应用架构（Application Architecture） | 技术架构（Technology Architecture） | | |
| TEAF | 信息角度（Informational View） | 功能角度（Functional View） | - | 基础设施角度（Infrastructure View） | 组织角度（Organization View） | - |
| ToGAF | 数据架构（Data Architecture） | - | 应用架构（Application Architecture） | 技术架构（Technology Architecture） | - | 业务架构（Business Architecture） |
| Zachman | What | How | 技术架构（Technology Model） | Where | Who | Why |

Zachman 框架从所有角度描述了架构元素，即信息、过程、产品、技术、人员和结果。此外，Zachman 架构对于域是中性的。基于输入 Zachman 元素表的信息，它可以开发任何框架，例如 DoDAF、FEAF 等。

物联网中存在多种异构的物和环境，因此，模块化、可扩展性、互操作性是架构设计的关键设计要素。架构必须是可重复使用的，对许多环境都适用，同时它也必须是可扩展的，不仅能适用于当前环境，而且能够作少量修改后为将来使用，它也必须具有互操作性，支持异构的信息相互访问。对于系统解决方案提供者和开发者是一个开放的平台，在这个平台中，应用能被评估，用户能从竞争性的解决方案中获益。架构的设计要考虑版本维护、业务模式、信息、技术和机遇等多种因素。

物联网应用的多样性和特定性，决定了其体系架构必须具备兼容性和灵活性等特点，体系架构的设计也决定着物联网的技术特点、应用模式和发展趋势等。将各种不同的物联网应用系统纳入到统一的标准化框架下，并以此为出发点，从方法论指导与建立面向不同应用的物联网体系架构及系统模型，它将为实际应用系统的规划和建设提供参考。

物联网的体系架构是总体和统一的参考架构，它能按照特定的应用来裁剪和调整，是进行软件和硬件应用系统架构设计的基础，同时它将促进物联网的标准化设计。物联网的标准需要对当前物联网的各种应用需求、功能、端口、数据类型和相关因素作出评估和分析。由于系统架构开发的过程需要从感知设备、网络、数据、用户接口、互操作性共同作用的角度出发，物联网的系统体系架构将包含如下内容：

- 从各种物联网的应用中总结出的元件、组件、模块和功能的共性和区别。

- 构建出的分层结构、接口、数据类型、连接关系等。
- 在物联网领域中需要统一的和已经存在的标准。
- 物联网的共性要求和经营理念。
- 不同应用的共同点。
- 现在通用物联网架构和未来通用的物联网架构。
- 根据开发者的兴趣提供设计、分析和裁剪物联网设计的扩展。

**2．物联网体系架构**

通过对物联网多种应用需求的分析，并综合现有物联网相关的研究成果，可从总体上归纳出物联网的体系架构组成，如图 3-1 所示。物联网体系架构由感知层、网络层和应用层组成。下面分别介绍以上各层的内涵、功能、结构及研究情况。

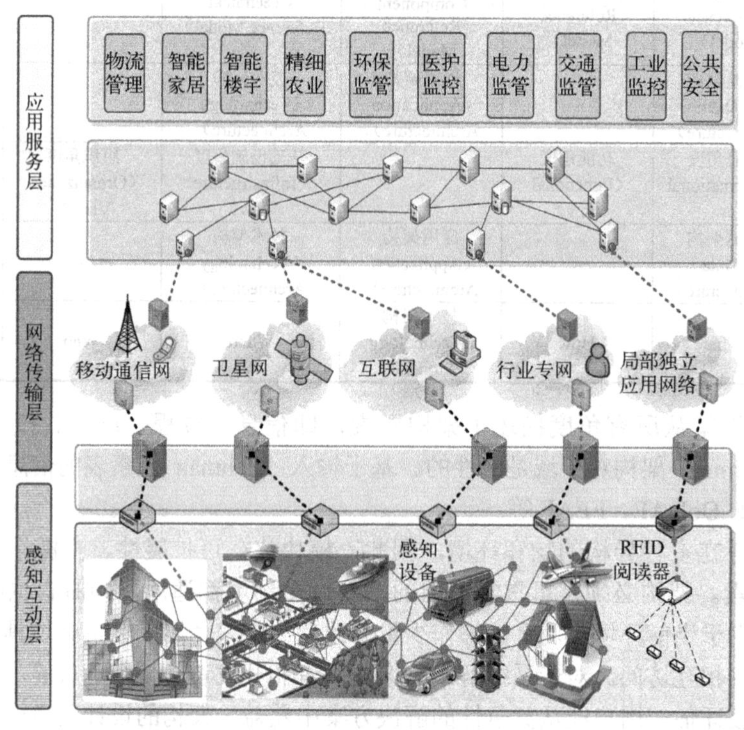

图 3-1　物联网体系架构

（1）感知层

感知层是物联网的基础，是物理世界和信息世界的衔接层。主要通过各类信息采集设备、执行设备和识别设备，采用多种网络通信技术、信息处理技术、物化安全可信技术、中间件及网关技术等，实现物理空间和信息空间的感知互动。根据具体用户需求，确定需要感知的对象和采用的信息处理技术，同时实现与承载网络层的接入、交互，以此为基础连接应用层。

当前关于物品的数据采集技术、RFID 技术与自动识别技术已经成熟，并开展了广泛的应用。近几年，传感器网络应用在许多重要行业，而且在低功耗、短距离的无线网络布设与协议设计、覆盖控制、定位算法、操作系统和仿真工具等方面，我国也取得了一些阶段性成果。这些都为物联网的应用和推广打下了坚实的基础。

（2）网络层

网络层主要实现信息的传输和通信，提供广域范围内的应用和服务所需的基础承载传输网络，包括移动通信网、互联网、各行业专网及融合网络等。物联网通过各种接入设备与基础网络连接，将分散的、利用多种感知手段所采集的信息通过归一化网关汇聚到传输网络中，最后将感知信息再汇聚到应用层。通过多种组网技术的融合，使物联网具备无处不在的协同感知能力。

就物联网整体而言，网络层可看做透明的信息传输通道，实现应用层与感知层的数据传输。因此，需要研究异构感知信息之间的互联、互通与互操作的机制，构建物联网发展所需的开放、分层、可扩展的网络体系结构，完成多种网络的接入与服务的融合。

从感知层和网络层之间的衔接关系来看，物联网感知层在地址协议、报文大小、移动性管理、远程维护与管理、安全协议等方面都与网络层不同，如网络层中互联网可采用IPv6/IPv4 协议，而感知层节点可利用短距离无线通信技术相互连接（如 IEEE 802.15.4 协议），这些需要物联网网关进行有效转换从而实现互联。物联网的节点与网关设备在不同的应用场景下有着不同的产品形态和差异化的性能指标，需要研究物联网网关设备系统软件和硬件设计。

（3）应用层

应用层主要将物联网技术与行业专业系统相结合，感知数据处理封装，以服务的方式提供给用户，实现广泛的物物互联的应用解决方案。应用领域涵盖环境监测、智能电网、智能家居、智能交通、工业监控等多个领域，应用服务支持平台用于支撑跨行业、跨应用、跨系统之间的信息协同、共享、互通等，主要包括物联网的高可靠性、高稳定性、高环境适应性、高智能化中间件，如信息管理、业务分析管理、服务管理、用户管理、目录管理、终端管理、认证授权、会话交互等。

在与用户交互方面，需要提供海量信息环境下的用户界面定制模型，实现友好、方便、网络及计算资源消耗低的物联网交互系统。应用层的关键算法和软件系统是物联网计算环境的主体，是物联网系统的重要组成部分，确保物联网在多应用领域安全可靠运行。

物联网作为一种新兴技术，它给技术和服务带来的挑战，需要研究面向物联网应用的多领域、多学科的大型综合性的平台化、一体化、构件化、语义智能化以及高灵活性和高集成性的软件系统才能解决。

在多种业务并存的情况下，基于物联网特征，研究表征其服务质量的参数指标和保障技术。如在传统网络服务质量评判指标基础上，抽象出物联网的本质属性，提出物联网服务质量的定义、参数指标及其形式化描述，分析服务质量参数和网络参数之间的映射关系，找出网络参数对不同服务质量参数的影响程度，提出保障网络服务质量的可行技术方案。

## 3.2 感知层

感知层由具有感知、识别、控制和执行等能力的多种设备组成，采集物品和周围环境的数据，通过这些基础数据获取用户感兴趣的信息和知识，完成对现实物理世界的认知和识别。与此同时，物联网经常需要根据用户的需要，形成对物理世界的反馈控制。比如，执行功能的设备响应用户或系统预先设定的决策机制等，代表用户对各种事件或者状态采取相应措施和行动。因此，可将感知层按照功能分为感知现实世界和执行反馈决策这两个部分。

### 3.2.1 感知现实物理世界

感知现实物理世界是物联网应用的基础。在物联网的感知层中，通过各种感知设备收集用户感兴趣的表征物理世界信息的数据或发生的物理事件，包括各类物理量，如标识、音频、视频数据等。物联网的数据采集涉及传感器、RFID、多媒体信息采集、二维码等多种传感和编码技术。通过对这些采集到的基础数据进行信息处理获取信息和知识，从而完成对物理世界的认知过程。感知获得的数据是物联网在各种应用中运行和管理的基础。

比如，在交通流量实时监测与动态诱导应用中，在城区干、支线道路的车道上设置高灵敏度车辆检测元件将车辆信息收集，然后利用实时车速检测与流量统计功能，对车速、流量数据进行实时采集、分析、比对与传递，以时、分、秒的时间片断来分析机动车在各路段的流量、流向、是否畅通、拥堵的程度等。利用感知层获得的基础数据，可以使交通管理部门对交通车流量等进行精确管理。

再比如，在农业生产过程监控应用中，物联网可实时获取农作物、畜禽水产的生长信息和与生产过程直接相关的环境参数，并将其作为作业管理智慧决策的判据，实现农业生产过程管理精细化，并将监测结果直接与农产品安全溯源系统相关联。以 RFID 为代表的追踪识别技术能为可追溯系统的建设提供保障，通过标识编码、标识佩戴、身份识别、信息录入与传输、数据分析和查询，实现生产、屠宰加工、储运、交易、消费等各个环节的可追踪性。

在对物理世界感知的过程中，不仅要完成数据采集、存储等功能，还需要完成数据处理的功能。数据处理将采集数据经过多种处理方式提取出有用的感知数据。数据处理功能可包含协同处理、特征提取、数据融合、数据汇聚等。同时还需要完成设备之间的通信和控制管理，包括网络组网和协同信息处理技术等，实现传感器和 RFID 等数据采集技术所获取的数据传输至数据处理设备。

感知技术主要包括传感器与传感器节点组成的系统。传感器是监测现象，测量各种属性，将监测结果转化为信号的单元。监测属性可以是物理量、化学量和生物量等。传感器按照应用分为加速度传感器、振动传感器、磁敏传感器、光敏传感器、化学传感器等。

在传感器网络中，由传感器、执行器（可选）、通信单元、存储单元、处理单元及能量供给单元等组成，能够执行信息采集、传输、处理以及控制等功能的设备称为传感器节点（Sensor Node）。传感器节点的内部结构如图 3-2 所示，由 5 个部分组成（执行器为可选单元）。

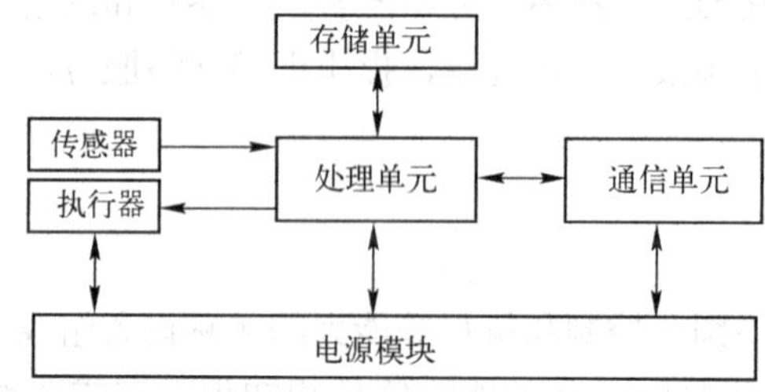


图 3-2　传感器节点内部结构示意图

- 处理单元是传感器节点的核心，它发出采集数据命令并对感知数据进行处理。设定发送数据给通信单元的时间，并根据接收到的数据判定执行器的动作，处理单元要运行各种程序，包括各种指令、通信协议及应用数据等。
- 存储单元式作为存储数据和代码的物理单元，现有多种技术可以实现。包括随机存取存储器（RAM）、只读存储器（ROM）、电可擦除可编程只读存储器（EEPROM）、闪存（Flash Memory）等，RAM 用来存储暂时数据，接收其他节点发送的分组等，电源关闭时这些数据不再保存。程序源代码一般存储在 ROM、EEPROM 和闪存中。
- 通信单元是在传感器节点间交换数据的模块，通信模块既可以是有线通信，比如现场总线 Profibus、LON、CAN 等，也可以是无线通信，比如射频、光通信、超声波等。
- 电源模块提供传感器节点所需的能量，大部分是按照要求的方式供电。有机构正在研究将节点外部能源转换为电能用以补充消耗的能量。
- 传感器具备对外部环境感知能力，负载信息采集和数据转换能力，所感知的信息包括温湿度、压力、化学成分等。
- 执行器作为可选的单元，通常是用于实现决策信息对环境的反馈控制。

传感器节点能够实现对物理世界信息的采集、传输和处理，这是物联网的基本功能之一。

传感器节点将硬件和软件相结合，利用了嵌入式微处理器的低功耗、体积小、集成度高，以及嵌入式软件的高效率、高可靠性等优点，综合人工智能技术，推动物联网中智能环节的实现。嵌入式系统包括嵌入式硬件和软件两大部分，硬件由嵌入式处理器、存储器与外围设备、现场总线组成，软件包括操作系统、文件系统、图形用户接口等。

从节点角度分析，传感器节点通常存在以下几种约束。

（1）能量受限

传感器节点携带的电池能量十分有限。其原因主要有以下几点：第一，由于传感器节点分布区域广，环境复杂，许多区域甚至人员不可达，因此能源难以补充；第二，受限于节点尺寸与成本，现有传感器节点通常无法采用大容量电池或者太阳能电池。因此，高效使用能量以最大化网络生存时间是传感网络设计的重要目标。

（2）通信能力受限

节点的通信距离和通信带宽有限，无线通信的能量消耗随着通信距离的增加而呈指数增长，因此，在满足通信连通度的前提下，应尽量减少单跳通信距离，数据传输采用多跳路由机制。节点的无线通信带宽一般只有几百 kbit/s。

（3）计算和存储能力受限

传感器节点是一种微处理嵌入设备，要求价格和功耗较小，这些限制必然导致其处理器能力比较弱，且存储器容量比较小，复杂的网络功能常常需要多节点协同合作。

单一的传感器节点通常在通信、能量、处理和存储等多个方面受到限制，多个传感器节点通过组网连接后，具备应对复杂计算和协同信息处理的能力。它能够更加灵活、以更强的鲁棒性来完成感知的任务。在由多个传感器节点组成的局部传感器网络中，包括以下功能：

- 具备与其他传感器节点进行通信完成数据发送和接收，以及交换控制信息的能力。

- 传感器节点之间通常具备协同信息处理能力，能完成复杂的感知数据处理，同时也降低了数据的冗余度。
- 具备组网能力，包括星形、树形、网状等，且通常具备一定的灵活性和可扩展性。
- 具备以数据为中心的路由和传输能力。

由于无线传感器网络的布设，具有高度灵活、低功耗和低成本等特点，所以无线传感器网络的研究一直是国际上无线通信研究的热点问题之一。早在20世纪70年代就提出研究无线传感器网络，早期主要致力于小型化、低功耗传感器节点平台的开发和研制。

迄今为止具有代表性的传感器节点包括UCLA和Rockwell公司研制的WINS节点，MIT研制的μAMPS节点，加州大学伯克利分校的学者以及Intel公司开发出的Smart Dust节点和Mica Mote系列节点。其中，Mica节点硬件平台及其配套的TinyOS操作系统的应用最为广泛，已经被全球几百家研究机构采用。

对无线传感器网络通信协议及支撑技术的研究，包括各类网络拓扑控制、MAC协议、路由协议、时间同步、定位技术等。在标准化方面，IEEE标准化组织协会的IEEE 802.15工作组，致力于无线个人区域网络（Wireless Personal Area Network，WPAN）的物理层和媒体访问子层的标准化工作。

IEEE 802.15标准化任务组TG4针对低速无线个人区域网络（Low-Rate Wireless Personal Area Network，LR-WPAN）制定标准。该标准将低能量消耗、低速率传输、低成本作为重点目标，旨在为个人或家庭内的不同设备之间的低速互联提供统一标准。Intel等企业在IEEE 802.15.4之上成立了ZigBee联盟。由于传感器网络具有的独有特性和体系结构，所以必须开展针对无线传感器网络的专用协议、支撑技术和应用解决方案的研究。

与其他的无线网络（如无线局域网802.11）相比，无线传感器网络具有以下几种特征。

（1）能量有效性

能量有效性是无线传感器网络MAC协议设计的核心问题之一。无线传感器节点通常依靠电池提供能量，并由于大规模布设或工作于无人值守环境等原因，能量不便补充。此外，对传感器节点而言，无线收发模块的能耗相对较大，而MAC层位于物理层之上，直接控制无线收发对节点的能耗，所以在满足应用需求的同时，应该尽可能提高MAC协议的能量有效性。

（2）时延要求

无线传感器网络的时延要求针对具体应用场景有所不同。无线传感器网络的典型应用包括周期报告、基于查询和事件触发。周期报告属于持续性数据采集，如环境监测小；基于查询一般要求在Sink发出命令后能及时得到相应的信息反馈；事件触发则要求监测到物理事件发生后及时上报，以便采取相应措施。后两类应用的时延要求与具体应用所要求的反应时间有关。

（3）公平性

节点协作是无线传感器网络的基本工作方式，对网络的公平性要求不高。单一传感器节点的业务对整个网络获取信息的影响较小，大规模密集布设使无线传感器网络具有一定的容错性。因此，弱化了单一传感器节点对系统监测精度的影响。

（4）灵活性和可扩展性

传感器节点多为静止状态，但节点能量耗尽和新节点的补充都会导致拓扑结构发生变化。无线传感器网络 MAC 协议要求能够灵活适应局部拓扑结构的动态性，如信道资源的分配方案类似于图论中的点着色或边着色问题，当节点间的相对位置发生变化时，信道分配方案必然需要动态调整。

根据应用的需要，无线传感器网络的设计原则是使网络具备服务质量支持、能量支持、鲁棒性等。因此，在设计网络时必须要考虑以下特性。

- 面向应用：无线传感网是面向应用的一个自组织的系统，其关注的是对上层用户应用需求的执行与反馈。其网络资源分配、节点组织方式与信息交互方式需要与应用需求相适应，不再是单纯地关注网络某个单一参数的网络通信系统。
- 大规模：单个传感器节点的功能有限，而布设大量节点能获得较大的覆盖范围，通过分布式处理大量的采集的信息以提高数据的精确度，同时利用大量节点的群集效应完成少数节点无法完成的任务。大规模特性给网络拓扑管理、维护数据的服务质量等带来了巨大的挑战。
- 自组织：在大部分网络应用中，传感器节点的布设往往具有随机性，而且系统中不可避免地存在节点失效、无线链路不稳定等因素。这要求节点具有自组织能力，能够自动进行配置和管理，通过拓扑控制机制和网络协议自动形成多跳无线网络系统。
- 以数据为中心：与以地址为中心的传统网络不同，无线传感网是实现数据感知和决策的网络，用户不关心数据是从哪些节点获取的，而是关心数据本身。
- 网内处理：由于用户关心的是最终数据，而且无线传感网高冗余的特性决定了其需要进行网内处理，包括数据聚合与协同处理等。通过网内处理可以降低数据冗余，提取有效数据，最小化数据传输以降低网络能耗，延长网络生存时间。

以上是关于数据感知、数据通信方面的特点。在数据交换方面，由于感知的数据种类、特征和重要程度等不同，数据表达和接口的标准化就成为物联网集成应用的关键之一，为了开发出与标准配套的运行环境和中间件框架，需要标准化组织来推动。

目前国外关于数据交换的标准有 IEEE 1451、CBRN（Chemical，Biological，Radiological and Nuclear）、TransducerML（Transducer Markup Language）、SensorML（Sensor Markup Language）、IRIG（Inter-Range Instrumentation Group）等。IEEE 1451 是传感器电子数据表格（Transducer Electronic Data Sheet）数据交换标准；CBRN 包含了“化学/生物/放射/核”传感器模型；TransducerML 包含了对捕获数据的完整描述；SensorML 是提供标准模型和描述传感器与测量过程的 XML 语言；IRIG 是军事遥测的数据标准。

为了实现统一的数据交换标准，需要提取出统一的传感器元数据标准，类似于互联网的 HTML 标准，再根据不同的应用扩展出行业的数据交换标准。

在传感器研究方面，当前传感器需要面向具有代表性的规模化行业应用需求，研究高精度、低成本、低功耗、稳定可靠的智能数字传感器。例如，应用于视频监控的微体积图像传感器、应用于实时定位服务的三维空间感知位置传感器、应用于安全监控的各种气体浓度传感器等，以及支持集成各类气象参数的多传感器融合技术、能适应极端环境的高集成度和高可靠性的传感器设备与监测装置。

### 3.2.2 执行反馈决策

物联网被称为信息技术的第三次革命性创新，其特征主要有三点：一是互联网特征，即对需要联网的“物”一定要有能够实现互联互通的互联网络；二是识别与通信特征，即纳入物联网的“物”一定要具备自动识别与物物通信的功能；三是智能化特征，即网络系统应具有自动化、自我反馈与智能控制的特点。

根据与“物”相关的这些信息传输和处理所涉及的范围大小，物联网可以是一个仅仅由近距离信息采集传输系统和具有一般处理能力的计算机构成的相对简单的局域网，也可以是一个包括互联网和“云计算机”在内的一个大范围的广域网。当我们通过公共网络、互联网等各种远距离信息传输手段，将成千上万个这样的“小物联网”连接在一起，并将它们所采集汇聚的海量信息，利用具有超强处理能力的“云计算机”进行处理，并根据各种应用需要通过网络进行信息反馈时，就形成了现有一般意义上的物联网。

物联网在与物理世界交互的过程中，不仅需要实现数据采集、信息感知、自动识别等功能，而且需要建立对物理世界的反馈和控制，实现对物的信息控制，最终为人类提供信息服务。它是在感知的基础上，融合计算、通信和控制的能力，实现物理世界和信息世界的双向交互，使得整个系统更加智能化。下面举例说明。

在远程医疗中，监测人体的各种生理数据，跟踪患者病理特征变化，如在病人身上佩戴具有监测心率和血压功能的探测节点，能实现对病人生理参数的监测，通过医院的医生服务平台对这些数据进行分析，判断病人现在的情况以进行诊治，或者对病人服药过程中的反应进行跟踪，对不良反应给出意见，这样病人足不出户也能看病，给病人带来极大的方便。

在医疗质量管理过程中，可以在患者、医务人员、大型医疗设备、各种检验设备中置入 RFID 传感器，通过对临床路径的过程监控，实现医疗行为的时限管理、特殊医疗耗材及贵重药品的动态管理、患者危急值的管理、临床路径的变更管理。

基于物联网技术应用研究基础，采用非接触式信息采集处理，实现对患者、医疗设备的自动识别，优化临床路径的管理，能够实现对临床路径中重要的节点问题（诸如医疗行为时限、贵重药品、医疗耗材、不合理变更等情况）实时监控、预警反馈，对临床路径中各类危急值的监控与预警等。真正做到即时、高效管理的同时，又节约人力成本，优化服务流程，提高医疗质量。

在智能交通系统中，通过在一些城市路面布设传感器节点，对采集到的车流量信息进行传输，通过物联网的分析系统，将当前的道路情况发布给附近的车主，或者规划出最省时的交通路线。这样不仅为用户节省了出行的时间，同时也缓解了道路拥堵压力。利用密集布设的传感探测点，迅速地收集、分析、归纳即时的交通信息，并通过有线、无线设备，将这些信息传达给交通的参与者（行人、驾车人和交警）。有了这些即时信息的指引，使人们慢慢培养成一种习惯，出行之前粗略规划路线，了解整体的交通状况，从而更好地预先安排路线。这种合理科学的安排，对缓解交通拥堵的作用巨大。

对于交通管理部门来说，物联网技术条件下的智能交通管理同样将产生变革。比如通过密集设置的路面探测点、交通探头，如图 3-3 所示，采集和传输路面交通信息，使交通路段上的堵车、交通事故等状况能更迅速地反馈到交警部门的信息中心，从而便于更迅速地出动，更有效率地处理交通问题。

利用传感技术采集到的信息最终汇总到交警部门的指挥中心进行分析和处理，做出更加智能的管控。比如，在当前时段路面的东西向的车少，南北向的车多，通过智能反馈，可以使南北向的绿灯时间延长，从而使得通行更加顺畅，交通管理更加智能化。

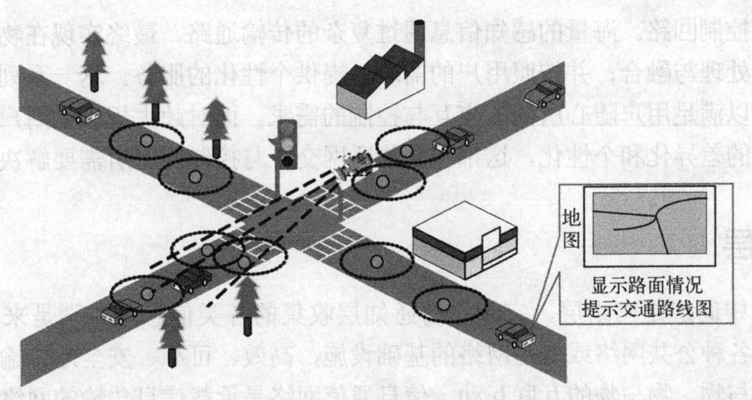


图 3-3　智能交通管理示意图

在 DARPA 的沙漠与城市挑战中，车辆的片上信息系统通过对大范围覆盖的多种传感器进行数据采集和信息处理，从而可以完成车辆定位，地形推断，周围车辆、人、障碍的位置以及指示标识的判断。

对物理世界的反馈控制的最终目标是实现智能化。通过对历史数据的挖掘，先进的信息处理技术提取出可以提交给物联网用户用来做出决策的信息，用户能够根据这些信息做出判定，从而将这一判定的结果传输到执行器或节点，实现控制的功能。或者根据这些决策信息能够自动启动一些措施，如在应急指挥中，当出现人员伤亡需要急救时，可以启动应急的交通控制、医疗救护等联动的多个系统，如图 3-4 所示，全面地提升对事件的处理能力。这也体现了物联网强大的反应和控制能力。

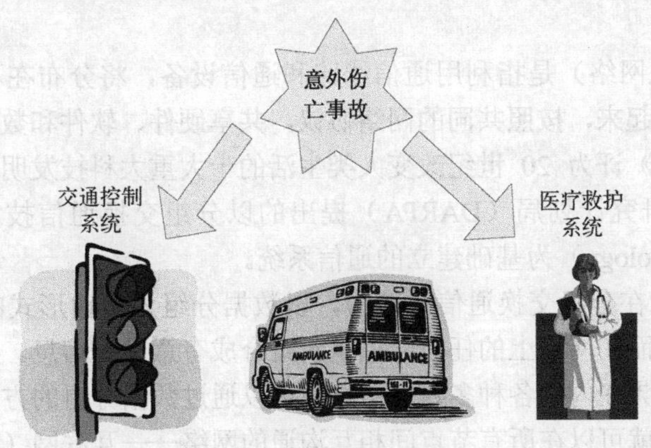


图 3-4　物联网反馈控制系统示意图

物联网需要根据用户需求，提供不同的反馈控制服务。物联网与移动通信网、互联网的显著差异在于对物理世界的实时感知，并通过庞大的末梢网络和骨干网络实现界面友好的面向服务的人机交互。在大规模智能信息处理和专家系统的基础上，通过种类繁多的面向不同应用的执行器及控制设备，可以实现异地远程的实时控制，最终提供富有特色的各种个性服务。

物联网不仅仅是信息网。传统的互联网已经完全可以完成对信息的整理和服务。物联网可以完成与物理世界的实时交互，并提供给用户随心所欲地进行服务控制（如工业控制、智能家居等应用），这也给传统的网络技术提出了巨大的挑战。

物联网的应用服务系统是信息系统与物理系统的结合，其复杂程度已经远远超越了简单的专用反馈控制回路。海量的感知信息通过复杂的传输通路，最终实现在物联网云计算平台上的存储、处理与融合，并按照用户的需求，提供个性化的服务。这一系列的操作必须赋予实时性才可以满足用户随心所欲的交互与控制的需求。而对超大规模的用户来说，其需求又存在着较大的差异化和个性化，这都将是物联网交互与控制应用所需要解决的问题。

## 3.3 网络层

物联网的中间层是网络层，它负责将感知层收集的各类信息，特别是来自于物理世界的信息，通过各种公共网络或专用网络的基础设施，高效、可靠、安全地传输到用户或应用层，以实现人与物、物与物的互联互动。信息通信网络是承载信息传输的网络服务平台，是信息化社会的基础设施。信息通信网络传输的信息不仅包括文字、音频、视频等多媒体信息，还包括位置数据、传感器数据等一切能够从感知层获得的信息。

目前的信息通信网络主要包括面向公众的互联网、电信网、广播电视网，以及服务于各类行业应用的专用网络，如交通、电力等行业专网。各类信息通信网络在其建设之初，并未考虑与其他网络的互联互通以及综合业务发展的需求。因此，目前较普遍地存在着网络基础设施重复建设的问题。为支持泛在的人与人、人与物以及物与物通信，下一代信息通信网络的发展趋势是网络的数字化、宽带化、IP 化，以及多网之间的协同与融合。

本节主要介绍互联网（包括 IPv4 与 IPv6 技术）、电信网和广播电视网的发展和演进，并以电信网与传感网的融合为例，介绍物联网对三网/多网融合的需求。

### 3.3.1 互联网

互联网（计算机网络）是指利用通信线路和通信设备，将分布在不同地点的多台自治计算机系统互相连接起来，按照共同的网络协议，共享硬件、软件和数据资源的系统。互联网被美国《科学世界》评为 20 世纪改变人类生活的十大重大科技发明之一。互联网的起源是美国国防部高级研究计划局（DARPA）提出的以分组交换通信技术（Packet-Switching Communication Technology）为基础建立的通信系统。

按照这种设想，在分组交换通信系统中，以数据分组为传输形式的信息单元会沿着网络寻找自己的路径，而在网络上的任何一点重新组合成有意义的信息。后来随着数字技术的发展，包括音频、视频在内的各种多媒体信息都可以通过数据分组的方式传输，从而形成了一个不需要控制中心就可以在所有节点间相互沟通的网络——互联网（Internet）。

1969 年，DARPA 开始建立一个名为 ARPAnet 的网络，把美国的几个军事及研究用电脑主机连接起来。1973 年，在 DARPA 从事研究的 Vinton Cerf 和 Robert E. Kahn 开发了 TCP/IP 协议。1983 年，美国国防部为 Internet 命名，并且要求连入 Internet 的计算机都使用 TCP/IP 协议。随着 WWW、Mosaic 浏览器等技术的出现，上网冲浪开始流行，互联网使得人们获取信息和人际交互变得更加简单，可以说，是互联网把人类带入“地球村”时代。

互联网的基础是 TCP/IP 协议。TCP/IP 协议是一种 4 层的分层体系结构，从底层开始分别是网络接口层（物理层+数据链路层）、网络层、传输层和应用层，每一层都通过调用它的下一层所提供的网络任务来完成自己的需求。

TCP（Transmission Control Protocol）是一种传输层协议，提供了从应用程序到另一个应用程序之间的通信，即“端到端”通信。IP（Internet Protocol）是网络层协议，提供数据封包传输功能，它可以使数据包通过各种网络选路（路由）正确地到达接收主机，但 IP 并不保证数据包顺序到达。

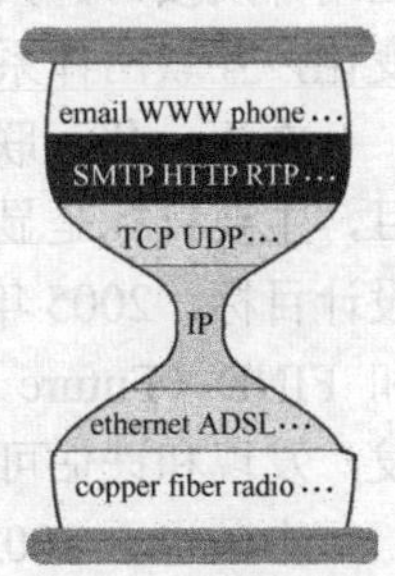

图 3-5　TCP/IP 协议的沙漏模型

TCP/IP 模型通过 IP 层屏蔽掉多种底层网络的差异（IP over Everything），向传输层提供统一的 IP 数据包服务，进而向应用层提供多种服务（Everything over IP），因而具有很好的灵活性和健壮性。IP 层的这一特点可以将 TCP/IP 协议的模型用图 3-5 中的沙漏模型来表示。

采用 32 位主机地址的 IPv4 协议是目前被广泛使用的互联网协议。作为互联网的基础网络协议，IPv4 为互联网早期和中期的发展起到了重要的推动作用，随着互联网的迅速发展，IPv4 的某些局限性和弊端也逐渐显现，如地址空间短缺、安全性欠缺、配置复杂等。因此 IETF 启动了开发新版本 IP 协议的项目，并于 1998 年采纳了 IPv6（RFC2460）并给出了版本迁移方法的建议。新一代的 IPv6 协议在地址空间、分组处理效率，以及对移动性、安全性和 QoS 的支持等方面都优于 IPv4。

IPv6 地址的长度增加为 128 位，是单个或一组接口（非节点）的标识符，主要包括 3 种类型的地址，即单播（Unicast）地址、多播（Multicast）地址和任播（Anycast）地址。单播地址是每个网络接口的唯一标识符，不同的网络接口不能分配相同的单播地址；多播也被翻译为组播，多播地址被分配给一组主机（被称为多播组成员），所有的组成员均具有相同的多播地址，目的地址是多播地址的分组将被送至组内的所有成员；任播也被翻译为选播，类似于多播，一个任播地址被分配给多个主机，与多播不同的是，同一时间只有一个任播成员与分组的源主机进行通信。任播的应用包括服务器定位、主机自动配置等。

如图 3-6 所示，IPv6 增加了两个新的字段用以支持实时业务的需求，即流量类别（Traffic Class）与业务流标记（Flow Label）。流量类别使得特定分组可以比其他分组的处理速度更快或者更可靠，它可以独立使用，也可以与业务流标记同时使用；业务流标记使得资源被保留，以满足音频和视频数据流传输的时延需求。

0　4　12　16　24　31

<table>
<tr><td>版本</td><td>流量类别</td><td colspan="2">业务流标记</td></tr>
<tr><td colspan="2">有效负载长度</td><td>下一个报头</td><td>跳数限制</td></tr>
<tr><td colspan="4">源地址（128位）</td></tr>
<tr><td colspan="4">目的地址（128位）</td></tr>
</table>

图 3-6　IPv6 报头格式

此外，IPv6 还改变了地址分配的方式，即 ISP 而非用户拥有全球网络地址，当用户改变 ISP 时，其全球网络地址也需相应地更新为新 ISP 提供的地址。这样能够有效地控制路由信息，避免路由爆炸的现象。同时，IPv6 提供了基于 BOOTP（启动协议）和 DHCP（动态主机配置协议）的地址自动配置技术，实现了即插即用。

互联网设计之初采用了“端到端透明性”的网络体系架构，即网络只是简单、“尽力而为”地传递信息而不作任何记忆与控制。这种端到端的业务与承载分离，提供了完全开放的应用开发接口，大大提高了网络的可扩展性。随着互联网的用户群体、应用目的和产业链的变化，互联网体系架构存在的网络安全问题和服务质量问题逐渐引起关注。

在下一代互联网建设方面，美国在 1996 年启动了 NGI（Next Generation Internet）项目，主要目标是显著提高 Internet 的速度，该项目已于 2002 年完成，但是没有达到 Tbit/s 的设计目标。2005 年，美国 NSF 启动 GENI（Global Environment for Networking Innovation）和 FIND（Future Internet Design）项目，从可扩展性、安全性、移动性、实时性等方面出发，发现和评估可以作为 21 世纪互联网基础的新的革命性的概念、理论和示范性技术。

中国也于 2002 启动了 CNGI 项目，已建成世界上规模最大的采用纯 IPv6 技术的下一代互联网主干网。当前，中国互联网的发展与普及水平已超过世界平均水平，居发展中国家前列。根据 2010 年 7 月 15 日中国互联网络信息中心（CNNIC）发布的《第 26 次中国互联网络发展状况统计报告》显示，截至 2010 年 6 月底，我国网民规模已达 4.2 亿人，其中手机网民达到 2.77 亿人，互联网普及率增至 31.8%。

### 3.3.2 电信网

电信网是构成多个用户相互通信的多个电信系统互联的通信体系，是人类实现远距离通信的重要基础设施。电信网利用电缆、无线、光纤或者其他电磁系统，传输、发射和接收标识、文字、图像、声音或其他信号。电信网由终端设备、传输链路和交换设备 3 要素构成，运行时还辅以信令系统、通信协议以及相应的运行支撑系统。

电信网可划分为用户驻地网和公用电信网，通常意义的电信网指公用电信网部分。用户驻地网是指用户网络接口（UNI）到用户终端之间的相关网络设施，由完成通信和控制功能的用户驻地布线系统组成，如双绞线、同轴电缆等；公用电信网一般又可划分为接入网和核心网两大部分，其中核心网包含长途网和中继网，接入网可根据接入方式分为有线、无线接入网，固定、移动接入网等。图 3-7 所示为一个采用无线移动接入网的第三代移动通信网 UMTS（R4/R5）网络架构的示意图。

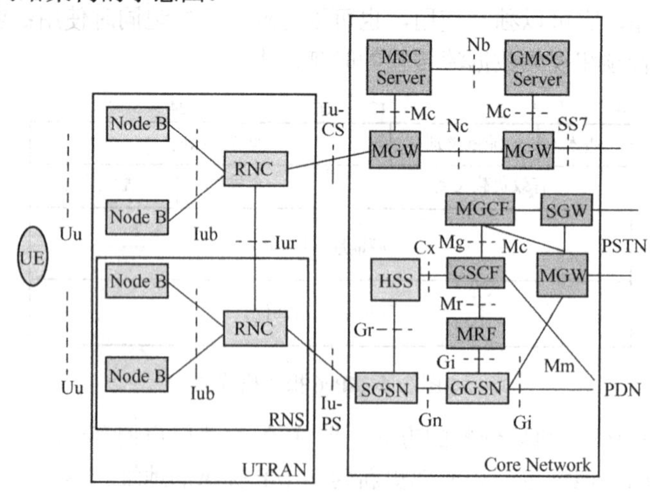


图 3-7 UMTS（R4/R5）网络参考架构示意图

可以看出，UMTS 系统主要由陆地无线接入网（UTRAN）和核心网（Core Network）

两大部分组成。陆地无线接入网部分，主要由基站（Node B）和无线网络控制器（RNC）构成；核心网部分由电路交换（CS）域和分组交换（PS）域组成，CS 域为用户流量提供专用的电路交换路径，主要用于实时和会话业务，如音频和视频会议；PS 域适于端到端分组数据应用，如文件传输、Internet 浏览和 E-mail 等。

UMTS 系统在 R4 阶段开始引入软交换（Soft Switch）技术以实现控制和承载分离，图 3-7 中，媒体网关 MGW（Media Gateway）提供承载层电路交换网络或分组交换网络和 PSTN 网络的互通，MSC 服务器（MSC Server）负责提供 CS 域呼叫控制、移动性管理等功能，实现了承载与呼叫控制的分离。为了在 IP 平台上支持丰富的移动多媒体业务，在 R5 阶段又引入 IP 多媒体子系统（IP Multimedia Subsystem，IMS）。IMS 基于会话初始协议（SIP），叠加在 PS 域上。各功能模块的作用如下：

- CSCF（Call Session Control Function）是 IMS 域中用于完成会话控制的主要实体。
- MGCF（Media Gateway Control Function）完成 IMS 和 PSTN 网络在信令层上的互通功能。
- MRF（Multimedia Resource Function）用于媒体资源的控制和处理。
- SGSN（Serving GPRS Support Node）主要提供 PS 域的路由转发、移动性管理、会话管理、鉴权和加密等功能。
- GGSN（Gateway GPRS Support Node）主要提供与外部 PDN（Packet Data Network）的接口，承担网关或路由器的功能。
- SGW（Signaling Gateway）提供与 PSTN 网络的信令转换和互通。
- HSS（Home Subscriber Server）则是存储用户属性的数据库。

软交换和 IMS 的引入，体现了电信网络向下一代网络（Next Generation Networks，NGN）的演进和融合趋势。NGN 是下一代电信网络融合演进的目标。ITU-T 对 NGN 的定义是：NGN 是一个基于分组交换的网络，能够提供包括电信业务在内的多种业务，使用多种宽带、支持服务质量（QoS）的传输技术，实现业务相关功能和底层传输相关技术的分离，并且支持普遍的移动性，实现用户的泛在接入和用户业务的一致性。

NGN 的基本思想是采用分组交换方式，实现多业务的融合。由于 NGN 建立在 IP 之上，因此也常用“All-IP”来描述电信网络向 NGN 的融合演进。NGN 的含义就是可以通过不同的终端，在任何时候、任何地点获取信息和享受多样化的业务。为达到这个目标，就要求网络具有以下的特征：

- 应用层与控制层分离，以便使业务与用户的物理位置具备无关性。
- 控制层与传输层分离，使呼叫或会话的控制独立于承载的控制，可实现基于不同承载提供相同的控制能力。
- 传输层与接入层需要完全分离，使得无论何种终端、何种接入方式都可以共享同一承载网络，从而充分利用网络资源，屏蔽网络的复杂性。

图 3-8 所示为固定网络和移动网络向 NGN 融合演进的示意。应该看到，网络融合是一个长期的过程，必须要综合考虑保护现有网络的投资，并且能够保证新旧网络之间的平滑过渡。但是，目前移动网络和固定网络还有各自的特殊需求和发展空间，短期内还无法直接通过一种网络架构实现。因此现有的移动网络和固定网络应该是在网络的演进中融合，而不是对现有网络的融合。

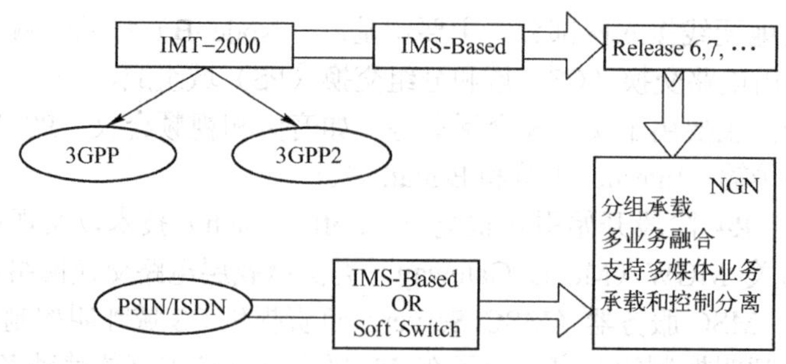


图 3-8　固定网络与移动网络向 NGN 的融合演进

根据网络演进和融合的目标，对于移动网络而言，将毫无疑问地按照 3GPP 定义的 R5、R6、R7 或者 3GPP2 定义的 Release A、Release B 的基于 IMS 的方向发展；对于固定网络而言，可能会有两个方向，即基于 IMS 的逻辑架构或者基于软交换的具体设备形态。但最终两个网络的发展方向将是一致的，未来的网络必然是一个融合的网络。

### 3.3.3 广播电视网

我国广播电视网经过几十年的发展，已经拥有完善的有线、无线、卫星传输覆盖网络。我国拥有 1.6 亿有线电视用户，有线电视网络是入户带宽最高的基础网络，能够将 400 套以上的高清晰度电视和数字音频节目直接传送到每个用户端。

与美国、日本、韩国等发达国家相比，目前我国广播电视网络在网络、业务、终端、用户、运营、安全等方面都存在一定的差距。例如，网络接入带宽利用不足，双向改造进程滞后；业务互通不足，开放性和多样性不够等。与传统广播电视网提供的单向广播业务相比，宽带流媒体和互动多媒体业务是未来网络的主要业务。电视的数字化进程使得基于网络并具有互动性的网络电视显现出强劲的发展势头。

2008 年 12 月，我国正式开始建设中国下一代广播电视网络 NGB，NGB 就是以有线电视数字化和移动多媒体广播电视（CMMB）的成果为基础，以自主创新的高性能宽带信息网（3TNet）核心技术为支撑，适合中国国情的、三网融合的、有线无线相结合的、全程全网的下一代广播电视网络。图 3-9 是 NGB 网络示意图，分为骨干网、城域网和接入网。

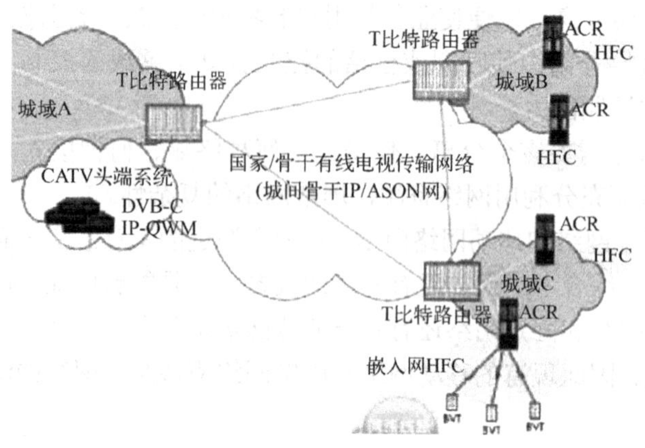


图 3-9　NGB 网络示意图

NGB 的核心技术 3TNet 是指 T 比特的路由、T 比特的交换和 T 比特的传输。3TNet 具有 T 比特交换容量、多类型业务接入、动态资源分配、自动连接控制、网络保护恢复、组播等功能。因此，3TNet 重点解决了 NGB 体系的网络架构技术、多业务承载技术以及网络管理技术等问题。

如图 3-9 所示，NGB 创新地提出了以核心网基于 ASON（自动交换光网络）电路交换、边缘网基于 IP 分组交换的混合交换体制为基础的新型网络架构。大规模接入的汇聚路由器（ACR）具备 T 比特路由交换能力，同时提供组播和单播通道，前者用于传输视频流，后者用于数据交互和宽带业务。在 NGB 的接入网技术中，很重要的一种就是 EPON（基于以太网的无源光网络）加缆桥的技术，通过 EPON 网络的部署，完成对 HFC（混合光纤同轴电缆）的双向改造。

在 3TNet 方面，目前已经在长三角地区连接了 5 万真实试验用户，平均接入速率超过 40Mbit/s，形成了全球领先、规模最大、能提供高清晰度视频服务的示范网络环境；在 CMMB 方面，目前已在 29 个省（区市）开展了 CMMB 运营支撑系统建设，27 个省（区市）完成了运营签约，220 个城市开通了 CMMB 信号，2008 年成功服务于北京奥运会。

与传统电视单向、固定、限量播出节目不同，NGB 强调的是一种全业务平台、门户化的运营模式，强调的是海量音、视频及大量增值应用、电视商务等综合服务，且具有超强的多向互动功能。NGB 业务的核心是视频，特点是高清和互动。同时，在有线数字电视的 DVB 与 IP 结合形成双模架构之后，跨地域的业务运营成为可能，它将打通有线电视网络划地而治的关节，盘活全程全网的有线网络资源。

### 3.3.4 三网融合与多网融合

下一代信息通信网络的发展趋势是网络的数字化、宽带化、IP 化，以及多网之间的协同与融合。所谓“三网融合”，就是指建立在网络互联互通、资源共享基础上的互联网、电信网和广播电视网的相互渗透、互相兼容，并逐步整合成为统一的信息通信网络。

各类信息通信网络在其建设之初，并未考虑与其他网络的互联互通以及综合业务发展的需求，因此目前较普遍地存在着网络基础设施重复建设的问题。同时我们又注意到，互联网、电信网、广播电视网分别在向下一代互联网、下一代电信网、下一代广播电视网的发展和演进过程中，网络功能趋于一致、业务范围趋于相同，都可以为用户提供宽带上网、通话和提供电视信号等多种综合服务。特别是 TCP/IP 协议的普遍采用，使得各种以 IP 为基础的业务都能够在不同网络间实现互通，从而在技术上为三网融合奠定了基础。

我国在建设宽带通信网、数字电视网、下一代互联网的“十五”、“十一五”规划中，就已明确提出要推进三网融合。2010 年 1 月，国务院总理温家宝主持召开国务院常务会议，决定加快推进电信网、广播电视网和互联网三网融合。会议提出了推进三网融合的阶段性目标。

2010～2012 年重点开展广电和电信业务双向进入试点，探索形成保障三网融合规范有序开展的政策体系和体制机制。

2013～2015 年，总结推广试点经验，全面实现三网融合发展，普及应用融合业务，基本形成适度竞争的网络产业格局，基本建立适应三网融合的体制机制和职责清晰、协调顺畅、决策科学、管理高效的新型监管体系。

2010 年 7 月，国务院正式公布了第一批三网融合试点城市名单，北京、上海、深圳、杭州、大连、哈尔滨、南京、厦门、青岛、武汉、绵阳、长株潭城市群等 12 个城市入围。

三网融合的本质是未来的互联网、电信网和广播电视网都可以承载多种综合应用与业务，并进一步创造出更多融合业务。特别是将来在与多种传感网络融合之后，多网融合将会使得建立在人与物、物与物之间互联互动基础之上的物联网业务成为可能。

### 3.3.5 电信网与传感网的融合

传感器网络（简称传感网）被定义为由大量部署在物理世界中的，具备感知、计算和通信能力的微小传感器所组成的，对物理环境和各种事件进行联合感知、监测和控制的网络。传感器网络采集到的物理世界的信息，既可通过互联网传输到监控计算机，也可通过电信网络传输，融入到电信网络的业务平台之中。

传感网与电信网的融合，就是指传感网通过网关与电信网相连，利用电信网对传感网及其提供的业务进行监控、管理和完成业务的承载与合作实施，并通过电信网扩展传感网所提供的业务。图 3-10 所示为电信网与传感网的融合网络结构示意图，其中 AAA 服务器为认证（Authentication）、授权（authorization）和计费（auounting）服务器；HLR/HSS 为归属位置寄存器/归属签约用户服务器。从图中可以看到，实现电信网与传感网融合的一种重要网络设备就是网关。

网关（Gateway）是一种传输层及其以上层的网络设备，一般在路由器上通过安装网关软件实现。与路由器不同的是，连接它的网络设备可能运行着两种或多种传输层及其以上层的协议，所以实际上可以把它看做是一种协议转换器。一般的协议转换只需要修改数据包的头标和尾部，但是某些情况下可能还包括改变数据速率、数据包尺寸以及整个数据包的格式。

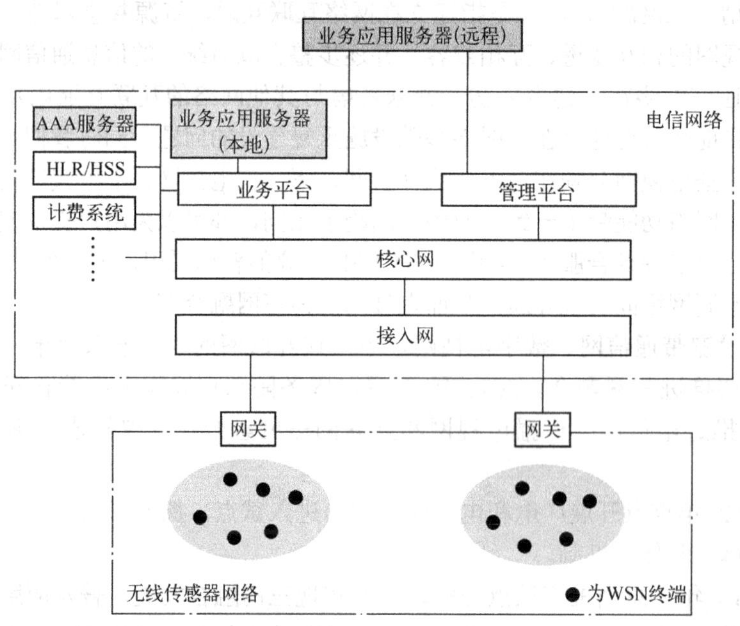


图 3-10　电信网与传感网的融合网络结构示意图

为实现电信网与传感网的融合，网关设备要负责连接传感网与电信网，主要完成传感网的配置与组网、协议转换、地址映射和数据转发等工作，还可能集成介入控制、认证与授权、流量监控与计费以及故障管理等功能。

作为现阶段物联网的普遍模式，M2M（Machine-to-Machine/Man）将可能成为电信网与传感网融合后的一种新型电信增值业务模式。M2M，是一种以机器终端设备智能交互为核心的、网络化的应用与服务。它在机器内部嵌入通信模块，通过各种承载方式将机器接入网络，为客户提供综合的信息化解决方案，以满足客户对监控、指挥调度、数据采集和测量等方面的信息化需求。

M2M 将可能带来一个可以达到亿级通信量业务的市场，M2M 除了带来多网融合，还将带来多行业融合。到 2010 年底，我国电力行业将会有 3000 万 M2M 终端的需求，交通行业将会有 2000 万 M2M 终端的需求，除此以外，还有来自智能抄表、智能家居、健康医疗、企业安防、物流行业、金融行业、精细农业等多种行业应用的需求。

面向人与物、物与物互联互动的物联网应用，将会给现有的各种信息通信网络带来新的需求。例如，对物的标识与寻址体系和当前的电信号码与 IP 寻址体系可能不同，物与物通信的上下行带宽需求与人与人通信对带宽的需求可能不同，为适应物与物通信的低功耗、低移动特性，无线资源管理需要实现特定的优化，相应地，安全协议也需要作特定的优化。相信这些对协议的标准化与新的网络优化的需求，将会在下一代信息通信网络的演进与融合的过程中，逐步得以实现。最终，达到人与物、物与物的泛在互联与互动。

## 3.4 应用层

应用是整个物联网运行的驱动力，提供服务是物联网建设的价值所在。应用层的核心功能和任务在于站在更高的层次上组合、管理、运用资源。

### 3.4.1 业务模式和流程

服务是一个或多个分布式业务流程的组成部分。

**1. 业务模式**

目前，物联网相关业务可以分为以下 3 种模式，分别是业务订制模式、公共服务模式和灾害应急模式。

（1）业务订制模式

在业务订制模式下，用户需要自己查询、确定业务的类型和内容。业务订制模式主要包含业务订制和业务退订两个过程。

用户可以通过主动查询和信息推送两种方式，获知物联网系统提供的业务类型以及业务内容。

图 3-11 显示了业务订制过程的主要环节。用户挑选业务类型，确定业务内容后，向物联网应用系统订制业务。物联网应用系统受理业务请求后，会确认业务已成功订制。然后建立用户与所订制业务的关联，并将业务相关的操作以任务形式交付后台执行。任务执行返回的数据或信息由应用系统反馈给用户。

图 3-12 显示了业务退订过程的主要环节。用户向物联网应用系统提交需要退订的业务

类型和内容。应用系统受理业务退订的请求，解除用户与业务之间的关联，之后会给用户一个确认，表示业务已经成功退订。

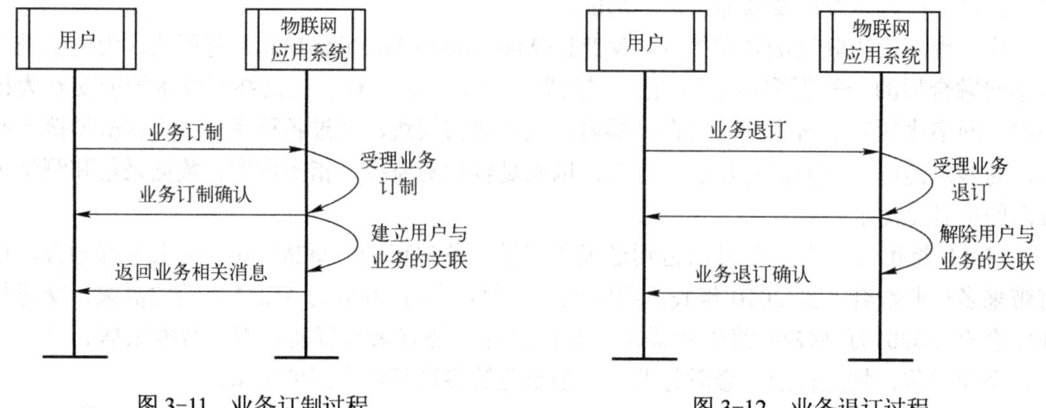


图 3-11　业务订制过程　　　　图 3-12　业务退订过程

业务订制模式的典型例子包括个人用户向物联网应用系统订制气象服务信息、交通拥堵服务信息等。企业用户向物联网应用系统订制的服务包括智能电网、工业控制等。

（2）公共服务模式

在公共服务模式下，通常由政府或非赢利组织建立公共服务的业务平台，在业务平台之上定义业务类型、业务规则、业务内容、业务受众等。

与业务订制模式不同，公共服务模式有以下特点。

- 无须订制：公共服务的业务平台会自动将有效业务受众与相关业务进行关联，推送业务信息。
- 无须付费：业务受众无须向所享有的公共服务支付任何费用。

图 3-13 显示了物联网公共服务业务平台的系统结构。业务平台的核心层包括业务规则、业务逻辑和业务决策 3 个组件，这 3 个组件之间彼此关联、相互协调，保证公共服务业务顺利、有效地运行。此外，业务逻辑组件与信息收集系统相连；业务决策组件与指挥调度系统、信息发布系统相连。信息收集系统、指挥调度系统和信息发布系统处在外围层，因为这 3 种系统可以由第三方厂商提供。

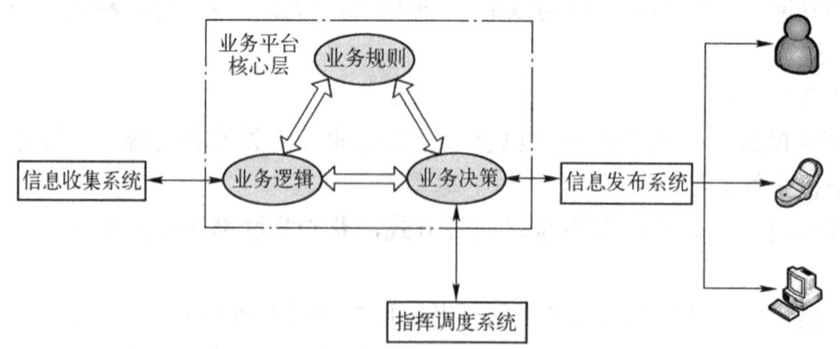


图 3-13　物联网公共服务业务平台系统结构

公共服务模式的典型例子包括公共安全系统、环境监测系统等，这些系统无时无刻不在为一个城市内的居民提供服务。

（3）灾害应急模式

随着突发自然灾害和社会公共安全复杂度的不断提高，应急事件会更复杂，牵涉面也会越来越广，这为灾害应急模式下的物联网系统的设计提出了更高的要求。

图 3-14 显示了灾害应急物联网系统的结构。

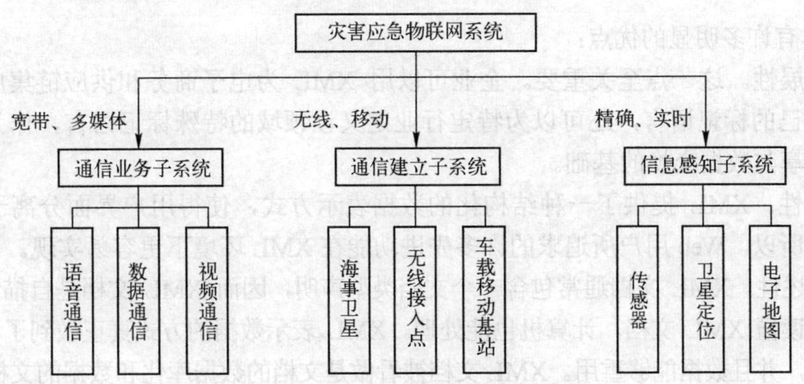

图 3-14　灾害应急物联网系统结构

在通信业务层面，物联网系统必须提供宽带和多媒体通信服务。将语音、数据和视频等融合于一体，为指挥中心和事发现场之间提供反映现场真实情况的宽带音视频通信手段，支持应急响应指挥中心和现场多个车载指挥系统之间的高速数据、语音和视频通信，支持对移动目标的实时定位。

在通信建立层面，物联网系统必须支持无线和移动通信方式。由于事发现场的不确定性，应急联动指挥平台必须具备移动（或准移动）的性能，具备在任何地方、任何时间均能和指挥中心共享信息的能力，减少应急呼叫中心对固定场所的依赖，提高应急联动核心机构在紧急情况下的机动能力。

在信息感知层面，物联网系统必须实现对应急事件多元信息的采集和报送，并与应急联动综合数据库和模型库的各类信息相融合，形成较完备的事件态势图。再结合电子地图，基于信息融合和模糊动态预测技术，对突发性灾害发展趋势（如火险蔓延方向、蔓延速率、危险区域等）进行动态预测，进而为辅助决策提供科学依据，有效地协调指挥救援。

典型的灾害应急模式的物联网应用场景包括地震、泥石流等。

**2．业务描述语言**

（1）XML

XML 实际上是目前通用的表示结构化信息的一种标准文本格式，它没有复杂的语法和包罗万象的数据定义。XML 同 HTML 一样，都来自 SGML（标准通用标记语言）。SGML 是一种在 Web 发明之前就早已存在的，用标记来描述文档资料的通用语言。但 SGML 十分庞大且难以学习和使用。于是 Web 标准化组织 W3C 建议使用一种精简的 SGML 版本——XML。XML 与 SGML 一样，是一个用来定义其他语言的元语言。与 SGML 相比，XML 规范不到 SGML 规范的 1/10，简单易懂，是一种既无标签集也无语法的新一代标记语言。图 3-15 所示为一段 XML 代码。

```
<?xml version="1.0" encoding="UTF-8" ?>
<painting>
  <img src="madonna.jpg" alt='Foligno Madonna, by Raphael'/>
  <caption>This is Raphael's "Foligno" Madonna, painted in
    <date>1511</date>-<date>1512</date>.
  </caption>
</painting>
```

图 3-15　XML 代码片段

XML 具有许多明显的优点：

- 可扩展性。这一点至关重要。企业可以用 XML 为电子商务和供应链集成等应用定义自己的标记语言，还可以为特定行业定义该领域的特殊标记语言，作为该领域信息共享与数据交换的基础。
- 灵活性。XML 提供了一种结构化的数据表示方式，使得用户界面分离于结构化数据。所以，Web 用户所追求的许多先进功能在 XML 环境下更容易实现。
- 自描述性。XML 文档通常包含一个文档类型声明，因而 XML 文档是自描述的。不仅人能读懂 XML 文档，计算机也能处理。XML 表示数据的方式真正做到了独立于应用系统，并且数据能够重用。XML 文档被看做是文档的数据库化和数据的文档化。

除了上述先进特性以外，XML 还具有简明性。它只有 SGML 约 20%的复杂性，但却具有 SGML 功能的约 80%。XML 比完整的 SGML 简单得多，易学、易用并且易实现。另外，XML 也吸收了人们多年来在 Web 上使用 HTML 的经验。

XML 支持世界上几乎所有的主要语言，并且不同语言的文本可以在同一文档中混合使用，应用 XML 的软件能处理这些语言的任何组合。所有这一切将使 XML 成为数据表示的一个开放标准，这种数据表示独立于机器平台、供应商以及编程语言。

从 1998 年开始，XML 被引入许多网络协议，以便于为软件提供相互通信的标准方法。简单对象访问协议（SOAP）和 XML-RPC 规范为软件交互提供了独立于平台的方式，从而为分布式计算环境打开了大门。

（2）UML

软件工程领域在 1995～1997 年取得的最重要的、具有划时代意义的成果之一就是统一建模语言（Unified Modeling Language，UML）的出现。UML 是用来对软件密集系统进行描述、构造、可视化和文档编制的一种语言。图 3-16 给出了一种 UML 的使用范例。

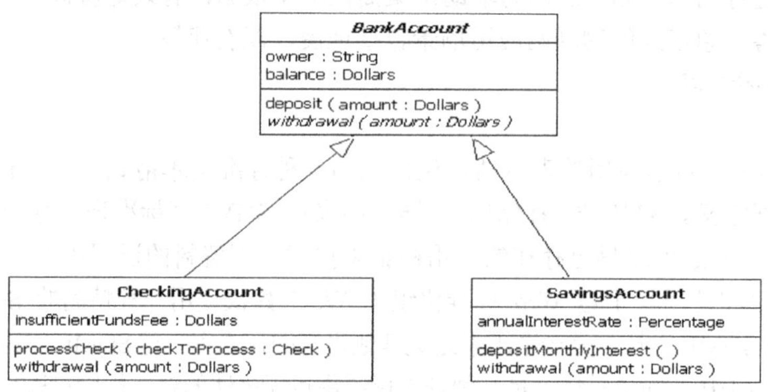


图 3-16　UML 使用范例

- 首先也是最重要的一点，UML 融合了 Booch、OMT 和 OOSE 方法中的概念，它是可以被上述及其他方法的使用者广泛采用的简单、一致、通用的建模语言。

- UML 扩展了现有方法的应用范围。特别值得一提的是，UML 的开发者们把并行分布式系统的建模作为 UML 的设计目标，也就是说，UML 具有这方面的能力。
- UML 是标准的建模语言，而不是一个标准的开发流程。虽然 UML 的应用必然以系统的开发流程为背景，但根据现有开发经验，不同的组织、不同的应用领域需要不同的开发过程建立自身的 UML 模型。

UML 的重要内容可以由下列 5 类图来定义。

- 第一类是用例图（Use Case Diagram），从用户角度描述系统功能，并指出各功能的操作者。
- 第二类是静态图（Static Diagram），包括类图、对象图和包图。其中类图描述系统中类的静态结构，不仅定义系统中的类，表示类之间的联系如关联、依赖、聚合等，还包括类的内部结构（类的属性和操作）。
- 第三类是行为图（Behavior Diagram），描述系统的动态模型和组成对象间的交互关系，包括状态图和活动图。其中，状态图描述类的对象所有可能的状态以及事件发生时状态的转移条件；活动图描述满足用例要求所要进行的活动以及活动间的约束关系。
- 第四类是交互图（Interactive Diagram），描述对象间的交互关系，包括顺序图和合作图。其中，顺序图显示对象之间的动态合作关系，它强调对象之间消息发送的顺序；合作图描述对象间的协作关系，合作图与顺序图相似，也显示对象间的动态合作关系。
- 第五类是实现图（Implementation Diagram）。其中的构件图描述代码部件的物理结构及各部件之间的依赖关系。

（3）BPEL

业务过程执行语言（Business Process Execution Language，BPEL）是一种基于 XML 的，用来描写业务过程的编程语言，被描写业务过程的每个单一步骤则由 Web 服务来实现。

2002 年，IBM 公司、BEA 公司和微软公司一起开发和引入了 BPEL 作为描写协调 Web 服务的语言。这个描写的本身也由 Web 服务提供，并可以当做 Web 服务来使用。

BPEL 模型有助于更好地理解如何使用 BPEL 描述的业务流程，如图 3-17 所示。流程（Process）由一系列活动（Activity）组成，流程通过伙伴链接（Partner Link）来定义与流程交互的其他服务；服务中可以定义一些变量（Variable）；流程引擎可以通过关联集合（Correlation Set）将一条消息关联到特定的流程实例。

相对于对象组装技术，服务组装更为复杂。服务之间的交互关系是动态的、按需发生的，而且缺少中央控制。因此，BPEL 提供的服务组装模型提供了下列特性。

- 灵活性：服务组装模型应该具有丰富的表现能力，能够描述复杂的交互场景，而且能够快速地适应变化。
- 嵌套组装：一个业务流程可以表现为一个标准的 Web 服务，并被组装到其他流程或服务中，构成更粗粒度的服务，这样做提高了服务的可伸缩性和重用性。
- 关注点分离：BPEL 只关注与服务组装的业务逻辑；其他关注点，比如服务质量（Quality of Service，QoS）、事务处理等，可作为附加扩展，由具体实现平台进行处理。

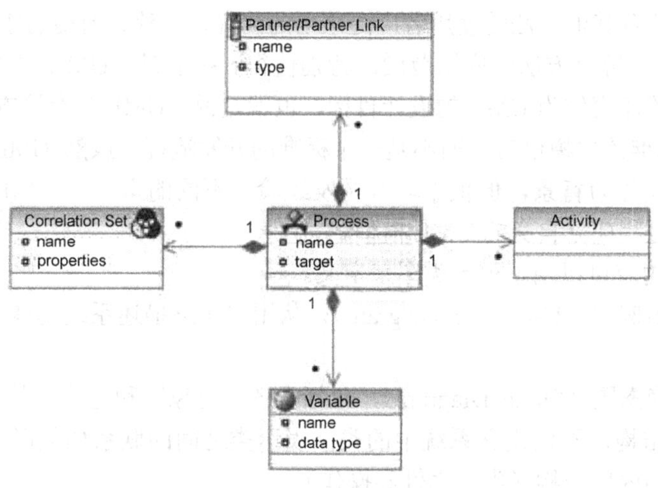


图 3-17　BPEL 模型示意图

- 会话状态和生命周期管理：与无状态的 Web 服务不同，一个业务流程通常具有明确的生命周期模型。BPEL 提供了对长时间运行的、有状态交互的支持。
- 可恢复性：这对于业务流程（尤其对长时间运行的流程）是非常重要的。BPEL 提供了内置的失败处理和补偿机制，对于可预测的错误进行必要的处理。

**3．业务流程**

业务流程与系统相似，拥有物理结构、功能组织以及试图实现既定目标的协作行为。业务流程的组件（也称为参与者）是业务流程相关的人和系统。参与者具有物理结构，能按照功能进行组织，并相互协作产生业务流程的预期结果。

在某种意义上，流程执行完成得到的结果必须是可度量和可计量的，因为只有通过度量，人们才能判断流程是否成功完成预期目标。业务流程在本质上是交付特定结果的行动方案，事实上预期产生的结果是业务流程设计和规划的出发点。

从业务流程开发者的角度看，设计和规划业务流程时，需要考虑如下的关键问题：

- 定义业务流程的组件和服务。
- 为组件和服务分配活动职责。
- 确定组件和服务之间所需的交互。
- 确定业务流程组件与服务的网络地理位置。
- 确定组件之间的通信机制。
- 决定如何协调组件和服务的活动。
- 定期评估业务流程，判断它是否符合需求。

面向服务架构（Service-Oriented Architecture，SOA）是一种将信息系统模块化为服务的架构风格。一条业务流程是一个有组织的任务集合，SOA 内在的思想就是用被称为服务的组件来执行各个任务。

图 3-18 给出了 SOA 中定义的服务层和扩展阶段的关系，可以分为以下 3 个阶段：

- 第一个阶段只有基本服务。每个基本服务提供一个基本的业务功能，并且这个基本功能不会被进一步拆分。基本服务可以分为基本数据服务和基本逻辑服务两类。
- 第二个阶段在基本服务之上增加了组合服务。组合服务代表了由其他服务（基本和/

或其他组合服务）组合而成的服务。组合服务的运行层次要高于基础服务。

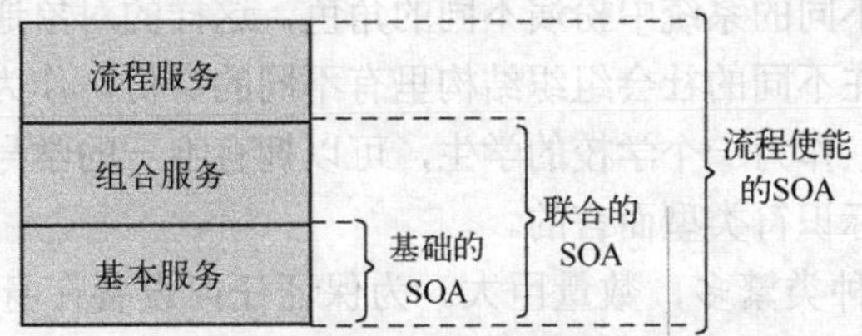


图 3-18 基础服务层次和 SOA 扩展阶段

- 第三个阶段在第二个阶段基础上增加了流程服务。流程服务代表了长期的工作流程或业务流程。从业务的观点来看，业务流程是可中断的、长期运行的服务流。与基本服务、组合服务不同，流程服务通常有一个状态，该状态在多个调用之间保持稳定。

在成功的 SOA 中，设计开发人员可以迅速地将服务按不同方式重新组合，从而实现新的或更好的业务流程。基于 SOA 的思路进行业务流程的建模、设计，是业界推崇的方法，也是业务流程设计的一个重要原则。

目前，成熟的物联网产业链还未形成，因此很难概括出物联网业务流程的独有特点。根据业务流程管理（Business Process Management）提供的准则和方法，物联网业务流程应包含以下 3 个层次。

- 业务流程的建立：根据预期的输出结果整理业务流程的具体需求；定义各种具体的业务规则；划分业务中各参与者的角色，并为它们分配功能职责；设计和规划出详细的业务方案，并协调参与者之间的交互。
- 业务流程的优化：由于市场环境、用户群的变化，所提供的功能和服务也应随之调整变化。优化过程中，需要注意去除无用流程环节、低效流程环节和冗余流程环节，增加必须的新环节，之后重新排列各环节之间的顺序，形成优化之后的业务流程。
- 业务流程的重组：相对于业务流程优化，业务流程重组是更为彻底的变革行动。对原有流程进行全面的功能和效率分析，发现存在的问题；设计新的业务流程改进方案，并进行评估；制定与新流程匹配的组织结构和业务规范，使三者形成一个体系。

目前，市场上出现了很多帮助企业用户进行业务流程建模、分析和管理的系统软件。提供业务流程系统软件的国外公司包括 IBM、Microsoft、BEA、Oracle、SAP 等，国内公司包括金蝶软件、神州数码等。

### 3.4.2 服务资源

物联网系统的服务资源包括标识、地址、存储资源、计算能力等。

**1．标识**

在许多系统和业务中，都需要对不同的个体进行区分。应对这种需求的方法就是给每个对象起一个唯一的名字。这种名字称为标识（Identifier）。标识只是为每个对象创建和分配唯一的号码或字符串。之后，这些标识就可以用来代表系统中的每个对象。

大多数在物理世界中存在的实体并未真正出现在抽象的逻辑环境中。如果要在逻辑环境中为物理实体分配角色，描述它们的行为，必须将物理实体和标识关联起来。在标识和物理实体进行关联之前，标识本身没有任何意义。

一个标识符代表唯一一个对象，说明标识符所包含的可以量化的值具有唯一性。但是，不排除一个对象在不同的系统中扮演不同的角色，这样的对象通常具有多种类型的标识符。例如，一个自然人在不同的社会组织结构里有不同的身份，作为一个国家的公民，可以拥有唯一的身份证编号；作为一个学校的学生，可以拥有唯一的学号。因此，标识符的唯一性是针对某一种特定的标识符类型而言的。

组成物联网的设备种类繁多，数量巨大。为保证任何设备在身份上的唯一性，需要设立一个标识管理中心。标识管理中心的两个基本职责是：

- 分配唯一标识符。
- 关联标识符和它们应该标识的对象。

初级的唯一标识符分配是一项相对简单的任务。通常的做法是，指定管理中心在数据库中维护一个标识符列表，然后确保每个分配的新标识符不在数据库中引发冲突即可。但是，只有一个标识管理中心有时是不现实的。因此，实际中使用层次标识符。

全局唯一标识符（Universally Unique IDentifier，UUID）属于层次标识符。创建 UUID 的方法很多，著名的有 GUID 标准和 OID 标准。

（1）GUID 标准

一个 GUID 是长度为 128 位的二进制数字序列。GUID 使用计算机网卡（NIC）的 48 位 MAC 地址作为发放者的唯一标识符。MAC 地址本身包含两部分的 24 位编码。第一部分标识了网卡制造商，它的标识管理中心是 IEEE 注册管理中心；MAC 地址的其余部分由制造商唯一分配，唯一标识网卡，制造商因此就成了 MAC 地址第二部分的标识管理中心。

GUID 的其余部分（唯一标识对象的部分）是从公历开始到分配标识符时刻之间流逝的时间（以 100 ns 为间隔进行度量），它将作为单个对象标识符。只要被分配了 MAC 地址的机器不在两个 100 ns 之间产生多个标识符，就将为每个对象产生唯一的标识符。

图 3-19 显示了 GUID 的结构。

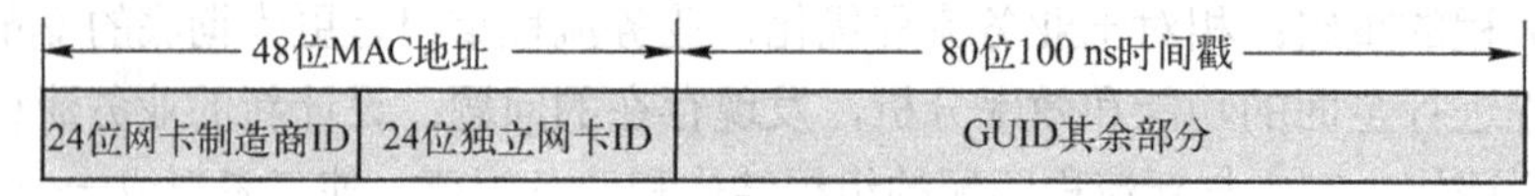


图 3-19　GUID 的结构

从 GUID 的结构组成，可以明显地看出涉及 3 个层次的标识管理中心：

- IEEE 注册管理中心分配网卡制造商的标识符，该标识符是分配给网卡 MAC 地址的第一部分。
- 制造商发放各个网卡的标识符，该标识符是分配给网卡 MAC 地址的第二部分。
- 负责分配 GUID 的组件运行在一台计算机上。组件使用计算机 MAC 地址，加上计算机时钟确定的值，生成一个完整的 GUID，用于标识特定对象。

（2）OID 标准

对象标识符（Object IDentifier，OID）。目前已经成为 ISO 和 ITU 标准工作组的对象标识方法。整个 OID 标识体系呈现树形结构，从树根上分出 3 支，分别代表 ITU-T 标准工作组、ISO 标准工作组以及 ITU-T 和 ISO 联合工作组。图 3-20 显示了代表中国的 OID 分支在 OID 标识体系中的位置。

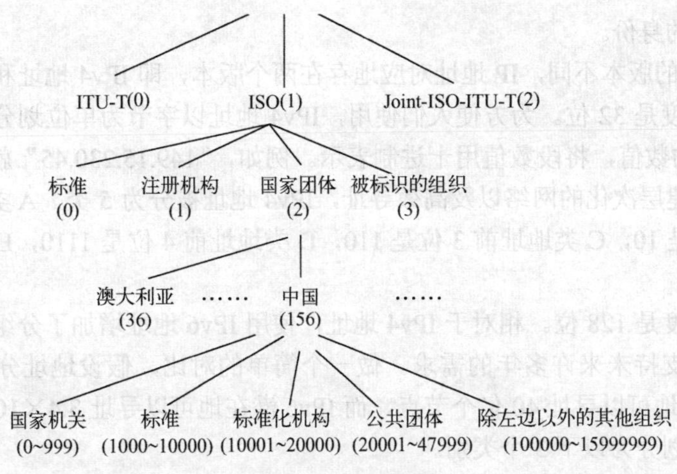


图 3-20　OID 标识体系

OID 标识体系具有以下特点：

- OID 标识树形结构由弧和节点组成，两个不同节点由弧连接。
- 树上的每个节点代表一个对象，每个节点必须被编号，编号范围为 0 至无穷。
- 每个节点可以生长出无穷多的弧，弧的另一端节点用于表示根节点分支之下的对象。

OID 标识符需要注册登记之后才能生效。国际范围内 OID 注册公示网站的网址是 http://www.oid-info.com，可以查询已分配 OID 标识符所关联的对象。在中国负责接受国内各企业和机构 OID 注册申请的单位是国家 OID 注册中心，它受理 OID 注册申请，负责已分配 OID 的公示等，注册中心网站的网址是 http://www.china-oid.org.cn。

SNMP（Simple Network Management Protocol）是 IETF 工作组定义的一套网络管理协议。SNMP 的管理信息库即 MIB（Management Information Base）是一种树形结构，就是 OID 体系中的一个重要组成部分。在 MIB 中，一个 OID 表示一个特定的 SNMP 目标。

**2．地址**

地址包含了网络拓扑信息，用于标识一个设备在网络中的位置。对于网络中的一个设备，标识符用于唯一标识它的身份，不随设备的接入位置变化而发生改变；而设备的地址是由其在网络中的接入位置决定的。标识如同人的名字，地址如同人的家庭住址。一个人搬家后，家庭住址会发生改变，而人的名字通常不会因搬家而变更。

标识符只保证被标识对象的身份唯一性，标识符的结构呈现扁平特点，没有内部结构，无法进行聚合，导致可扩展性不好。地址则需要采用层次性的名字空间，体现一定的拓扑结构，层次名字空间包含一定的结构特性，有利于聚合。

在 OSI 参考模型中，第二层数据链路层使用 MAC 地址，第三层网络层使用 IP 地址。为了更好地保证设备的唯一性，IEEE 提出将 48 位的 MAC 地址扩展为 64 位的 EUI-64 地址。但是，无论是 MAC 地址还是 EUI-64 地址，它们都属于标识的范畴。因为名字空间的扁平特性，这两种数据链路层的地址都无法用于大范围的网络寻址。

IP 地址是目前最广泛使用的网络地址。互联网现在使用 IP 地址既表示节点的位置信息，又表示节点的身份信息，混淆了地址和标识的功能界限，也就是所谓的 IP 地址语义过载。因此，在这里有必要指出的是，IP 地址的功能是用于互联网中进行分组路由，而非标识一个网络设备的身份。

根据 IP 协议的版本不同，IP 地址对应地存在两个版本，即 IPv4 地址和 IPv6 地址。

IPv4 地址长度是 32 位。为方便人们使用，IPv4 地址以字节为单位划分成 4 段，用符号“.”区分不同段的数值，将段数值用十进制表示。例如，“149.15.230.45”就是一个 IPv4 地址。最初，为构建层次化的网络以及高效寻址，IPv4 地址被分为 5 类。A 类地址首位是 0，B 类地址前 2 位是 10，C 类地址前 3 位是 110，D 类地址前 4 位是 1110，E 类地址前 5 位是 11110。

IPv6 地址长度是 128 位。相对于 IPv4 地址，使用 IPv6 地址增加了分组的开销，但巨大的地址空间足以支持未来许多年的需求。做一个简单的对比，假设地址分配效率可以达到 100%，IPv4 潜在地可以寻址 40 亿个节点，而 IPv6 潜在地可以寻址 $3.4\times10^{38}$ 个节点。

IPv6 地址被划分为以下 3 个类别。

- 单播地址：单播地址是点对点通信时使用的地址，此地址仅标识一个网络接口。网络负责将对单播地址发送的分组送到该网络接口上。
- 组播地址：组播地址表示主机组。严格地说，它标识一组网络接口，该组包括属于不同系统的多个网络接口。当分组的目的地址是组播地址时，网络尽可能将分组发到该组的所有网络接口上。
- 任播地址：任播地址也标识接口组，它与组播的区别在于发送分组的方法。向任播地址发送的分组并未被发送给组内的所有成员，而只发给该地址标识的“最近”的那个网络接口。它是 IPv6 新加入的功能。

从 32 位扩大到 128 位，不仅保证能够为数以亿万计的主机编址，而且也为在等级结构中插入更多的层次提供了余地。在 IPv4 中，只有网络、子网和主机 3 个基本层次，而 IPv6 地址的层次可以多很多。

表 3-2 给出了 IPv6 地址的初始分配情况。从表中可以看到，显然有大量地址空间（多于 70%）尚未分配，留给未来的发展和新增加的功能。地址空间中的两个部分（0000 01 和 0000 010）被保留给其他（非 IP）地址方案。网络服务访问点（Network Service Access Point，NSAP）地址由 ISO 的协议使用，互联网分组交换（Internet Packet Exchange，IPX）地址由 Novell 网络层协议使用。

**表 3-2　IPv6 地址的初始分配情况**

| 二进制前缀 | 类　型 | 占地址空间的百分比（%） |
|---|---|---|
| 0000 0000 | 保留 | 0.39 |
| 0000 0001 | 未分配 | 0.39 |
| 0000 001 | ISO 网络地址 | 0.78 |
| 0000 010 | IPX 网络地址 | 0.78 |
| 0000 011 | 未分配 | 0.78 |
| 0000 1 | 未分配 | 3.12 |
| 0001 | 未分配 | 6.25 |
| 001 | 可聚合的全局单播地址 | 12.5 |
| 010 | 未分配 | 12.5 |
| 011 | 未分配 | 12.5 |
| 100 | 基于地理位置的单播地址 | 12.5 |
| 101 | 未分配 | 12.5 |
| 110 | 未分配 | 12.5 |
| 1110 | 未分配 | 6.25 |
| 1111 0 | 未分配 | 3.12 |

（续）

| 二进制前缀 | 类　型 | 占地址空间的百分比（%） |
|---|---|---|
| 1111 10 | 未分配 | 1.56 |
| 1111 110 | 未分配 | 0.78 |
| 1111 1110 0 | 未分配 | 0.2 |
| 1111 1110 10 | 链路本地使用地址 | 0.098 |
| 1111 1110 11 | 场点本地使用地址 | 0.098 |
| 1111 1111 | 组播地址 | 0.39 |

### 3．存储资源

随着科技的进步，人们制造数据的方式千变万化，制造出来的数据量也在高速增长。例如，图书馆里保存的大量书籍、论文资料；互联网上的多媒体业务、电子商务等；生物、大气、高能物理等大型科学实验产生的数据。

存储数据是进一步使用、加工数据的基础和必要前提，也是保存、记录数据的重要方法。常用的存储介质包括磁盘和光盘。衡量存储介质性能的重要指标包括存储容量和访问速度。

（1）磁盘

磁盘属于计算机的外部存储器，如硬盘。硬盘的物理外观是一个方形的密封盒子里放有圆形的磁性盘，密封盒子用于保护磁盘不被划伤，避免数据丢失。

硬盘接口有以下几种。

- ATA（Advanced Technology Attachment）：是用传统的 40 针脚并口数据线连接主板与硬盘。具体分为 Ultra-ATA/100 和 Ultra-ATA/133 两种，表示硬盘接口的最大传输速率分别是 100 MB/s 和 133 MB/s。
- SATA（Serial ATA）：SATA 也称为串口硬盘，仅使用 4 支针脚就能完成所有的工作，分别用于连接电缆、连接地线、发送数据和接收数据，这样的结构可以降低系统能耗和系统复杂性。SATA 定义的数据传输速率可达到 150 MB/s。
- SATA2：SATA2 是在 SATA 基础上发展起来的，它采用了原生命令队列（Native Command Queuing，NCQ）技术，对硬盘的指令执行顺序进行优化，引导磁头以高效率的顺序进行寻址，避免磁头反复移动带来的损耗，延长磁盘的寿命。SATA2 的数据传输速率可以达到 300 MB/s。

硬盘记录密度决定了可以达到的硬盘存储容量。东芝公司最新展示的 2.5 英寸（in）硬盘每平方英寸可以记录数据 188 GB，希捷公司最新展示的硬盘每平方英寸可以记录 421 GB 的数据。

为打破单个硬盘存储容量的限制，磁盘阵列的概念被提了出来。磁盘阵列是由很多价格较低、容量较小、稳定性较高、速度较慢的磁盘，组合成一个大型的磁盘组，利用个别磁盘提供数据所产生的加成效果，提升整个磁盘系统在存储容量和访问速度两方面的效能。

（2）光盘

光盘是不同于磁性载体的光学存储介质。根据光盘结构，光盘主要分为 CD、DVD、蓝光光盘等。这几种光盘的主要结构原理一样，区别在于光盘的厚度和用料。

一般而言，光盘的记录密度受限于读出的光点大小，即光学的绕射极限（Diffraction Limit），其中包括激光波长、物镜的数值孔径。缩短激光波长、增大物镜数值孔径可以缩小光点，提高记录密度。

读取和烧录 CD、DVD、蓝光光盘的激光是不同的。例如，读出 CD 时，激光波长为 780nm，物镜数值孔径为 0.45；读出 DVD 时，激光波长为 650 nm，物镜数值孔径为 0.6，读出蓝光光盘时，激光波长为 405nm，物镜数值孔径为 0.85。激光光束的不同导致了光盘容量的差别，CD 的容量只有 700MB 左右，而 DVD 则可以达到 4.7GB，而蓝光光盘可以达到 25GB。

最近，日本东京大学的研究团队在研究中发现了一种材料，可以用来制造更便宜、容量更大的超级光盘。这种材料是一种透明的新型氧化钛，平常是能导电的黑色金属状态，在受到光的照射后会转变成棕色的半导体。在室温下受到光的照射，能够任意在金属和半导体之间转变，因而产生储存数据的功能。由这种材料制成的超级光盘的容量可达到 25000GB，即 25TB，这表明超级光盘的容量是蓝光光盘的 1000 倍。

**4．计算能力**

计算是分析、处理数据的基本操作。由于具有高速数值计算和逻辑计算能力，电子计算机已经成为信息时代不可缺少的基础和重要的工具。除了保证计算结果的正确性，谈及计算能力更多的是强调电子计算机的计算速度。

目前，为提高计算机的计算能力的研究方向主要有两个，一个是研制超级计算机，另外一个是研究新型计算机。

（1）超级计算机

超级计算机通常是指由数百数千甚至更多的处理器组成的、能计算普通计算机不能完成的大型复杂课题的计算机。为更好地理解超级计算机的运算速度，将普通计算机的运算速度比做人的走路速度，那么超级计算机就达到了火箭的速度。

表 3-3 中列出了 2010 年 6 月公布的国际超级计算机排名的前 10 位，表格中“最高运算速度”和“运转速度峰值”的单位是 Tflo/s，即每秒 $10^{12}$ 次浮点运算。可以看到，中国的超级计算机占有前 10 名中的两席。

**表 3-3　2010 年 6 月公布的国际超级计算机前 10 名**

| 排名 | 地　点 | 超级计算机名 | 最高运算速度/Tflops | 运转速度峰值/Tflops |
|---|---|---|---|---|
| 1 | 美国橡树实验室 | 美洲虎（Jaguar） | 1759.00 | 2331.00 |
| 2 | 中国深圳超级计算中心 | 曙光星云 | 1271.00 | 2984.30 |
| 3 | 美国洛斯阿拉莫斯实验室 | 走鹏（Roadrunner） | 1042.00 | 1075.78 |
| 4 | 美国国际计算科学研究院 | 北海巨妖 XT5（Kraken XT5） | 831.70 | 1028.85 |
| 5 | 德国尤里希研究中心 | 尤金（JuGene） | 825.50 | 1002.70 |
| 6 | 美国宇航局埃姆斯研究中心 | 昂星（Pleiades） | 772.7 | 973.29 |
| 7 | 中国天津国家超级计算中心 | 天河 1 号 | 563.10 | 1206.19 |
| 8 | 美国洛斯阿拉莫斯实验室 | 蓝色基因 L（Blue Gene/L） | 478.20 | 596.38 |
| 9 | 美国阿贡国家实验室 | 蓝色基因 P（Blue Gene/P） | 458.61 | 557.06 |
| 10 | 美国圣地亚国家实验室 | 红天（Red Sky） | 433.50 | 497.40 |

（2）新型计算机

新型计算机包括生物计算机、量子计算机和光子计算机。下面简单列举一下各种计算机的特点。

生物计算机又称仿生计算机，是以生物芯片取代在半导体硅片上集成数的以万计的晶体管制成的计算机。生物计算机芯片本身还具有并行处理的能力，其运算速度要比当今最新一代的计算机快 10 万倍。用蛋白质制成的计算机芯片，它的一个存储点只有一个分子大小，所以它的存储容量可以达到普通计算机的10亿倍。

量子计算机是利用原子所具有的量子特性，进行信息处理的一种全新概念的计算机。如果将一群原子聚在一起，它们不会像电子计算机那样进行线性运算，而是同时进行所有可能的运算。只要 40 个原子一起计算，就相当于今天一台超级计算机的性能。量子计算机以处于量子状态的原子作为中央处理器和内存，其运算速度可能比目前的奔腾 4 芯片快 10 亿倍，就像一枚信息火箭，在一瞬间搜寻整个互联网，可以轻易破解任何安全密码。

光子计算机是一种由光信号进行数字运算、逻辑操作、信息存储和处理的新型计算机。光子计算机的基本组成部件是集成光路，要有激光器、透镜和核镜。由于光子比电子速度快，光子计算机的运行速度可高达一万亿次每秒，它的存储量是现代计算机的几万倍。

虽然，上述新型计算机是未来计算机发展的重要方向，揭示了人类能获得的计算能力还有大幅度的提升空间，但是新型计算机目前还处于实验室研究阶段，距离大规模成熟的商业应用还有很长的距离。

### 3.4.3 服务质量

物联网的服务质量可以分别从通信、数据和用户体验 3 个方面来细分，下面做进一步的描述和解释。

**1. 通信为中心的服务质量**

（1）时延

时延是指一个报文或分组从一个网络的一端传输到另一端所需要的时间。它包括了发送时延、传播时延、处理时延、排队时延。

发送时延，在排队论中也称为服务时延，指一个分组从成为发送队列中第一个分组起，至该分组被完全发送出去所需要的时间。发送时延通常由媒体访问机制决定。例如，当媒体访问机制是时分多址（TDMA）时，分组的发送时延为一轮调度周期；当媒体访问机制是载波侦听多路访问（CSMA）时，分组的发送时延为节点竞争接入信道的时延。频分多址（FDMA）和码分多址（CDMA），这两种媒体访问机制的本意，就是让所有节点并发、同时地进行通信，发送时延的问题不是太明显。

传播时延是指电磁波在空气和电缆、光波在光缆等传输媒质中传播需要的时间。在普通的传输媒质中，电磁波的传播速度通常都是在每秒 29 万千米以上。大多数情况下，通信距离为几到几千千米，因此传播时延的量级一般为 0.03 秒甚至更短。

处理时延是指网络节点对分组进行的解析、读取、存储和处理所占用的时间。影响处理时延的因素主要包括数据的读取和存储速度、指令的执行速率以及硬件的响应速度。处理时延通常是用于衡量硬件性能的重要指标。相对于其他 3 类时延，处理时延可以忽略不计。

网络节点一般都配有数据缓冲区，用于存储等待发送的分组。通常，数据缓冲区是一个先入先出的队列，因此分组进入数据缓冲区也可以形象地比喻为“排队”。

排队时延是指从一个分组进入数据缓冲区开始，至该分组排到队列中的第一位所需要的时间。很显然，一个分组的排队时延与两个因素有关：第一个因素是该分组进入数据缓冲区时数据缓冲区中已有的分组数目；第二个因素是队列中先于该分组的其他分组的发送时延的长短。如果一个分组的排队时延很大，则可以推断缓冲区积压的分组过多，或者每个分组的发送时延过长。

时延是通信服务质量的一个重要指标。低时延是网络运行正常的表现，也是网络运营商追求的目标。时延过大通常是由于网络负载过重导致。网络带宽有限好比道路通行能力有限，当网络中的数据流量过大造成网络拥堵，网络中的数据传输速率将十分低下，从而造成大的时延。

（2）公平性

由于通信网络能够为网络节点提供带宽资源的总量是有限的，所以公平性是衡量网络通信质量的重要指标，可以有以下几种理解：

- 保证网络内的每一个节点都能够绝对公平地获得信道带宽资源。
- 保证网络内的每一个节点都能够有均等的机会获得信道带宽资源。
- 保证网络内的每一个节点都有机会获得信道带宽资源。

很显然，以上 3 种公平性保证的强度是呈递减趋势的。然而，第一种公平性在实际网络环境中很难得到保证。因此，在实际运用过程中，更多的是强调后面两种公平性所代表的含义，并用于衡量网络性能。

根据 OSI 网络 7 层参考模型，数据链路层的 MAC 子层负责提供网络节点对信道访问的功能。其中，竞争型 MAC 协议的公平性是一个很重要的研究内容。例如，在 CSMA/CA 中，一旦检测到冲突，为降低再次冲突的概率，需要等待一个随机时间。二进制指数退避算法是竞争型 MAC 协议主要采用的一种退避机制，其主要缺陷是在信道持续繁忙的情况下，竞争窗口较小的节点在完成一次数据发送后极可能再次快速接入信道，从而演变成长期占用信道资源，降低了很大一部分其余网络节点接入信道的机会。

MAC 协议主要解决网络节点邻域范围内的信道访问方面的问题。路由协议则保证数据分组在网络范围内正确地选择合适、有效的通信路径，准确无误地从源节点出发到达目的节点。路由选择的原则很多，直观上选择连接源节点和目的节点之间的最短路径是最好的选择。但是，如果最短路径上的链路状况不稳定或者数据流量过载，最短路径很可能是一个差的选择。基于多径路由的策略，通过协调、均衡不同路径上的网络负载，既避免了网络性能恶化，也实现了路由层的公平性。

传输控制协议（Transport Control Protocol，TCP）是目前在网络中广泛应用的传输层协议。理论和实验表明，TCP 本身的拥塞控制机制会导致 TCP 协议在无线网络中的应用出现许多不公平问题；TCP 对数据分组和控制分组丢弃敏感度的不对称会导致上、下行 TCP 流的不公平；TCP 闭环拥塞控制的贪婪特性会造成上行 TCP 流之间的不公平，以及 TCP 长短流之间的不公平。对于 TCP 的不公平性问题，当前较难找到行之有效的解决方案。

以上讨论的各层协议对应于两个或更多节点之间的公平性。节点自身对于数据缓冲区的管理则体现了数据分组之间的公平性，队列公平性是评价分组的排队规则以及队列的管理方式优劣的重要参考。

（3）优先级

网络通信中的优先级主要是指对网络承载的各种业务进行分类，并按照分类指定不同业务的优先等级。正常情况下，网络保证优先等级高的业务比优先等级低的业务有更低的等待时延、更高的吞吐量；网络资源紧张时，网络甚至会限制为优先等级低的业务提供服务，尽力满足优先等级高的业务需求。

在多媒体通信中，多媒体通信应提供包括视频图像、语音和数据等多种业务的服务。

视频图像业务的具体形式包括高清电视、可视电话、会议电视、视频点播等。视频图像业务的主要特点包括两个：第一是数据传输量大，以会议电视为例，一路会议电视信号至少需要 4.3 MHz 的带宽；第二是数据传输的实时性要求高，根据视觉暂留原理，人的肉眼在某个视像消失后，仍可使该物像在视网膜上滞留 0.1～0.4 秒。因此，多媒体视频流的传输延时和抖动应该低于 0.1 秒。

语音业务的具体形式包括固定电话和移动电话等业务。以固定电话为例，一路普通电话需要 3.4kHz 的带宽。因此，语音业务对带宽的要求相对视频图像业务是很低的。ITU G.114 规范建议，在传输语音流量时，单向语音包端到端延迟要低于 150 毫秒。对于国际长途呼叫，特别是卫星传输时，可接受的单向延迟为 300 毫秒。如果超过 300 毫秒则通话的质量会变得让人不能忍受。过多的包延迟可以引起通话声音不清晰、不连贯或破碎。因此，语音业务对时延有很高的要求。

数据业务的具体形式包括短信、网上聊天和邮件等。以短信为例，一个手机用户发送的短信所包含的数据量通常不超过 100 个字节。因此，相比视频图像和语音业务，数据业务对带宽资源的要求是最低的。另外，无论是短信、网上聊天还是邮件通信方式，实际通信过程中允许的延迟甚至可以是几小时。从网络传输速度看，数据业务对通信延时几乎没有任何要求。

根据以上分析，视频图像业务享受网络服务的优先等级高于语音业务，而语音业务享受网络服务的优先等级高于数据业务。大多数网络协议都承认这几种业务之间的优先等级顺序。

除了不同业务之间的优先等级之外，通信中也会考虑不同用户之间的优先等级。因为网络运营商可以就服务条款和要求与网络用户达成一定的协议，网络则根据运营商与用户之间达成的协议提供相应的服务。协议要求不同，自然会体现出不同用户之间在享受网络服务时的优先等级。

（4）可靠性

通信的一个基本目的就是保证信息被完整地、正确地从源节点传输到目的节点。保证信息传输的可靠性也是通信的一个重要原则。

在网络中，有些服务如 HTTP、FTP 等，对数据的可靠性要求较高，在使用这些服务时，必须保证数据包能够完整无误地送达；而另外一些服务，如邮件、即时聊天等，并不需要这么高的可靠性。根据这两种服务不同的需求，对应地有面向连接的 TCP 协议，以及面向无连接的 UDP 协议。

连接（Connection）和无连接（Connectionless）是网络传输中常用的术语，二者的关系可以比喻为打电话和写信。

打电话时，一个人首先必须拨号（发出连接请求），等待对方响应，接听电话（建立了连接）后，才能够相互传递信息。通话完成后，还需要挂断电话（断开连接），才算完成了整个通话过程。写信则不同，你只需填写好收信人的地址信息，然后将信投入邮局，就算完成了任务。此时，邮局会根据收信人的地址信息，将信件送达指定目的地。

两者之间有很大不同。打电话时，通话双方必须建立一个连接，才能够传递信息。连接也保证了信息传递的可靠性，因此，面向连接的协议必然是可靠的。无连接就没有这么多讲究，它不管对方是否有响应，是否有回馈，只负责将信息发送出去。就像信件一旦进了邮箱，在它到达目的地之前，你可能没法追踪这封信的下落；接收者即使收到了信件，也没有必要通知你信件何时到达。在整个通信过程中，没有任何保障。因此面向无连接的协议是不可靠的。当然，邮局会尽力将邮件送到目的地，绝大多数信件会安全到达，但在少数情况下也有例外。

传输可靠性主要解决的是分组丢失的问题。导致分组丢失的原因主要包括通信线路受到破坏、通信信号受到噪声的干扰以及网络出现严重拥塞。

以多媒体通信为例，语音分组的丢失，将导致通话质量的下降；视频图像流中出现重要分组的丢失，甚至可以导致无法在接收方恢复图像画面。为弥补分组丢失带来的损失，通信接收方通常会要求发送方重传丢失的分组，如果收发双方距离很远，这种丢失分组导致的重传会对网络资源造成严重的浪费。

**2．数据为中心的服务质量**

（1）真实性

数据的真实性是用于衡量使用数据的用户得到的数值与数据源的实际数据即“真值”之间的差异。

对于数据真实性可以有以下几种理解：

- 接收方和发送方持有数据中的数值之间的偏差程度。
- 接收方和发送方持有数据所包含的内容在语义上或上下文环境中的吻合程度。
- 接收方和发送方持有数据所指代范围的重合程度。

造成数据不真实的情况主要分为 3 种。第一种是非人为的客观原因，例如，数据采集设备的精度较低、通信设备能力不强、网络资源受限等；第二种是非恶意的主观人为原因，例如，记录错误、漏记、分析出错等；第三种是恶意的人为原因，例如，伪造数据、篡改数据等。显然，第三种情况的数据失真原因给数据服务质量造成的损失最为严重。

（2）安全性

数据安全的要求是通过采用各种技术和管理措施，使通信网络和数据库系统正常运行，从而确保数据的可用性、完整性和保密性，保证数据不因偶然或恶意的原因遭受破坏、更改和泄露。

数据安全有对立的两方面的含义：一是数据本身的安全，主要是指采用现代密码算法对数据进行主动保护，如数据保密、数据完整性、双向强身份认证等；二是数据防护的安全，主要是采用现代信息存储手段对数据进行主动防护，如通过磁盘阵列、数据备份、异地容灾等手段保证数据的安全。数据安全是一种主动的包含措施，数据本身的安全必须基于可靠的加密算法与安全体系，主要有对称算法与公开密钥密码体系两种。

数据处理的安全是指如何有效地防止数据在录入、处理、统计或打印中，由于硬件故障、断电、死机、人为的误操作、程序缺陷、病毒或黑客等造成的数据库损坏或数据丢失现象，某些敏感或保密的数据被不具备资格的人员或操作员阅读，而造成数据泄密等后果。

数据存储的安全是指数据库在系统运行之外的可读性。一个标准的数据库文件，稍微懂得一些基本方法的计算机人员，都可以打开阅读或修改。一旦数据库被盗，即使没有原来的系统程序，照样可以另外编写程序对盗取的数据库进行查看或修改。从这个角度说，不加密的数据库是不安全的，容易造成商业泄密。这涉及计算机网络通信的保密、安全及软件保护等问题。

（3）完整性

数据完整性是指数据的精确性和可靠性。它是应防止数据库中存在不符合语义规定的数据和防止因错误信息的输入输出造成无效操作或错误信息而提出的，确保数据库中包含的数据尽可能地准确和一致。

数据完整性有 4 种类型：实体完整性、域完整性、引用完整性和用户定义完整性。

实体完整性将行定义为特定表的唯一实体。实体完整性强制表的标识符列或主键的完整性（通过索引、Unique 约束、Primary Key 约束或 Identify 属性）。

域完整性是指特定列的输入有效性。强制域有效性的方法有：限制类型（通过数据类型）、格式（通过 Check 约束和规则）或可能值的范围（通过 Foreign Key 约束、Check 约束、Default 定义、Not Null 定义和规则）。

在输入或删除记录时，引用完整性保持表之间已定义的关系。在 Microsoft SQL Server 2000 中，引用完整性基于外键与主键之间或外键与唯一键之间的关系（通过 Foreign Key 和 Check 约束）。引用完整性确保键值在所有表中一致。这样的一致性要求不能引用不存在的值；如果键值更改了，那么在整个数据库中，对该键值的所有引用要进行一致的更改。

用户定义完整性使用户得以定义不属于其他任何完整性分类的特定业务规则。所有的完整性类型都支持用户定义完整性。

（4）冗余性

数据冗余是指数据库的数据中有重复信息的存在。如果数据冗余程度过高，肯定会对资源造成浪费。但是，完全没有任何数据冗余并不现实，也存在弊端。因此，应该从两个角度来看待数据的冗余性。

一方面，应当避免出现过度的数据冗余。如果数据重复存在的情况很严重，这自然浪费了很多的存储空间，尤其是存储海量数据的时候。除此之外，数据冗余会妨碍数据库中数据的完整性。关系模式的规范化理论的主要思想之一就是最小冗余原则，即规范化的关系模式在某种意义上应该冗余度最小。降低数据冗余度，不仅可以节省存储空间，也可以提高数据的传输效率。

另一方面，必须引入适当的数据冗余。数据库软件或操作系统的故障、设备的硬件故障、人为的操作失误、网络内非法访问者的恶意破坏甚至网络供电系统故障等，都将造成存储在设备上的数据丢失和毁坏。为消除这些破坏数据的因素，数据备份是一个极为重要的手段。数据备份的基本思想就是在不同地方重复存储数据，从而提高数据的抗毁能力，为灾害数据恢复提供坚实的基础。

（5）实时性

对数据的实时性要求，与应用的背景有着密切关系。相关的典型应用主要包括工业生产控制、应急处理、灾害预警等。

冷链物流与人们的生活息息相关。例如，速冻食品、包装熟食、冰淇淋和奶制品、快餐原料等在生产、储藏、运输、销售等环节中，都需要始终处于规定的低温环境中，才能保证质量。如温度监控系统需要随时掌握整个物资储藏环境的温度，如果监测到的温度出现异常而不能及时通报给控制中心，则有可能延误管理人员采取相应的温度调节措施。

应急处理的一个典型例子就是处理突发在建筑物中的火灾。一般情况下，发生火灾后，人安全疏散允许的时间是：耐火等级为一、二级的民用建筑为 6 分钟，公共建筑为 5 分钟，观众厅为 2 分钟。当火灾发生时，如果显示火灾严重程度和发展态势的数据及时地被传回管理中心，则有助于快速形成有效灭火、转移人员、财产的应急处理方案，最大程度地降低火灾造成的各种损失。

由于地震这种自然灾害具有人力无法抗衡的严重破坏力，建立有效的灾害预警机制是降低灾害损失的重要方法。当海洋中发生地震时，对陆地上人口密集地区的预警时间为一到两分钟；当陆地发生地震时，对震中地区提供的预警时间通常为十几秒、甚至几秒。尽管可以期望获取预警的时间可能非常短暂，但是这种灾害预警机制对于减少人员伤亡和减轻损失具有非常重要的意义。

**3. 用户为中心的数据质量**

无论是网络通信还是各种数据，其最终目的是为不同的用户提供有效的服务。因此，用户对网络通信服务、数据质量的评价是最有意义的。用户体验是业界如今很时髦的一个概念，强调用户在接受服务过程中建立起来的主观感受。

（1）智能化

对于用户体验到的智能化服务，搜索引擎的功能是一个很好的实例。

搜索引擎的真正目的是为不同的搜索意图提供准确的对应信息。研究用户搜索意图是改进搜索引擎设计的重要手段。用户搜索意图的研究主要包括两个方面：一是使搜索引擎提供更好的交互功能，显式或隐式地获取用户意图；二是对用户意图尽可能准确地分类。

目前，一种比较流行的对用户搜索意图分类的方法是将其分为以下 3 类。

- 导航型（Navigational）：寻找某类特殊站点，这类站点能够为用户提供该站点上进一步的导航操作。
- 信息型（Informational）：寻找站点上某种以静态形式存在的信息，这是用户通常的一种查询。
- 事务型（Transactional）：寻找某类特殊的站点，这类站点的信息能够直接被用户下载或做进一步的在线操作，如购物、游戏等。

就上述分类而言，导航型意图意味着用户想要获取能够提供导航信息的这类特殊站点。例如，主页或包含足够多导航信息的非主页。信息型意图意味着用户在进行最通常的一种查询，并且在查询返回的结果中寻找其感兴趣的内容。

对于搜索引擎，通过获取和分类用户搜索意图可以实现针对不同的意图提供独特、贴切的信息，以满足用户个性化的需求。这就是智能化的重要体现。

（2）吸引力

有用是一个服务产生吸引力的最重要因素，有用是针对用户的需求而言的。例如，手机的出现使得人们摆脱固定电话的束缚，可以实现在任何地点、在移动的过程中进行通话。因此，移动通信服务得以快速的普及，很快形成庞大的用户群体。电子邮件的出现，使得信件在世界范围内邮递的时间大大缩短，也极大地降低了邮件交互的成本。因此，电子邮件成了人们日常工作、学习、交流的重要方式。

新颖性是提升一个服务吸引力的重要环节。这种新颖性可以是服务内容上的新颖性，也可以是服务形式上的新颖性，两者同样重要。前者是指设计出新颖的功能，后者是对已有功能进行新颖的组合。例如，手机定位是移动运营商提供的一种内容新颖的服务；将手机定位功能用于汽车救援、医疗急救等则属于提供新颖的服务形式。

人机交互过程中也十分强调通过人的感官建立服务的吸引力。人的感官包括触觉器官、视觉器官、听觉器官、嗅觉器官和味觉器官。人通过感官认知世界，用户通过各种感官体验服务质量。服务应该通过各种感官向用户传达一种信息，即让服务本身产生吸引力。例如，通过形状和色彩的搭配使网页上的画面产生视觉上的吸引力，或者通过悦耳的音乐或者朗读产生听觉上的吸引力。

（3）友好度

用户不是专业的服务设计人员，不了解服务的具体实现细节。用户在体验服务的过程中也没有必要了解服务在设计上的细节。因此，在提供服务的过程中，应当尽量让用户感受到服务过程的友好。

服务的设计应当符合人体工学原理。人体工学，在本质上就是使工具的使用方式尽量适合人体的自然形态，这样就可以使正在使用工具的人在工作时，身体和精神不需要任何主动适应，从而尽量减少使用工具造成的疲劳。人体工学的具体应用，包括生活中常见的各种造型设计、按钮的位置安排、说明文字的设计等多种方面。

容易使用是友好度的另外一个重要体现。在服务过程中，用户与软件或者网页等人机界面的交互是难以避免的，相关的提示或者说明应该易于用户理解，并且服务本身具备对用户误操作的纠错能力。例如，文件下载过程中，会有下载进度提醒；对于用户的一些重要操作，系统会利用符合人认识习惯的颜色或者形状，形象地传递提示信息。

更广义的友好度，还包括在服务过程中添加符合用户生活习惯、文化背景以及特殊爱好的元素，从而实现为用户提供个性化服务。

总之，要避免一切让用户体验的结果是服务过程很复杂、充满挫折感的设计元素，友好度的优劣是制约用户接受服务的重要因素。

## 3.5 物联网架构实例

体系结构是指说明系统组成部件及其之间的关系，指导系统的设计与实现的一系列原则的抽象。体系结构可以保证系统开发人员在开发过程中所做的每一个技术选择都与系统的预期需求相符合．因此，建立体系结构是设计与实现网络化计算系统的首要前提。体系结构可以精确地定义系统的组成部件及其之间的关系，指导开发者遵循一致的原则实现系统，以保证最终建立的系统符合预期的需求。

因此，在物联网这种新型的网络化计算体统中，同样需要事先确定设计物联网系统的体系结构，物联网体系结构是设计与实现物联网系统的首要基础。近年来，国内外的研究人员对物联网体系结构进行了广泛深入的研究，提出了多种具有不同结构的物联网体系结构。具有代表性的有以下几个。

**1．SENSEI**

SENSEI 项目是欧盟第七框架计划（Framework Program 7，FP7）所设立的关于物联网体系结构的项目。SENSEI 旨在构建一个普遍且值得信赖的服务框架，使真实世界与数字世界相连接，此连接将产生“智慧区域”。例如，通过将一些已经联网的无线传感器置入公共汽车中，当有一辆公共汽车快要进站时，车站管理者将接收到一条信息，这将让他们迅速调度并使汽车能够更快地到达目的地。SENSEI 系统已经在挪威进行测试，通过为牲口装上 GPS 定位系统，牲口的所有者将可以追踪它们的位置。智慧城市服务已经在贝尔格拉德开始用于测量温度、湿度、公共汽车的二氧化碳排放量以及对汽车的行驶路线进行实时定位，市民们能够通过手机和其他网络获取这些信息。

SENSEI 项目是由芬兰、法国、德国、意大利、爱尔兰、荷兰、挪威、塞尔维亚、罗马尼亚、西班牙、瑞典、瑞士和英国的产业界、大学与研究中心联合执行的。“欧盟第七框架计划”资助了该项目 1490 万欧元（项目总经费为 2320 万欧元），该项目于 2008 年 1 月开始，已于 2010 年 12 月结束。

SENSEI 所提出的体系结构主要由以下几层构成：通信服务层、资源层、应用层，这些层自下而上依次连接。通信服务层所实现的功能是把地址解析、数据通信模式、移动管理等所有的网络基础设施的服务，为资源层提供统一的网络通信服务；资源层是 SENSEI 体系结构中的核心环节，涵盖了大量的资源模型，这些模型广泛地存在于真实的物理空间中，资源层的模块有基于语义的资源查询与解析、资源发现、资源聚合、资源创建和执行管理等功能，这些功能可以为应用层和物理空间之间的信息、资源的交互提供统一规划的接口；应用层可以帮助使用者规划统一的接口。SENSEI 将底层感知网络抽象为服务和资源，使后台的信息服务器计算量有效减少。图 3-21 给出了 SENSEI 的体系架构。

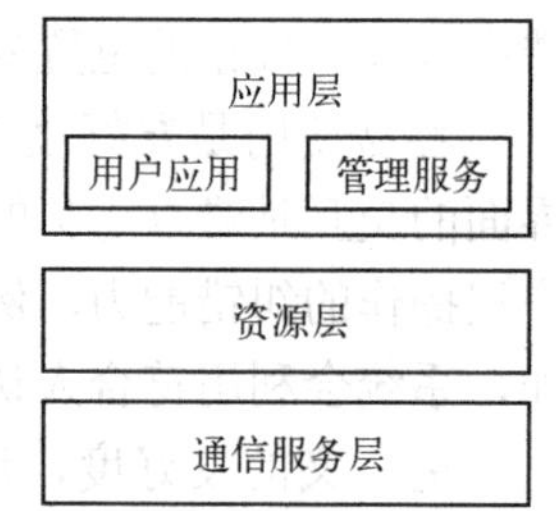


图 3-21　SENSEI 体系架构

**2. IoT-A**

IoT-A 项目同样是欧盟第七框架计划所设立的关于物联网体系结构的项目。IoT-A 项目的目标是建立一个物联网体系结构参考模型并且定义该参考模型下的物联网关键组成模块，然后通过一个实验验证网络；采用仿真与原型系统验证的方式，来验证所提出的体系结构的设计原理和设计准则，并且探索不同体系结构对物联网实现技术的影响。IoT-A 由 19 家公司共同开发研究。“欧盟第七框架计划”资助了该项目 1800 万欧元，该项目于 2010 年 9 月开始，已于 2013 年 9 月结束。

IoT-A 项目所提出的物联网参考模型中，将不同的无线通信协议均抽象为一个统一的物物通信接口，更加明确地定义了资源之间进行交互的方式和接口。并在此物物通信接口基础上，使用 IP 协议来支持大规模异构网络之间的互通互联，从而更加明确地指出物联网中所使用的互联技术。IoT-A 支持大量的物联网应用。图 3-22 给出了 IoT-A 参考模型的简要示意图。

**3. USN**

USN 体系结构由韩国电子通信技术研究所在 2007 年日内瓦的一次网络全球标准会议上第一次提出的。USN 体系结构自顶向下将物联网分为五层（如图 3-23 所示）：应用网络层、中间件层、网络基础设施层、接入网、传感网。每一层的功能定义如下：感知网用于采集、测量并传输周围环境的信息；接入网由一些网关或汇聚节点组成，向感知网与外部网络或控制中心之间的通信提供基础设施；网络基础设施是指基于后 IP 技术所形成的下一代互联网（NGN）；中间件由大量软件组成，负责海量数据的采集与处理分析；应用网络层包含了物联网今后可能涉及的未来各个行业，它们将有效使用物联网以提高生产和生活的效率，实现效益最大化。USN 体系架构如图 3-23 所示。

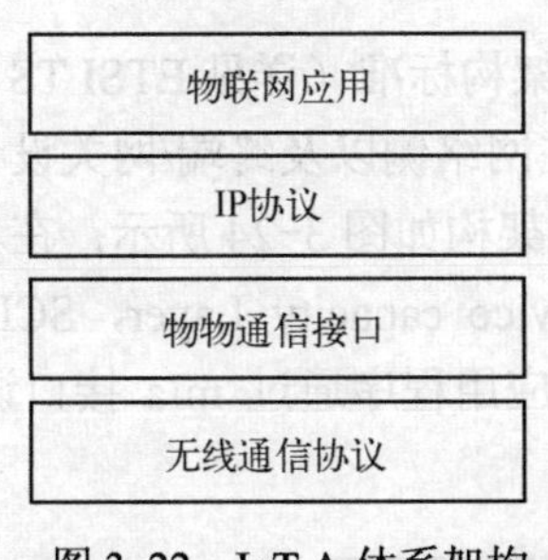


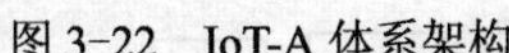

图 3-22　IoT-A 体系架构

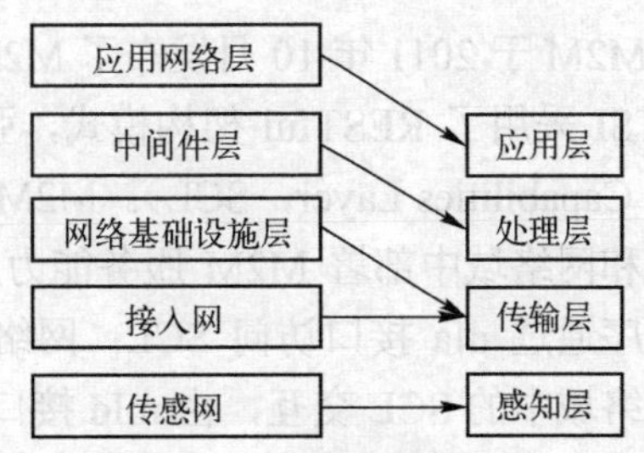


图 3-23　USN 体系架构

USN 物联网体系结构基于互联网的网络设施基础，按照不同功能层级把物联网的组成机构一一分析了出来。由于 USN 体系结构按照功能层次比较清楚地定义了物联网的组成，因此目前被国内工业与学术界广泛接受。但是需要注意的是，虽然 USN 是作为物联网参考体系结构被提出的，但是 USN 架构并没有定义各层之间的接口。例如，感知网与接入网之间的通信接口、中间件与应用网络层之间的数据接口等，USN 都没有做出统一的规则及格式定义。因此，USN 结构还有待于进一步完善。

**4．M2M**

M2M 可以说是物联网的支撑技术之一，用来表示机器对机器之间的连接与通信。比如，机器间的自动数据交换（这里的机器也指虚拟的机器比如应用软件）从它的功能和潜在用途角度看，M2M 引起了整个“物联网”的产生。M2M 技术解决方案需要综合运用电子、电信和信息技术来实现终端与系统的通信。每个具体 M2M 应用又是深度融合在企业的日常业务运营、管理以及决策的实际经营过程中或是个人和家庭的日常生活中。M2M 技术运用的复杂性和业务流程的专业性远远超越了一般有人介入的信息化和移动互联网服务。

M2M 作为物联网在现阶段的最普遍的应用形式，在欧洲、美国、韩国、日本等国家实现了商业化应用。主要应用在安全监测、机械服务和维修业务、公共交通系统、车队管理、工业自动化、城市信息化等领域。提供 M2M 业务的主流运营商包括英国的 BT 和 Vodafone，德国的 T-Mobile，日本的 NTT-DoCoMo，韩国 SK 等。中国的 M2M 正处于快速发展阶段，各大运营商都在积极研究 M2M 技术，尽力拓展 M2M 的应用市场。

ETSI 于 2008 年底成立了 M2M 技术委员会（ETSI TC M2M），希望通过汇聚和明确各方面 M2M 需求，发现和填补现有各标准之间的断裂地带，通过与其他标准化组织的合作与沟通，最终发展一个端到端的 M2M 全面架构体系，推进多应用共享的水平化服务能力层和接口。ETSI 研究了多种行业应用需求，成果向应用的移植过程比较平稳，同时注意了与 3GPP 研究体系间的协同和兼容。

3GPP 的研究重点在于移动网络优化技术，正式研究在 R10 阶段启动。M2M 在 3GPP 内对应的名称为机器类型通信（Machine-Type Communication，MTC）。3GPP 并行设立了多个工作项目（Work Item）或研究项目（Study Item），由不同工作组按照其领域，并行展开针对 MTC 的研究。3GPP2 中 M2M 的研究参考了 3GPP 中定义的业务需求，研究的重点在 CDMA 2000 网络如何支持 M2M 通信，具体内容包括 3GPP2 体系结构增强、无线网络增强和分组数据核心网络增强。

M2M 相关的标准化工作在中国主要在通信标准化协会移动通信工作委员会（TC5）和泛在网技术工作委员会（TC10）中进行。

ETSI TC M2M 于 2011 年 10 月发布了 M2M 功能架构标准（详见 ETSI TS 102 690）。在该标准中，ETSI 采用了 RESTful 架构模式，强调了在网络侧以及终端/网关设备内的服务能力层（Service Capabilities Layer，SCL）。M2M 的功能架构如图 3-24 所示：在具有存储模块的设备、网关和网络域中部署 M2M 服务能力层（Service capacity Layer，SCL）；设备和网关中的应用程序通过 dIa 接口访问 SCL；网络域中的应用程序通过 mIa 接口访问 SCL；设备或网关与网络域中的 SCL 交互，由 mId 接口实现。

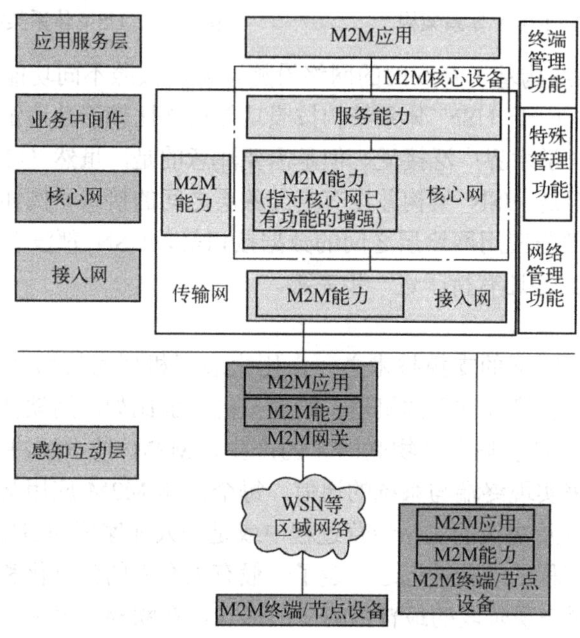


图 3-24　ETSI TS 102 690 标准中的 M2M 架构

各服务能力层（SCL）都包含一个标准化的用于存储信息的树状资源结构，进而 ETSI 标准化了处理这些资源的流程，从而使 SCL 与各应用以及各应用之间能经过标准接口以资源的形式交互信息。同时，ETSI 提供了标识应用和终端的方式、位置信息、基于通信优化策略的存储/转发机制、基于 OMA DM 或 BBF TR-69 的终端管理等功能。

**5. EPC 体系架构**

为满足对单个物品的标识和高效识别，美国麻省理工学院的自动识别（Auto-ID）实验室在美国统一代码协会（UCC）的支持下，提出利用 RFID、无线通信技术，构造一个覆盖世界万物的系统，并提出了电子产品代码（ElectronicProductCode，EPC）的概念。即每一个对象都将被赋予一个唯一的 EPC，并由采用无线射频识别技术的信息系统管理、彼此联系；数据传输和数据储存由 EPC 网络来处理。随后，国际物品编码协会（EAN）和美国统一代码协会（UCC）于 2003 年 9 月共同成立了非营利性组织 EPCGlobal，将 EPC 纳入了全球统一标识系统，实现了全球统一标识系统中的 GTIN 编码体系与 EPC 概念的完善结合。

目前，EPC global 的主要职责是在全球范围内为各行业建立和维护 EPC 网络，采用全球统一标准，实现供应链各环节信息能够实时的自动识别。通过发展和管理 EPC 网络标准，提高供应链上各个合作组织间信息的透明度以及全球化供应链的运作效率。

EPC global 网络是实现自动实时识别和供应链信息共享的网络平台。通过整合现有信息系统和技术，EPC global 网络使得企业可以更高效地运行，更好地实现基于用户驱动的运营管理。EPC global 为企业提供以下服务：

- 分配、维护和注册 EPC 管理者代码。
- 对用户进行 EPC 技术和 EPC 网络相关内容的教育培训。
- 参与 EPC 商业应用案例的实施和 EPC global 网络标准的制定。
- 参与 EPC global 网络、网络组成、研究开发和软件系统等的规范制订和实施。
- 指导 EPC 研究方向。
- 测试和认证。
- 试点和用户测试。

EPC global 提出的"物联网"体系架构认为，一个物联网主要由 EPC 编码体系、射频识别系统及信息网络系统 3 个部分组成。主要由 EPC 编码（96 位 EPC 编码结构见表 3-4）、EPC 标签、EPC 读写器、EPC 中间件、ONS 服务器和 EPCIS 服务器等构成。

**表 3-4　96 位 EPC 编码结构**

| | 标　头 | 厂商识别代码 | 对象分类代码 | 序　列　号 |
|---|---|---|---|---|
| EPC-96 | 8 | 28 | 24 | 36 |

- EPC 标签是产品电子代码的信息载体。
- EPC 读写器是用来识别 EPC 标签的电子装置，与信息系统连接，实现数据交换。
- EPC 中间件是加工和处理来自读写器的信息和事件流的软件，主要任务是在将数据送往企业应用程序之前，进行标签数据校对、读写器协调、数据传输、数据存储和任务管理。
- ONS 服务器根据 EPC 编码及用户需求进行解析，以确定与 EPC 编码相关的信息存放在哪个 EPCIS 服务器上。
- EPCIS 服务器提供了一个模块化、可扩展的数据和服务接口，使得 EPC 的相关数据可以在企业内部或者企业之间共享。它有两种运行模式，一种是 EPCIS 信息被已经激活的 EPCIS 应用程序直接调用，另一种是将 EPCIS 信息存储在资料档案库中，以备今后查询时进行检索。

**6．WoT**

Web of Things（WoT）定义了一种面向应用的物联网，把万维网服务嵌入到系统中，WoT 是指利用 Web 的设计理念和技术，采用简单的万维网服务形式使用物联网，将物联网网络环境中的设备抽象为资源和服务能力连接到 Web 空间，搭建基于异构网络和分布式终端的泛在应用开发环境，使得物联网上的嵌入式设备和业务更容易接入与访问。这是一个以用户为中心的物联网体系结构，试图把互联网中成功的、面向信息获取的万维网应用结构移植到物联网上，用于简化物联网的信息发布和获取。

WoT 是 IoT 的一种实现模式。指的是将那些嵌入智能设备的日常用品或者计算机都集成到 Web。不像其他在 IoT 系统那样，WoT 利用了 Web 的标准，将互联网整个生态系统扩展到日用智能设备，现在在 WoT 里被广泛接受的 Web 标准包括 URI，HTTP，REST，RSS 等等。WoT 架构使用 HTTP 作为应用层协议，同时使用 REST 接口将智能设备的同步能力开放出来，并且适用于整个 ROA（Resource Oriented Architectures），利用 Web 标准（Atom）或者服务器推送机制（Comet）将智能设备的异步能力开放出来。WoT 利用这些特点，使得智能设备的服务的耦合性降低，同时也提供了一个统一的接口让开发者更加容易地运用。WoT 可以真正释放设备联网的潜能，WoT 的目标是为所有被束缚在智能设备内部的信息提供 URIs，使用标准的 MIME 来编码这些信息，并且通过 HTTP 来传输这些信息。

可以说，WoT 是 IoT 的一种实现模式。目前 IoT 系统多数都是垂直化的系统，开放性很差，彼此的互通性成问题，资源的共享性差，升级困难，成本很高。WoT 系统提供了一种开放的方式，有利于资源的重用，跨平台的协作等等。与此同时，WoT 能够与当前其他基于 Web 的技术进行很好地集成与互通，有利于快速业务生成。如与 SNS 的开放平台共同生成新业务。同时由于采用 HTTP 协议作为传输技术，可以借鉴许多成熟的 HTTP 技术方案，成本很低。另一方面，也是由于 WoT 基于 Web 技术，并且是开放的，容易受到攻击，安全性较差。由于采用 HTTP 协议作为传输技术，故效率和时延特性也受到 HTTP 协议的制约，比很多自有的 IoT 系统低。

从上述描述中可以看出，当前存在的物联网体系结构仍旧停留在描述物联网功能构造这一点上，不能实现物联网体系的形式化说明和验证。也就是说，现存的物联网体系结构大多是从功能性的角度给物联网作出了说明，对于功能部件和部件之间的连接关系的抽象定义和说明没有详细的研究和结论。这是物联网当前发展的局限性所决定的，也是发展过程中必经的环节。随着各国对物联网体系结构研究的深入和实际设计经验的积累，必然会推动物联网体系结构更加统一、规范化和完善，实现物联网网络架构的最终融合统一。

## 本章小结

建立物联网体系架构的目的在于引导和规划物联网产业的发展以及相关技术标准的制定。物联网作为一个有机的系统整体，其体系架构呈现出完整、层次分明的特点。感知层是整个物联网体系架构的基石，其主要功能在于感知现实世界和执行用户的命令反馈；网络层主要促进异构网络的融合，以及为底层网络连接核心网络提供多元化的接入方式；应用层是整个物联网体系中最接近用户的层面，其功能在于管理和调度网络的服务资源，保证应用需要的服务质量。物联网的体系架构准确、详细地描述了物联网系统所具有的功能，以及各种功能之间的内在联系。

# 第 4 章　物联网关键技术

本章主要介绍构建物联网系统的关键技术。作为一个庞大、复杂的综合信息系统，物联网系统中的关键技术涉及多个领域，其中，感知互动和应用服务相关的技术是学术界和产业界关注的焦点，也是本章介绍的重点。

## 4.1　感知技术

感知功能是构建整个物联网系统的基础。感知功能的主要关键技术包括传感器技术和信息处理技术。其中，传感器技术涉及数据信息的采集，信息处理技术涉及数据信息的加工和处理。下面逐一介绍各项技术的要点。

### 4.1.1　传感器技术

**1．传感器技术简介**

传感器处于观测对象和测控系统的接口位置，是感知、获取和监测信息的窗口，如果说计算机是人类大脑的扩展，那么传感器就是人类五官的延伸，有人形象地称传感器为“电五官”。

传感器技术是半导体技术、测量技术、计算机技术、信息处理技术、微电子学、光学、声学、精密机械、仿生学和材料科学等众多学科相互交叉的综合性和高新技术密集型的前沿研究领域之一，是现代新技术革命和信息社会的重要基础。它与通信技术、计算机技术共同构成信息产业的三大支柱。

美国和日本等国家都将传感器技术列为国家重点开发关键技术之一。美国国家长期安全和经济繁荣至关重要的 22 项技术中有 6 项与传感器技术直接相关。美国空军 2000 年列举出 15 项有助于提高 21 世纪空军能力的关键技术，传感器技术名列第二。日本对开发和利用传感器技术相当重视，并将其列为国家重点发展核心技术之一。日本科学技术厅制定的 20 世纪 90 年代重点科研项目中有 70 个重点课题，其中有 18 项与传感器技术密切相关。

由于世界各国普遍重视和开发投入，传感器技术发展十分迅速，近十几年来其产量及市场需求年增长率均在 10%以上。

**2．传感器的定义、组成和分类**

“传感器是能感受规定的被测量、并按照一定的规律将其转换成可用输出信号的器件或装置”。从广义上讲，传感器是获取和转换信息的装置。在某些领域中又称为敏感元件、检测器、转换器等。

通常传感器由敏感元件和转换元件组成。其中，敏感元件是指传感器中能直接感受或响应被测量的部分，而转换元件是指传感器中将敏感元件感受或响应的被测量转换成适于传输或测量的电信号的部分。一般这些输出信号都很微弱，因此需要有信号调理与转换电路将其放大、调制等。目前随着半导体技术的发展，传感器的信号调理与转换电路可以和敏感元件集成在同一芯片上。一般传感器组成框图如图4-1所示。

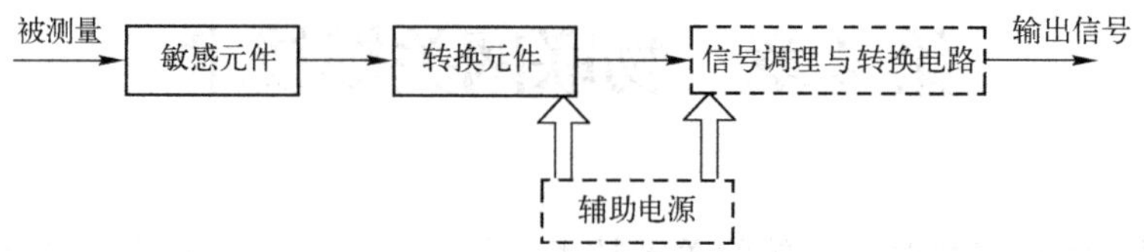


图4-1　一般传感器组成框图

传感器种类繁多，可按不同的标准分类。按外界输入信号转换为电信号时采用的效应分类，可分为物理、化学和生物传感器；按输入量分类，可分为温度、湿度、压力、位移、速度、加速度、角速度、力、浓度、气体成分传感器等；按工作原理分类，可分为电容式、电阻式、电感式、压电式、热电式、光敏、光电传感器等。表4-1给出了常见的分类方法。

**表4-1　传感器分类方法**

| 分类方法 | 传感器类型 | 描　述 |
|---|---|---|
| 按输入量分类 | 温度传感器、湿度传感器、压力传感器、浓度传感器、加速度传感器等 | 以被测量类型命名，包括物理量、化学量、生物量等 |
| 按输出信号分类 | 模拟传感器、数字传感器、膺数字传感器、开关传感器 | 以输出信号的类型命名 |
| 按工作原理分类 | 电阻应变式传感器、电容式传感器、电感式传感器、光电式传感器、热电式传感器、光敏式传感器等 | 以传感器工作原理命名 |
| 按敏感材料分类 | 半导体传感器、陶瓷传感器、光导纤维传感器、高分子材料传感器、金属传感器等 | 以制造传感器的材料命名 |
| 按能量关系分类 | 能量转换型传感器 | 也称为换能器，直接将被测量转换为输出电能量 |
| | 能量控制型传感器 | 由外部供给能量，被测量控制输出电能量 |

**3．传感器性能指标**

传感器在稳态信号作用下，其输入输出关系称为静态特性。衡量传感器静态特性的重要指标是线性度、灵敏度、重复性、迟滞、分辨率和漂移。

（1）线性度

传感器的线性度就是其输出与输入量之间的实际关系曲线偏离直线的程度，又称为非线性误差。线性度定义为在全量程范围内，实际特性曲线与拟合直线之间的最大偏差值与满量程输出值之比。

实际使用中，几乎每一种传感器都存在非线性。因此，在使用传感器时，必须对传感器输出特性进行线性处理。

（2）灵敏度

传感器的灵敏度是其在稳态下输出增量与输入增量的比值。

（3）重复性

重复性表示传感器在按同一方向作全量程多次测试时，所得特性不一致性的程度。多次按相同输入条件测试的输出特性曲线越重合，其重复性越好，误差也越小。

传感器输出特性的不重复性主要由传感器机械部分的磨损、间隙、松动、部件的内摩擦、积尘以及辅助电路老化和漂移等原因产生。

（4）迟滞

迟滞特性表明传感器在正向（输入量增大）行程和反向（输入量减小）行程期间，输出输入特性曲线不重合的程度。

（5）分辨率

传感器的分辨率是在规定测量范围内所能检测输入量的最小变化量。

（6）漂移

传感器的漂移是指在外界的干扰下，输出量发生与输入量无关的、不需要的变化。漂移包括零点漂移和灵敏度漂移等。

零点漂移或灵敏度漂移又可以分为时间漂移和温度漂移。时间漂移是指在规定的条件下，零点或灵敏度随时间的缓慢变化；温度漂移为环境温度变化而引起的零点或灵敏度的漂移。

**4．物理传感器**

物理传感器是检测物理量的传感器。它是利用某些物理效应，将被测的物理量转化成为便于处理的能量信号的装置。下面以电阻应变式传感器、压电式传感器、光纤传感器作为物理传感器的代表进行介绍。

（1）电阻应变式传感器

电阻应变式传感器以应变效应为基础，利用电阻应变片将应变转换为电阻变化。传感器由粘贴在弹性元件上的电阻应变敏感元件组成，当被测物理量作用在弹性元件上，弹性元件的变形引起应变敏感元件的阻值变化，通过转换电路转变成电量输出，电量变化的大小反映了被测物理量变化的大小。

电阻应变片作为应力检测手段已有 50 年以上历史，应用最多的是金属电阻应变片和半导体应变片两种，其最大特点是使用简便、测量精度高、体积小和动态响应好，在测量各种物理量如压力、转矩、位移和加速度等的传感器中被广泛采用。缺点是电阻值会随温度变化而变化，易产生误差。随着技术发展，人们发明了很多温度补偿方法，使电阻应变式传感器的准确度有了极大提高，得到广泛应用。

（2）压电式传感器

压电式传感器以某些物质所具有的压电效应为基础，在外力作用下，在电介质的表面上产生电荷，从而实现非电量测量。压电传感元件是力敏感元件，所以它能测量最终能转换为力的那些物理量，例如，力、压力、加速度等。压电效应分为正压电效应和逆压电效应两种。

正压电效应也可以叫做顺压电效应。某些电介质，当沿着一定方向对其施力而使它变形时，内部就产生极化现象，同时在它的一定表面上产生电荷，当外力去掉后，又重新恢复不带电状态。当作用力方向改变时，电荷极性也随着改变。

逆压电效应也可以叫做电致伸缩效应。当在电介质的极化方向上施加电场，这些电介质就在一定方向上产生机械变形或机械压力，当外加电场撤去时，这些变形或应力也随之消失。

压电式传感器具有响应频带宽、灵敏度高、信噪比大、结构简单、工作可靠、重量轻等优点。近年来，由于电子技术的飞速发展，随着与之配套的二次仪表以及低噪声、小电容、高绝缘电阻电缆的出现，使压电传感器的使用更为方便。因此，压电式传感器在工程力学、生物医学、石油勘探、声波测井、电声学等许多技术领域中获得了广泛的应用。

（3）光纤传感器

光纤传感器是 20 世纪 70 年代中期发展起来的一种基于光导纤维（Optical Fiber）的新型传感器。光纤传感器以光作为敏感信息的载体，将光纤作为传递敏感信息的媒质，它与以电为基础的传感器有本质区别。光纤传感器的主要优点包括电绝缘性能好、抗电磁干扰能力强、非侵入性、高灵敏度和容易实现对被测信号的远距离监控等。

光纤传感器的分类方法很多，以光纤在测试系统中的作用，可以分为功能性光纤传感器和非功能性光纤传感器。功能性光纤传感器以光纤自身作为敏感元件，光纤本身的某些光学特性被外界物理量所调制来实现测量；非功能性光纤传感器是借助于其他光学敏感元件来完成传感功能，光纤在系统中只作为信号功率传输的媒介。

根据光受被测量的调制形式，光纤传感器可以分为强度调制光纤传感器、偏振调制光纤传感器、频率调制光纤传感器和相位调制光纤传感器。

**5．化学传感器**

化学传感器必须具有对被测化学物质的形状或分子结构进行俘获的功能，同时能够将被俘获的化学量有效地转换为电信号。下面以气体传感器和湿度传感器作为化学传感器的代表进行介绍。

（1）气体传感器

气体传感器是指能将被测气体浓度转换为与其成一定关系的电量输出的装置或器件。气体传感器必须满足下列条件：

- 能够检测爆炸气体的允许浓度、有害气体的允许浓度和其他基准设定浓度。
- 对被测气体以外的共存气体或物质不敏感。
- 性能稳定性好。
- 响应迅速，重复性好。

气体传感器从结构上可以分为两大类，即干式和湿式气体传感器。凡构成气体传感器的材料为固体者均称为干式气体传感器；凡利用水溶液或电解液感知被测气体的称为湿式气体传感器。气体传感器通常在大气环境中使用，而且被测气体分子一般要附着于气体传感器的功能材料表面且与之发生化学反应。正是由于这个原因，导致气体传感器可以归属于化学传感器。

气体传感器主要包括半导体传感器、红外吸收式气敏传感器、接触燃烧式气敏传感器、热导率变化式气体传感器和湿式气敏传感器等。

（2）湿度传感器

湿度传感器是指能将湿度转换成为与其成一定比例关系的电量输出的装置。湿度传感器包括电解质系、半导体及陶瓷系、有机物及高分子聚合物系 3 大系列。

电解质系湿度传感器包括无机电解质和高分子电解质湿敏元件两大类。感湿原理为不挥发性盐溶解于水，结果降低了水的蒸气压，同时盐的浓度降低导致电阻率增加。通过对电解质溶解液电阻的测试，即可知道环境的湿度。

半导体及陶瓷湿度传感器按照制作工艺，可以分为涂覆膜型、烧结体型、厚膜型、薄膜型及 MOS 型等。

有机物及高分子聚合物湿度传感器的原理在于有机纤维素具有吸湿溶胀、脱湿收缩的特性。利用这种特性，将导电的微粒或离子参入其中作为导电材料，就可将其体积随环境湿度的变化转换为感湿材料电阻的变化。典型代表有碳湿敏元件和结露敏感元件。

**6. 生物传感器**

生物传感器通常将生物物质固定在高分子膜等固体载体上，被识别的生物分子作用于生物功能性人工膜时，会产生变化的电信号、热信号、光信号。生物传感器中固定化的生物物质包括酶、抗原、激素以及细胞等。

酶传感器主要由固定化的酶膜与电化学电极系统复合而成。酶的催化具有高度的专一性，即一种酶只能作用于一种或一类物质，产生一定的产物。酶传感器既有酶的分子识别功能和选择催化功能，又具有电化学电极响应快、操作简便的优点。

微生物传感器是以活的微生物作为分子识别元件的传感器。主要工作原理有利用微生物体内含有的酶识别分子；利用微生物对有机物的同化作用；利用微生物的厌氧性特点等。微生物传感器尤其适合于发酵过程的测定。

免疫传感器是由分子识别元件和电化学电极组合而成。抗体或抗原具有识别和结合相应的抗原或抗体的特性。在均相免疫测定中，作为分子识别元件的抗原或抗体分子不需要固定在固相载体上；而在非均相免疫测定中，则需将抗体或抗原分子固定到一定的载体上，使之变成半固态或固态。

**7. MEMS 传感器**

微机电系统（Micro-Electro-Mechanical Systems，MEMS）技术建立在微米/纳米基础上，是对微米/纳米材料进行设计、加工、制造、测量和控制的技术。完整的 MEMS 是由微传感器、微执行器、信号处理和控制电路、通信接口和电源等部件组成的一体化的微型器件系统。

MEMS 传感器能够将信息的获取、处理和执行集成在一起，组成具有多功能的微型系统，从而大幅度提高系统的自动化、智能化和可靠性水平。它还使得制造商能将一件产品的所有功能集成到单个芯片上，从而降低成本，适用于大规模生产。

MEMS 传感器首先在物理量测量中获得成功，其代表为微机械压力传感器。目前，以膜片为压力敏感元件的硅机械压力传感器已经占据了压力传感器市场的很大份额，它具有体积小、重量轻和可批量化生产的特点。MEMS 技术进一步在加速度、角速度、温度等其他物理量测量上得到了迅速的推广。

MEMS 加速度传感器主要应用于测量冲击和振动。例如，在笔记本电脑里内置加速度传感器，动态监测笔记本电脑的振动情况，在颠簸环境甚至坠落情况下最大程度减小硬盘的损伤；在相机和摄像机中内置加速度传感器可以监测手部的振动，并根据这些振动，自动调节相机的聚焦。

MEMS 陀螺仪能够测量沿一个轴或几个轴运动的角速度，是补充 MEMS 加速度传感器功能的理想技术。如果组合使用加速度计和陀螺仪这两种传感器，系统设计人员就可以跟踪并捕捉三维空间的完整运动，为最终用户提供现场感更强的使用体验、精确的导航系统以及其他功能。

### 4.1.2 RFID

**1．RFID 技术简介**

射频标签（Radio Frequency IDentification，RFID）是一种无线自动识别技术，它可以将物品编码采用无线标签的方式记录下来，提供给标签信息读取的小型发射设备。RFID 又称为射频识别技术，目前广泛应用于交通、物流、医疗、安全等众多领域，可以对各种物品、物资流动过程进行动态、快速、准确的识别和管理。

RFID 技术集成了无线通信、芯片设计与制造、天线设计与制造、标签封装、系统集成、信息安全等技术，目前已经进入成熟发展期。RFID 应用以低频和中高频标签技术为主，超高频技术具有可远距离识别和低成本的优势，有望成为未来的主流。RFID 技术体系中除了通信技术外，还包括很重要的标识体系，即物品编码标准。

**2．RFID 系统组成及工作原理**

工业界经常将 RFID 系统分为阅读器，天线和标签三大组件。

（1）阅读器

阅读器是对标签内信息进行读取（有时也能写入）的设备，是 RFID 系统最重要的组件。阅读器可设计成固定式或手持式。固定式阅读器一端通过标准网口、RS232 串口或 USB 接口同主机相连，另一端通过天线与 RFID 标签通信。手持式阅读器则把天线以及智能终端设备等集成在一起。

（2）天线

天线用于在标签和阅读器之间传递射频信号，与阅读器相连。阅读器可以同时连接一个或多个天线，但每次使用时只激活一个天线。天线的形状、大小随着工作频率和功能的不同而不同。

（3）标签

RFID 标签是由耦合元件、芯片及微型天线组成的，每个标签内部存有唯一的电子编码，附着在物体上，用来标识目标对象。

按照 RFID 不同的分类标准，可以将 RFID 标签分为不同的类型，如表 4-2 所示。

**表 4-2 RFID 标签的分类**

| 分 类 标 准 | 标签具体类别 |
| --- | --- |
| 工作模式 | 主动式 RFID（有源标签）、被动式 RFID（无源标签） |
| 工作频率 | 低频 RFID、中高频 RFID、超高频 RFID、微波 RFID 等 |
| 封装形式 | 粘贴式 RFID、卡式 RFID、扣式 RFID 等 |

根据工作模式，可以分为主动式 RFID 和被动式 RFID。主动式 RFID 标签内部携带电源，又被称为有源标签。有源 RFID 标签具备低发射功率、通信距离长、传输数据量大、可靠性高和兼容性好等特点。被动式 RFID 标签因内部没有电源设备又被称为无源标签。无源 RFID 标签内不含电源，它的能量要从 RFID 读写器中获取，当无源 RFID 标签靠近 RFID 读写器时，将激活 RFID 标签能量，它具有体积小、重量轻、成本低、寿命长等优点，可以制作成各种不同形状，方便在不同的环境中应用，但通常要求与读写器之间的距离较近，且读写器的功率较大。

根据工作频率，可以分为低频 RFID、中高频 RFID、超高频 RFID 和微波 RFID 等。低频 RFID 标签典型工作频率为 125kHz 与 133kHz；中高频 RFID 标签典型工作频率为 13.56MHz；超高频 RFID 标签典型工作频率为 860～960MHz，微波 RFID 标签典型工作频率为 2.45GHz 与 5.8GHz。

按照封装形式，可以分为粘贴式 RFID、卡式 RFID、扣式 RFID 等，这些样式在不同的应用场合应用。

RFID 工作原理并不复杂。阅读器通过天线发送某一频率的射频信号，在天线工作区域内的标签产生感应电流，感应电流的能量使标签激活，将自身编码等信息通过卡内天线发送出去；阅读器对接收到的信号进行解调和解码，然后送到后台系统进行处理；主系统根据不同的设定做出相应的处理，发出控制指令。

**3. RFID 产业标准－EPCglobal Network**

RFID 技术为仓储库存、供应链管理、产品跟踪等领域提供了很大的便利。产品供应商需要知道产品和供应链信息，并与其他合作伙伴共享信息。过去，条形码在全球供应链中提供了标准的产品静态信息交换方法，而随着 FRID 和互联网技术的发展，应用了 RFID 的下一代动态条形码技术正逐渐成为主流。最典型的就是由国际标准组织 GS1 所推行的 RFID 信息共享标准——EPCglobal Network。

EPCglobal Network 系统架构如图 4-2 所示。EPCglobal Network 有六大组件：EPC（Electronic Product Code，电子产品码），EPC 标签和阅读器，EPC 中间件，EPC ONS（EPC Object Naming Service 对象名解析服务），EPC IS（EPC Information Service，EPC 信息服务）和 EPC DS（EPC Discovery Service，EPC 搜索服务）。而终端使用者通过各种企业应用来查看 EPC 资料。下面分别进行介绍。

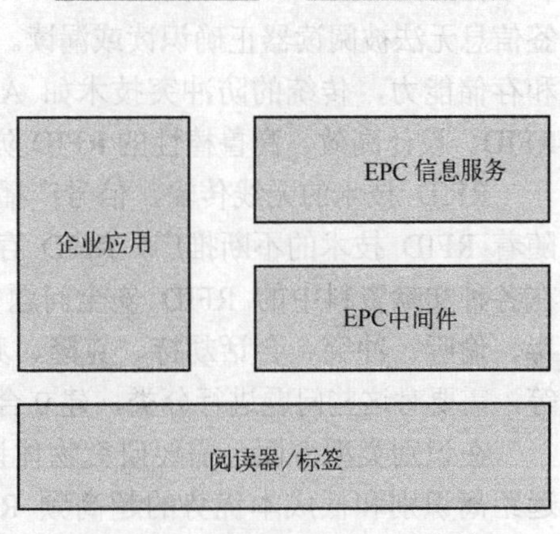

图 4-2　EPCglobal Network 架构

（1）EPC

EPC 即电子产品码，是用来唯一识别供应链中商品的编码，可以看作新一代条形码。与传统条形码相比，EPC 码可以给每一个商品赋予一个独一无二的编号，并能记录更为丰富详细和具有时效性的商品信息，并可以将商品的有关信息在全球 EPC Network 中共享。

（2）EPC 标签和 EPC 阅读器

EPC 标签是在射频标签中封装了记录 EPC 码的芯片，是 EPC 码的载体。EPC 阅读器是可以检测 EPC 标签并与 EPC 中间件通信的射频阅读器。最新的 EPC 标签封装标准以及标签和阅读器之间的信息交换标准为 EPC Gen2。

（3）EPC 中间件

EPC 中间件负责 EPC 阅读器与后端计算机系统之间的信息交换、上传下载，并能处理一些即时的信息和事件，目前的规范标准是 ALE（Application Level Event 应用层事件）。在市场上，EPC 中间件主要有服务软件和嵌入式系统两个发展方向。

（4）EPC ONS

EPC 将产品的 EPC 码解析成产品相关信息服务的地址，类似于 DNC 在 Internet 中的作用，是 EPC Network 中很重要的一环。ONS 架构主要包括 ONS 服务器网络和 ONS 解析器两个部分，ONS 服务器网络负责分层管理 ONS 记录，并对 ONS 记录查询请求进行回应，ONS 解析器负责完成 EPC 码到 DNS 域名格式的转换及解析 DNS NAPTR 记录来取得产品信息服务的所在位置。ONS 提供静态和动态两类服务，静态服务提供产品的静态信息，动态服务能提供产品较为即时的信息，如其在供应链中经过各个环节上的信息。

（5）EPC IS

EPC IS 是一组软件标准，提供产品信息的存储、通信和传播等的一套标准界面，就像是 Internet 上的 Web 网站。EPC IS 为分层式模组化架构，包括抽象资料模型层、资料定义层、服务层和 bindings。EPC IS 有两种运行模式，一种是 EPCIS 信息被已经激活的 EPCIS 应用程序直接应用；另一种是将 EPCIS 信息存储在资料档案库中，以备今后查询时进行检索。

（6）EPC DS

EPC DS 是一种发现网络中 EPC 信息服务的工具，类似于 Internet 中的搜索引擎。

**4．RFID 研究前景**

在 RFID 应用过程中，防冲突及安全是 RFID 技术的关键技术。RFID 阅读器与标签之间的通信面临信道共享和访问冲突问题，由于多个标签共享 Tag-to-Reader 的上行信道，当多个标签同时回应阅读器的查询时，如果没有相应的防冲突机制，必然会引起冲突，致使标签信息无法被阅读器正确识读或漏读。由于 RFID 技术的自身特点，以及受限于标签的计算和存储能力，传统的防冲突技术如 Aloha、Binary Tree、CSMA/CD 等，难以直接应用于 RFID。设计高效、高鲁棒性的 RFID 防冲突算法成为亟待解决的技术难题。

RFID 技术的无线传输、信号广播、资源受限等特点给攻击者带来了巨大的活动空间。随着 RFID 技术的不断推广，RFID 存在的安全问题越来越受到人们的普遍关注。目前出现在各种文献资料中的 RFID 安全问题多达 14 种之多：假冒、重放、追踪、去同步化、病毒、偷听、冲突、会话劫持、克隆、频率干扰、篡改、能量分析、拒绝服务、中间人攻击等，需要对这些问题进行分类，建立合理的分类模型，并找到相应的解决办法。

在识别类型方面，需要研究物体识别、位置识别和地理识别方法及技术；研究具有可远距离识别和低成本优势的超高频 RFID 技术，并进一步研制超高频 RFID 和新型集成 RFID 的标签、读写设备；研究用于室内、丛林、街道等复杂环境下的高精度、高鲁棒性的定位算法，并进一步研制低成本的实时定位系统。在对周围电磁环境及网络环境充分认知的基础上，建立典型应用场景下的情境感知模型，配合智能化信息处理，实现用户可定制的推拉式服务。

### 4.1.3 信息处理技术

在物联网应用系统中，传感器提供了对物理变量、状态及其变化的探测和测量所必需的手段，而对物理世界由“感”而“知”的过程则由信息处理技术来实现，信息处理技术贯穿由“感”而“知”的全过程，是实现物联网应用系统物物互联、物人互联的关键技术之一。

**1．信息处理技术一般性描述**

信息处理技术所涉及的内容和范围极其广泛，它可以泛指任何对数据或信息进行操作的方法和过程。从目标上看，信息处理技术以高效能地实现信息的转换、传输、发布和使用等为目标。从实现方法和技术手段上看，信息处理技术既可以采用串行或并行方式，也可以基于集中式或分布式的机制来实现。

在物联网应用系统中，信息处理指基于多个物联网感知互动层节点或设备所采集的传感数据，实现对物理变量、状态、目标、事件及其变化的全面、透彻感知，以及智能反馈、决策的过程。物联网中信息处理技术面临数据多源异构、环境复杂多样、目标混杂及突发事件的不确定性等技术挑战。

从概念上说，信息处理技术涵盖数据处理、数据融合（Data Fusion）、数据挖掘（Data Mining）、数据整合（Data Integration）等诸多技术领域，信息处理可以泛指上述任何一个技术领域，在有明确上下文的情况下，信息处理甚至可与这些名词互换使用。

**2．数据融合的 JDL 模型**

数据融合作为主要的信息处理技术之一，在信息系统设计中具有至关重要的作用，在一些文献中它也被称为“信息融合（Information Fusion）”。尽管对这门交叉学科已有二三十年的研究历史，但至今仍没有一个被普遍接受的定义，其主要原因是其应用面非常广泛，各行各业均按自己的理解给出不同的定义。

目前能被大多数研究者接受的有关数据融合或信息融合的定义是由美国三军实验室理事联合会 JDL（Joint Director of Laboratories）提出的。JDL 从军事应用的角度认为，数据融合是一种多层次、多方面的处理过程，包括对多源数据进行检测、相关、组合和估计，从而提高状态和身份估计的精度，以及对战场态势和威胁的重要程度进行完整的评价。

JDL 在给出数据融合定义的同时，提出了一个数据融合的层次模型，即数据融合的 JDL 模型（如图 4-3 所示）。可以看到，在 JDL 模型中，数据融合可以分为 5 个不同的处理级别，预处理级（Level 0: Sub-Object Assessment）、目标评估级（Level 1: Object Assessment）、态势评估级（Level 2: Situation Assessment）、影响评估级（Level 3: Impact Assessment）和过程优化级（Level 4: Processing Refinement），一般认为，前两个处理级别属于数据融合的低级层次，以数值计算过程为主；后三个处理级别属于数据融合的高级层次，主要采用基于知识及知识推理的方法。

表 4-3 给出了数据融合的 JDL 模型中不同处理级别所需完成的估计过程及其结果的对照表，如态势评估级主要完成实体间关系状态的估计过程。

**表 4-3　JDL 模型中不同处理级别特征对照表**

| 数据融合级别 | 估 计 过 程 | 结　　果 |
|---|---|---|
| 预处理级（Level 0） | 特征提取 | 信号/特征状态 |
| 目标评估级（Level 1） | 目标属性状态估计 | 目标属性 |
| 态势评估级（Level 2） | 关系状态估计 | 关系或态势 |
| 影响评估级（Level 3） | 代价/效用分析 | 系统效用 |
| 过程优化级（Level 4） | 性能分析 | 系统性能/效率度量 |

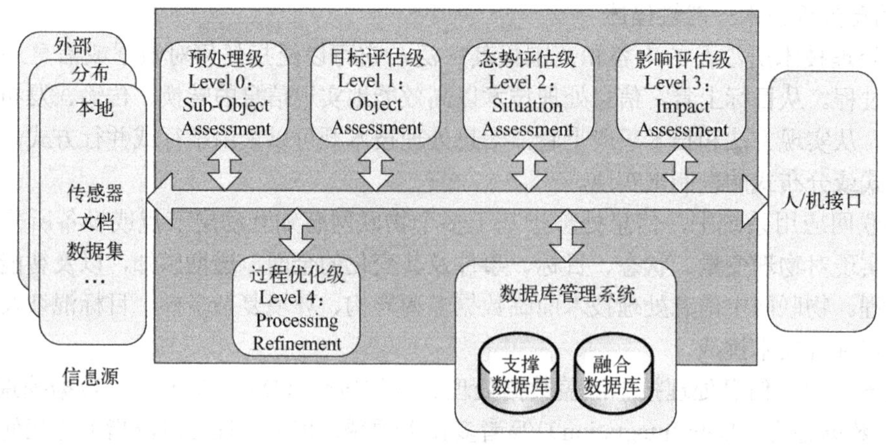


图 4-3　JDL 模型示意图

获取正确的物理世界信息是物联网应用系统设计的基础目标之一，数据融合是实现这一目标的关键。由于系统资源等限制条件，直接将数据融合的 JDL 模型运用于物联网系统设计较为困难。尽管如此，物联网系统中信息处理技术仍可以充分借鉴 JDL 模型层次化处理的思想进行设计，以满足不同的应用需求。

**3．数据融合的 I/O 模型**

Dasarathy 等人基于信息/数据融合过程的输入数据类型和输出数据类型的不同，提出了一个描述信息/数据融合的 I/O 功能模型，图 4-4 为一个简化的 Dasarathy 数据融合 I/O 模型。

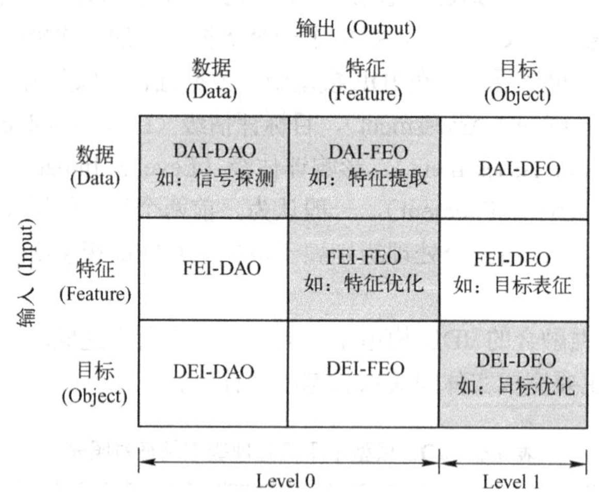


| | 数据 (Data) | 特征 (Feature) | 目标 (Object) |
|---|---|---|---|
| 数据 (Data) | DAI-DAO 如：信号探测 | DAI-FEO 如：特征提取 | DAI-DEO |
| 特征 (Feature) | FEI-DAO | FEI-FEO 如：特征优化 | FEI-DEO 如：目标表征 |
| 目标 (Object) | DEI-DAO | DEI-FEO | DEI-DEO 如：目标优化 |

图 4-4　I/O 模型示意图

可以看到，模型中输入和输出分别对应着数据（Data）、特征（Feature）和目标（Object）3 种不同的类型，不同的输入类型和输出类型的组合则对应着不同的信息/数据融合过程类别。Dasarathy 等人对对角线及其附近位置（对应图中阴影部分）的信息/数据融合过程类别进行了描述，如数据输入-数据输出类（DAI-DAO）、数据输入-特征输出类（DAI-FEO）、特征输入-特征输出类（FEI-FEO）、特征输入-目标输出类（FEI-FEO）、目标输入-

目标输出类（DEI-DEO）等。

与数据融合的 JDL 模型比较，Dasarathy 数据融合 I/O 模型中的数据、特征两类输出类型对应的信息/数据融合过程对应于 JDL 模型中的 Level 0 处理级别，而目标输出类型对应的信息/数据融合过程对应于 JDL 模型中的 Level 1 处理级别。

Dasarathy 数据融合 I/O 模型可以进一步扩展其输入输出数据类型，使其与 JDL 模型中的 Level 0 至 Level 4 处理级别对应起来，即可将输入输出类型扩展为 6 类：数据（Data）、特征（Feature）、目标（Object）、关系（Relation）、影响（Impact）、响应（Response），而信息/数据融合过程类别则可扩展至包括目标输入-关系输出（DEI-RLO）、关系输入-影响输出（RLI-IMO）等。

**4．物联网感知互动层中信息处理关键技术**

从体系架构上看，信息处理技术无论在物联网感知互动层还是应用服务层均承担着支撑性的作用。在物联网感知互动层，信息处理技术主要完成传感器数据预处理、目标/事件探测、目标特征提取优化、数据聚合等功能，借助信息处理技术，物联网感知互动层还可以初步完成对目标属性的判断甚至给出对目标状态的简单预测信息。在物联网应用服务层，信息处理技术主要完成知识生成获取、态势分析、信息挖掘、数据搜索以及实现信息反馈决策等功能。下面简单介绍物联网感知互动层中信息处理过程所采用的一些关键技术。

（1）数据预处理技术

数据预处理技术是指将传感器获得的原始信号或原始数据进行操作，完成数据归一化、噪声剔除抑制、数据配准和信号分离等处理过程。数据预处理为后续特征提取、模式识别、决策融合的实施提供条件。以信号分离为例，信号分离是将混叠的多个独立目标或事件信号分离开来的数据/信号预处理技术。“鸡尾酒会问题”是一个比较经典的信号分离问题，它描述了人可以在嘈杂环境中识别自己感兴趣声音的能力。与此对照，盲源信号分离（Blind Source Separation，BSS）技术就是研究在未知系统的传递函数、源信号的混合系数及其概率分布的情况下，从混合信号中分离出独立源信号的技术。图 4-5 为盲源信号分离问题示意图。

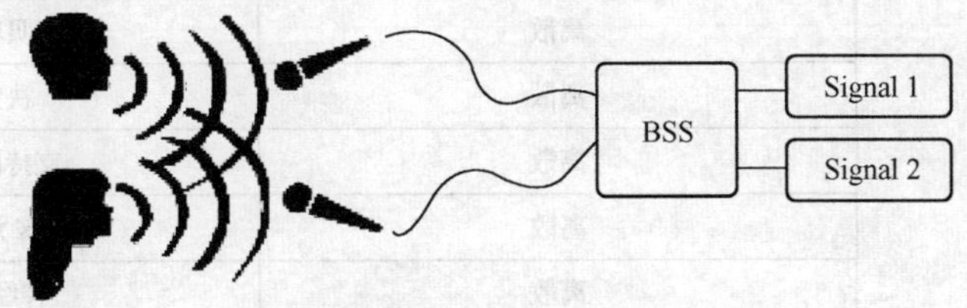


图 4-5　盲源信号分离问题示意图

（2）特征提取技术

特征提取技术是通过提取表示某一特定模式结构或性质的特征，并采用一个特定的数据结构对其进行表示的过程。从概念上说，特征提取技术包括特征生成技术、特征选择技术和特征变换技术，其中特征选择和特征变换可实现特征维数的消减。表 4-4 给出了一些典型的特征及对应的特征生成算法。

**表 4-4　典型特征及特征生成算法**

| 特 征 类 别 | 特　　征 | 特征生成算法 |
| --- | --- | --- |
| 时间域特征 | 最大值、最小值 | 时域峰值检测算法 |
| | 过零统计 | 过零检测算法 |
| | 峰度值 | 时域统计量算法 |
| 频率域特征 | 傅里叶系数特征 | 傅里叶变换算法 |
| | 功率谱密度特征 | 傅里叶变换算法 |
| 变换域特征 | 离散小波特征 | 离散小波变换算法 |
| | 倒谱系数 | 倒谱变换算法 |
| | DCT 特征 | 离散余弦算法 |
| | K-L 特征 | K-L 变换算法 |
| 时-频域特征 | 短时傅里叶系统 | STFT 算法 |
| | 连续小波包特征 | 连续小波变换算法 |

（3）模式识别技术

模式识别技术是对来自感知互动层传感节点或设备感知的信号（如振动、声响、图像、视频等）进行分析，进而对其中的物体对象或行为进行判别和解释的过程。事实上，作为人和动物获取外部环境知识，并与环境进行交互的重要基础，模式识别普遍存在于人和动物的认知系统。

物联网应用系统的目标之一就是要实现对物理世界的全面透彻感知。因此，模式识别技术在物联网感知互动层信息处理过程中具有不可缺少的重要作用。从方法学上看，模式识别可以分为基于统计的模式识别方法和基于结构句法的模式识别方法。从算法实现上看，模式识别算法可以分为有监督学习的方法和无监督学习的方法，表 4-5 给出了常用的模式识别算法。

**表 4-5　常用的模式识别算法**

| 类　　别 | 模 式 属 性 | 算　　法 |
| --- | --- | --- |
| 有监督学习算法 | 离散 | 贝叶斯方法 |
| | 离散 | 决策树方法 |
| | 离散 | 支持向量机方法 |
| | 离散 | K 近邻方法 |
| | 离散 | 神经网络方法 |
| | 离散 | 最大熵马尔科夫模型 |
| | 连续 | 卡尔曼滤波方法 |
| | 连续 | 粒子滤波方法 |
| 无监督学习算法 | 离散 | K-means 聚类方法 |
| | 连续 | PCA 回归方法 |
| | 连续 | ICA 回归方法 |
| | 离散 | HMM 方法 |

模式分类是模式识别的核心内容，目前已有大量的模式分类方法，如决策树、人工神经网络、支持向量机等。Jain 等人把分类器分为 3 种类型：基于相似度或者距离度量的分类器、基于概率密度的分类器和基于决策边界的分类器。

（4）决策融合技术

相对于数据融合和特征融合而言，决策融合是一种高层次的融合，每一种传感器基于自身的数据做出局部或者单一决策，然后在融合中心完成融合处理。

决策融合给出有关目标身份和类别的最终结果，因此融合结果的好坏直接影响决策水平。决策融合处理的是各个参与决策的实体（可以指传感器或节点等）产生的局部决策数据，所处理的数据量最少，因而对于通信量的要求也最小，而局部决策数据的精度则对最终融合结果有直接的影响。

基于多分类器的决策融合是一类具有代表性的物联网感知互动层决策融合技术，可以适用于物联网的分布式计算环境。基于多分类器的决策融合方法按有无训练过程可以分为无需训练的融合和基于训练的融合两大类。这里的训练指的是将各个单分类器的决策结果进行融合以得到最终决策时可能采用的过程，不是指各单分类器完成自身局部决策时可能需要的训练过程。

无需训练的融合算法包括：多数投票法、最大（最小、均值和乘积）法等。基于训练的融合方法则包括简单 Bayes 法、BKS 方法、概率乘积法、模糊积分法、基于判决模板（Decision Template）法等。上述决策融合方法对于多分类器中各单分类器的输出结果类型的可适用性、分类器间相关性等方面均有所不同，算法复杂程度也有差别，以下选择一些典型方法进行介绍。

- 多数投票法（Majority Voting）：多数投票法是最简单的一类融合方法，在一些应用场合却相当有效。该方法无需任何训练过程，但这种算法通常假设各分类器间满足相互独立性。
- 最大值（最小值、均值和乘积）法（Maximum、Minimum、Average、Product）：这类方法通过一个函数 $f$ 作用于多分类器系统中各单分类器输出的决策结果，根据 $f$ 的计算结果得到系统的最终决策。这种方法同样无需任何训练过程。
- BKS（Behavior-Knowledge Space）法：这种融合方法是一种基于查找表的方法，BKS 查找表需要大数据量的训练集通过训练过程来生成。一旦查找表建立后，多分类器的最终决策则直接根据各单分类器局部决策结果，查找表中对应判决标签而产生。
- 基于判决模板（Decision Template）法：这种融合方法建立一组判决模板，通过将各分类器的输出结果与这组判决模板进行相似性度量计算，形成最终决策。基于判决模板法在建立判决模板时，同样需要大数据量的训练集通过训练过程来完成。图 4-6 给出了基于判决模板决策融合方法的框图。

物联网感知互动层通常包含分布于多个不同位置的、资源受限的、异构的传感节点/设备。与传统意义上的信息处理技术不同，物联网感知互动层信息处理过程面临资源受限、分布式网络环境以及多源异构数据源等技术挑战，设计高效、可靠的感知互动层信息处理方法是保障物联网应用服务层性能的基础和前提条件。

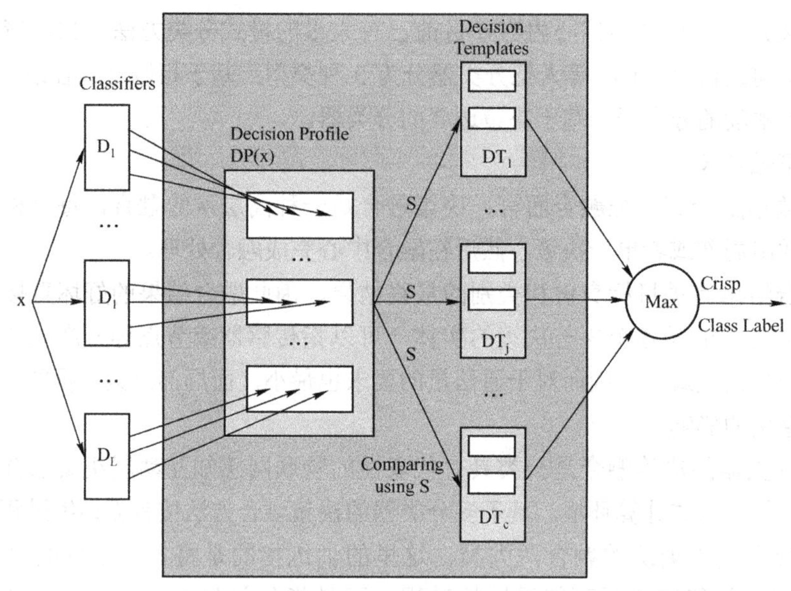

图 4-6　基于判决模板的决策融合方法框图

### 4.1.4　定位技术

在物联网应用系统中，基于位置的服务（LBS）在医疗、安防、物流等行业的应用需求不断增加。精准感知用户的位置是基于位置服务的核心问题。本节介绍常用的定位技术，并对各种技术的优缺点进行分析。

**1．GPS 定位技术**

在开阔的室外环境中，全球定位系统 GPS（Global Positioning System）成功提供了精确的定位。GPS 定位系统由 24 颗卫星组成，每颗卫星距离地面 1 万 2 千公里，并以 12 小时为周期环绕地球运行。使得在任意时刻，在地面上的任意一点都可以同时观测到 4 颗以上的卫星。在定位时，观测到的 4 颗卫星向 GPS 接收机发送其位置与精确时间，GPS 接收机接收发自每一颗卫星的信号，同时记录其位置和信号到达时间，便可利用无线电信号传输时间测量卫星到接收机的距离。接收机根据到每颗卫星的距离，利用三维坐标系中的距离公式，可计算出接收机所在位置，实现定位目的。

由于受到卫星运行轨道、卫星时钟误差，大气对流层、电离层对信号的影响，以及人为的 SA 政策等多种原因的影响，民用 GPS 定位精度存在较大误差。因此普遍采用差分 GPS（DGPS）技术，如局域差分 GPS 技术以提高定位精度。其原理为，在间隔小于一定距离的两个 GPS 接收机同步观测同一组卫星进行定位所产生的误差基本一致，如果将其中一个 GPS 接收机设置为基准站，其精确位置已知，基准站便可计算精确位置与 GPS 定位位置的误差，通过将误差传输给用户 GPS 接收机，便可消除用户 GPS 接收机的误差。通过使用差分 GPS 技术，可使定位精度大幅提高。

GPS 的缺点是穿透力很弱，无法穿透钢筋水泥。通常要在室外才能正常工作。信号被遮挡或者削减时，GPS 定位精度会受到很大影响，因此在室内或者较为封闭的空间无法使用。

**2．基于移动通信系统的定位技术**

利用移动通信系统辅助 GPS 定位，即：A-GPS 技术。通过移动基站向手机用户发送当前的卫星星历以提高 GPS 接收机搜索卫星的速度，缩短初次定位时间。移动通信系统也可以利用自身网络进行独立定位，定位原理主要有如下几种：

（1）单元识别 Cell-ID

移动通信系统是由一系列蜂窝网络组成的，手机用户获得通信服务是由其关联的相邻基站实现的，Cell-ID 技术是根据这些基站的覆盖范围估算出用户位置。无线网络根据服务的基站来估计终端所处的小区号，位置业务平台把小区号翻译成经纬度坐标。这种方法实现简单，无需在无线接入网增加设备，对网络结构改动小，缺点是定位精度低。

（2）基于距离的定位

基于距离的定位通过测量节点间的绝对距离或者角度信息，然后利用节点定位算法计算待测节点的位置。常用的测量距离或角度的方法有基于到达的时间 TOA（Time of Arrival）、基于到达时间差 TDOA（Time Difference of Arrival）以及基于到达角 AOA（Angular of Arrival）。

基于 TOA 定位的原理是：由于信号传播速率已知，通过测量基站与待测点之间信号传输的时间，便可计算出两者间的距离。当有三个基准站与待测点距离已知时，便可利用三边测量法确定待测点的位置。其原理如图 4-7 所示：

基于 TDOA 定位原理：通过测量无线电信号到达不同地点基站的时间差，对信号发射源进行定位。在对待测点定位时，从站将同一时间测量同一信号得到的数据发送至主站，主站计算信号到达两个从站的时间差，便可转换为待测点到两站的距离差。由于到两个定点的距离之差为定值的点的轨迹为双曲线，因此采用三台基站对待测点进行定位，便可得到两条双曲线，其交点即为待测点位置。图 4-8 为 TDOA 定位示意图。

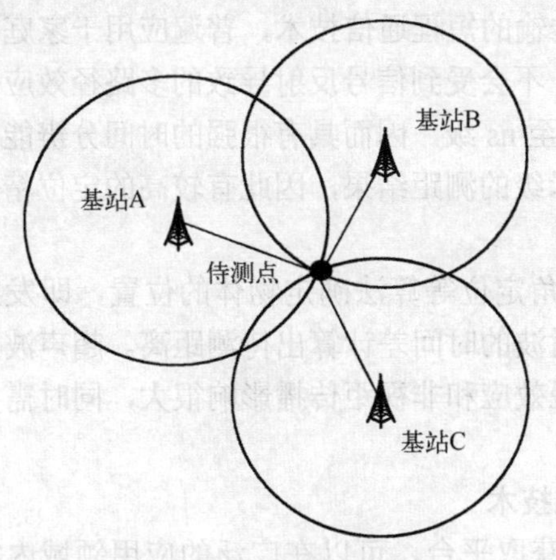

图 4-7　三边测量法定位

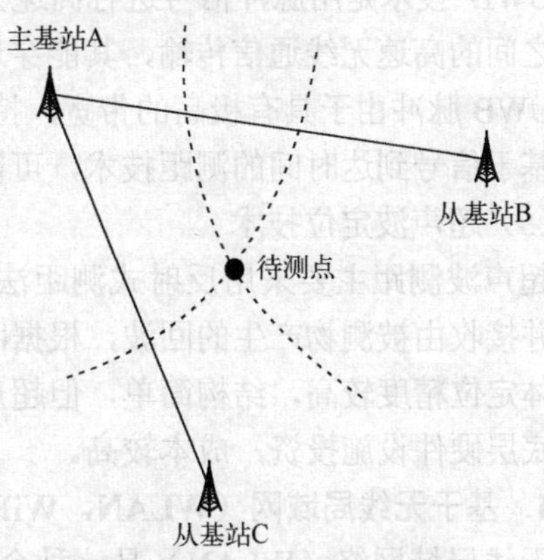

图 4-8　TDOA 定位示意图

基于 AOA 定位原理：通过多个信号接收器或阵列天线，接收发射节点的信号，可计算接收节点和发射节点之间的相对方位或角度，然后再利用三角测量法或其他方法计算出未知节点的位置。

**3．短距离传输的定位技术**

短距离传输定位技术主要有如下几种：

（1）射频识别技术

射频识别技术利用射频方式进行非接触式双向通信交换数据以达到识别和定位的目

的。通过射频信号自动识别目标对象并获取相关数据，广泛应用于资产跟踪、身份识别、生产自动化等领域。这种技术的作用距离短，一般最长为几十米。但它可以在几毫秒内得到厘米级定位精度的信息，且传输范围很大，成本较低。同时由于其非接触和非视距等优点，可望成为优选的室内定位技术。目前，射频识别研究的热点和难点在于理论传播模型的建立、用户的安全隐私和国际标准化等问题。优点是标识的体积比较小，造价比较低，但是作用距离近，不具有通信能力，而且不便于整合到其他系统之中。

（2）蓝牙技术

蓝牙技术通过测量信号强度进行定位。这是一种短距离低功耗的无线传输技术，在室内安装适当的蓝牙局域网接入点，把网络配置成基于多用户的基础网络连接模式，并保证蓝牙局域网接入点始终是这个无线微网（Piconet）的主设备，就可以获得用户的位置信息。蓝牙室内定位技术最大的优点是设备体积小、易于集成在 PDA、PC 以及手机中，因此很容易推广普及。其不足在于蓝牙器件和设备的价格比较昂贵，而且对于复杂的空间环境，蓝牙系统的稳定性稍差，受噪声信号干扰大。

（3）ZigBee 技术

ZigBee 是一种新兴的短距离、低速率无线网络技术，它介于射频识别和蓝牙之间，也可以用于室内定位。它有自己的无线电标准，在数千个微小的传感器之间相互协调通信以实现定位。这些传感器只需要很少的能量，以接力的方式通过无线电波将数据从一个传感器传到另一个传感器，所以它们的通信效率非常高。ZigBee 最显著的技术特点是它的低功耗和低成本。

（4）UWB 技术

UWB 技术是用脉冲信号进行高速无线数据传输的短程通信技术，普遍应用于家庭电子产品之间的高速无线通信传输，其能穿透建筑物，不会受到信号反射导致的多路径效应的影响。UWB 脉冲由于具有极高的带宽，持续时间短至 ns 级，因而具有很强的时间分辨能力。利用基于信号到达时间的测距技术，可以得到厘米级的测距结果，因此有较高的定位精度。

（5）超声波定位技术

超声波测距主要采用反射式测距法，通过三角定位等算法确定物体的位置，即发射超声波并接收由被测物产生的回波，根据回波与发射波的时间差计算出待测距离。超声波定位的整体定位精度较高，结构简单，但超声波受多径效应和非视距传播影响很大，同时需要大量的底层硬件设施投资，成本较高。

**4．基于无线局域网（WLAN，WiFi）的定位技术**

无线局域网络（WLAN）是一种全新的信息获取平台，可以在广泛的应用领域内实现复杂的大范围定位、监测和追踪任务，而网络节点自身定位是大多数应用的基础和前提。当前比较流行的 Wi-Fi 定位是无线局域网络系列标准 IEEE802.11 的一种定位解决方案。该系统采用经验测试和信号传播模型相结合的方式，易于安装，需要很少基站，能采用相同的底层无线网络结构，系统总精度高。基于无线局域网络的定位方法目前主要有以下两种方式：通过接收到的信号强度或者到达时间延迟进行测距，利用三角测量的方法计算出行人的位置；基于 RSSI 的指纹图技术（fingureprint），它根据接收信号强度标识 RSSI 来定位，这种技术先将安装有无线网络接入点的定位场景划分为一个个网格，然后测量在每个网格中心的接收信号强度，建立 RSSI 指纹数据库，在实时导航中根据用户终端接收的无线网络信号强度、利用有关算法估算出用户位置，这种方法需要事先建立 RSSI 数据库，其精度取决于网格划分的大小、每个网格采集的接收信号强度的数量和采用的定位算法，如果网格划分足够小，可以达到 1～3m 的精度。

**5. 包含自主传感器的定位技术**

在微机电系统（MEMS）技术的推动下，各种传感器尺寸变小，成本降低，被广泛用于个人导航定位系统 GPS。基于自包含传感器的定位技术，其突出优势在于导航定位的自主性和连续性。最普遍的自包含传感器包括惯性传感器（加速度计和陀螺仪）、磁罗盘等，这些传感器也叫做航迹推算传感器。基于不同的物理特性和应用环境，这些传感器可以相互组合实现不同的配置方案，如陀螺和加速度计组合的惯性导航系统，磁力计和加速度计组成的无漂移定位方法，陀螺仪、磁力计和加速度计冗余定位方法等。

目前包含自主传感器的个人导航系统有两种，一种是传统的个人导航，基于牛顿运动定律，可以通过三个方向的加速度数据积分计算出三维速度和位置，理论上计算结果更精确可靠，但实际应用中，存在很大误差；另一种是航迹推算个人导航，依据人行走计步和步长进行定位，定位效果比传统惯性导航更准确。从使用步骤上来说，传统惯性导航机制开始导航定位前需要严谨而精确地进行初始平台对准，行走中需要判断零速点实时计算加速度计的误差参数并动态消除后，才能积分计算速度和距离。而航迹推算算法中不需要对加速度计进行误差补偿，直接通过其波形的周期性探测跨步，并根据信号统计结果进行步长估计；从定位性能上来说，在使用低成本传感器的情况下，行人航迹推算比惯性导航机制的定位精度更高。惯性导航机制加速度两次积分计算，导致误差随时间的平方增长，即使行人没有行走，误差也在累积，使定位结果在很短时间内（通常一两分钟）无法使用。行人航迹推算算法可以通过步频探测结果，判断行人是否在行走，使定位误差不随时间增长，而是随着行走距离变大而累积。所以，在行人导航领域，目前普遍使用航迹推算算法来代替惯性积分方法。

## 4.2 通信组网技术

信息传输是实现物联网应用和管理的重要基础，通信组网技术为满足物联网中各类信息传输需求提供了技术支持。本节从通信技术、组网技术、中间件技术和网关技术几个方面介绍物联网信息传输方面的关键技术。

### 4.2.1 通信原理

通信技术将物联网中种类繁多的物品高速连接到互联网中，是实现对物品的实时监控和智能控制的最重要环节。

**1. 常用通信技术**

下面将对以下 3 种常用的通信技术进行分析：

- 窄带通信技术。
- 扩频通信技术。
- 正交多载波通信技术。

下面对其在感知互动网络中应用的优点和缺点进行分析。

在下面的分析中仅关注无线通信技术的理论层面，不涉及具体的无线通信标准以及这些无线通信技术的具体硬件实现。

（1）窄带通信技术

窄带通信技术是指占用带宽不超过无线信道相关带宽的无线通信技术的统称，因此窄带通信信道是频域平坦的无线信道，接收机信号处理简单。窄带通信技术根据承载信息的特性不同，可以分为频率调制技术、幅度调制技术和相位调制技术 3 类。

频率调制（Frequency Modulation）是一种根据基带信号的变化改变载波频率的调制方式。数字频率调制也称频移键控（Frequency Shift Keying，FSK）。

以二进制频率调制技术为例，基带信息为 0 时调制器输出频率为 $w_1$ 的波形，基带信息为 1 时调制器输出频率为 $w_2$ 的波形，而且 $w_1$ 与 $w_2$ 之间的改变是瞬间完成的。频率调制的一种实现方法是采用键控法，即利用受矩形脉冲序列控制的开关电路对两个不同的独立频率源进行选通。频率调制器和频率调制的波形如图 4-9 所示。

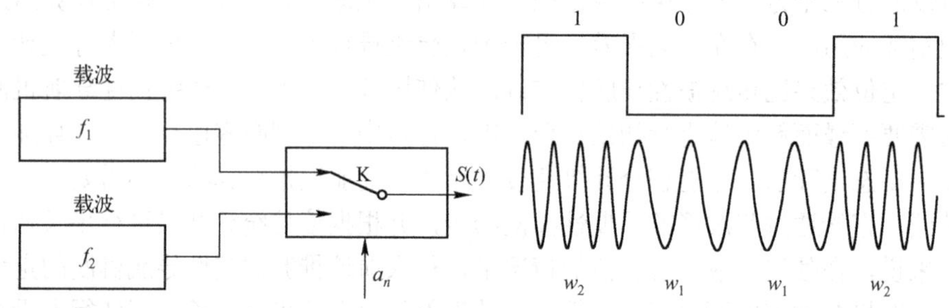


图 4-9　频率调制器和频率调制波形示意图

频率调制信号的数学表示式为

$$s(t)=\sum_{n}a_n g(t-nT_s)\cos(w_1 t)+\sum_{n}\overline{a}_n g(t-nT_s)\cos(w_2 t)$$

常用的频率调制技术有最小频移键控（Minimum—Shift Keying，MSK）和高斯滤波最小频移键控（Gaussian Filtered MSK，GMSK）。

幅度调制（Amplitude Modulation）是一种根据基带信号的变化，改变载波幅度的调制方式。数字幅度调制技术也称幅移键控（Amplitude Shift Keying，ASK）。

幅度调制器可以用一个乘法器来实现，幅度调制器和幅度调制的波形如图 4-10 所示。

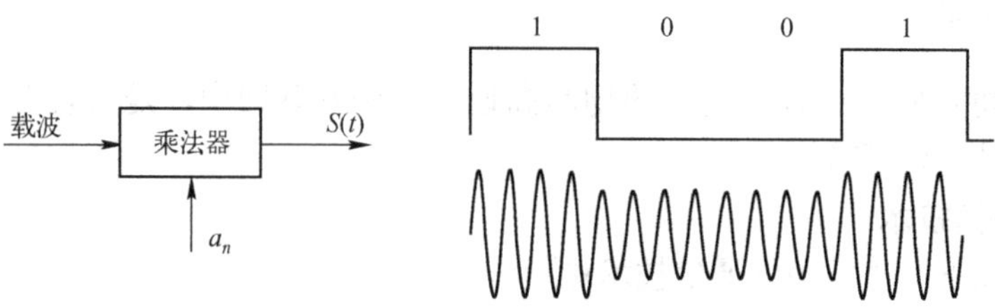


图 4-10　幅度调制器和幅度调制波形示意图

幅度调制技术的数学表示式为

$$s(t)=\sum_{n}(1+a_n)g(t-nT_s)\cos(wt)$$

相位调制（Phase Modulation）是一种根据基带信号的变化，改变载波相位的调制方式。数字相位调制技术也称相移键控（Phase Shift Keying，PSK）。

相位调制可以分两个步骤进行，先对基带符号进行映射，将其映射为一个与相位变化值相同的符号，然后将这个符号与载波进行相乘，从而改变载波的相位。相位调制器和相位调制后的波形如图 4-11 所示。

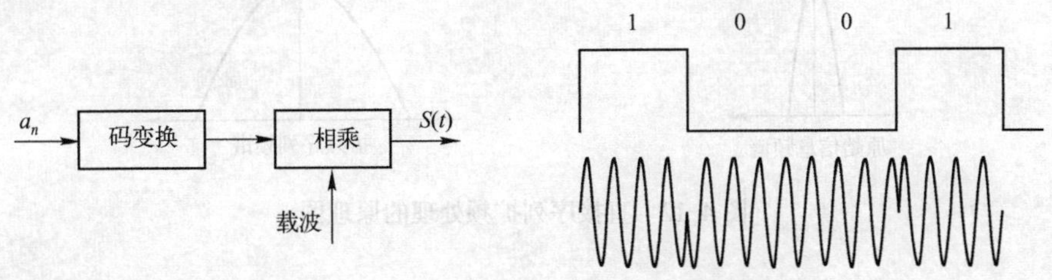


图 4-11　相位调制器和相位调制波形示意图

相位调制技术的数学表示式为

$$s(t)=\sum_{n} g(t-nT_{\mathrm{s}})\cos(wt+a_n\pi)$$

常用的调相技术有二进制相移键控（Binary Phase Shift Keying，BPSK）、四相相移键控（Quadrature Phase Shift Keying，QPSK）、交错正交四相相移键控（Offset Quadrature Phase Shift Keying，OQPSK）、差分四相相移键控（Differential Quadrature Phase Shift Keying，DQPSK）和 π/4 正交相移键控（π/4-DQPSK）。

与其他通信技术相比，窄带技术具有结构简单、实现复杂度低，以及由此而获得的低成本、设备尺寸小等优点。

（2）扩频通信技术

扩频通信技术是指利用与信息符号无关的伪随机码，通过调制的方法将信息符号序列的频谱宽度扩展得比原始信号的带宽宽得多的过程。根据调制方法的不同，扩频通信技术可以分为直接序列扩频（Direct Seqeuence Spread Spectrum，DSSS）、跳频扩频（Frequency Hopping Spread Spectrum，FHSS）和混合扩频等。

直接序列扩频工作方式，简称直扩方式。就是直接用具有高码率的扩频码序列（通常用 M 序列，Walsh 码等）在发射端去扩展信号的频谱，即将低速的基带符号映射成高速的扩频序列，从而实现信号频谱的扩展；而在接收端，用相同的扩频码序列去进行解扩（通常采用匹配滤波处理），从高速的扩频码序列中恢复出原始的基带符号，即把展宽的扩频信号还原成原始的信息。直接序列扩频处理的原理如图 4-12 所示。

跳频扩频工作方式，简称跳频方式。是指用一定码序列进行选择的多频率频移键控技术。也就是说，用扩频码序列去进行频移键控调制，使载波频率不断地跳变，从而对一个窄带信号进行频谱展宽的通信技术。在接收端与发射机取得同步后，控制接收机的本地振荡信号频率与发射机的载波频率按同一规律同步跳变，从而实现对信号的频率跳变解除，即解跳。跳频调制器和跳频的载频图案如图 4-13 所示。

与其他的通信技术相比，扩频通信技术有以下优点：

● 低检测概率。

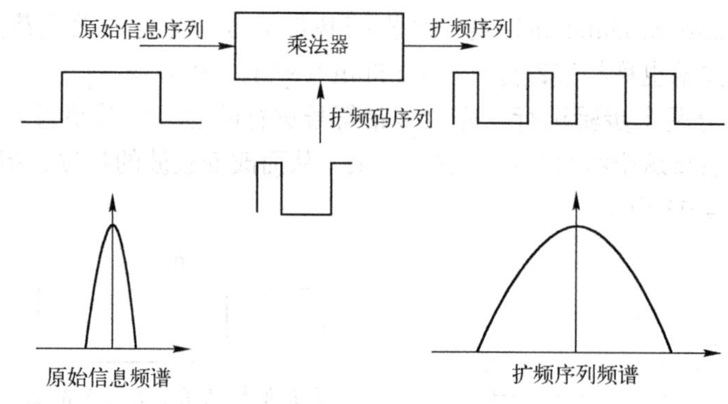


图 4-12 直接序列扩频处理的原理图

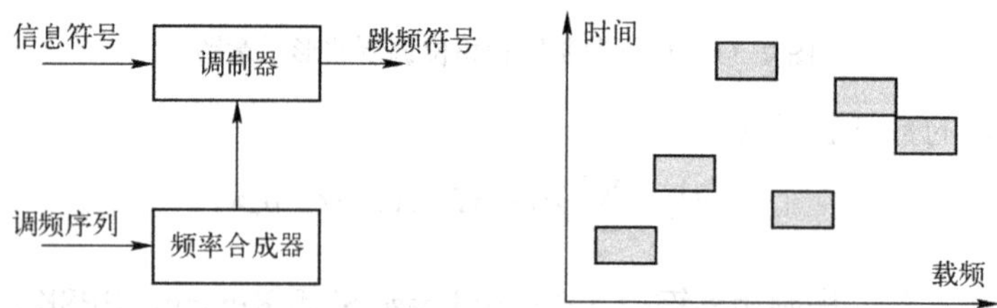


图 4-13 跳频扩频工作方式原理图

- 抗干扰能力强。
- 通信能耗低。
- 信号特性接近噪声，且对其他设备的干扰类似噪声。
- 在同一个射频频带内实现多个发射机的多址接入。
- 在多径信道中鲁棒性好。

(3) 正交多载波通信技术

正交多载波通信技术的原理是将信道分成若干正交子信道，将高速数据信号转换成并行的低速子数据流，调制到在每个子信道上进行传输。在接收端采用相关技术对每个子载波进行匹配滤波处理，从而将每个子载波上所传输的信息序列分开，以减少子信道之间的相互干扰。

在正交多载波通信中，将较宽的无线信道划分成多个子信道，每个子信道上的信号带宽小于信道的相关带宽。因此每个子信道上可以看成平坦性衰落，从而可以显著降低在高速通信系统中接收机信号处理的复杂度。正交多载波调制系统中，各个子载波的频谱如图 4-14 所示。从图中可以看出各个子载波都互相重叠，这使得正交多载波调制具有频谱效率上的优势。

正交多载波调制处理可以用下面的公式来表示

$$s(t)=\sum_{k=0}^{N-1}X_k\mathrm{e}^{\mathrm{j}2\pi nk/N}$$

在实际应用中，可以采用快速傅里叶逆变换（Inverse Fast Fourier Transform，IFFT）处理来实现对原始信息序列的多载波调制处理，在接收端对调制信号进行快速傅里叶变换

（Fast Fourier Transform，FFT）来进行多载波信号的解调。

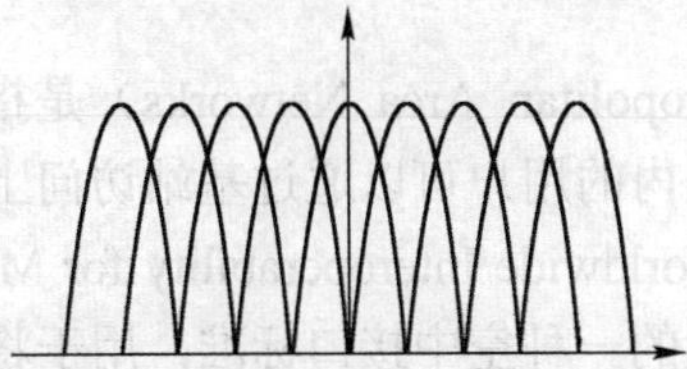

图 4-14　正交多载波调制系统中的子载波频谱示意图

**2．无线通信技术标准与规范**

（1）无线局域网规范

无线局域网（Wireless Local Area Networks）在一个局部的区域内为用户提供可访问互联网等上层网络的无线连接。IEEE 802.11 的一系列协议是专为无线局域网制定的规范。

IEEE 802.11 最初是用于解决办公室局域网和校园网中用户终端高速网络接入的一种无线传输技术。由于 IEEE 802.11 标准在速率和传输距离上不能满足人们的需要，因此相继又推出了 IEEE 802.11a、IEEE 802.11b、IEEE 802.11g 和 IEEE 802.11n 几个标准。

IEEE 802.11a 是 IEEE 802.11 原始标准的修订版，工作频率为 5GHz，使用具有 52 个子载波的正交频分多路复用的调制技术，其中 48 个子载波用于传输数据，4 个子载波用于传输导频信号，每个子载波带宽为 0.3125MHz。每个子载波上可以采用 BPSK、QPSK、16-QAM、64-QAM 调制，以获得不同的数据传输能力。

IEEE 802.11b 与 IEEE 802.11a 相比，是一种低速和高可靠性的无线局域网传输技术，工作频率为 2.4GHz。IEEE 802.11b 继承了 IEEE 802.11 标准中直接序列扩频（DSSS）的物理层技术，但它引入了 CCK（Complementary Code Keying）技术，以获得更高的数据传输能力。CCK 技术是一种多进制扩频技术。在 CCK 技术中选取了 64 组序列，每组序列表示 4bit 和 8bit 信息的不同编码组成，从而提高了传输的效率。

IEEE 802.11g 是为了克服 IEEE 802.11a 所使用的 5GHz 载频非通视情况下传输能力差而做的一个修订，同时又兼顾与 IEEE 802.11b 的互联互通性，因此在 IEEE 802.11g 的物理层集成了工作于 2.4GHz 的 OFDM 调制解调器和 DSSS 调制解调器，是一种双模通信技术。IEEE 802.11g 改善了工作于 2.4GHz 载频的 IEEE 802.11b 技术传输能力不足的情况，同时又很好地保证了与 IEEE 802.11b 的兼容性，提高了 IEEE 802.11 标准体系的竞争力，还延长了 IEEE 802.11b 设备的使用寿命。

IEEE 802.11n 是 IEEE 802.11 标准体系中最近推出的又一成功标准。IEEE 802.11n 标准中通过引入多进多出（Multiple Input Multiple Output，MIMO）技术，显著提高了设备的数据传输能力，由原先最高的 54Mbit/s 提高到 300Mbit/s，甚至高达 600Mbit/s。多进多出技术是 20 世纪末美国贝尔实验室提出的无线通信技术，它在发射端和接收端均采用多天线（或阵列天线）和多信号处理通道。

因此，IEEE 802.11n 产品多数都不只一根天线。MIMO 无线通信技术通过采用空时信号处理技术，在多径环境下可以在每对发射天线和接收天线间建立互相独立的无线通信信道，从而能够成倍地提高信道容量。该技术非常适合于室内环境下的无线局域网系统使用。通过采用 MIMO 技术，信号传输的频谱效率可以达到 20～40（bit/s）/Hz，远高于其他常见的通信技术。

（2）无线城域网规范

无线城域网（Wireless Metropolitan Area Networks）是指基站的信号可以覆盖整个城市的无线数据传输服务，在服务区内的用户可以通过基站访问上层网络。实现无线城域网的技术主要是微波存取全球互通（Worldwide Interoperability for Microwave Access，WiMAX）技术，是工作在微波和毫米波频段的一种空中接口标准，用于将无线热点连接到互联网或将公司、家庭等环境连接到有线骨干网络，并作为线缆和 DSL 的无线扩展技术实现无线宽带接入。IEEE 802.16 的一系列协议对 WiMAX 进行了规范。

IEEE 802.16 标准最早于 2001 年 12 月发布，至今也经过了多次修订和改进。其中值得一提的是 2004 年 10 月推出的 IEEE 802.16d（或称 IEEE 802.16-2004）版本和 2005 年 12 月推出的 IEEE 802.16e（或称 IEEE 802.16-2005）版本。

IEEE 802.16d 是固定宽带无线接入空中接口标准，采用点到多点传播，可以实现家庭与商业场所的宽带连接。它定义了 3 种物理层实现方式：单载波、正交频分复用（Orthogonal Frequency Division Multiplexing，OFDM）和正交频分多址（Orthogonal Frequency Division Multiplex Access，OFDMA）。单载波物理层使 WiMAX 兼容 10～66GHz 频段视距传输。OFDM 物理层采用 256 个子载波，OFDMA 物理层采用 2048 个子载波，信号带宽从 1.25～20MHz 可变，具有抵抗多径效应强、频率选择性衰落少、抗窄带干扰强等优势。

IEEE 802.16e（或称 IEEE 802.16-2005）版本是移动宽带无线接入空中接口标准，兼容 IEEE 802.16d，物理层实现方式上与 IEEE 802.16d 类似，只是采用了可扩展的 OFDMA 技术，支持 128、512、1024 和 2048 4 种不同子载波数量，但子载波间隔不变，所以信号带宽与载波数量成正比。这种技术使系统可以更灵活地适应信道带宽变化。

IEEE 802.16 标准支持视距（LOS）和非视距（NLOS）两种传播，最大传输距离为 50km，支持可变速率传输，最高 75Mbit/s（20MHz 信道带宽、64QAM 调制、最高的信道编码效率下的理论值），双工方式可选择频分双工（FDD）和时分双工（TDD）两种模式。

IEEE 802.16 组网方式分为两种。一种是小区蜂窝架构，或称点对多点结构（Point to Multipoint，PMP），以基站为核心，直接连接网络中所有其他节点，构建星形拓扑结构。另一种是自组织网状结构，或称 Mesh 结构，所有节点通过一跳或多跳链路相互通信。

在 MAC 层，IEEE 802.16 标准定义了较完整的服务质量（QoS）机制，可以根据业务需要提供实时或非实时的、不同速率的数据传输服务，且可以为每个连接单独设置不同的 QoS 参数。此外，标准还定义了主动授权业务（UGS）、实时轮询业务（rtPS）、非实时轮询业务（nrtPS）和尽力传输业务（BE）4 种不同的上行带宽调度模式，以更好地控制上行数据的带宽分配。

WiMAX 技术具有传输距离远、接入速率高、建设成本低、系统容量大、QoS 机制完善、业务范围广等优势，一度受到关注。2007 年 10 月 19 日，国际电信联盟在日内瓦举行的无线通信全体会议上正式批准 WiMAX 成为继 WCDMA、CDMA2000 和 TD－SCDMA 之后的第四个全球 3G 标准。但是由于 WiMAX 最初并不是作为移动通信技术而是作为无线宽带技术研发的，再加上技术上存在稳定性及无缝切换等问题，它在 3G 领域的发展遭遇瓶颈，很多原计划支持这项技术的公司、运营商削减或放弃了对它的投资。

WiMAX 再次发展是在 2010 年。一是美国政府斥资 7870 亿美元再投资，二是 IEEE 设立新工作组制定了被称为 WiMAX2 的 IEEE 802.16m 标准，并于 2010 年 10 月被国际电信联盟第五研究组在第九次会议上确定为 4G 国际标准。新标准整合了 MIMO、多载波、协同通信等新技术，同时也支持 Femtocells 超小型无线移动基站，自组织网络和中继等，主打移动通信市场，和最初的设计定位已不太相同。目前主要竞争对手是 LTE。

（3）无线广域网规范

无线广域网（Wireless Wide Area Networks）连接信号可以覆盖整个城市甚至国家，其信号传播途径主要有两种：一种是通过多个相邻的地面基站接力传播信号；另一种是通过通信卫星系统传播信号。当前最新技术包括 3G 和 4G 系统。3G 系统的核心技术包括 TD-SCDMA 和 WCDMA，4G 系统核心技术主要是 LTE 系统。

时分同步码分多址（Time Divisioin-Synchronous Code Division Multiple Access，TD-SCDMA）是一种由中国提出的 3G 通信技术标准。与国内其他两种 3G 标准相同，TD-SCDMA 技术也基于 CDMA 技术，通过为不同的信道分配不同的扩频码序列，构造出多个互不相干的通信信道，使得多个用户能够同时进行通信。TD-SCDMA 支持两种带宽模式，分别是 1.6MHz 和 5MHz。在 1.6MHz 带宽下，系统的码片速率为 1.28Mcps。在 5MHz 带宽下，系统的码片速率为 3.84Mcps。

TD-SCDMA 技术采用 TDD 的双工方式，从而具有对业务支持灵活、频率使用灵活等优势。得益于 TDD，TD-SCDMA 的上行时隙和下行时隙的比例可以灵活调整，从而调整上下行数据传输能力的比例。TD-SCDMA 不像其他 FDD 的 3G 技术那样需要成对的频带，因此在频率资源的划分上更加灵活。TD-SCDMA 信道的上行和下行信道特性基本一致，因此基站根据接收即可对下行信道进行估计，避免了闭环的信道参数反馈，有利于智能天线技术的应用。

智能天线技术在基站端安装多个天线辐射元，在发射时通过信号处理模块对输给各辐射元的信号进行移相，从而使得各个辐射元所发射的信号在空间形成一个波束，在目标终端位置获得最大的增益。在接收时，信号处理单元对各个天线所接收的信号进行加权合并，加权的系数与目标终端到基站各个天线元的信道参数有关，从而使得各个目标终端的信号增强。通过采用智能天线技术，使得目标用户的信号得到增强，其他用户的信号减弱，从而减小了用户间的干扰，提高了频谱利用率。

目前世界范围内最广泛商用的第三代移动通信系统是 3GPP 组织制定的 WCDMA（宽带码分多址）标准，在 3GPP 中，WCDMA 被称作 UTRA（Universal Telecommunication Radio Access）技术，包含 FDD 和 TDD 两种操作模式。

和第二代移动通信系统相比，为支持最高 2Mbit/s 的速率，WCDMA 系统定义了基于 5MHz 带宽的全新接入网技术，采用发送分集来提高下行链路容量，并且支持上下行链路容量非对称特性的业务。WCDMA 上下行链路都采用快速闭环功率控制，提高了链路的性能。

2000 年 3 月，3GPP 发布了第一版 WCDMA 规范，即 R99。从系统角度看，R99 仍采用了分组域和电路域分别承载和处理的方式。随着移动互联网应用和数据业务需求的增长，为实现全 IP 化，3GPP 于 2001 年和 2002 年又相继发布了 R4 和 R5 规范，在核心网引入了软交换和 IMS。R5 规范和 2004 年发布的 R6 规范还分别制定了面向 IP 接入网的 HSDPA

（高速下行分组接入）和 HSUPA（高速上行分组接入）技术。

为了与支持 20MHz 带宽的 WiMAX 技术竞争，3GPP 在研究制定 LTE（长期演进）即 R7、R8 规范时，不得不放弃长期采用的 CDMA 技术，转而选用 OFDM 作为核心传输技术。OFDM 适用于频率选择性信道和高数据速率传输，LTE 物理层采用了带有循环前缀的 OFDM 作为下行多址方式，采用了带有 CP 的单载波频分多址作为上行多址方式。采用 MIMO 技术的 LTE 系统，下行与上行链路峰值速率可达到 100Mbit/s 和 50Mbit/s，频谱效率分别是 R6 系统 HSDPA 和 HSUPA 的 3～4 倍和 2～3 倍。

在无线接入网层面，为了满足小于 5ms 的用户面延迟，LTE 取消了重要的网元无线网络控制器，只由单一的 eNodeB 组成。为支持多种无线接入技术的全 IP 网，3GPP 还开展了 SAE（系统框架演进）工作，推出了全新的系统框架 EPS（演进分组系统）。

LTE 系统可以被看做是准 4G 系统，目前 3GPP 正在完善和增强 LTE 系统，并开展了面向更高数据传输速率和频谱效率的第四代移动通信系统 LTE-Advanced 的研究。

### 4.2.2 设备互联技术

不同的无线通信设备有不同的尺寸、供电能力、信息处理能力。同时对互联设备相互之间的距离远近、传输数据速率要求也各不相同，需要考虑不同的无线技术实现设备之间的互联通信。比较具有代表性的是蓝牙技术、ZigBee 技术，Wi-Fi Direct 技术，HomeRF 协议和 UWB 技术，其中蓝牙和 ZigBee 技术是具有超低能量消耗和短距离的低速无线电技术，而 Wi-Fi Direct 属于速度更快的宽带无线电技术；HomeRF 主要用于智能家居领域，而 UWB 则以其低功耗高速率著称。除此之外，还有一些新兴技术如 IEEE 802.15.6，60 GHz 技术、可见光通信和 Z-Wave 等。下面分别进行介绍。

**1．典型无线互联技术**

（1）蓝牙技术

蓝牙技术是一种近距离无线通信标准，最初由瑞典爱立信公司创立，现在由蓝牙技术联盟（Bluetooth Special Interest Group，SIG）负责制定。它旨在服务于以个人为单位的人域网（Personal area net，PAN），可将个人周围 10m 内的设备连接起来，并支持音频、互联网、文件等多种格式传输，具有兼容设备丰富、传输稳定、抗干扰能力强等优势。

蓝牙无线收发器体积小巧，大约 9mm×9mm，方便嵌入到各种设备中，且成本低廉，易于实现，所以可支持多种设备，如 PC、笔记本电脑、打印机、移动电话、高品质耳机、数码相机等。

抗干扰能力强是蓝牙技术的一大优势。为了最大限度避免连接设备间的相互干扰，蓝牙采用了每秒 1600 跳的调频技术。它把频带分成 79 个独立的跳频信道，每次连接时，无线电收发器以 1600 次每秒的频率按某种伪随机码序列从一个信道跳到另一个信道。由于其他无线电设备不可能按完全相同的规律跳频，所以设备之间的干扰被抑制。同时，若在某特定频率下有其他干扰，其持续时间也不到千分之一秒，因此也降低了外界对蓝牙通信的影响干扰。

蓝牙系统组网拓扑结构有两种：一种是微微网（Piconet）；一种是分布式网络（Scatternet）。在一个微微网中，允许 2～8 个蓝牙设备相互连接，其中一个设备为主设备，其余为从设备。这些设备的级别相同，具有相同的权限。分布式网络则指多个独立的非同步的微微网相互连接。

蓝牙通信协议从诞生至今已经过了 12 个版本的演变，最明显的变化就是传输速率的变化。0.7 为最早版本，蓝牙 1.0a 版确定了蓝牙使用 2.4GHz 频谱，最高传输速率仅为 1Mbit/s。变化最大的版本是蓝牙 2.0，传输速度提升到了 2Mbit/s，并开始支持双工模式，可以同时传输数据和语音信号，这些提升为蓝牙技术的大规模应用奠定了基础。到了蓝牙 3.0，传输速率又有了一次大幅度的提升，达到了 24Mbit/s。

值得一提的是由 SIG 于 2012 年 7 月推出的蓝牙 4.0 规范，与以前蓝牙规范不同的是，它是一个综合协议规范，并且提出了全新的低功耗蓝牙模式。

实际上，新规范提出了 3 种模式：高速蓝牙、经典蓝牙和低功耗蓝牙。高速蓝牙的优势在于高速的数据交换与传输；经典蓝牙则以基本的设备连接和信息交换为重点；低功耗蓝牙则以带宽占用少的小型设备连接为主。规范允许 3 种模式互相组合、搭配使用，这样就为实现更多样的应用模式提供了可能。

在这 3 种模式中，低功耗蓝牙是蓝牙 4.0 的最大特点。它本是由 NOKIA 开发的一项专用于移动设备的极低功耗的移动无线通信技术（Wibree）演进而来，后由 SIG 接纳并规范化，并被重新命名为 Bluetooth Low Energy（低功耗蓝牙）。

传统蓝牙技术采用 16～32 个频道进行广播，待机耗电量大，而低功耗蓝牙仅使用 3 个广播通道，且每次广播时射频的开启时间由过去的 22.5ms 减少到 0.6～1.2ms，这两个协议规范上的改变大大降低了因为广播数据导致的待机功耗。此外，低功耗蓝牙设计了深度睡眠状态。在此状态下，主机处于超低的负载循环状态，只在需要运作时由控制器来启动。同时数据发送间隔时间增加到 0.5～4s，而且所有连接均采用先进的嗅探性次额定功能模式，这样从主机、通信模块和射频能耗都大大降低。

2013 年 12 月，SIG 宣布正式推出蓝牙 4.1，这是蓝牙最新的版本，它主打的关键词是 IOT（全联网），也就是把所有设备都联网。为了实现这一目标，蓝牙 4.1 技术上有了很多改进。一是批量数据传输速率有所提升，这就意味着蓝牙 4.1 可以让各种可穿戴设备收集到的信息尽快传输到手机等设备上。二是蓝牙 4.1 兼容 4G LTE 信号，减小了手机网络信号源对蓝牙的干扰。三是允许不能上网的设备通过可上网的设备连接到网络，并预留了 IPv6 专属通道，这为传感器、嵌入式设备、可穿戴设备等上网困难的设备以手机为中介连接到互联网提供了可能。四是简化了设备断开重连的步骤，取消了重新配对而改成了设备靠近时自动重连。

可以看到，随着蓝牙 4.1 的发布，许多新兴设备如智能锁、个人健身设备、运动手表等之间的互联和信息同步将变得简单，这无疑会推动物联网的发展。

（2）IEEE 802.15.4/ ZigBee 协议

IEEE 802.15.4 标准是针对低速无线个人区域网络（low-rate wireless personal area network，LR-WPAN）制定的标准，旨在为个人或者家庭范围内不同设备之间的低速互连提供统一标准，重点在于低能量消耗、低速率传输、低成本。IEEE 802.15.4 工作于 ISM 频段，定义了两个物理层，分别是 2.4GHz 频段物理层和 868/915MHz 频段物理层，如表 4-6 所示。IEEE 802.15.4 的物理层基于直接序列扩频技术，对于不同频段的物理层，其码片的调制方式各不相同。

表 4-6　IEEE 802.15.4 主要物理层规范的参数配置

| 频　点 | 868MHz | 915MHz | 2.4GHz |
|---|---|---|---|
| 带宽 | 0.6MHz | 2MHz | 5MHz |
| 信道数 | 1 | 10 | 16 |
| 码片调制方式 | BPSK | BPSK | OQPSK |
| 传输速率 | 20kbit/s | 40kbit/s | 250kbit/s |
| 应用区域 | 欧洲 | 美国 | 全球通用 |

IEEE 802.15.4 具有以下优势。

- 低功耗：在低功耗待机模式下，采用两节 5 号干电池供电的节点可工作 6 到 24 个月。
- 低成本：IEEE802.15.4 的协议大为精简和优化，从而降低对控制器和存储器的要求，使得节点的成本显著降低。
- 低速率：IEEE 802.15.4 支持的原始数据吞吐率为 20～250kbit/s，满足低速率传输数据应用的需求。
- 近距离：IEEE 802.15.4 的典型通信距离为 10～100m，通过多跳接力和增加功放的方式可以增加通信距离。
- 短延时：IEEE 802.15.4 的响应速度快，从睡眠到唤醒只需 15ms，节点接入网络只需 30ms。
- 高容量：IEEE 802.15.4 支持星形、片状和网状网络结构，由一个主节点管理若干字节点，同时主节点还可由上一层网络节点管理，形成多级网络，最多可组成 65000 个节点的大网。
- 高安全：IEEE 802.15.4 提供了三级安全模式。
- 免许可频段：IEEE 802.15.4 采用直接序列扩频工作于 ISM 频段。

ZigBee 协议是由 ZigBee 联盟负责制定的，使用 IEEE 802.15.4 协议作为其 PHY 层和 MAC 层的协议，在其上定义了网络层及支持的应用服务，以便不同设备制造商的设备之间进行通信。

网络层是 ZigBee 协议栈的核心部分。网络层主要实现节点加入或离开网络、接收或抛弃其他节点、路由查找及传送数据等功能，具体功能有：1）网络发现。2）网络形成。3）允许设备连接。4）路由器初始化。5）设备同网络连接。6）直接将设备同网络连接。7）断开网络连接。8）重新复位设备。9）接收机同步。10）信息库维护。

应用层框架包括应用支持层（APS）、ZigBee 设备对象（ZDO）和制造商所定义的应用对象。应用支持层的功能包括：维持绑定表、在绑定的设备之间传送消息。ZigBee 设备对象的功能包括：定义设备在网络中的角色（如 ZigBee 协调器和终端设备），发起和响应绑定请求，在网络设备之间建立安全机制。ZigBee 设备对象还负责发现网络中的设备，并且决定向他们提供何种应用服务。此外，一个重要的功能是应用者可在应用层定义自己的应用对象。

与蓝牙相比，ZigBee 的功耗更低，有效范围略大，组网能力强，更适用于智能家居、能源、住宅、商业和工业等领域的无线连接。

（3）Wi-Fi Direct

Wi-Fi Direct 是 WI-FI 联盟对支持设备对设备通过 Wi-Fi 连接的设备的认证标志，由

2010 年 7 月开始开放认证，通过认证的设备可以无需通过传统网络热点之间连接，实现 P2P 无线传输，所以这项技术也被称作“Wi-Fi P2P”技术。

Wi-Fi Direct 设备到设备传输速率高达 250Mbit/s，使用 802.11 网络标准获得最大传输速率，设备可连接的最大距离为 656 英尺。安全方面依赖 WPA2 安全机制，使用 AES 256 位加密技术。

Wi-Fi Direct 建立的网络（Piconet）是一种改进型的 ad hoc 网络，设备通过组建小组来建立连接，网络拓扑为一对一或者一对多。由一部 Wi-Fi Direct 设备负责整个小组，称为组长，控制哪部设备加入、小组何时启动和终止。另一个值得一提的特点是，Wi-Fi Direct 向 Wi-Fi 设备兼容，即支持 Wi-Fi Direct 的设备能够与支持 Wi-Fi 的设备直接连接。

Wi-Fi Direct 主要解决物理层的连接问题，包括设备发现和服务发现。设备采用类似于发现基础设施接入点时所使用的扫描技术，用于发现其他 Wi-Fi Direct 设备，并使用 Wi-Fi Protected Setup 获取证书、验证设备，然后建立连接。如果目标尚未加入小组，则组建新的小组；如果目标已经加入小组，则加入已经存在的小组。而服务发现是一种可选功能，一个 Wi-Fi Direct 设备向其他 Wi-Fi Direct 设备通报高层应用支持的服务，这个功能由厂商决定是否应用。

节能方面，Wi-Fi 联盟表示 Wi-Fi Direct 设备支持 WMM Power Save 计划，有望将设备的电池使用时间延长 15%～40%。Wi-Fi Direct 能源管理功能包括两种节能机制：机会节能与缺席通知。在机会节能机制中，负责管理小组的 Wi-Fi Direct 设备（以后以组长代称）在组内所有其他 Wi-Fi Direct 设备进入休眠时，自己也进入休眠状态，只定期进入可用状态用以维持发现功能。缺席通知机制则是通报小组中设备一次性或定期性的缺席情况。这些能源管理功能只有在组内成员都是 Wi-Fi Direct 设备（即没有传统 Wi-Fi 设备）时才可用。

Wi-Fi Direct 有如下特点：

- 移动便携性：Wi-Fi Direct 设备能随时互联，无需 Wi-Fi 路由器或接入点。
- 即时可用性：Wi-Fi Direct 设备能够与支持 Wi-Fi 的设备之间创建直接连接。
- 易用性：Wi-Fi Direct 的设备发现和服务发现功能可帮助用户确定可用的设备与服务。
- 简单安全链接：用户通过按下设备上的按钮或输入 PIN 码即可创建安全连接。

Wi-Fi Direct 和蓝牙技术类似，都允许无线设备以点对点形式互相连接，Wi-Fi Direct 的优势在于传输速度和距离，而蓝牙的优势在于低功耗和市场占有率。Wi-Fi Direct 目前还没有成为设备间相互连接的主要平台，但应用前景还是相当可观的。2013 年 8 月，博通公司正式宣布将为旗下无线联网嵌入式设备（Wireless Internet Connectivity for Embedded Devices，WICED）平台加入 Wi-Fi Direct 标准，以便厂商开发出更多可穿戴式传感器。

（4）HomeRF

HomeRF 是短距离无线传输技术之一，主要为家庭网络设计，用于家庭内的消费性电子产品的数据和语音传输。

HomeRF 是无线局域网 IEEE802.11 与 DECT（数字式增强型无绳电话）结合的产物，IEEE802.11 采用 CSMA/CA（载波监听多点接入/冲突避免）方式，特别适合于数据业务；而 DECT 使用 TDMA（时分多路复用）方式，特别适合于话音通信。HomeRF 将二者融合，构成了共享无线应用协议（SWAP：Shared Wireless Access Protocol），同时适合话音和数据业务，并且特地为家庭小型网络应用进行了优化。

HomeRF 最初由 HomeRF 工作组于 1998 年公布，2001 年 5 月初推出 HomeRF 2.0 版本。在当时，HomeRF 的用户量是比较大的，并且具有信号不易被干扰的优势。但如今智能家居市场上更流行的是其他一些技术如 Wi-Fi、ZigBee、Z-Wave、蓝牙等。

（5）UWB 技术

UWB 信号是指带宽大于 500MHz 或基带带宽和载波频率的比值大于 0.2 的脉冲信号（UWBWG，2001），美国联邦通信委员会（FCC）规定 UWB 的频带从 3.1～10.6GHz，并限制信号的发射功率在-41dBm 以下。

UWB 具有传输速率高，功耗低，安全性高，定位精确，成本低工艺简单等特点。UWB 采用脉冲调制信号，脉冲工作脉宽一般在纳秒（ns）至皮秒（ps）级，所以用的带宽非常宽，可达到几 GHz，且频谱功率密度极小，数据传输速率高，3m 范围内可以达到将近 500Mbit/s。UWB 脉冲时间短，且可以用小于 1mW 的发射功率实现通信，所以耗电量很低，这样制作工艺上能支持更快速的 CMOS 芯片，产品方面适用于小型电池供电设备。由于 UWB 超宽的带宽对于一般通信系统来说相当于白噪声信号，再加上它极低的功率密度，使 UWB 信号很难检测，若对调制脉冲进行编码加密，则安全系数更高。UWB 定位精度可达厘米级，且由于它极强的穿透能力，可应用于室内和地下环境。脉冲调制易于数字化实现，可使电路集成度更高，成本更低。

20 世纪 60 年代，UWB 最先是为军用雷达而开发的技术。直到 2002 年 FCC 才准许其进入民用领域。UWB 技术的特点使它能在高速无线个人局域网中有出色的表现，此外还有家庭数字娱乐中心、室内定位等应用方向。

但 UWB 在标准化方面却屡遇挫折，IEEE 于 2003 年成立 802.15.3a UWB（超宽带）任务组，致力于定义以 UWB 为基础的最高速率为 480Mbit/s 的短距离无线通信标准，但却由于在由飞思卡尔公司建议的直接序列超宽带技术（DUWB）和由 WiMedia 联盟提出的多频带 OFDM 两项竞争性提议的表决上一直不能达成 75%的多数同意，而于 3 年后的 2006 年投票决定解散。

目前市场上，瑞驰博方（北京）科技有限公司于 2014 年 3 月推出了基于 UWB 技术的红点超宽带室内实时位置平台，将与北斗共建无缝覆盖的导航服务。这是 UWB 在室内定位的一项比较新的应用。

**2．新兴技术**

（1）IEEE 802.15.6

IEEE 802.15.6 是由 IEEE 于 2012 年推出的用于无线人体局域网（Wireless Body Area Network，WBAN）通信的标准。相对于个人局域网 PAN，人体局域网 BAN 传输距离更短，为 3 公尺范围内，仅限于人体内或人体周边的植入式或穿戴式装置、医疗保健设备、便携播放器无线耳机等设备。这项标准有望提供比低功耗蓝牙更稳定和抗干扰的信息传输能力。且由于其应用于人体医疗装置，它也更重视可控性天线的辐射场效应，尽量降低对人体的“比吸收率”（Special Absorption Rate，SAR）的影响。

该协议定义了 WBAN 的物理层和 MAC 层。其中物理层有 3 种：窄带层（Narrowband，NB）、超宽带层（Ultra wideband，UWB）和人体通信层（Human Body Communications，HBC），可以根据不同的应用选用不同的物理层。

厂商要应用新的标准需先推出相应的高层通信协议与软件层。另外，由于医疗产品的设计需要更长的周期，生产需要通过更多部门的许可，我们更期待这个标准首先在消费性电子产品中得到应用。

（2）60 GHz 技术

60GHz 技术是指通信载波为 60GHz 附近频率的无线通信技术。这一频段大部分都没有被占用，资源较多，干扰少，且带宽极大，理论上可以提供达到数吉比特每秒（Gbit/s）的传输速率。60GHz 无线信号的高度方向性使其适合点对点通信，15dB/km 空间损耗使其更适合近距离小范围组网。这些特点类似于 UWB 技术，但能提供比 UWB 更高的传输速率。

60GHz 良好的应用前景和丰富的带宽资源吸引着各国政府的频带划分、学术界研究和产业界标准制定。应用 60GHz 技术的规范目前主要有 WirelessHD 和 WiGig/IEEE 802.11ad。

WirelessHD 是由产业团体制定的用于消费电子产品间进行高质量影片传输的标准，使用 60GHz 频段中的 7GHz 频带。最早于 2008 年 1 月提出 1.0 版，理论传输速率极限值 25Gbit/s，最新的版本为 2010 年 5 月提出的 1.1 版，理论传输速率极限值达 28Gbit/s。

除了更高的传输速率外，WirelessHD 1.1 还优化了系统架构，在物理层定义了高速数据传输（High rate PHY，HRP）和低速数据传输（Low rate PHY，LRP）两种传输架构，以便更好地应对不同无线传输需求。在分辨率方面，WirelessHD 1.1 支持 4K 分辨率（即 4096×2160 像素的分辨率），这相当于 4 倍 1080p 的数字影片（通常 1080p 的画面分辨率为 1920×1080 像素）。这种传输速率和分辨率已使 WirelessHD 1.1 支持 3D 格式影片提供了可能。

除了影片传输，WirelessHD 还有更多可应用的领域。2014 年国际消费电子展期间，起亚汽车公司展出了采用矽映电子科技的 WirelessHD 技术的移动设备的车载信息娱乐概念系统，这个系统让驾驶员和乘客将他们的设备与仪表盘或后座显示器相连，获得更好的信息娱乐体验。

WiGig/IEEE 802.11ad 则是采用了 60GHz 频段的最新 Wi-Fi 技术标准。IEEE 802.11ad 规范定义了物理层和 MAC 层的协议，而 WiGig 技术在此基础上结合了先进的协议适应层，应用性更加直接广阔和高效。IEEE 802.11ad 标准已于 2012 年年底正式被批准，它同时采用三个频段，实现 2.4GHz/5GHz/60GHz 无缝切换，解决 60GHz 传输距离短的问题，保证设备最佳连接和最优化的传输性能。

（3）可见光通信

可见光通信是用可见光实现无线通信的一种技术，具体来说主要是靠发光二极管（LED）发出高速闪烁信号来传输信息，其通信速度可达每秒数十兆至数百兆。

可见光穿透力弱，室内的信息不会外泄露到室外，所以通信安全性高；由于不使用无线电波通信，它可以自由地应用在对电磁信号敏感的环境中；此外，它还具有对人体安全、频率资源丰富等优点。

目前各国投入了大量人力、物力、财力对可见光通信进行研究，并且已经取得了很大成就。韩国三星公司展出过一款双向可见光通信系统；日本中川研究室开发了基于可见光通信的超市定位导航系统，并且已经商业化；欧洲 OMEGA 计划目标是研制出提供高速宽带服务的室内接入网络，目前展出的系统已经达到 513Mbit/s 的传输速率。

在可见光通信的研究中，高调制带宽的 LED 光源、LED 的大电流驱动和非线性效应补偿技术、光源的布局优化、光学 MIMO 技术、高灵敏度的广角接收技术、消除码间干扰技术以及可见光通信系统与现有网络的融合技术等是研究的关键问题和趋势。

未来，可见光通信可应用于室内照明与通信、室内定位、飞机上网等人们日常生活的方方面面，必将成为一种重要的无线通信方式。

（4）Z-Wave

Z-Wave 是由丹麦 Zensys 公司主导的一项主要应用于智能家居领域的无线组网规格。它是基于射频的，具有低成本、低功耗、可靠性强、适于网络等特性，工作频段 908.42～868.42MHz，传输速率 40kbit/s，信号覆盖范围 30m（室内）～100m（室外）。此特性使其适用于住宅、商业照明控制、家电控制、防盗检测、抄表等方面。

目前市场上，Z-Wave 在欧美普及率比较高，在智能家居领域主要竞争对手为 ZigBee。

### 4.2.3 组网技术

**1．拓扑控制技术**

网络拓扑结构描述了网络中各节点间的连通性及交互性。拓扑控制研究的问题：在保证一定的网络连通质量和覆盖质量的前提下，一般以延长网络的生命期为主要目标，兼顾通信干扰、网络延迟、负载均衡、简单性、可靠性、可扩展性等其他性能，形成一个优化的网络拓扑结构。基本的网络拓扑结构包括星状、树状、带状、分簇结构及对等网（MESH）结构。

物联网感知互动层网络拓扑控制的研究是推动物联网进一步发展的关键问题。网络拓扑作为上层协议运行的重要平台，良好性质的结构能提高路由协议和 MAC 协议的效率，有助于实现物联网首要设计目标。

网络的自组织方式和节点能力约束使拓扑算法很难获得接近最优状态的拓扑，拓扑控制算法的评价标准取决于算法的效率，高效的算法应同时呈现于两个方面：降低单位数据传输的所耗能量和降低算法的实现代价。从上述的分析可知，拓扑控制的内部矛盾可概括为需以尽可能小的能量耗费均衡地实现全局数据的传输，在此基础上，还需考虑算法本身实现的代价、现实环境中流量的不可预知性以及网络环境等多方面。

对于大规模网络系统而言，层级网络拓扑控制是当前研究关注的重点，主要以分簇结构研究为主。分簇结构相对于平面结构具有更好的可扩展性及能量有效性，并为相关数据的融合提供合理的组织结构。

现阶段对于拓扑控制的研究，主要集中于如何在保证基本网络功能的前提下最小化能耗，而对于自适应应用支持方面涉足较少。未来的研究方向将转为从实际应用需求出发，面向任务/目标实现局部自治组网，并为后续的协同数据处理、信息感知提供优化的拓扑管理与数据交互方法。

（1）网络拓扑分类

网络拓扑可以根据节点的可移动与否（动态的或静态的）和部署的可控与否（可控的或不可控的）分为 4 类。

- 静态节点、不可控部署：静态节点随机地部署到给定的区域。这是大部分拓扑控制研究所做的假设。对稀疏网络的功率控制和对密集网络的睡眠调度是两种主要的拓扑控制技术。
- 动态节点、不可控部署：这样的系统称为移动自组织网络。其挑战是无论独立自治的节点如何运动，都要保证网络的正常运转。功率控制是主要的拓扑控制技术。

- 静态节点、可控部署：节点通过人或机器人部署到固定位置。拓扑控制主要是通过控制节点的位置来实现的，功率控制和睡眠调度虽然可以使用，但是次要的。
- 动态节点、可控部署：在这类网络中，移动节点能够互相定位。拓扑控制机制融入到移动和定位策略中。因为移动是主要的能量消耗，所以节点间的能量高效通信不再是首要问题。

（2）拓扑控制的设计目标

拓扑控制的目标是在保证网络连通度和覆盖度的前提下，兼顾网络生存时间、通信干扰、传输延迟、负载均衡、简单性、可靠性、可扩展性等性能指标，形成一个优化的网络拓扑结构。

目前，拓扑控制研究已经形成功率控制和睡眠调度两个主要研究方向。功率控制就是为传感器节点选择合适的发射功率；睡眠调度是控制传感器节点在工作状态和睡眠状态之间切换。物联网感知互动层的拓扑控制主要考虑以下问题。

- 覆盖度：在覆盖问题中，最重要的因素是网络对物理世界的感知能力。覆盖问题可以分为区域覆盖、点覆盖和栅栏覆盖。区域覆盖研究对目标区域的检测问题；点覆盖研究对一些离散的目标点的覆盖问题；栅栏覆盖研究运动物体穿越网络部署区域被发现的概率问题。
- 连通度：传感器节点部署在广阔的空间范围内，通常传感器节点需要以多跳的方式将感知的数据传输到汇聚节点。这就要求拓扑控制必须保证网络的连通性，功率控制和睡眠调度都必须保证网络的连通性，这是拓扑控制的基本要求。
- 网络生存时间：对于网络生存时间可以有多种理解。一般将网络生命周期定义为直到死亡节点的百分比低于某个阈值时的持续时间。也可以认为网络只有在满足一定的覆盖度或者连通度时，才是存活的。
- 通信干扰：减少通信干扰与减少 MAC 层的竞争是一致的。功率控制可以调节发射范围，睡眠调度可以调节工作节点的数量。对于功率控制，无线信道竞争区域的大小与网络节点的发射半径成正比，所以减小发射半径就可以减小竞争。睡眠调度显然也可以通过使尽可能多的节点睡眠，以减小干扰和竞争。

（3）功率控制

功率控制是一个十分复杂的问题，其含义是在无线通信过程中选择最恰当的功率级别发送数据分组，以此达到优化网络应用相关性能的目的。功率控制对物联网感知互动层的影响主要表现在以下几个方面。

- 功率控制对网络能量有效性的影响：包括降低传感器节点发射功耗和减少网络整体能量消耗。在节点传递分组的过程中，功率控制可以通过信道估计或者反馈控制信息。在保证信道连通的条件下，策略性地降低发射功率的富余量，从而减少发射节点的能量消耗。随着发射节点发射功率的降低，其所能影响到的邻居数量也随之减少，节省了网络中与此次通信不相关节点的接收能量消耗，达到了减少网络整体能量消耗的目的。
- 功率控制对网络连通性和拓扑结构的影响：传感器节点的发射功率过低，会使部分节点无法建立通信连接，造成网络的割裂；而发射功率过大，虽然保证了网络的连通，但会导致网络的竞争强度增大。通过功率控制调整网络的拓扑特性，主要就是通过寻求最优的发射功率及相应的控制策略，在保证网络通信连通的同时优化拓扑结构。

- 功率控制对网络平均竞争强度的影响：当网络中节点密度一定时，发射节点的邻居节点数量与发射半径的平方成正比，而节点的通过流量与发射半径的倒数成正比，因此网络平均竞争强度与节点发射半径成正比。功率控制可以通过降低网络中节点的发射功率，减小网络中的冲突域，降低网络的平均竞争强度。
- 功率控制对网络容量的影响：一方面，表现为可以有效减少数据传输节点所能影响的邻居节点的数量，允许网络内进行更多的并发数据通信；另一方面，节点通信的传输范围越大，网络中的冲突就越多，节点通信也就容易发生分组丢失或重传，通过功率控制可以降低通信冲突的概率。
- 功率控制对网络实时性的影响：在网络中较低的发射功率需要较多的路由跳数才能到达目的节点；而较高的发射功率则可以有效减少源节点与目的节点之间分组传递所需要的跳数。分组的传输时延在一定程度上与路由跳数成正比。功率控制技术可以根据网络状态，策略性地改变节点的发射距离，从而使网络具有较好的实时性能。

（4）睡眠调度

由于无线通信模块在空闲侦听时的能量消耗与收发状态时相当，加上覆盖冗余，这些都会造成很大的能量浪费。只有传感器节点进入睡眠状态，才能大幅度地降低网络的能量消耗，这对于节点密集型和事件驱动型的数据收集网络十分有效。

如果网络中的节点都具有相同的功能，扮演相同的角色，就称网络是非层次的或平面的；否则就称为是层次型的，层次型网络通常又称为基于簇的网络。

非层次型睡眠调度的基本思想是每个节点根据自己所能获得的信息，独立地控制自己在工作状态和睡眠状态之间转换。例如，RIS（Randomized Independent Sleeping）算法，也称为随机独立睡眠算法，将事件划分为周期，在每个周期的开始，每个节点以某一概率独立地决定自己是否进入睡眠状态，RIS 需要严格的时间同步；SPAN 也是一个典型的非层次型睡眠调度算法，其基本思想是在不破坏网络原有连通性的前提下，根据节点剩余能量、邻居度等因素，自适应地决定是成为骨干节点还是进入睡眠状态。睡眠节点周期性地苏醒，以判断自己是否应该成为骨干节点；骨干节点周期性地判断自己是否应该退出。

非层次型睡眠调度与层次型睡眠调度的主要区别在于每个节点都不隶属于某个簇，因而不受簇头节点的控制和影响。

层次型睡眠调度的基本思想是，由簇头节点组成骨干网络，则其他节点就可以进入睡眠状态。层次型睡眠调度的关键技术是分簇。HEEDC（Hybrid Energy-Efficient Distributed Clustering）算法，也称为混合能量高效分布式分簇算法，是层次型睡眠调度的重要代表。HEED 对作为第一因素的剩余能量和作为第二因素的簇内通信代价综合考虑，周期性地通过迭代的办法实现分簇。

（5）拓扑控制存在的问题

拓扑控制的研究也存在许多问题，主要包括以下几个方面。

1）模型过于理想化。在覆盖控制研究中，一般使用二值感知模型。二值感知模型是指传感器节点在平面上的感知范围是一个以节点为圆心、以感知距离为半径的圆形区域，只有落在该圆形区域内的点才能被该节点覆盖，这与实际情况相差甚远。大多数研究假设节点是同构的，在功率控制研究中，一般认为网络中的所有节点都具有相同的最大发射功率。然而，即使网络中所有的传感器节点使用相同的发射功率，由于天线、地形环境等方面的差异，各个节点所形成的发射范围差别很大。所以，现实中的节点是异构的。但是，由于节点的异构性给理论分析带来了困难，因此，人们对异构节点的研究和分析还比较少。

2）对拓扑控制问题缺乏明确的定义。拓扑控制的目标是要形成优化的网络拓扑，那么究竟什么样的拓扑才算是优化的呢？ 目前对这个问题还没有清晰的理解。虽然功率控制技术和睡眠调度技术都是拓扑控制的主要研究手段和解决方法，但是这二者都不能作为某个特定的拓扑控制问题的定义。因为拓扑控制不仅仅是功率控制，也不仅仅是睡眠调度，而且，对于具体的功率控制问题和睡眠调度问题，也缺乏实用化的定义。

3）研究结果没有足够的说服力。大多数的研究对拓扑控制算法只作理论上的分析和小规模的模拟。但是理论分析所基于的模型本身就是理想化的；小规模的模拟又不能仿真大规模的网络及其复杂的部署环境。实验和应用是算法有效性的最有说服力的证明。但是由于实验成本太高，不太可能做大量节点的实验。同样由于成本和技术等方面的原因，传感器节点大规模组网还没有进入实用阶段。这使得目前的研究结果普遍缺乏足够的说服力。因此，对拓扑控制技术验证平台的研究也是十分必要的。

**2．信道资源调度技术（MAC 层协议）**

MAC（Medium Access Control）层负责媒体接入访问控制，负责为节点分配无线通信资源，决定着无线信道的使用方式，其性能直接影响网络整体性能。另外 MAC 协议还决定了无线收发器的使用和节点休眠调度，决定着节点的能耗，是无线传感器网络协议研究的重点。

在无线网络中，MAC 协议负责媒体接入访问控制，主要考虑能耗、可扩展性、实时性、吞吐量、公平性和可靠性等性能指标。与传统无线网络相比，无线传感器网络的优势体现在低能耗自组网长期工作，因此能耗是协议设计的首要指标，其次才考虑其他指标。大多数应用中可靠性和可扩展性是重要的指标，少数应用需要具备一定的实时性和吞吐量保障，而公平性在无线传感器网络中通常不考虑。无线传感器网络协议设计与具体应用高度相关，没有统一的评价指标，需要根据具体的应用场景决定。

（1）MAC 协议设计原则

在物联网感知互动层，网络设备大多为电池供电的传感器节点，此类设备能量有限且难以有效补给。为保证传感器节点能够长期有效工作，MAC 协议以减少能耗、最大化网络生存时间为首要设计目标；其次，为了适应节点部署和拓扑变化，MAC 协议需要具备良好的可扩展性。相比而言，WLAN、WiFi、WiMAX 等无线网络关注的实时性、吞吐量及带宽利用率等性能指标成为次要目标。

传感器节点中的能量消耗主要包括通信能耗、感知能耗和计算能耗。其中，通信能耗所占比重最大。因此，减少通信能耗是延长网络生存时间的有效手段。大量研究表明，通信过程中主要的能量浪费存在于：

- 冲突导致重传和等待重传。
- 非目的节点接收并处理数据形成串音。
- 发送/接收不同步导致分组空传。
- 控制分组本身开销。
- 无通信任务节点对信道的空闲侦听。

- 射频装置频繁的发送/接收状态切换。

基于上述原因，适合传感器节点的 MAC 协议通常采用“侦听/休眠”交替的信道访问策略，节点无通信任务则进入低功耗睡眠状态，以减少冲突、串音和空闲侦听；通过协调节点间的侦听/休眠周期以及节点发送/接收数据的时机，避免分组空传和减少过度侦听；通过限制控制分组长度和数量，减少控制开销；尽量延长节点休眠时间，减少状态切换次数。同时，为了避免 MAC 协议本身开销过大，消耗过多的能量，MAC 协议尽量做到简单、高效。

近年来，针对无线传感器网络的应用需求和新特性进行了大量卓有成效的研究，新的 MAC 协议层出不穷。由于各种 MAC 协议关注的网络特性、优化的性能指标、采取的技术手段和面向的具体应用各不相同，同协议栈各层交互和处理的范围和程度也不尽相同，因而实际效果千差万别。

事实上，虽然传感网提出了许多的 MAC 协议，但由于传感网面向应用的特性决定了没有一个协议可以作为认同的统一标准。主要原因在于 MAC 协议的设计不可避免地受物理硬件平台和物理层协议的影响，而目前作为协议栈底层基础架构的物理层仍缺乏统一的标准；其次，无线传感器网络与应用高度相关，应用差异性使 MAC 协议无法兼顾所有网络特性，只能在多个性能指标之间作出选择和折中。

（2）MAC 协议分类

目前，研究人员以应用场景为出发点，设计出了形式多样、目标各异的传感网感知互动层的 MAC 协议。可以根据信道访问策略、信道分配方式、数据通信类型、性能需求、硬件特点以及应用范围等作为依据，对现有的 MAC 协议进行分类。

- 根据信道访问策略的不同，可分为竞争协议、调度协议和混合 MAC 协议。竞争协议无须网络的全局信息，扩展性好、易于实现，但能耗大；调度协议有节能优势和时间延迟保障，但帧长度和调度难以调整，扩展性差，且时钟同步要求高；混合 MAC 协议结合了竞争协议和调度协议的优点，但通常比较复杂，实现难度大。
- 根据是单一共享信道还是多信道，可以分为单信道 MAC 协议和多信道 MAC 协议。前者节点体积小、成本低，但控制分组与数据分组使用同一信道，降低了信道利用率；后者有利于减少冲突和重传，信道利用率高、传输时延小，但硬件成本高，且存在频谱分配拥挤问题。
- 根据数据通信类型，可以分为单播协议和聚播（Converge-Cast）协议。前者适合于沿特定路径的数据采集，有利于网络优化，但扩展性差；后者有利于数据融合与查询，但时钟同步要求高，且数据冗余、重传代价高。
- 根据传感器节点收发器硬件功率是否可变，可以分为功率固定 MAC 协议和功率控制 MAC 协议。前者硬件成本低，但通信范围相互重叠，易造成冲突；后者有利于节点能耗均衡，但易形成非对称链路，且硬件成本增加。
- 根据发射天线的种类，可以分为基于全向天线的 MAC 协议和基于定向天线的 MAC 协议。前者成本低、容易部署，但增加了冲突和串音；后者有利于避免冲突，但增加了节点的复杂性和功耗，且需要定位技术的支持。
- 根据协议发起方的不同，可以分为发送方发起的 MAC 协议和接收方发起的 MAC 协议。由于冲突仅对接收方造成影响，因此，接收方发起的 MAC 协议能够有效地避免隐藏终端问题，减少冲突概率，但控制开销大、传输时延长；发送方发起的 MAC 协议简单、兼容性好、易于实现，但缺少接收方的状态信息，不利于实现网络的全局优化。

此外，根据是否需要满足一定的 QoS 支持和性能要求，MAC 协议还可以分为实时 MAC 协议、能量高效 MAC 协议、安全 MAC 协议、位置感知 MAC 协议、移动 MAC 协议等。

（3）基于竞争的 MAC 协议

竞争协议采用按需使用信道的方式，当节点需要发送数据时，通过竞争方式使用无线信道，若数据发送产生了冲突，就按照某种策略重发数据，直到数据发送成功或放弃发送为止。具体设计时，睡眠/唤醒调度、握手机制设计和减少睡眠时延是竞争协议重点考虑的 3 大问题。典型的协议有 S-MAC、B-MAC、T-MAC、WiseMAC、X-MAC、PMAC 和 Sift 等。

（4）基于调度的 MAC 协议

调度协议通常以 TDMA 协议为主，也可采用 FDMA 或 CDMA 的信道访问方式。考虑到硬件成本和计算复杂度，传感器节点上较少采用后面两种方式的 MAC 协议。调度协议基本思想是：采用某种调度算法将时槽映射为节点，这种映射导致一个调度决定一个节点只能使用其特定的时槽无冲突访问信道。因此，调度协议也可称为无冲突 MAC 协议或无竞争 MAC 协议。调度可静态分配，也可动态分配。

固定时槽分配调度虽然能够实现无冲突通信，但节点空闲侦听的能耗很大，且网络负载越小，空闲侦听比例越大。因此，很多 TDMA 协议加入流量自适应技术，动态调整占空比，进一步减小能量开销。典型的协议有 TRAMA（Traffic-Adaptive MAC）、D-MAC（Data gathering tree-based MAC）等。

（5）混合 MAC 协议

混合 MAC 协议包含竞争协议和调度协议的设计要素，既能保持所有组合协议的优点，又能避免各自的缺点。当时空域或某种网络条件改变时，混合 MAC 协议仍表现为以某类协议为主，其他协议为辅的特性。混合 MAC 协议更有利于网络全局优化。典型协议如 Z-MAC 是一种 CSMA/TDMA 混合 MAC 协议。在低流量条件下，使用 CSMA 信道访问方式，可提高信道利用率并降低时延；在高流量条件下，使用 TDMA 信道访问方式，可以减少冲突和串扰，Z-MAC 具有比传统 TDMA 协议更好的可靠性和容错能力，在最坏情况下，协议性能接近 CSMA。

传感网感知互动层普遍存在的多跳汇集通信方式造成在汇聚节点附近出现分组碰撞、网络拥塞等现象，这种情况被称为漏斗效应（Funneling Effect）。针对漏斗效应，研究人员设计出了 Funneling-MAC。Funneling-MAC 属于混合 MAC 协议，在全网范围内采用 CSMA/CA，漏斗区域节点采用 CSMA 和 TDMA 混合的信道访问方式，Funneling-MAC 的各项性能指标普遍优于 Z-MAC 和 B-MAC，可以得到更长的网络生存时间。

（6）MAC 协议存在的问题

现有 MAC 协议在扩展性、稳定性、健壮性和安全性等方面还存在着诸多问题，MAC 协议要具有实用性，还有许多基础性问题和关键技术问题需要解决。

- 提高能量效率是现有 MAC 协议的首要设计目标，但不应该是唯一目标。在未来的应用中（如多媒体无线传感器网络 WSN、Wearable WSN 等），其他性能指标，如延迟、数据传输可靠性和实时性的重要性会越发显得突出。

- 无线传感器网络的应用特点使得流量类型具有特殊性，现有 MAC 协议片面追求流量类型普适性的设计方法，牺牲了部分能量效率。未来的工作应当是在更好地认识和理解这种流量类型特殊性的基础上，设计面向特定的应用和流量的 MAC 协议。
- 现有 MAC 协议的安全性仍然十分脆弱，安全问题不容忽视。尽管在无线传感器网络中杜绝 DoS 攻击难以实现，但防止窃听和恶意攻击是可行的，也是必要的。
- 现有 MAC 协议对节点动态加入、退出网络和失效的考虑以及对节点移动性的支持不足，限制了 MAC 协议的扩展性和可用性。随着要求硬件节点具有自主移动能力的应用需求的出现，研究移动传感网 MAC 协议的紧迫性与日俱增。
- 现有无线通信模型和假设（如平面拓扑、对称链路、无环境噪声、Unit Disc 模型等）过于简化和理想，极大地限制了 MAC 协议研究成果转化为生产力，因此需要研究更接近真实物理世界的通信模型。理论研究不能停滞于仿真实验，应当尽可能地向原型系统甚至实际应用系统过渡，这是将理论成果转化为网络标准或产品的必经之路。

**3．多跳路由技术**

无线传感器网络（WSN）是以数据为中心的网络，其路由技术与应用的数据业务形式紧密相关。大部分传感网络应用的数据流向为多个区域传感数据流向一个或者几个 sink 节点（汇聚节点）。数据传输模型分为连续（周期性）模型、事件驱动模型、任务查询驱动模型和混合模型。同时，邻近区域不同传感器产生相同的数据导致数据的高冗余，进行数据聚合和融合极为必要，能量有限性与网络动态性也是 WSN 路由技术需要考虑的重要问题。

（1）路由协议设计原则

根据传感器节点硬件和部署的特点，传感网感知互动层的路由协议设计应该遵循以下的设计原则。

- 通过减少通信量实现节能：例如，在数据查询或者数据上报过程中采用过滤机制，抑制传感器节点上传不必要的数据；采用数据聚合机制，在数据传输到汇聚节点前就完成可能的数据计算。
- 保持数据流量的负载平衡：通过各个传感器节点分担数据传输，平衡节点的剩余能量，提高整个网络的生存时间。例如，在层次路由中采用动态簇头；在路由选择中采用随机路由而非稳定路由；在路径选择中考虑节点的剩余能量。
- 路由协议应具有容错性：由于传感器节点容易发生故障，因此应尽量利用节点易获得的网络信息计算路由，以确保路由出现故障时能够尽快得到恢复；并可采用多路径传输来提高数据传输的可靠性。
- 路由协议应具有安全机制：尤其对于军事应用，必须考虑在路由协议中增加应对安全威胁的机制。

（2）路由协议分类

路由协议的设计和研究一直是相关领域内关注的焦点，可以根据路由协议采用的通信模式、路由结构、路由建立时机、状态维护、节点标识和投递方式等，对现有的各种路由协议进行如下的分类。

- 根据传输过程中采用路径的多少，可以分为单路径路由协议和多路径路由协议。单路径路由节约存储空间，数据通信量少；多路径路由容错性强，健壮性好，且可从众多路由中选择一条最优路由。

- 根据节点在路由过程中是否有层次结构、作用是否有差异，可以分为平面路由协议和层次路由协议。平面路由协议简单，健壮性好，但建立、维护路由的开销大，数据传输跳数多，适合于小规模网络；层次路由扩展性好，适合于大规模网络，但簇的维护开销大，且簇头是路由的关键节点，其失效将导致路由失败。
- 根据路由的建立时机与数据发送的关系，可以分为主动路由协议、按需路由协议和混合路由协议。主动路由建立、维护的开销大，资源要求高；按需路由在分组传输前需计算路由，时延大；混合路由则综合前两种方式的优点。
- 根据是否以地理位置来标识目的地、路由计算中是否利用地理位置信息，可以分为基于位置的路由协议和非基于位置的路由协议。有大量的应用需要知道突发事件的地理位置，因此催生出了基于位置的路由协议。
- 根据是否以数据来标识目的地，可以分为基于数据的路由协议和非基于数据的路由协议。一些应用要求查询或者上报具有某种类型的数据，因此催生出了基于数据的路由协议。
- 根据节点是否编址、是否以地址标识目的地，可分为基于地址的路由协议和非基于地址的路由协议。
- 根据路由选择是否考虑 QoS 约束，可分为保证 QoS 的路由协议和不保证 QoS 的路由协议。保证 QoS 的路由协议是指在路由建立时，考虑时延、丢包率等 QoS 参数，从众多备选路由中选择一条最适合的路由。
- 根据数据在传输过程中是否进行聚合处理，可以分为数据聚合的路由协议和非数据聚合的路由协议。数据聚合能减少通信量，但需要时间同步技术的支持，并使传输时延增加。
- 根据路由是否由源节点指定，可分为源节点路由协议和非源节点路由协议。源节点路由协议无需建立、维护路由信息，从而节约存储空间，减少通信开销。但如果网络规模较大，数据包头的路由信息开销也大。
- 根据路由建立时是否与查询有关，可分为查询驱动的路由协议和非查询驱动的路由协议。查询驱动的路由协议能够节约传感器节点的存储空间，但数据传输时延较大。

（3）经典的路由协议

Flooding 是最为经典和简单的传统网络路由协议。采用 Flooding 协议时，传感器节点产生或收到数据后向所有邻居节点广播，数据包直到过期或到达目的地才停止转发。Flooding 协议的优点在于不需要维护路由信息，不需要任何复杂的算法和策略。

实际使用过程中发现，Flooding 协议本身存在严重的缺陷。例如，传感器节点几乎同时从邻居节点收到多份相同数据，传感器节点不考虑自身资源限制，在任何情况下都转发数据。因此，Flooding 协议的扩展性很差。

（4）基于数据的路由协议

Directed Diffusion 是一个典型的基于数据的、查询驱动的路由协议，使用属性或者数值命名数据。为建立路由，汇聚节点泛洪广播包含属性列表、上报间隔、持续时间、地理区域等信息的查询请求。沿途节点按需对各查询请求进行缓存与合并，并根据查询请求计算、创建包含数据上报率、下一跳等信息的梯度，从而建立多条指向汇聚节点的路径。

查询请求指定的地理区域内的传感器节点按要求启动监测任务，并周期性地上报数据，途中各节点对数据进行缓存与聚合。汇聚节点可以在数据传输过程中，通过对某条路径发送上报间隔更小或者更大的查询请求，增强或减弱数据上报率。该协议采用多路径，健壮性好；使用数据聚合能减少数据通信量；汇聚节点根据实际情况，采取增强或减弱方式能有效利用能量。

Directed Diffusion 使用查询驱动机制按需建立路由，避免了保存全网信息。梯度建立过程中的网络开销很大，不适合网络中包含多个汇聚节点的情形；数据聚合过程中采用了时间同步技术，会带来较大的开销和时延。

（5）基于位置的路由协议

GPSR（Greedy Perimeter Stateless Routing）协议，也称为贪婪边界无状态路由协议，是一个典型的基于位置的路由协议。采用 GPSR 协议，传感器节点知道自身地理位置并具有统一的网络编址，各节点使用贪心算法尽量沿直线转发数据。

产生或收到数据的传感器节点向以欧氏距离计算最靠近目的节点的邻居节点转发数据，但由于数据会到达没有比该节点更接近目的节点的区域（也称为空洞），导致数据无法传输。当出现这种情况时，空洞周围的节点能够探测到空洞的存在，并可使用空洞的周界传输数据来解决空洞问题。

GPSR 协议避免了在传感器节点上建立、维护、存储路由表，只依赖直接邻居节点进行路由选择，几乎是一个无状态的协议；贪心算法使用接近于最短欧氏距离的路由，数据传输时延小；在网络连通性得到保证的前提下，一定可以发现可达路由。GPSR 协议的缺点是网络中的汇聚节点和源节点分别集中在两个区域时，由于通信量不平衡易导致部分节点失效，从而破坏网络连通性；需要 GPS 定位系统或者其他定位方法，协助确定传感器节点的位置信息。

TBF（Trajectory Based Forwarding）协议，也称为基于轨迹转发协议，是一个基于源站和位置的路由协议。与 GPSR 协议不同，TBF 协议不是沿最短路径传播。与通常的源站路由协议不同，TBF 协议利用参数在数据包头中指定了一条连续的传输轨迹而不是路由节点序列。传感器节点利用贪心算法，根据轨迹参数和邻居节点位置，计算出最接近轨迹的邻居节点作为下一跳节点。

TBF 协议可以利用 GPSR 协议的方法或其他方法避开空洞，通过指定不同的轨迹参数，很容易实现多路径传播、广播、对特定区域的广播和组播。TBF 协议的优点在于源站路由避免了中间节点存储大量路由信息；指定轨迹而不是路由节点序列，数据包头的路由信息开销不会随网络变大而增加；允许网络拓扑变化，避免了传统源站路由协议的缺点。TBF 的不足在于随网络规模的增加，路径变长，沿途节点进行计算的开销也相应增加；需要 GPS 定位系统或其他定位方法协助确定传感器节点的位置信息。

（6）基于数据聚合的路由协议

LEACH（Low Energy Adaptive Clustering Hierarchy）协议，也称为低功耗自适应成簇分层型协议，是非常有名的基于数据聚合的路由协议。为平衡传感器节点之间的能耗，周期性地按轮随机选举簇头。

成为簇头的节点在无线信道中广播消息，其余传感器节点选择加入接收信号最强的簇头。

节点通过一跳通信将数据传输给簇头，簇头也通过一跳通信将聚合后的数据传输给汇聚节点。

LEACH 协议的优点在于采用随机选择簇头的方式避免簇头能量消耗过快，提高了网络生存时间；数据聚合可以有效地减少通信量。但是 LEACH 采用一跳通信，要求节点具有较大功率通信能力，扩展性差，不适合于大规模网络。

PEGASIS（Power-Efficient Gathering in Sensor Information Systems）协议，也称为功率高效的传感器信息采集系统协议，同样属于基于数据聚合的路由协议。PEGASIS 是 LEACH 的改进。

PEGASIS 的思想是为了延长网络的生命周期，节点只需要和它们最近的邻居之间进行通信。节点与汇聚点间的通信过程是轮流进行的，当所有节点都与汇聚点通信后，节点间再进行新一回合的轮流通信。由于这种轮流通信机制使得能量消耗能够统一地分布到每个节点上，因此降低了整个传输所需要消耗的能量。

不同于 LEACH 的分簇结构，PEGASIS 协议在传感器节点中采用链式结构进行链接。运行 PEGASIS 协议时，每个节点首先利用信号的强度来衡量其所有邻居节点距离的远近，在确定其最近邻居的同时，调整发送信号的强度以便只有这个邻居能够听到。其次，链中每个节点向邻居节点发送及接收数据，并且只选择一个节点作为链首向汇聚节点传输数据。采集到的数据以点对点的方式传递、融合，并最终被送到汇聚节点。

（7）层次路由协议

TEEN（Threshold sensitive Energy Efficient sensor Network protocol）协议，也称为阈值敏感的能量高效传感器网络协议，是典型的层次路由协议。TEEN 利用过滤方式来减少数据传输量。

TEEN 采用与 LEACH 相同的成簇方法，但是簇头根据与汇聚节点距离的不同，形成层次结构。当簇形成之后，汇聚节点通过簇头向全网节点通告两个阈值（分别称作硬阈值和软阈值）来过滤数据发送。当传感器节点第一次监测到数据超过硬阈值时，向簇头上报数据，并将当前监测数据保存为监测值。

此后只有在监测到的数据比硬阈值大，且其与监测值之差的绝对值不小于软阈值时，节点才向簇头上报数据，并将当前监测数据保存为监测值。TEEN 通过利用软、硬阈值减少了数据传输量，且层次型簇头结构不要求节点具有大功率通信能力。

TTDD（Two Tier Data Dissemination）协议，也称为两层数据传播协议或层次路由协议，主要是解决网络中存在多汇聚节点以及汇聚节点移动的问题。当多个传感器节点探测到事件发生时，选择一个节点作为发送数据的源节点，源节点以自身作为格状网的一个交叉点构造一个格状网。

构造格状网的主要过程是：源节点先计算出相邻交叉点的位置，利用贪心算法请求最接近该位置的节点成为新交叉点，新交叉点继续该过程直至请求过期或到达网络边缘。交叉点保存了事件和源节点信息。进行数据查询时，汇聚节点泛洪广播查询请求到最近的交叉点，此后查询请求在交叉点之间传播，最终源节点收到查询请求，数据反向传输到汇聚节点。汇聚节点在等待数据时，可以继续移动，并采用代理机制保证数据可靠传递。

**4．可靠传输控制技术**

在传感器节点的能量和带宽等资源普遍受限的条件下，能否为网络中的数据传输提供可靠的传输保证机制和网络拥塞避免机制，是保证信息有效获取的一个基本问题，也是传输控制技术应当解决的问题。

（1）传输控制的应用需求

在物联网的感知互动层，存在影响数据传输的如下负面因素：

- 网络中无线链路是开放的有损传播介质，存在着多径衰落和阴影效应（由于通信范围有限，路径损耗较低，一般可忽略不计），加之其信道一般采用开放的 ISM 频段，使得网络传输的误码率较高。
- 同一区域中的多个传感器节点之间同时进行通信，节点在接收数据时易受到其他传输信号的干扰。
- 由于能量耗尽、节点移动或遭到外来破坏等原因，造成传感器节点死亡和传输路径失效。
- 传感器节点的存储资源极其有限，在网络流量过大时，容易导致协议栈内的数据包存储缓冲区溢出。

基于上述原因，在协议设计时必须提供一定的传输控制机制，以保证网络传输效率。传输控制机制主要可以分为拥塞控制和可靠保证两大类。拥塞控制用于将网络从拥塞状态中恢复出来，避免负载超过网络的传输能力；可靠保证用于解决数据分组传输丢失的问题，使接收端可以获取完整有效的数据信息。

现有的 IP 网络主要使用协议栈中传输层的 UDP 和 TCP 控制数据传输。UDP 是面向无连接的传输协议，不提供对数据包的流量控制及错误恢复；TCP 则提供了可靠的传输保证，但 TCP 无法被直接用于传感网的感知互动层，原因如下：

- 在 TCP 中，数据包的传输控制任务被赋予网络的端节点，中间节点只承担数据包的转发。而传感网底层网络以数据为中心，中间节点可能会对相关数据进行在网处理，从而改变数据分组的数量和大小。
- TCP 建立和释放连接的握手机制相对比较复杂，耗时较长，传感网底层网络拓扑的动态变化也给 TCP 连接状态的建立和维护带来了一定的困难。
- TCP 协议采用基于数据分组的可靠性度量，即尽力保证所有发出的数据包都被接收节点正确收到。在传感网底层网络，可能会有多个传感器节点监测同一对象，使得监测数据具有很强的冗余性和关联性。只要最终获取的监测信息能够描述对象的真实状况，具有一定的逼真度就可以，并不一定要求全部数据分组被传输。
- 传感网底层网络中非拥塞丢包和多路传输等引起的数据包传输乱序，都会引发 TCP 的错误响应，使得发送端频频进入拥塞控制阶段，导致传输性能下降。
- TCP 要求每个网络节点具有独一无二或全网独立的网络地址。在大规模的传感器节点组网时，为了减少长地址位带来的传输消耗，传感器节点可能只具有局部独立的或地理位置相关的网络地址或采用无网络地址的传输方案，无法直接使用 TCP。

（2）拥塞控制

拥塞控制技术主要包括 3 个环节，拥塞检测、拥塞状态通告和流量控制。

- 拥塞检测

准确、高效的拥塞检测是进行拥塞控制的前提和基础。目前，主要的拥塞检测方法有两种，检查缓冲区占用情况和检查信道负载。

检查缓冲区占用情况：根据节点内部数据分组缓冲区的占用情况，判断网络是否处于拥塞状态。显然，如果缓冲区内积压的待发送分组越多，说明网络的拥塞状态越严重。这种方法的优点在于简单，但是缺乏对信道繁忙程度的了解，判断结果不一定准确。

检查信道负载：节点通过监听信道是否处于空闲，判断网络是否处于拥塞状态。显然，如果信道长时间繁忙，则说明网络处于拥塞状态。这种方法的准确度比检查缓冲区占用情况要高，但是长时间监听信道会带来能量的浪费。

为了克服这两种方法各自的缺点，形成了一种混合的拥塞检测方案，在缓冲区非空时进行信道状态周期性采样。这种新方法，可以在准确检测网络拥塞的前提下，降低节点的能量开销。

● 拥塞状态通告

当网络出现拥塞时，往往需要与数据传输相关的所有节点相互合作才能缓解拥塞状态。因此，若节点发现网络处于拥塞状态时，必须将此消息传递给邻居节点或者上游节点，达到消息反馈甚至控制的作用。节点一般采用以下两种方式扩散拥塞状态通告。

明文方式（Explicit Congestion Notification，ECN）：节点发送包含拥塞消息的特定类型的控制分组。为了加快该消息的扩散速度，可以通过设定 MAC 层竞争参数来增大其访问信道的优先权。缺点是控制包带来了额外的传输开销。

捎带方式（Implicit Congestion Notification，ICN）：利用无线信道的广播特性，将拥塞状态信息捎带在正要传输的数据分组包头中，邻居节点通过监听通信范围内的数据传输获取相关信息。与明文方式相比，捎带方式减轻了网络负载，但增加了监听数据传输和处理数据分组的开销。

● 流量控制

当传感器节点检测到拥塞发生后，将会综合采用各种控制机制减轻拥塞带来的负面影响，提高数据传输效率，即流量控制。流量控制的主要方法有，报告速率调节、转发速率调节和综合速率调节。

报告速率调节：一般来说，传感器节点的播撒密度较高，数据具有很强的关联性和冗余度。但用户一般只关心网络整体返回的监测信息的准确度，而非单个节点的报告。因此，只要保证获取的信息足够描述被监测对象的状态，具有一定的逼真度，就可以对相关数据源节点的报告频率进行调整，以便在发生拥塞时减轻网络的流量压力。

转发速率调节：若网络对数据采集的逼真度要求较高，则一般不适用于报告速率调节，而是选择在流量汇聚发生拥塞的中间节点进行转发速率调节。然而，仅依靠调节转发速率将会导致拥塞状态沿着数据传输的相反方向不断传递，最终到达数据源节点。若数据源节点不能支持报告速率调节，将会导致丢包现象的发生。

综合速率调节：在多跳结构的网络中，传感器节点承担着数据采集和路由转发的双重任务。当拥塞发生时，仅通过单一的速率调节方式，往往不能达到有效的控制效果。检测到拥塞发生的节点沿着向数据源节点的方向，向上游节点扩散后压消息，收到此消息的节点将根据本地的网络状况判断是否继续向其上游节点传播。同时，采取一定的本地控制策略，如丢弃部分数据包、降低报告或转发速率、路由改道等来减轻拥塞。

除了上面提到的速率调节方法之外，实际中还采用多路径分流、数据聚合和虚拟网关等方式进行流量控制。

（3）可靠保证

数据传输的可靠保证主要是通过数据重传来实现的，节点需要暂时缓存已发送的数据分组，并用重传控制机制来重传网络传输过程中丢失的数据分组。数据重传主要包含两个主要步骤，丢包检测和丢包重传。

● 丢包检测

传感器节点主要通过接收到的数据包包头中相关序列号字段的连续性进行丢包检测，发现数据包丢失后将信息反馈给当前持有该数据包的发送节点请求重传。丢包检测的反馈方式有以下 3 种。

ACK 方式：源节点为发送的每一个数据包设置缓存和相应的重发定时器。若在定时器超时之前收到来自目的节点对此数据包的 ACK 控制包，则认为此数据包已经成功地传输。此时，取消对该数据包的缓存和定时；否则将重传此数据包并重新设置定时器。对于每个数据包，接收节点都需要反馈 ACK，负载和能耗较大。

NACK 方式：源节点缓存发送的数据包，但无需设置定时器。若目的节点正确收到数据包，则不反馈任何确认指示；若目的节点通过检测数据包序列号检测到数据包的丢失，则反馈 NACK 控制包，要求重传相应的数据包。NACK 只需针对少量丢失的数据包反馈，减轻了 ACK 方式的负载和能耗。其缺点是目的节点必须知道每次传输的界限，使其不能保证单包发送时的可靠性。

IACK 方式：发送节点缓存数据包，监听接收节点的数据传输，若发现接收节点发送出该数据包给其下一跳节点，则取消缓存。这种方式不需要传输控制包，负载和能耗最小，但只能在单跳以内使用，且需要节点能够正确地监听到邻居节点的传输情况。

● 丢包重传

网络中的丢包重传方式主要有两种：端到端重传和逐跳重传。基于端到端控制的重传方式，主要依靠目的端节点检测丢包，将丢包信息反馈给数据源节点进行重传处理。控制包和重传数据包的传输需要经历整条传输路径，不但降低了数据重传的可靠性和效率，也加大了网络负载和能量消耗。同时，基于端节点的控制方式使得反馈处理时间相对较长，不利于数据的实时传输。

因此，在传感网底层网络中较多地采用逐跳控制方法，即在每跳传输的过程中，相邻转发节点之间进行丢包检测和重传操作。丢包重传的方向主要包括普通节点向汇聚节点、汇聚节点向普通节点，以及双向可靠保证 3 类。

（4）传输控制存在的问题

由于无线信道的不稳定和复杂性特点，无线网络中的传输控制一直都是协议设计和实际应用的难点。由于传感网中数据传输需求的多样性，传感网底层网络的传输控制还处于起步阶段，还存在以下的问题。

- 设计跨层协作的传输控制协议。在网络中传输控制任务不能仅仅依靠传输层来完成，传感器节点协议栈中的各个层次需进行充分的交互与协作，共同支持和保证数据的可靠传输。
- 提高传输控制协议的综合控制能力。网络中拥塞和丢包的现象可能会同时发生，并互相影响。目前的控制协议大多只对一种问题（拥塞或丢包）进行处理，新的传输控制协议应提供全面的综合控制机制。

- 传输控制协议需要提供公平性保证。在确保传输效率的同时，网络中的多个数据流应按照事先定义的公平性原则，分享无线信道进行数据传输。
- 提供对节点移动性的支持。目前，传输控制协议基本都假定传感器节点和网络是静态的。但在物流等应用中，节点的移动会给网络传输带来更多的不可靠因素，加重了丢包现象的发生，需要设计具有更高处理效率和更快处理速度的控制协议。

**5. 异构网络融合技术**

物联网是以感知为目的的技术体系，在其发展初期，离不开互联网、移动通信网、多种网络基础设施的支持，从而形成其网络体系高度异构混杂的现状。同时，物联网自身内部在通信协议、信息属性、应用特征等多个方面具有高度异构性，在融合的环境下，实现异构资源的优势互补与协调管理，最大化网络利用率，并最终达到各网络的协同工作，不仅是技术发展的必然趋势，也是网络运营者实现最佳用户体验和最优资源利用的根本途径。如何解决物联网的异构融合问题，是物联网今后走向规模产业化的瓶颈。

目前，国际上对异构网络融合技术的研究主要集中在欧美、日本等发达国家和地区。无线世界研究论坛（Wireless World Research Forum，WWRF）是异构技术研究的重要力量，其第 3、第 6 工作组均将异构环境下的关键技术如重配置，移动性管理作为主要研究内容，为欧洲电信标准协会（European Telecommunications Standards Institute，ETSI）、第三代合作伙伴计划（Third Generation Partnership Project，3GPP）、因特网工程任务组（Internet Engineering Task Force，IETF）、国际电信联盟（International Telecommunication Union，ITU）等世界标准化组织的工作贡献力量，并为世界各国开展异构技术的研究指引了方向。

IEEE P1900 作为以异构网络共存为目标的标准化组织已逐步发展起来，围绕着网络功能需求和功能设计，在网络选择、基于策略的联合资源管理以及动态频谱管理等方面提出了有益的成果，并分析了与 IEEE 802.21（异构网络间的切换机制）、IEEE 802.22.1（动态频谱管理）、3GPP 系统架构演进（System Architecture Evolution，SAE）的异同。应当说，欧盟对于异构网络的研究在整个世界上居于领先地位，其研究呈现体系化的特点，涉及体系架构、协议栈、管理结构、业务等多个层面。

欧盟发起的 IST（Information Society Technology）计划，从 FP4（Framework Program 4）到 FP5 再到 FP6，与异构技术研究相关的项目多达 20 多个。从 FP6 开始，欧盟开始专注于完整的体系构建，环境网络（Ambient Network，AN）、WINNER（Wireless World Initiative New Radio）、E2R（End-to-End Reconfiguration）是其中最具影响力的项目，分别从网络融合的解决方案，实现对异构无线空中接口技术的统一，端到端的重配置能力展开，对整个世界在此方向上的研究起到了积极的推动作用。

然而由于问题本身的复杂性，欧盟研究的技术定位以及研究本身也处于刚刚开始的阶段，目前在一些关键科学问题，如系统的性能、分析建模、资源自优化等理论方面尚有待深入探索。下面仅简单介绍一下异构网络融合相关的多无线电协作技术和资源管理技术。

（1）异构网络融合的多无线电协作技术

物联网中包含了多种异构网络，从接入方式到资源管理与控制等技术都有较大区别，传统的单无线电技术在处理多种网络接入时有很大局限性，随着硬件技术的发展及成本的降低，多无线电系统的设备日益普及。多无线电指的是单一设备多个独立的无线电系统，每个无线电系统可以使用不同的接入技术及不同的信道。在此基础上，采用多无线电协作技术实现对多无线电接口的管理和资源分配，从而提高网络容量，扩大连通范围，在底层解决异构网络的互联互通问题。

环境网络（Ambient Network，AN）是一种基于异构网络间的动态合成而提出的全新的网络观念。它不是以拼凑的方式对现有的体系进行扩充，而是通过制定即时的网间协议，为用户提供访问任意网络（包括移动个人网络）的能力。

一个环境网络单元主要由 AN 控制空间和 AN 连通性构成。AN 控制空间由一系列的控制功能实体组成，包括支持多无线电接入（MRA）、网络连通性、移动性、安全性和网络管理等的实体。不同 AN 的 ACS 通过环境网络接口通信，并且通过环境服务接口来面对各种应用和服务。在具体实现上，ACS 由多无线电资源管理模块和通用链路层构成。

环境网络最大的特点就是采用了 MRA 技术。MRA 技术可使终端具有同时与一个接入系统保持多个独立连接的能力；通过 MRA 技术，可以实现终端在不同 AN 间的无缝连接以及不同终端在不同 AN 间的多跳数据传输，以扩大 AN 的覆盖范围。

作为环境网络实现异构网络互联的第一步，多无线电接入及其资源分配和管理是其他面向用户的异构网络服务的基础。而多无线电协作技术是 MRA 技术的延伸和扩展，其主要功能是实现多无线电间资源共享和不同环境网络间的动态协同。其他功能还包括有效的信息广播、发现和选择无线电接入，允许用户利用多无线电接口同时发送和接收数据，以及支持多无线电多跳通信等。

通过多无线电协作，可使终端具有同时与一个接入系统保持多个连接或同时连接不同接入系统的能力，从而在网络容量、能量控制和移动管理等方面均优于传统技术。

（2）异构网络融合的资源管理技术

在异构网络融合架构下，一个必须要考虑并解决的关键问题是：如何使任何用户在任何时间、任何地点都能获得具有 QoS 保证的服务。在异构网络融合系统中，由于网络的异构性、用户的移动性、资源和用户需求的多样性和不确定性等因素，导致传统通信网络的相关研究成果无法直接使用，还需要作进一步的研究，目前的研究主要集中在呼叫接入控制、垂直切换、异构资源分配等方面。

● 呼叫接入控制

传统蜂窝网络中的呼叫接入控制算法已经得到了广泛的研究，但是难以直接在异构网络中使用，主要有以下原因。

网络中多种无线接入技术并存：移动通信网络通过其基础设施（基站）控制和管理各移动用户对信道资源的接入，向用户提供具有 QoS 保证的服务。而 WLAN 则采用载波侦听多点接入/冲突避免（CSMA/CA）的信道资源接入方式，其提供的 QoS 支持具有较大的差异性。

用户移动性：在多网络异构融合的网络环境下，大范围覆盖的高速移动与室内环境的低速或相对静止情况并存，传统的用户均匀移动模型已经不再合适，需要考虑不同覆盖区域内用户的不同移动性。

多种业务类型：异构网络融合系统提供了多种业务类型，需要不同的 QoS 保证。语音、视频等实时业务是时延敏感而分组丢失可承受的，非实时业务是分组丢失敏感而中等时延敏感的，文件传输等尽力而为的业务是分组丢失敏感但对时延相对不敏感的。不同的网络对不同的业务有不同的支持能力。

跨层设计：在基于分组交换的无线网络中，使用相关层优化必将提高系统性能。因而，在研究异构网络 CAC 算法时，应该通过跨层设计来评估呼叫级（呼叫阻塞率、被迫中断概率）和分组级的 QoS 性能。

- 垂直切换

用户在不同网络之间的移动称为垂直移动，实现无缝垂直移动的最大挑战在于垂直切换。垂直切换就是在移动终端改变接入点时，保持用户持续通信的过程。在多网融合的环境中，传统的采取比较信号强度进行切换的决策方法已经不足以进行垂直切换。由于异构网络融合系统的特殊性，垂直切换决策除了需考虑信号强度外，还需考虑以下几个因素。

业务类型：不同的业务有不同的可靠性、时延以及数据率的要求，需要不同的 QoS 保证。

网络条件：由于垂直切换的发生将影响异构资源之间的平衡，这就要求在设计垂直切换策略时，需要利用系统的网络侧信息，如网络可用带宽、网络延时、拥塞状况等，从而有效避免网络拥塞，在不同网络间实现负载平衡。

系统性能：为了保证系统性能，需要考虑信道传播特性、路径损耗、共信道干扰、信噪比（SNR）以及误比特率（BER）等性能参数。

移动终端状态：如移动速率、移动模式、移动方向以及位置信息等。

- 异构资源分配

异构网络融合系统中的资源分配算法需要有效地控制实时、非实时等多种业务的无线资源接入，需要能有效处理突发业务、分组交换连接中数据分组随机到达以及数目随机变化等情况；异构网络系统中用户需求具有多样性，网络信道质量具有可变性；不同的无线网络分别由各自的运营商经营，这样的经营模式在今后很长的时间内将无法改变。这就决定了这些网络更有可能采取一种松耦合的融合方式。因此，异构网络融合系统应该采用新颖的分布式动态信道资源分配算法。

动态自适应的信道资源分配算法，根据用户的 QoS 要求和网络状态动态调整带宽分配，在网络状况允许时，给用户呼叫分配更多的信道资源，以提升用户的 QoS 保证；当网络拥塞时，通过减少对系统中已接纳呼叫的信道分配来容纳更多的呼叫，从而降低系统的呼叫阻塞率和被迫中断概率，提高系统资源的使用率和用户的 QoS。

系统模型的建立对于异构网络环境中信道分配算法的深入分析至关重要。目前在异构网络资源分配的研究中，还没有提出完整的具有一般性的系统模型。大部分文献使用仿真的方法进行分析，或者仅对融合系统中的分立网络分别进行建模。除此之外，还可以利用多维马尔可夫模型、矩阵运算以及排队论等数学方法，对异构网络融合系统建立多维多域的系统模型，以获得不同算法下该系统模型的各个状态，进一步推导系统的性能，比较不同算法的优劣。

### 4.2.4 6LowPAN

#### 1. 6LoWPAN 简介

物联网中，不同的物体有不同的应用需求、数据规模、电池能力等，这就决定了在不同的物体上运行不同的网络协议。对于数据规模相对较小或能力较弱的物体，就只能运行低速低功耗的网络协议。譬如，在无线传感网中，构成节点的那些自组织、电池供电的小传感器只具有有限的计算能力和有限的能量支持，在这些小传感器上就不适合运行高速的网络协议。而对于类似视频服务这种数据需求量很大的应用，低速的网络协议就不能满足要求了。

因此在物联网应用中，低速网络和高速网络的兼容是一种必然的趋势。在这种趋势下，如何连接高速网络和低速网络协议就成了一个关键的问题。

6LoWPAN 就是为了连接运行 IPv6 高速互联网协议的网络和运行低速协议的其他网络。6LoWPAN 是 IPv6 over Low power Wireless Personal Area Network 的简写，即基于 IPv6 的低速无线个域网。IPv6 over LR_WPAN(6LoWPAN)工作组由 IETF 组织于 2004 年 11 月宣布正式成立，负责制定基于 IPv6 的低速无线个域网标准，旨在将 IPv6 引入以 IEEE 802.15.4 为底层标准的无线个域网。

**2．6LoWPAN 关键技术**

6LoWPAN 关键技术包括适配层、路由、包头压缩、分片、IPv6、网络接入和网络管理等技术。6LoWPAN 技术底层采用 IEEE 802.15.4 规定的 PHY 层和 MAC 层，网络层采用 IPv6 协议。由于 IPv6 中，MAC 支持的载荷长度远大于 6LoWPAN 底层所能提供的载荷长度，为了实现 MAC 层与网络层的无缝连接，6LoWPAN 工作组建议在网络层和 MAC 层之间增加一个网络适配层，用来完成包头压缩、分片与重组以及网络路由转发等工作。6LoWPAN 的参考模型如图 4-15 所示。

（1）适配层功能介绍

适配层是整个 6LowPAN 的基础框架，6LowPAN 的其他一些功能也是基于该框架实现的。整个适配层功能模块的示意图如图 4-16 所示。

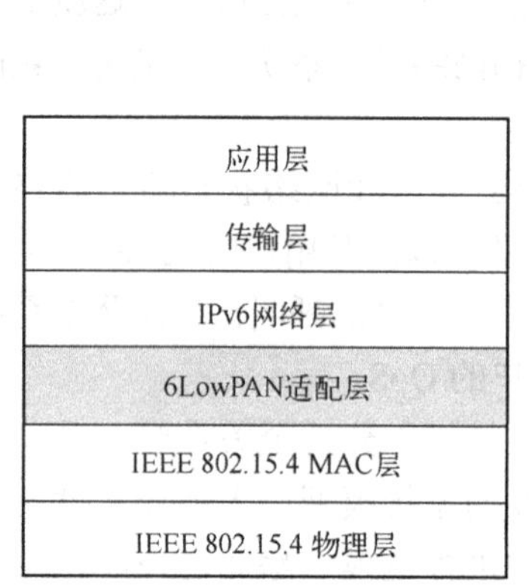


图 4-15　6LoWPAN 的参考模型

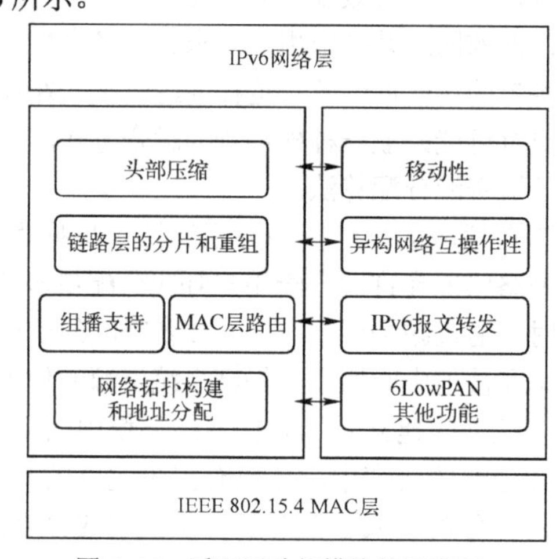


图 4-16　适配层功能模块的示意图

适配层主要功能如下：

1）链路层的分片和重组。

IPv6 规定的链路层最小 MTU 为 1280B，而 IEEE 802.15.4 MAC 最大帧长仅为 127B。因此，适配层需要通过对 IPv6 透明的链路层的分片和重组来传输超过 IEEE 802.15.4MAC 层最大帧长的报文。

2）头部压缩。

在不使用安全功能的前提下，IEEE 802.15.4 MAC 层的最大载荷为 102B，而 IPv6 报文头部为 40B，再除去适配层和传输层（如 UDP）头部，只有 50B 左右的应用数据空间。为了满足 IPv6 在 IEEE 802.15.4 传输的 MTU，除了通过分片和重组来传输大于 102B 的 IPv6 报文外，也需要对 IPv6 报文进行压缩来提高传输效率和节省节点能量。为了实现压缩，需要在适配层头部后增加一个头部压缩编码字段，该字段将指出 IPv6 头部哪些可压缩字段将被压缩。除了对 IPv6 头部以外，还可以对上层协议（UDP、TCP 及 ICMPv6）头部进行进一步压缩。

3）组播支持。

组播在 IPv6 中有非常重要的作用，IPv6 特别是邻居发现协议的很多功能都依赖于 IP 层组播。此外，WSN 的一些应用也需要 MAC 层广播的功能。但是 IEEE 802.15.4 MAC 层却不支持组播，只提供有限的广播功能。适配层的作用就是利用可控广播共泛的方式来在整个 WSN 中传播 IP 组播报文。

4）网络拓扑管理。

IEEE 802.15.4 MAC 协议支持多种网络拓扑结构，包括星形拓扑、树状拓扑及点对点的 Mesh 拓扑等，但是 MAC 层协议并不负责这些拓扑结构的形成，仅仅提供相关的功能性原语。因此需要适配层协议负责以合适的顺序调用相关原语，完成网络拓扑的形成和维护，包括：信道扫描、信道选择、队 N 的启动、接受子节点加入请求、分配地址等。通常使用状态机来维护整个协议过程。

IEEE 802.15.4 协议中使用信标帧实现网络中设备的同步工作和休眠，但是 IEEE 802.15.4 MAC 仅仅提供星形拓扑的信标帧同步机制，在这种拓扑中仅有 PANCordinato 发送信标帧。如果想采用复杂的拓扑，如树状拓扑，就会出现若干节点同时发送 Beacon 的情况。为了避免各个节点发送的信标帧报文在物理信道上产生碰撞，发送信标帧的节点之间必须进行相应的协商。因此，适配层的另一项功能就是提供一定的机制对网络拓扑中各个节点的信标帧发送时间进行统一管理，以免产生信标帧之间的碰撞，导致网络拓扑被破坏。

5）地址分配。

6LowPAN 中每个节点都使用 EUI-64 地址标识符，但是一般的 6LoWPAN 网络节点能力非常有限，而且通常会有大量的部署节点，若采用 64bit 地址将占用大量的存储空间并增加报文长度。因此，更适合的方案是在 PAN 内部采用 16bit 短地址来标识一个节点，这就需要在适配层来实现动态的 16bit 短地址分配机制。

6）路由协议。

网络拓扑构建和地址分配相同，IEEE 802.15.4 标准并没有定义 MAC 层的多跳路由。适配层将在地址分配方案的基础上提供两种基本的路由机制——树状路由和网状路由。

（2）适配层报文格式

由于 6LowPAN 网络有报文长度小、低带宽、低功耗的特点，为了减小报文长度，适配层帧头部分为两种格式，即不分片和分片，分别用于数据部分小于 MAC 层 MTU（102B）的报文和大于 MAC 层 MTU 的报文。当 IPv6 报文要在 802.15.4 链路上传输时，IPv6 报文需要封装在这两种格式的适配层报文中，即 IPV6 报文作为适配层的负载紧跟在适配层头部后面。特别是，若“M”或“B”位被置为 1 时，适配层头部后面将首先出现 MD 或 Broadcast 字段，IPv6 报文则出现在这两个字段之后。

不分片头部格式的各个字段含义如下（见图 4-17）：

图 4-17 不分片报文格式

① LF：链路分片（Link Fragment），占 2bit。此处应为 00，表示使用不分片头部格式。

② prot_type：协议类型，占 8bit。指出紧随在头部后的报文类型。

③ M：Mesh Delivery 字段标志位，占 1bit。若此位置为 1，则适配层头部后紧随着的是“Mesh Delivery”字段。

④ B：Broadcast 标志位，占 1bit。若此位置为 1，则适配层头部后紧随着的是“Broadcast”字段。

⑤ rsv：保留字段，全部置为 0。

当一个包括适配层头部在内的完整负载报文不能够在一个单独的 IEEE 802.15.4 帧中传输时，需要对负载报文进行分片，此时适配层使用分片头部格式封装数据。分片头部格式（见图 4-18）如下：

| LF | prot_type | M | B | rsv | Datagram_size | Datagram_tag |
|---|---|---|---|---|---|---|
| Payload/MD/Broadcast Hdr | | | | | | |

a)

| LF | fragment_offset | M | B | rsv | Datagram_size | Datagram_tag |
|---|---|---|---|---|---|---|
| Payload/MD/Broadcast Hdr | | | | | | |

b)

图 4-18　分片报文格式

a) 第一分片　b) 后继分片

① LF：链路分片（Link Fragment），占 2bit。当该字段不为 0 时，指出链路分片在整个报文中的相对位置，01 表示第一个分片，10 表示最后一个分片，11 表示中间分片。

② prot_type：协议类型，占 8bit，该字段只在第一个链路分片中出现。

③ M：Mesh Delivery 字段标志位，占 1bit。若此位置为 1，则适配层头部后紧随着的是“Mesh Delivery”字段。

④ B：Broadcast 标志位，占 1bit。若此位置为 1，则适配层头部后紧随着的是“Broadcast”。若是广播帧，每个分片中都应该有该字段。

⑤ Datagram_size：负载报文的长度，占 11bit，所以支持的最大负载报文长度为 2048B，可以满足 IPv6 报文在 IEEE 802.15.4 上传输的 1280B MTU 的要求。

⑥ Datagram_tag：分片标识符，占 9bit，同一个负载报文的所有分片的 datagram_tag 字段应该相同。

⑦ fragment_offset：报文分片偏移，8bit。该字段只出现在第二个以及后继分片中，指出后继分片中的 payload 相对于原负载报文的头部的偏移。

（3）分片与重组

当一个负载报文不能在一个单独的 IEEE 802.15.4 帧中传输时，需要对负载报文进行适配层分片。此时，适配层帧使用 4B 的分片头部格式而不是 2B 的不分片头部格式。另外，适配层需要维护当前的 fragment_tag 值并在节点初始化时将其置为一个随机值。

1）分片。

当上层下传一个超过适配层最大 payload 长度的报文给适配层后，适配层需要对该 IP 报文分片进行发送。适配层分片的判断条件为：负载报文长度+不分片头部长+Mesh Delivery（或 Broadcast）字段长度> IEEE 802.15.4 MAC 层的最大 payload 长度。适配层分片的具体过程（见图 4-19）如下所示：

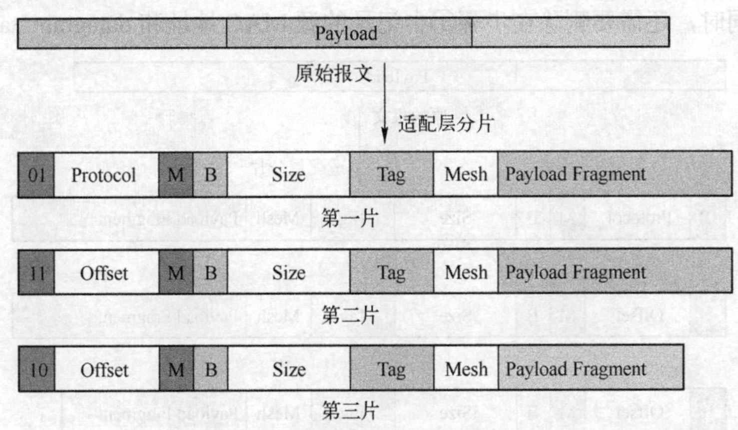


图 4-19　适配层分片过程

对于第一个分片：

① 将分片头部的 LF 字段设置为 01 表示是第一个分片。

② Prot_type 字段置为上层协议的类型。若是 IPv6 协议该字段置为 1。另外，由于是第一个分片，offset 必定为 0，所以在该分片中不需要 fragment_offset 字段。

③ 用当前维护的 datagram_tag 值来设置 datagram_tag 字段。datagram_size 字段填写原始负载报文的总长度。

④ 若需要在 Mesh 网络中路由，Mesh Delivery 字段应该紧随在分片头部之后并在负载报文小分片之前。

对于后继分片：

⑤ 分片头部的 LF 字段设置为 11 或 10，表示中间分片或最后一分片。

⑥ fragment_offset 字段设置为当前报文小分片相对于原负载报文起始字节的偏移，以 8B 为单位。因此每个分片的最大负载报文小分片长度也必须是 8B 边界对齐的，也就是说负载报文小分片的最大长度实际上只有 88 字节。

当一个被分片报文的所有小分片都发送完成后 datagram_tag 加 1，当该值超过 511 后翻转为 0。

2）重组。

当适配层收到一个分片后，根据源 MAC 地址和适配层分片头部的 datagram_tag 字段判断该分片是属于哪个负载报文。对于同一个负载报文的多个分片，适配层使用如下算法进行重组，其重组过程（见图 4-20）如下所示。

① 如果是第一次收到某负载报文的分片，节点记录下该被分片的源 MAC 地址和 datagram_tag 字段以供后继重组使用。需要注意的是，这里的源 MAC 地址应该是适配层分片帧源发地址，若分片帧有 Mesh Delivery 字段的话，源 MAC 地址应该是 Mesh Delivery 字段中的 Originator Address 字段。

② 若已经收到该报文的其他分片，则根据当前分片帧的 fragment_offset 字段进行重组。若发现收到的是一个重复但不重叠的分片，则使用新收到的分片进行替换。若本分片和前后分片有重叠，则认为是发送方出现了错误，所以丢弃当前分片，不再继续接收。

③ 成功收到所有分片后，将所有分片按 offset 进行重组，并将重组好的原始负载报文递交给上层。同时，还需要删除在步骤①中记录的源 MAC 地址和 datagram_tag 字段信息。

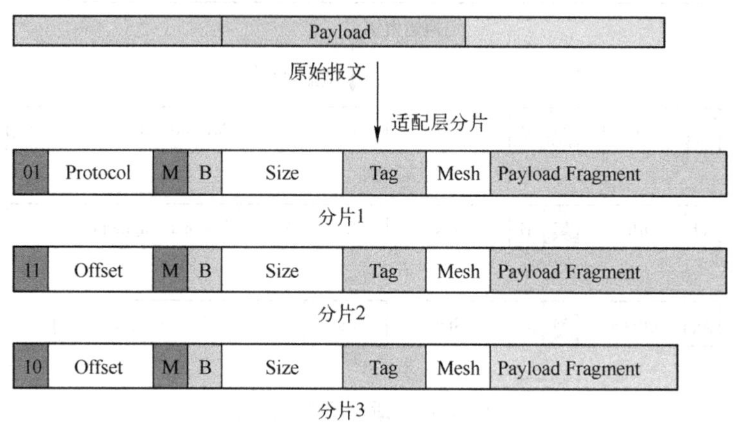


图 4-20 适配层重组过程

重组一个分片的负载报文时需要使用一个重组队列来维护已经收到的分片以及其他一些信息（源 MAC 地址和 datagram_tag 字段）。同时，为了避免长时间等待未到达的分片，节点还应该在收到第一个分片后启动一个重组定时器，重组超时时间为 15s，定时器超时后节点应该删除该重组队列中的所有分片及相关信息。

（4）组播支持

IPv6 组播对 IPv6 协议特别是邻居发现协议有非常重要的作用。此外，WSN 的一些应用也需要 MAC 层的广播功能。然而，IEEE 802.15.4 MAC 层不支持组播，仅提供有限的广播功能，这就需要适配层利用一种新的、称为受控广播泛洪的方式，在整个 6LowPAN 网络中传播 IPv6 组播报文。

1）适配层广播帧。

6LowPAN 使用适配层广播帧来封装 IPv6 组播报文或其他广播负载，格式如下。在适配层广播帧中，适配层头部的 B 字段需要被置为 1，并在适配层头部后添加一个 Broadcast 字段。其中 Broadcast 字段的 S 标志位指出 Source Address 字段使用的是 EUI-64 地址还是 16bit 短地址，Broadcast Radius 字段设置为本网络指定的最大广播跳数，Sequence Number 字段设置为节点当前的广播序号计数值，Source Address 设置为本源节点的 MAC 地址，负载报文将紧随在 Broadcast 字段之后，如图 4-21 所示。

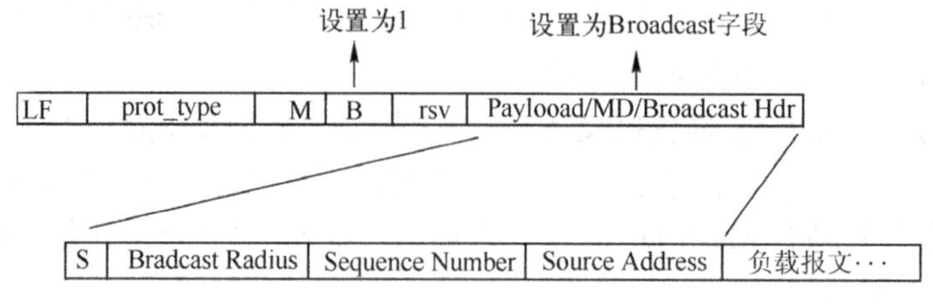


图 4-21 广播帧

2）受控广播泛洪算法。

在介绍受控广播泛洪算法之前，需要先给出 6LowPAN 逻辑节点的概念。运行 IEEE

802.15.4 MAC 协议的无线节点从硬件功能上可以分成全功能节点 FFD(Full Function Device)和部分功能节点 RFD(Reduce Function Device)两类。从逻辑上划分各节点的不同协议行为，在适配层上将节点分为 PAN Coordinator、Common Coordinator 以及 End Device 三类逻辑节点。

- PAN Coordinator：只能是全功能节点（FFD），在硬件上有着较为丰富的资源，可以承担较为复杂的任务，是整个 6LowPAN 网络的根节点。
- Common Coordinator：只能是全功能节点（FFD），同 PAN Coordinator 相似，有着较为丰富的资源，可作为 PAN 内部在 MAC 层上的路由器，为其邻居节点转发数据。
- End Device：可以使用全功能节点（FFD）也可以使用部分功能节点（RFD），但是考虑到 End Device 节点通常不需要太多的计算资源，因此一般采用部分功能节点（RFD）以节电节能。

适配层使用受控的广播泛洪算法来发送适配层广播帧，其算法描述如下。

源发节点或者中继节点转发适配层广播帧时，应该首先检查其适配层邻居缓存，并根据邻居缓存信息处理：

① 若该节点的所有邻居均为 PAN Coordinator 或者 Common Coordinator，且均为该节点的子节点时，直接用 IEEE 802.15.4 MAC 层广播该适配层广播帧。特别是若只有一个 PAN Coordinator 或者 Common Coordinator 的邻居且其为适配层广播帧的入口节点，不断转发适配层广播帧。

② 若该节点的部分邻居为 End Device 或者为该节点的父节点，并且不为适配层广播帧的入口节点时，除了执行①IEEE 802.15.4 MAC 层广播以外，还要通过 IEEE 802.15.4 MAC 层广播向该邻居发送该帧。

③ 若该节点的邻居均为 End Device 或该节点的父节点，并且不为适配层广播帧的入口节点时，只通过 IEEE 802.15.4 MAC 层单播向其每个邻居发送该帧。

3）广播风暴控制。

6LowPAN 使用受控广播泛洪算法可以大大减少需要发送的适配层广播帧数量，但是若使用 Mesh 拓扑时，整个 6LowPAN 网络拓扑中会存在大量环路。在这种存在环路的网络中，中继节点对广播帧的重复转发将会造成严重的广播风暴。为了避免广播风暴，每个节点需要记录已经转发过的适配层广播帧。具体做法是在节点维护一张广播记录表（BRT），每张广播记录表中有若干个广播记录项（BRE），每个广播记录项至少有 Source Address、Sequence Number 和 Broadcast Valid Time（广播有效时间，BVT）三个字段。

当节点收到一个适配层广播帧后，首先检查 Broadcast 字段中的 Source Address，若是本地节点地址，直接丢弃；若不是本地节点，则根据 Broadcast 字段中的 Source Address 和 Sequence Number 来检查本节点维护的 BRT，具体如下：

若在 BRT 中找到匹配并且 BVT 不为 0 的 BRE，则认为该帧已经被本地节点收到或者转发过，丢弃该广播帧。

若没有找到，则认为是第一次收到该广播帧。节点需要为其新建一个 BRE（源发节点发送适配层广播帧时不需要在 BRT 中添加一个新的 BRE），并根据 Broadcast 字段初始化 BRE 的 Source Address 和 Sequence Number 两个字段，BVT 设置为本网络指定的广播有效时间值。同时，将 Broadcast 字段中的 Broadcast Radius 减 1，若该值减到 0 则停止转发，否则使用受控广播泛洪算法继续转发该广播帧。最后，将新收到的适配层广播帧递交给上层。特别是，对于 End Device，可以选择不对收到的广播帧进行转发。

每个 BRE 中有一个 BVT 字段，该值表示一个适配层广播帧在网络中传播的有效时间。协议栈定时减小该值，若该值减小到 0，则认为适配层广播帧已经过期并删除对应的 BRE。若此后再收到 Source Address 和 Sequence Number 均相同的广播帧，节点将不再认为是重复的适配层广播帧，仍然需要为其新建 BRE 并进行比较。

### 4.2.5 中间件技术

**1．中间件定义及其发展历史**

中间件是一类连接软件组件和应用的计算机软件，它包括一组服务，以便运行在一台或多台机器上的多个软件通过网络进行交互。也有人将中间件定义为分布式系统中位于操作系统和应用软件间的软件层。尽管对中间件的定义有多种，但各类定义对中间件内涵的描述是一致的，即“连接”二字。概括起来，中间件是位于不同软件之间的，能够在各类软件间起到连接作用的软件组件，这里描述的软件既包括操作系统，也包括应用程序及其他可复用的软件模块。中间件技术所提供的互操作性，推动了分布式体系架构的演进。

中间件通常用于支持分布式应用程序，并简化其复杂度。对于应用软件开发，中间件远比操作系统和网络服务更为重要。中间件提供的程序接口定义了一个相对稳定的高层应用环境，不管底层的计算机硬件和系统软件怎样更新换代，只要将中间件升级更新，并保持中间件对外的接口定义不变，应用软件就几乎不需任何修改，从而保护了企业在应用软件开发和维护中的投资。

最早具有中间件技术思想及功能的软件是 IBM 公司的 CICS。第一个严格意义上的中间件产品是贝尔实验室开发的 Tuxedo，Tuxedo 在很长一段时期内只是实验室产品，后来被 Novell 收购，在经过 Novell 并不成功的商业推广之后被 BEA 公司收购。IBM 的中间件 MQSeries 也是 20 世纪 90 年代的产品，其他许多中间件产品也都是最近几年才成熟起来的。

现代中间件技术已经不局限于应用服务器、数据库服务器。围绕中间件，Apache 组织、IBM 公司、Oracle（BEA）公司、微软公司各自研发出了较为完整的软件产品体系。中间件技术创建在对应用软件部分常用功能的抽象上，将常用且重要的过程调用、分布式组件、消息队列、事务、安全、连结器、商业流程、网络并发、HTTP 服务器、Web Service 等功能集于一身或者分别在不同品牌的不同产品中分别完成。

商业中间件及信息化市场主要存在微软阵营、Java 阵营、开源阵营。阵营的区分主要体现在对下层操作系统的选择以及对上层组件标准的制定。目前主流商业操作系统主要来自 UNIX、苹果公司和 Linux 的系统以及微软视窗系列。微软阵营的主要技术提供商来自微软公司和其商业伙伴，Java 阵营则来自 IBM 公司、Sun 公司、Oracle 公司、BEA 公司（已被 Oracle 公司收购）及其合作伙伴，开源阵营则主要来自诸如 Apache 公司、SourceForge 等组织的共享代码。

**2．中间件技术的特点**

一般来说，中间件具有以下特点。

（1）满足大量应用的需要

中间件通过 API 等方式向应用开发者提供通用功能调用模块，中间件所提供的功能大多是与应用无关的，或者是从多种应用中抽象出来的通用功能，所以中间件通常可以满足不同种类、大量应用的需求。

（2）运行于多种硬件和OS平台

现代的中间件系统几乎都采用了跨平台设计。例如，采用虚拟机等技术手段实现对多种硬件平台及操作系统平台的兼容。大量商用中间件系统采用 Java 语言编写，Java 语言本身是一种跨平台的编程语言，用其编写的中间件软件系统能够轻易地实现一处编译、多处运行。中间件能够屏蔽掉硬件和操作系统的异构性，解决应用在异构环境下的运行和通信问题。

（3）支持分布式计算

中间件提供客户机和服务器之间的连接服务，针对不同的操作系统和硬件平台，它们可以有符合接口和协议规范的多种实现。中间件是一种独立的系统软件或服务程序，分布式应用软件借助这种软件在不同的技术之间共享资源。中间件软件管理着客户端程序和数据库或者早期应用软件之间的通信。中间件在分布式的客户和服务之间扮演着承上启下的角色，如事务管理、负载均衡以及基于 Web 的计算等。

（4）支持标准的协议与接口

成熟的商用中间件系统都遵循标准化的通信协议与访问接口，如 HTTP、XML、SOAP（简单对象访问协议）、WSDL 等，这使得基于中间件的应用之间能够互联互通。大部分 ESB（企业服务总线）中间件还能够进行各类通信、编码协议间进行自动转换适配，从而将采用不同技术体系的应用整合起来，实现异构技术体系的融合。

**3．中间件技术的分类**

中间件包括的范围十分广泛，针对不同的应用需求涌现出多种各具特色的中间件产品。在不同的角度或不同的层次上，对中间件的分类也会有所不同。基于目的和实现机制的不同，中间件主要分为远程过程调用中间件（Remote Procedure Call）、面向消息的中间件（Message-Oriented Middleware）和对象请求代理中间件（Object Request Brokers）等3类。

（1）远程过程调用中间件

远程过程调用（RPC）是指由本地系统上的进程激活远程系统上的进程。处理远程过程调用的进程有两个，一个是本地客户进程，一个是远程服务器进程。对本地进程控制本地客户进程生成一个消息，并通过网络发往远程服务器。网络信息中包括过程调用所需要的参数，远程服务器接收到消息后调用相应过程，然后将结果通过网络发回客户进程，再由客户进程将结果返回给调用进程。因此，远程系统调用对调用者表现为本地过程调用，但实际上是调用了远程系统上的过程。

由于 RPC 一般用于应用程序之间的通信，而且采用的是同步通信方式，因此比较适合于不要求异步通信方式的小型、简单的应用系统。而对于一些大型的应用，往往需要考虑网络或者系统故障，处理并发操作、缓冲、流量控制以及进程同步等一系列复杂问题，这种方式就很难发挥其优势。

（2）面向消息的中间件

面向消息的中间件是指利用高效可靠的消息传递机制进行平台无关的数据交流，并基于数据通信进行分布式系统的集成。通过提供消息传递和消息排队模型，它可以在分布环境下扩展进程间的通信，并支持多通信协议、语言、应用程序、硬件和软件平台。

越来越多的分布式应用采用消息中间件来构建。消息中间件的优点在于能够在客户和服务器之间提供同步和异步的连接，并且在任何时刻都可以将消息进行传输或者存储转发，这也是它比远程过程调用更进一步的原因。另外，消息中间件不会占用大量的网络带宽，可以跟踪事务，并且通过将事务存储到磁盘上实现网络故障时的系统恢复。但是与远程过程调用相比，消息中间件不支持程序控制的传递。

目前常见的基于消息的中间件有：Apache ActiveMQ、IBM 公司的 MQSeries、Oracle 公司的 MessageQ 等。

（3）对象请求代理中间件

对象请求代理可以看做与编程语言无关的面向对象的 RPC 应用。从管理和封装的模式上看，对象请求代理和远过程调用有些类似，不过对象请求代理可以包含比远过程调用和消息中间件更复杂的信息，并且可以适用于非结构化或者非关系型的数据。

公共对象请求代理体系结构（Common Object Request Broker Architecture，CORBA）是由 OMG 组织制订的一种面向对象应用程序标准体系。对象请求代理（Object Request Broker，ORB）是这个模型的核心组件，它的作用在于提供一个通信框架，透明地在异构分布式计算环境中传递对象请求。CORBA 规范包括了 ORB 的所有标准接口。1991 年推出的 CORBA 1.1 定义了接口描述语言 OMG IDL 和支持 Client/Server 对象在具体的 ORB 上进行互操作的 API。CORBA 2.0 规范描述的是不同厂商提供的 ORB 之间的互操作。

CORBA 定义了一种面向对象的软件构件构造方法，使不同的应用可以共享由此构造出来的软件构件，每个对象都将其内部操作细节封装起来，同时又向外界提供了精确定义的接口，从而降低了应用系统的复杂性，也降低了软件的开发费用。CORBA 的平台无关性实现了对象的跨平台应用，开发人员可以在更大的范围内选择最实用的对象加入到自己的应用系统之中。CORBA 的语言无关性使开发人员可以在更大的范围内，相互利用编程技能和成果，是实现软件复用的实用化工具。

**4. 中间件与物联网**

物联网感知互动层主要由各类集成传感器、执行器和通信模块的终端设备、物联网网关设备等组成，通常以嵌入式系统的形式存在。

感知互动层的特点之一是设备软硬件异构性非常强。首先，不同应用对硬件资源的需求不同，使得设备所采用的 CPU、存储器差别很大，这就造成了软件层面所使用的技术方案多种多样，软件一致性很差，为一种平台开发的应用很难被移植到其他平台上去，软件开发工作中，由于存在大量重复劳动使得开发效率低下、软件通用性和可维护性差；其次，不同应用采用的通信协议不同，为设备间信息交互带来较大障碍，物联网应用除了要兼容各种硬件异构性，还要兼容信息通信层面的异构性，开发难度大大增加。

除了传统的嵌入式操作系统外，嵌入式中间件在这一层面将起到重要的作用。使用嵌入式中间件技术，屏蔽硬件平台、操作系统平台、通信协议的异构性，为感知互动层的物联网应用提供统一的开发、运行环境，降低应用开发难度，加快开发速度，同时也避免了因为应用重复开发而造成的资源浪费。

下面介绍两种物联网感知互动层相关的中间件系统。

（1）RFID 中间件

在目前的 RFID 应用中，从前端数据的采集，到与后端业务系统的连接，大多是采用定制化软件开发的方式。一旦前端标签种类增加，或是后端业务系统有所变化，都需要重新编写程序，开发效率低、维护成本高等问题非常突出。

RFID 中间件是 RFID 标签和应用程序之间的中介，应用程序端使用中间件所提供的一组通用的应用程序接口连接到 RFID 读写器，读取 RFID 标签的数据。这样一来，即使存储 RFID 标签情报的数据库软件或后端应用程序发生变化，或者读写 RFID 读写器种类增加或发生变化等情况发生时，应用端也不需作修改，解决了多对多连接的维护复杂性问题。

RFID 中间件可以从架构上分为两种：以应用程序为中心和以架构为中心。

- 以应用程序为中心：以应用程序为中心的设计概念是通过 RFID 读写器厂商提供的 API，直接编写特定读写器读取数据的适配器，并传输至后端系统的应用程序或数据库，实现与后端系统或服务连接的目的。
- 以架构为中心：随着企业应用系统的复杂度增高，企业无法为每个应用编写适配器，同时面对对象标准化等问题，企业可以考虑采用厂商所提供标准规格的 RFID 中间件。以架构为中心的 RFID 中间件，不但已经具备基本数据搜集、过滤等功能，同时也满足企业多对多的连接需求，并具备平台的管理与维护功能。

（2）OSGi

OSGi（Open Service Gateway initiative）是 OSGi Alliance 提出的基于 Java 语言的服务（业务）规范。OSGi 最初的主要目的在于使服务提供商通过住宅网关，为各种家庭智能设备提供各种服务。目前该平台逐渐成为一个为室内、交通工具、移动电话和其他环境下的所有类型的网络设备的应用程序和服务进行传递和远程管理的开放式服务平台。

该规范的核心部分是一个框架，其中定义了应用程序的生命周期模式和服务注册。基于这个框架定义了大量的 OSGi 服务：日志、配置管理、偏好、HTTP（运行 servlet）、XML 分析、设备访问、软件包管理、许可管理、星级、用户管理、I/O 连接、连线管理、JINI 和 UPnP。

OSGi 实现了一个优雅、完整和动态的组件模型。应用程序（称为 Bundle）无需重新引导就可被远程安装、启动、升级和卸载（其中 Java 包 / 类的管理被详细定义）。API 中还定义了运行远程下载管理政策的生命周期管理。服务注册允许 Bundle 去检测新服务和取消的服务，然后作出相应配合。

OSGi 的初衷就是为嵌入式系统提供统一的服务支撑平台。嵌入式 OSGi 架构已经在宝马汽车等设备上获得了成功应用。相信 OSGi 这种灵活的技术体系能够在物联网感知互动层获得更多的应用。

当然，除了感知互动层，中间件技术在物联网体系架构中的网络传输层和应用服务层也有着十分广泛和重要的应用。

网络传输层主要涉及各类网络接入技术、核心网络传输技术等，如 2G/3G 技术、传统数据通信技术等。这一层面的技术已经有几十年的发展与应用，相对来讲已经非常成熟了。对于物联网应用系统而言，网络传输层主要扮演网络接入与承载的角色。这一层面对中间件的使用主要是在电信运营商内部。

应用服务层承载了物联网的各类应用，是物联网的核心层次。传统的企业应用构建技术、互联网技术在应用服务层会得到大量应用，如中间件技术、Web2.0 相关技术等。在中间件层面，EAI、SOA、ESB/MQ、SaaS 等技术理念及原有面向互联网应用的基于模型—视图—控制器（Model-View-Controller，MVC）三层架构的应用服务器中间件仍将扮演重要的角色。

此外，由于物联网应用系统的规模比传统信息化系统要大得多，且系统所集成的各类设备、软件种类也比传统信息化系统要多，系统的异构性更强，这给物联网应用构建带来了更大的挑战，同时对中间件技术也提出了更高的要求。相信这将促使中间件技术的进一步革新与演进。

### 4.2.6 网关技术

物联网连接的感知信息系统具有很强的异构性，即不同的系统可以采用不同的信息定义结构、不同的操作系统和不同的信息传输机制。为了实现异构信息之间的互联互通与互操作，未来的物联网不仅需要以一个开放的、分层的、可扩展的网络体系结构为框架，实现异种异构网络能够与网络传输层实现无缝连接，并提供相应的服务质量保证，同时要实现多种设备异构网络接入，这些设备即物联网网关。

在感知互动层中的感知设备，需要通过物联网网关与网络传输层中的设备相连。移动通信网、互联网、行业和应急专网等都是物联网的重要组成部分，这些网络通过物联网的节点、网关等核心设备进行协同工作，并承载着各种物联网的服务。这些设备是物联网的硬件支撑，通过集成各种计算与处理算法，完成异种异构网络的互联互通。因此，物联网网关是连接感知互动层和网络传输层的关键设备，是开展物联网研究和工程化开发的主要内容之一。

物联网网关必须考虑以下的问题。

（1）对感知设备移动性的支持

随着物联网技术的发展，感知互动层节点的移动性需求越来越强。在物联网中，移动可以分为两种形式：节点移动性，单个节点发生移动，并且变换网络的接入位置；网络移动性，若干节点组成的局部网络整体发生移动，并且变换网络的接入位置。因此网关必须能够支持以上两种不同的移动方式，保证感知互动层或其节点在移动过程中的正常路由寻址和不间断通信。

（2）服务发现

感知互动层中包含不同类型的感知设备，因而需要网关支持服务发现的功能。服务发现主要用于解决设备间的相互发现及网络服务的自动获取，对于可靠性相对较低的感知互动层而言，服务的自动发现至关重要，但由此带来的通信开销和请求时延也相当显著。因此，物联网网关需要研究低功耗、低时延服务发现机制。

（3）感知互动层与网络传输层 IPv6/IPv4 的报文转换

网关的逐层协议转换是网关的一个基本功能，需要解决以下关键技术：IPv6/IPv4 网络与感知互动层网络中数据包头部网络地址转换以及压缩机制；在不同网络中以及不同结构层次间的网络服务发现机制；感知互动层中不同功能节点与 IPv6/IPv4 网络无缝结合的通信机制；IPv6/IPv4 网络中基于连接的 TCP 与感知互动层间的互通机制。

（4）IPSec 与感知互动层安全协议转换

物联网的信息安全是保障整个网络安全的一个重要方面。网关需要对感知互动层以及网络传输层的 IPv6/IPv4 网络的信息机密性和完整性提供支持。信息安全可以通过 OSI 体系中的应用层、传输层、网络层以及数据链路层来实现，具体实现时需要满足感知互动层多项限制因素，如轻量级代码、低功耗、低复杂度以及带宽限制要求等。

（5）远程维护管理

在很多场合中，物联网的感知互动层节点及其网关部署在环境恶劣的地点，而且节点和网关的数量众多，因而人员现场维护的难度极大，因此网关必须支持远程维护方法。此外，为了感知互动层节点的管理效率，减轻感知互动层网络维护人员的负担，还需要提供基于网关的感知互动层异常情况自动检测及修复机制。通过 IPSec 与感知互动层安全协议的对应转换，实现网络整体的安全保障；实现网关支持的远程维护管理技术。

（6）IPv6/IPv4 自适应封装技术

在物联网这个异构互联的系统中，要实现底层设备与互联网相连，需要实现 IPv6/IPv4 自适应封装技术。在感知互动层中，节点使用自身的 ID 组网是常见的方式，这些 ID 可以是压缩的 IPv6/IPv4 地址，也可以是其他标识符，因而网关首先需要包含一种地址翻译机制，自动实现传感器节点标识符到互联网中 IPv6/IPv4 地址的映射。

此外，传感器网络的报文分组小而且多，如果对每个感知互动层报文都单独封装成为一个独立的互联网报文，必将带来极大的资源浪费。因而网关上还需要报文分段和重组机制，能够根据报文类别及序列号等信息，将多个感知互动层的小报文打包构成一个较大的互联网报文，在报文传输实时性的基础上，有效节省网络资源。

## 4.3 应用服务技术

应用和服务是推动物联网不断发展的重要驱动力，应用和服务强调如何更好地处理、加工和利用物联网系统中的各种信息数据。本节从海量信息多粒度分布式存储、海量数据挖掘与知识发现、海量数据并行处理、云计算和服务支撑等几个方面介绍物联网在应用服务层的关键技术。

### 4.3.1 海量信息多粒度分布式存储

如今的互联网已经是一个以数据为中心的网络，而物联网的应用服务需要建立在真实世界的数据采集之上，产生的数据量会比互联网的数据量大几个量级，这使海量信息的多粒度存储、数据挖掘、知识发现、并行处理技术显得尤为重要。

一方面，物联网海量的数据信息，再汇聚到应用业务平台后，需要对数据进行存储管理，以便为以后的应用服务提供更好的原始数据。另一方面，面对如此广泛的数据，需要根据物联网相关应用的特点，对原始数据进行相应的数学建模、数据挖掘，以得到所需要的信息。

**1．传统信息存储技术**

传统的海量数据存储基本依靠大型磁盘阵列，磁盘阵列的实现原理主要是多个硬盘接受一个硬盘控制器的控制，相互连接，由硬盘控制器发送命令进行多个硬盘的读写同步，其中最著名的是独立冗余磁盘阵列（Redundant Arrays of Independent Disks，RAID）技术。

RAID 技术诞生于 1987 年，由美国加州大学伯克利分校提出。它利用数组方式来作磁盘组，配合数据分散排列的设计，提升数据的安全性。简单来说，就是利用 RAID Controller（可以由硬件实现，也可以由软件实现）将 $N$ 块硬盘组成的磁盘组虚拟成为单台大容量的硬盘，利用个别磁盘提供数据所产生的加成效果来提升整个磁盘系统的效能。同时，在储存数据时，利用这项技术，将数据切割成许多区段，分别存放在各个硬盘上。

RAID 技术无论在存储系统上的使用，或者是服务器内置的存储之上的使用，都有提高传输速率和提供容错功能两大显著优点。

与 CPU 和内存（Random Access Memory，RAM）相比，硬盘的读写速度是计算机设备中最弱的（主要原因是硬盘读写寻道带来的时延）。RAID 通过同时使用多个磁盘，提高了传输速率。RAID 主要通过利用磁盘组中的多个磁盘同时进行存储和读取数据，极大提升了存储系统的数据吞吐量（Throughput）。

假设原先单个硬盘的数据吞吐量为 $x$，如果有 $M$ 大小（$M$ 小于单个硬盘的存储容量最大值，不考虑单个硬盘无法存入现象）的数据需要存储，则所需要的时间为 $M/x$。如果使用 $N$ 个硬盘进行 RAID，在 CPU 计算资源足够的情况下，$N$ 个硬盘的 RAID 存储数据吞吐量将接近 $x*N$（RAID 可以让很多磁盘驱动器同时传输数据，而这些磁盘驱动器在逻辑上又是一个磁盘驱动器），存储 $M$ 大小的数据资源，所需要的时间为 $M/x*N$。所以使用 RAID 可以达到单个磁盘驱动器几倍、几十倍甚至上百倍的速率。

RAID 技术可以提供容错功能，RAID 容错是建立在每个磁盘驱动器的硬件容错功能之上的，所以它提供了更高的安全性。在很多 RAID 模式中，都有较为完备的相互校验/恢复的措施，甚至是直接相互的镜像备份，从而大大提高了 RAID 系统的容错度，提高了系统的稳定冗余性。

根据美国加州大学伯克利分校在最初提出的 RAID 技术的文章《A Case for Redundant Arrays of Inexpensive Disks》中定义了 RAID 的 5 个级别，每一个级别代表了一种技术。需要注意的是，级别的高低与技术的高低是无关的，Level 5 并不高于 Level 1，Level 1 也不低过其他级别，至于需要使用哪种级别的 RAID 技术，应当根据 RAID 技术的使用环境及应用需求而定。RAID 技术发展到今天，已经扩充到了十几个等级，目前常用的还是 5 到 6 种。

（1）RAID0：无差错控制的带区组

RAID0 的实现是基于两个或两个以上的硬盘驱动器。RAID0 实现了带区组，待存储的数据并不是保存在一个硬盘上，而是分成数据块保存在不同硬盘驱动器上。因为将数据分布在不同驱动器上，所以数据吞吐率大大提高，驱动器的负载也比较平衡。它的缺点是没有数据差错控制，如果一个驱动器中的数据发生错误，最终存储结果将出现错误，对数据的稳定性保证较差。在所有的级别中，由于 RAID0 没有做数据的冗余，所以相对应的访问速度是最快的，但是如果一个磁盘（物理）损坏，则所有的数据都无法使用。

（2）RAID1：镜像结构

如同 RAID0 技术一样，RAID1 的实现也是基于两个或者两个以上的硬盘驱动器，RAID1 的 RAID Controller 能够同时对每个硬盘以及硬盘对应的镜像盘进行读写操作。因为是镜像结构，在一组盘出现问题时，可以使用镜像，提高了系统的容错能力。当主硬盘损坏时，镜像硬盘就可以代替主硬盘工作。

镜像硬盘相当于一个备份盘，RAID1 的数据安全性在所有的 RAID 级别上来说是最好的。也正是因为 RAID1 的校验十分完备，会占用系统很大的计算资源，而且通常的 RAID 功能由软件实现，这样的实现方法在服务器负载比较重的时候会大大影响服务器效率。RAID1 的利用率只有 50%，远低于 RAID 其他级别的利用率。

（3）RAID2：带汉明码校验

RAID2 技术实现与 RAID3 较为类似，区别是 RAID2 使用一定的编码技术来提供错误检查及恢复。汉明码利用了奇偶校验位的概念，通过在数据位后面增加一些比特，可以验证数据的有效性。利用一个以上校验位，汉明码不仅可以验证数据是否有效，还能在数据出错的情况下指明错误位置。这种编码技术需要多个磁盘存放检查及恢复信息，使得 RAID2 技术的实施更复杂。因此，在商业环境中很少使用。

（4）RAID3：带奇偶校验码的并行传输

RAID3 的奇偶校验码不同于汉明码，它只能查错而不能纠错。在访问数据时一次处理一个带区，校验码在写入数据时产生并保存在另一个磁盘上。RAID3 的实现必须要有 4 个或者 4 个以上的硬盘驱动器，RAID3 读写操作时，能对多块硬盘并行操作，所以写入速率与读出速率都很高。利用单独的校验盘来保护数据虽然没有镜像的安全性高，但是硬盘利用率得到了很大的提高。在有 *N* 块硬盘的情况下为 *N*-1。

图 4-22 给出了 RAID1 和 RAID3 的区别。

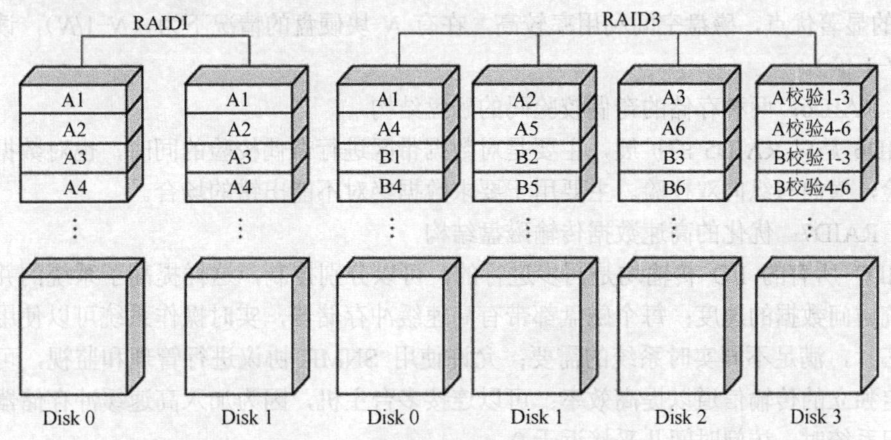


图 4-22　RAID1 和 RAID3 的区别

（5）RAID4：带奇偶校验码的独立磁盘结构

RAID4 技术的实现与 RAID3 较为类似，只是对数据的访问是按磁盘（数据块）进行的。RAID3 是一次处理一个带区，从图 4-22 上看是处理了一个横条，而 RAID4 一次处理一个竖条。RAID4 访问数据的效率相对较差。

（6）RAID5：分布式奇偶校验的独立磁盘结构

RAID5 是商业用途中比较常用的 RAID 技术，如图 4-23 所示。

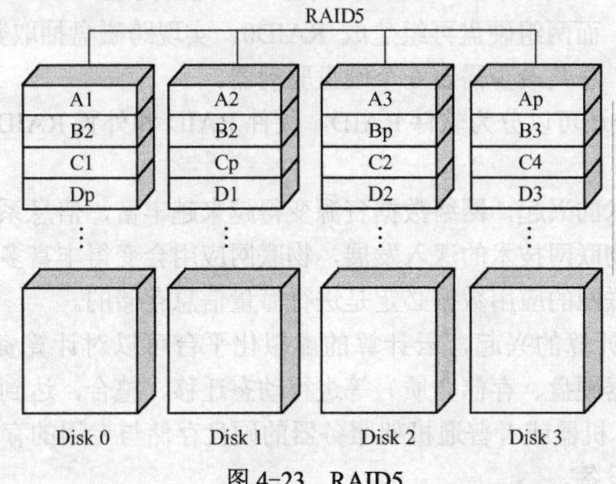


图 4-23　RAID5

RAID5 也采用奇偶校验码，它的奇偶校验码存在于所有磁盘上，其中的 Ap 代表第 0 带区的奇偶校验值，其他的类似。RAID5 的读出效率很高，写入效率一般，块式的集体访问效率不错。因为奇偶校验码在不同的磁盘上，所以提高了可靠性，允许单个磁盘出错。

RAID5 也是以数据的校验位来保证数据的安全，但它不是以单独硬盘来存放数据的校验位，而是将数据段的校验位交互存放于各个硬盘上。这样，任何一个硬盘损坏，都可以根据其他硬盘上的校验位来重建损坏的数据。

RAID3 与 RAID5 相比，重要的区别在于 RAID3 每进行一次数据操作，需涉及所有的阵列盘。而对于 RAID5 来说，大部分数据传输只对一块磁盘操作，可进行并行操作。在 RAID5 中有“写损失”，即每一次写操作，将产生 4 个实际的读/写操作，其中两次读操作为读旧的数据及读奇偶信息，两次写操作为写新的数据及写奇偶信息。提供了数据冗余性是 RAID5 的显著优点，磁盘空间利用率较高，在有 *N* 块硬盘的情况下为（*N*−1/*N*），读写速度较快（*N*−1 倍）。

（7）RAID6：两种存储的奇偶校验码的磁盘结构

RAID6 是对 RAID5 的扩展，主要是对数据带区进行奇偶校验的同时，也对数据库进行奇偶校验，横向与纵向双校验。主要用于要求数据绝对不能出错的场合。

（8）RAID7：优化的高速数据传输磁盘结构

RAID7 所有的 I/O 传输均是同步进行的，可以分别控制，这样提高了系统的并行性，以及系统访问数据的速度；每个磁盘都带有高速缓冲存储器，实时操作系统可以使用任何实时操作芯片，满足不同实时系统的需要；允许使用 SNMP 协议进行管理和监视，可以对校验区指定独立的传输信道以提高效率；可以连接多台主机，因为加入高速缓冲存储器，当多用户访问系统时，访问时间几乎接近于 0。

由于采用并行结构，因此数据访问效率大大提高。需要注意的是，RAIDT 引入了一个高速缓冲存储器，这有利有弊，因为一旦系统断电，在高速缓冲存储器内的数据就会全部丢失，因此需要和 UPS 一起工作。

（9）RAID10：高可靠性与高效磁盘结构

RAID10 技术主要使用一个带区结构加上一个镜像结构。

（10）RAID 50：分布奇偶位阵列条带

RAID50 具有 RAID5 和 RAID0 的共同特性。首先由两组 RAID5 磁盘组成，每一组都使用了分布式奇偶位，而两组硬盘再组建成 RAID0，实现跨磁盘抽取数据。RAID 50 每组至少 3 个硬盘驱动器，总共最少需要 6 个硬盘驱动器。

RAID 按实现种类还可以分为软件 RAID、硬件 RAID 和外置 RAID。

**2．新兴存储技术**

随着 Web2.0 技术的兴起，网络数据资源变得越来越丰富，信息系统的容量也呈指数级增长，可以想象随着物联网技术的深入发展，物联网应用会变得丰富多彩，物联网的分布式应用的发展，使得物联网的应用数据必定是进行海量信息存储的。

最近几年由于云计算的兴起，云计算的虚拟化平台可以对计算资源（CPU）、网络资源、存储资源（服务器硬盘、存储介质）等进行动态迁移、整合，达到资源利用的最大化，云存储更多使用 X86 机器或者普通机架服务器的硬盘存储与专用的存储设备之间的结合，而非单一专用的存储设备。

云存储是将云计算的概念进行了延伸，是指通过集群应用、网格技术或分布式文件系统等功能，将网络中大量的各种不同类型的存储设备通过应用软件集合起来协同工作，共同对外提供数据存储和业务访问功能的一个系统。

如同云状的广域网和互联网一样，云存储对使用者来讲，不是指某一个具体的设备，而是指一个由许许多多个存储设备和服务器所构成的集合体。使用者使用云存储，并不是使用某一个存储设备，而是使用整个云存储系统带来的一种数据访问服务。所以严格来讲，云存储不是存储，而是一种服务。

云存储的结构模型也分为 4 个：存储层、基础管理层、应用接口层以及访问层。

**3．分布式数据库技术**

从目前分布式系统的发展来看，应用数据的存储离不开数据存储技术，数据存储的经典理论基石是由 Eric Brewer 教授提出的 CAP 理论。图 4-24 为 CAP 理论模型。

- C: Consistency，一致性。
- A: Availability，可用性（指的是快速获取数据）。
- P: Tolerance of Network Partition，分区容忍性（分布式）。

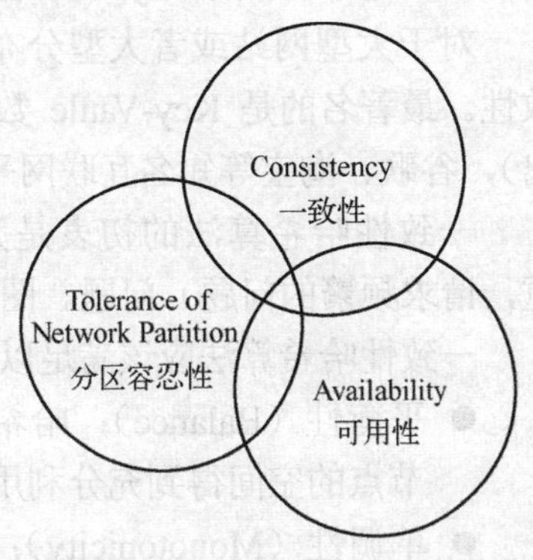


图 4-24　CAP 理论模型

CAP 理论的基本原理是，一个分布式系统中的存储系统不可能满足一致性、可用性和分区容错性这 3 个需求，最大集时可以同时满足两个。如果分布式系统对于一致性要求较高，那么该分布式系统在使用时可能出现不可用导致写操作失败的情况；如果分布式系统对于可用性要求较高的，那么该分布式系统在使用时读操作可能不能精确读取到写操作输入的最新值。CAP 理论的使用，使我们能更好地理解分布式系统的设计取决于系统需求的理念，所以系统需求的正确理解是一个分布式系统乃至整个系统设计成功的充分条件。

传统的关系型数据库是满足 CA 因素的数据存储，而大型分布式系统、网站中使用的键值（Key-Value）数据库追求满足 AP。一致性是指数据一致性，值得注意的是，传统的关系型数据库满足的是强一致性，即分布的不同节点读写数据，都是某条数据记录的最新状态。而大型网站、分布式系统往往对一些实时性要求不强的数据，实现数据的最终一致性。

如数据记录 M，有 3 个可以对 M 进行读写操作的节点 A、B、C，如果 A 对 M 进行了修改，B、C 在读取数据的时候必须读到 M 的最新状态是强一致性。如果 A 对 M 进行了修改，B、C 在读取数据的时候可以在一定的时延内（比如 10s 内）读取的不是 M 的最新状态，但是经过一定的时间后，B、C 再读取 M 时，读到的是 M 的最新状态，这就是数据的最终一致性。

（1）追求 CA 的关系型数据库

数据存储是将应用数据抽象成实体关系模型（Entity-Relationship Model，E-R Model）。通过 E-R 模型在关系型数据库中建立相应的数据库、表，对应用数据记录进行存储。当前主流的关系型数据库有 Oracle、Microsoft SQL Server、Microsoft Access、MySQL 等。

Oracle 关系型数据库是全世界首个基于 SQL 语言的数据库，也是最成功的关系型数据库软件之一，Oracle 公司提供了强大的技术支持，对于一些数据库系统设计的关键技术如索引等，Oracle 数据库提供了很多支持。1977 年，Lawrence J.Ellison 与同事一起成立了 Oracle 公司，他们的成功强力反击了关系数据库无法成功商业化的说法。

MySQL 是一个小型关系型数据库，开发者为瑞典 MySQLAB 公司，在 2008 年 1 月 16 日被 Sun 公司收购，现在连同 Sun 公司被 Oracle 公司收购。MySQL 被广泛地应用在 Internet 上的中小型网站中。由于其体积小、速度快、总体拥有成本低，尤其是开源这一特点，被许多中小型网站选作网站数据库。

SQL Server 是 Microsoft 公司推出的商用关系型数据库，其运行环境必须是 Microsoft 公司的 Win 平台系统。SQL Server 有 2000、2005 和 2008 等版本。

（2）追求 AP 的 Key-Value 数据库

对于大型网站或者大型分布式系统而言，可用性与分区容忍性的优先级要优于数据一致性。最著名的是 Key-Vaule 数据库，基于一致性哈希思想（由麻省理工学院在 1997 年提出），谷歌、淘宝等知名互联网平台服务公司均采用这样的技术。

一致性哈希算法的初衷是为了解决互联网中的热点（指分布式系统中，出现负载过重，请求频繁的问题）问题。图 4-25 显示了一致性哈希的思想。

一致性哈希算法应该满足以下 4 个必要条件。

- 平衡性（Balance）：哈希的最终结果能够平均地分布到所有的存储节点中去，使得节点的空间得到充分利用。
- 单调性（Monotonicity）：在一个既有的分布式系统中，添加一个新的存储节点，哈希算法的结果保证原有的已存储内容可以映射到新的节点中去，而不是映射到已有节点中未使用的存储空间。简单的线性哈希算法不能满足单调性的要求。
- 分散性（Spread）：在分布式系统的终端用户对数据进行存储的时候，有可能看不到所有的存储节点，只能看到其中的一部分。此时，不同的终端用户操作的存储节点的范围可能不相同，从而导致了存储结果的不一致，最终的结果是相同的内容被不同的终端用户映射到不同的存储节点。分散性代表了此种现象发生的程度，哈希算法的优劣取决于分散性的高低。

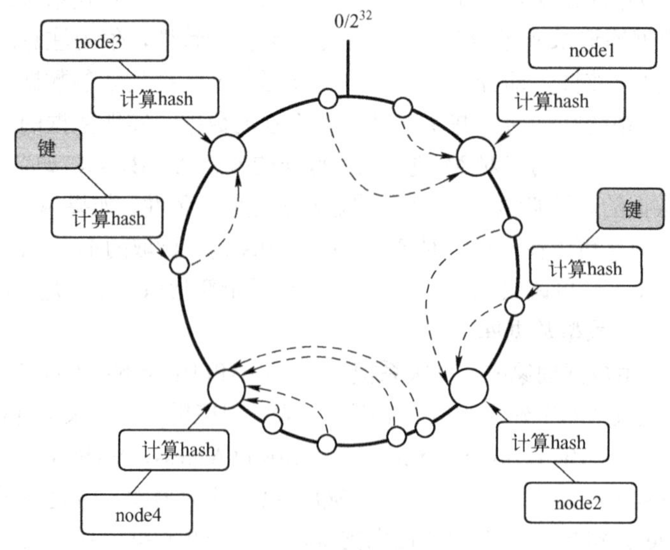


图 4-25　一致性哈希

- 负载（Load）：负载的问题实际上是分散性的另一个角度，不同的终端用户可能将相同的内容映射到不同的存储节点，同一存储节点也可能被不同的终端用户映射不同的内容。同理，好的哈希算法应该尽可能降低存储节点的负载。

一致性哈希中通过一系列路由算法来进行存储节点内容的操作，有关数据操作（读操作、写操作以及维护信息）的步骤如下。

- 在将内容映射到存储节点时，使用内容的关键字和存储节点的 ID 进行一致性哈希运算并获得键值。一致性哈希要求键值和存储节点 ID 处于同一值域。最简单的键值和存储 ID 可以是一维的，比如，从 0000 到 9999 的整数集合。
- 根据键值存储内容时，内容将被存储到具有与其键值最接近的 ID 的存储节点上。例如键值为 1001 的内容，系统中有 ID 为 1000、1010、1100 的存储节点，该内容将被映射到 ID 为 1000 存储节点。
- 每个存储节点存储其上行存储节点（ID 值大于自身的节点中最小的）和下行存储节点（ID 值小于自身的节点中最大的）的位置信息（IP 地址）。当存储节点需要查找内容时，就可以根据内容的键值决定向上行或下行存储节点发起查询请求。收到查询请求的存储节点如果发现自己拥有被请求的目标，可以直接向发起查询请求的存储节点返回确认；如果发现不属于自身的范围，可以转发请求到自己的上行/下行存储节点。
- 存储节点加入/退出系统时，相邻的存储节点必须及时更新路由信息。这就要求存储节点不仅存储直接相连的下行存储节点位置信息，还要知道一定深度（*n* 跳）的间接下行存储节点位置信息，并且动态地维护存储节点列表。当存储节点退出系统时，它的上行存储节点将尝试直接连接到最近的下行存储节点。连接成功后，从新的存储下行节点获得存储下行节点列表并更新自身的存储节点列表。同样，当新的存储节点加入到系统中时，首先根据自身的 ID 找到下行存储节点并获得下行存储节点列表，然后要求上行存储节点修改其下行存储节点列表，这样就恢复了路由关系。

应用这种 Key-Value 进行数据管理的键/值数据库的主要使用者有：亚马逊公司的 SimpleDB、谷歌公司的 BigTable、CouchDB 以及 MongoDB 等。其中 MongoDB 是比较著名的开源键/值数据库系统。

MongoDB 是一个介于关系型数据库和非关系型数据库之间的产品，是键/值数据库中功能最丰富，最像关系型数据库的。比较明显的一点是 MongoDB 支持的查询语言类似于面向对象的查询语言，几乎覆盖了关系型数据库单表查询的所有功能，甚至支持对数据建立索引机制。

MongoDB 通过自带的分布式文件系统 GridFS 进行海量的数据存储。MongoDB 对海量数据的访问效率惊人，当数据量达到 50GB 以上的时候，MongoDB 的访问速度可以达到 MySQL 的 10 倍以上。

MongoDB 的主要特点有以下几个方面。

- 面向文档存储：可以存储任意数据类型，包括数组和文档对象，这种格式称为 BSON，即“Binary Serialized Document Notation”，是一种类似于 JSON 的二进制序列化文档。
- 高性能数据存储：采用内存存储技术，查询速度更快，高效存储二进制大对象（比如照片和视频）。数据结构中的每个域都可以被直接访问。
- 模式自由：支持动态查询、完全索引，可轻易查询文档中内嵌的对象及数组。

- 支持复制和故障恢复：提供了 Master-Salve、Master-Master 模式的数据复制和恢复技术，支持复杂聚合。
- 自动分片：支持云级别的伸缩性，支持水平的数据库集群，可动态添加额外的服务器。
- 数据空间预分配：每个存储节点分配一系列文件空间，每个文件被预分配一个大小。第一个文件名为“.0”，大小是 64MB，第二个文件名为“.1”，大小是 128MB，并依次类推。避免硬盘碎片的产生。

键/值数据库相对于关系型数据库，具备了可扩展性良好、响应服务快速以及编码简单的特点，但缺乏关系型数据库的一些特性，如事务一致性、读写实时性以及多表关联查询。在设计物联网应用系统的时候，选取合适的海量数据存储方式和技术需要结合应用实际需求而定。从存储量级上以及系统扩容速度上来看，在大型物联网应用系统中键/值数据库将多于关系型数据库。

### 4.3.2 海量数据挖掘与知识发现

数据挖掘是指从大量的、不完全的、有噪声的、模糊的、随机的数据中提取隐含在其中的、人们事先不知道的但又是潜在有用的信息和知识的过程。物联网应用系统在应用现场部署了各种终端设备，包括：温湿度传感器、光照传感器、控制器等，这些终端感知设备会将海量的数据信息返回到物联网应用系统的存储系统之中，而物联网应用系统的数据处理引擎需要对这些海量数据进行数据挖掘、数据建模，从而得到物联网应用系统前台所需要的逻辑操作。

知识发现相对于数据挖掘是一种更加广义的概念，即从各种纷杂的信息源的信息中，根据不同的需求获得知识。知识发现的目的是向使用者屏蔽原始数据的繁琐细节，从原始数据中提炼出有意义的、简洁的知识，直接向使用者报告。相对于数据挖掘，知识发现还包含了接收原始数据输入，选择重要的数据项，缩减、预处理和浓缩数据组，将数据转换为合适的格式等更多的内容。

如今的物联网应用系统常常需要在不同的应用场景共享数据。比如气象部门的气象信息可以为物联网智能农业应用共享数据服务，但是不同的数据模式、接口和通信技术使得这些数据的传输变得复杂化。尤其是在一些行业应用的专网系统，这些系统是专有的，难于扩展，或以其他方式对外部系统是封闭的。

目前，物联网应用系统中涉及的数据类型多种多样，甚至包括一些二进制格式。物联网应用系统相关数据可能散布在多个子系统之中，分布在不同的物理节点上，甚至由不同类型的网络（互联网、移动通信网、卫星网等）承载。

同时，物联网应用系统有一部分是对新知识的发现。比如面向前人实验或者一些实际系统中的数据，或者一些科研院所多年建立的关于传感网络的样本库，而相对于数据的收集，新的研究人员更加需要对这些分布式的数据进行相关的数据挖掘，当然这些数据样本库也有自己的独特存储结构、访问接口和通信协议。这些都需要很好地运用数据挖掘和知识发现的技术来保证。

**1．数据挖掘关键技术**

传统意义上的数据挖掘，可以将工作过程大致规约为：数据抽取、数据存储和管理、数据展现、建立业务模型。

（1）数据抽取

数据的抽取是数据进入数据存储的入口。物联网应用系统的特点就是通过各种类型的传感器，将环境数据、材料数据等看不见的因素转换成标量表示的数据，这类数据抽取是物联网应用系统数据挖掘的第一步。

（2）数据存储和管理

这部分在前面章节中已有较为详细的描述。

（3）数据展现

存储在数据存储系统之中的数据信息，必须可以被查询、报表、可视化、统计。传统的数据挖掘技术在数据展现上与数据库技术、统计学技术都有相当的关联。

- 查询：实现预定义查询、动态查询、OLAP 查询与决策支持智能查询。
- 报表：产生关系数据表格、复杂表格、OLAP 表格、报告以及各种综合报表。
- 可视化：用易于理解的点线图、直方图、饼图、网状图、交互式可视化、动态模拟、计算机动画技术表现复杂数据及其相互关系。
- 统计：进行平均值、最大值、最小值、期望、方差、汇总、排序等各种统计分析。

（4）建立业务模型

数据挖掘中最关键的一步是建立相关业务或者领域模型，这点在物联网应用系统中也同样重要。现代数据挖掘技术中经常利用统计学的一些模型进行业务模型建立，诸如多变量分析的精简变量因素分析、分类的判别分析以及区隔群体的分群分析等方法。在使用这些统计学模型的基础之上，数据挖掘得到了更适合数据挖掘的决策树理论、类神经网络和规则归纳法。

决策树是一种用树枝状展现数据受各变量影响情形的预测模型，根据对目标变量产生效应的不同而构建分类的规则，常用分类方法有 CART（Classification and Regression Trees）及 CHAID（Chi-Square Automatic Interaction Detector）两种。

类神经网络是一种仿真人脑思考结构的数据分析模式，由输入的变量与数值中自我学习并根据学习经验所得的知识不断调整参数，以期建构数据的型样。类神经网络为非线性的设计，与传统回归分析相比，其好处是在进行分析时无须限定模式，特别当数据变量间存有交互效应时可自动侦测出；缺点是其分析过程为一黑盒子，故一般无法以可读的模型格式展现，每阶段的加权与转换也不明确，所以类神经网络多用于数据属于高度非线性且带有相当程度的变量交感效应的情况。

规则归纳法是数据挖掘领域中最常用的格式，类似于程序编写中的选择分支，这是一种由一连串的「如果…/则…（If / Then）」逻辑规则对数据进行细分的技术，在实际运用时如何界定规则为有效是最大的问题，通常需要先将数据中发生数太少的项目剔除，避免产生无意义的逻辑规则。

**2. 知识发现关键技术**

如前面章节所述，知识发现技术是数据挖掘的更广义的形式。传统的知识发现技术将知识发现的过程分为：数据分类、数据聚类、衰退和预报、关联和相关性、顺序发现、描述、辨别以及时间序列分析。这些都是对数据挖掘在更广义上的丰富。

典型的基于算法的知识发现技术包括：或然性和最大可能性估计的贝叶斯理论、衰退分析、最近邻、决策树、K 方法聚类、关联规则挖掘 、Web 和搜索引擎、数据仓库和联机分析处理（Online Analytical Processing，OLAP）、神经网络、遗传算法、模糊分类和聚类、粗糙分类和规则归纳等。

在物联网应用系统中，我们更多地将一些新的图形化的手段集合进知识发现中来，主要有：几何投射技术、图标技术、面向像素技术、基于图表技术、混合技术等。

**3．海量数据挖掘技术**

在对物联网应用系统进行扩容的时候，经常遇到需要融合不同地方的相同应用系统。比如，国家安监部门在建设全国相关安监系统时，有些地区已经建设了安监系统，本着不重复建设的原则，新建设的物联网安监系统需要将既有的安监系统接入进来，这样也会面临分布式数据问题。集成这些不同数据源所需的成本对新合并的系统来说是一项非常大的开销。而这一切需要通过海量数据挖掘的技术来解决。

如上所述，物联网应用系统中，数据存储能力的爆炸式增长和快速的网络通信协议已使得应用系统能够收集和存储的超大信息量达到 PB（百万兆字节）级以上。而在物联网应用的领域中，这类海量信息的存储将是一种常态。所以针对海量数据的数据挖掘技术也是物联网应用系统信息处理的重要环节。

相对于传统数据挖掘技术，物联网海量数据挖掘技术有 4 个关键点：信息的发现、异构数据预处理、高性能传输数据以及信息传输安全性。

（1）信息的发现

信息发现作为海量数据的数据挖掘的首要保证。根据发现机制的不同，可以归为两个类型：静态发现和动态发现。静态发现是指由人工确定数据源系统，预先由人工进行信息源的设置和配置；动态发现是统一描述、发现和集成（Universal Description Discovery and Integration，UDDI）以及开放网格服务基础结构（Open Grid Service Infrastructure，OGSI）后台的基本思想。数据源将其功能和内容注册到中央注册中心，在运行时可以查询中央注册中心以寻找与用户的处理需要相匹配的数据源。

静态发现相对于动态发现而言，灵活度差很多，但是实现较为简单。一旦信息源发生改变，静态发现机制中的新的信息源不能灵活地被更新。

（2）异构数据预处理

如前面章节介绍，物联网应用大多数采用分布式数据存储的方式，尤其是一个大的物联网应用系统往往由若干不同数据类型的应用数据组成。数据预处理是海量数据挖掘中的关键一步，数据的预处理是分析现有的数据存储格式转化成相关的消息中间件或者约定通信协议报文格式，从而规约了海量数据在数据挖掘之前的统一格式。

（3）高性能传输数据

高性能数据传输是分布式海量数据挖掘的承载手段。如前面章节所述，海量信息的数据源往往达到 TB 或 PB 数量级。海量数据传输可以通过专用网络、公共网络或者直接互联的形式进行网络传输。专用网络指对外封闭的网络，比如虚拟专用网络（Virtual Private Network，VPN）或者专业网络，如卫星专网等；公共网络是供大众使用的网络，最常见的是 Internet；直接互联是指直接通过网线互联的形式进行点对点连接。

制约高性能数据传输的重要因素是连接网络的带宽，海量数据挖掘需要传输的数据量非常大，需要相应的网络能力。TB 数量级的数据传输通常需要千兆位/秒的性能。

（4）信息传输安全性

信息传输的安全性分为信息访问权限和信息安全。在海量信息存储的网络中，对于每个信息资源都进行访问等级授权，访问者需要进行身份验证后才能进行信息的获取。目前权限的机制大多采用联合分组机制，安全检查在进入联合时执行，访问者拥有对其所在的访问组可用的任何访问权限。这种方法的优点在于，所有数据源和处理中心都不必建立独特的安全协议，也不必重新对每个数据请求进行身份验证；缺点在于，如果联合被破坏，很少有防护措施来防止未经授权的用户获得对受控信息的访问。

要提高数据获取的可信度，应该将数据进行分级权限管理。具体的数据传输安全将在本书后续的安全技术章节中进行介绍。

### 4.3.3 海量数据并行处理技术

**1．并行处理技术的概念**

并行处理通常定义为“同时完成多个操作或任务”。在IT领域，并行处理通常是通过并行计算来实现的，故本小节主要对并行计算技术进行介绍。

并行计算技术（Parallel Computing）是指同时使用多种计算资源解决计算问题的过程。传统的计算机软件只能进行串行处理，即同一时间只能处理一个任务，所有任务排队等待计算资源，处理算法被组织成串行的指令流，按顺序在单个处理单元上运行。随着应用对计算能力需求的不断提高，如天气预报、模拟核试验、石油勘探、地震数据处理、飞行器数值模拟和大型事务处理、生物信息处理等，都需要每秒执行万亿次、数十万亿次乃至数百万亿次浮点运算。基于这些应用问题本身内部存在的并行性和单机性能的限制，并行计算是满足这种需求的唯一和可行的途径。

并行计算的特点主要包括：

- 将工作分离成离散部分，有助于同时解决。
- 随时并及时地执行多个程序指令。
- 多计算资源下解决问题的耗时要少于单个计算资源下的耗时。

**2．并行计算技术分类**

并行计算技术通常可分为时间并行、空间并行及时间空间并行3类。

（1）时间并行

时间并行指时间重叠，在并行性概念中引入时间因素，使多个处理过程在时间上相互错开，轮流重叠地使用同一套硬件设备的各个部分，以加快硬件周转而赢得速度。时间并行概念的实现方式就是采用流水处理部件。这是一种非常经济而实用的并行技术，能保证计算机系统具有较高的性能价格比。目前的高性能微型机几乎无一例外地使用了流水技术。

（2）空间并行

在并行性概念中引入空间因素，以“数量取胜”为原则来大幅度提高计算机的处理速度。并行计算科学中主要研究的是空间上的并行问题。大规模和超大规模集成电路的迅速发展为空间并行技术带来了巨大生机，因而成为实现并行处理的一个主要途径。空间并行技术主要体现在多处理器系统和多计算机系统。但是在单处理器系统中也得到了广泛应用。

空间上的并行导致了两类并行机的产生：单指令流单数据流和多指令流多数据流。我们常用的串行机也称为单指令流单数据流。多指令流多数据流类的机器又可分为以下常见的5类：并行向量处理机、对称多处理机、大规模并行处理机、工作站机群、分布式共享存储处理机。

（3）时间空间并行

时间空间并行指时间重叠和资源重复的综合应用，既采用时间并行性又采用空间并行性。显然，第三种并行技术带来的高速效益是最好的。

**3．并行编程模型**

并行编程模型是在硬件和内存体系结构层之上的抽象概念。目前最重要的并行编程模型是数据并行和消息传递。

数据并行将相同的操作同时作用于不同的数据，数据并行编程模型提供给编程者一个全局的地址空间，一般这种形式的语言本身就提供并行执行的语义，因此对于编程者来说，只需要简单地指明执行什么样的并行操作和并行操作的对象，就实现了数据并行的编程。数据并行编程模型的编程级别比较高，编程相对简单，但它仅适用于数据并行问题。

消息传递即各个并行执行的部分之间通过传递消息来交换信息、协调步伐、控制执行。消息传递一般是面向分布式内存的，但是它也可适用于共享内存的并行机。消息传递编程模型的编程级别相对较低，但消息传递编程模型可以有更广泛的应用范围。

并行计算没有“最好”的模型，要使用哪个模型通常取决于应用的特性和个人的选择。

**4．并行计算 MapReduce**

（1）MapReduce 简介

MapReduce 是 Google 公司提出的一种用于简化并行计算的编程模型，主要用于大规模数据集的并行运算（TB 级甚至 PB 级）。使用 MapReduce 架构的程序能够在大量普通配置的计算机上实现并行化处理。

MapReduce 是一个主从系统，系统包括主控节点和工作节点。系统通过把对数据集的大规模操作分发给网络上的每个工作节点来实现可靠性。每个工作节点周期性地报告完成的工作和状态的更新。如果一个工作节点保持沉默超过一个预设的时间间隔，主控节点记录下这个节点状态为死亡，并将分配给这个节点的数据分发到别的节点。

MapReduce 的主要概念是“Map（映射）”和“Reduce（化简）”，其工作流程如图 4-26 所示。

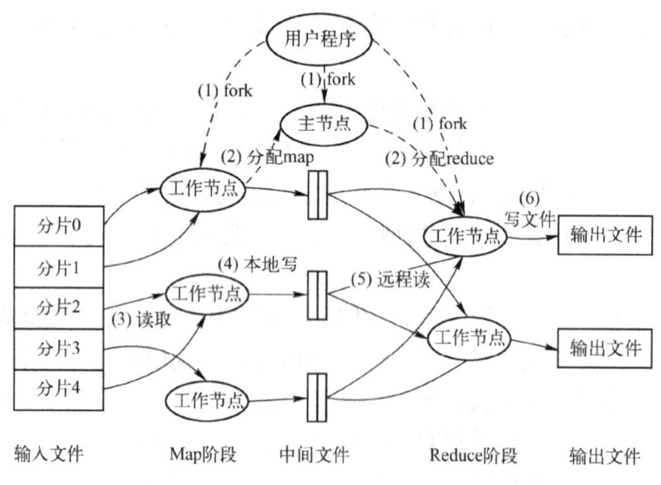


图 4-26　MapReduce 工作流程

Map 是把一组数据一对一地映射为另外的一组数据，其映射的规则由一个 Map 函数来指定。比如对[10，20，30，40]进行除 10 的映射就变成了[1，2，3，4]。Map 过程中原数据中的每个元素都是被独立操作的，而原始数据集没有被更改，因为这里创建了一个新的数据集来保存运算结果。Map 操作是可以高度并行的。

Reduce 是对一组数据进行归约，这个归约的规则由一个 Reduce 函数指定，比如对[1，2，3，4]进行求和的归约得到结果是 10，而对它进行求积的归约结果是 24。Reduce 操作不如 Map 函数那么适于并行，但是因为化简总是有一个简单的答案，大规模的运算相对独立，所以 Reduce 函数在高度并行环境下也很有用。

通过 MapReduce 的简化编程模型，程序开发人员只需要关心如何编写 Map 和 Reduce 函数来处理数据即可。MapReduce 系统在后台自动完成输入数据的分割、存储，分布式算法调度，分布式错误处理，计算节点通信管理等工作，大大降低了开发并行应用的入门门槛，使那些没有多少并行计算经验的开发人员也可以来开发并行应用。

（2）MapReduce 的开源实现 Hadoop

Google 公司以论文的形式公开了 MapReduce 思想，但是并没有将自己内部的实现开放出来。Hadoop 是一个基于 Java 的 Google MapReduce 开源实现。它是 Apache 软件基金会（Apache Software Foundation）下的开源项目，最初是做为 Nutch 开源搜索引擎的一部分。目前 Yahoo!及 Cloudera 等公司都有开发人员投入 Hadoop 的开发工作，也有将近 100 家公司或组织公开表示正在使用 Hadoop 作为其并行处理平台。

Hadoop 中包括许多子项目，其中 Hadoop MapReduce 实现了 Google MapReduce 分布式计算框架；HDFS（Hadoop Distributed File System）是类似于 GFS（Google File System）的分布式文件存储系统；HBase 是一个类似 Google BigTable 的分布式结构化存储系统。另外，还包括一些提供辅助性功能的子项目，如 Hive、Zookeeper 等。

**5．并行计算技术与物联网**

互联网的信息来源是人，截至 2009 年 9 月全球网民总量 17.3 亿，而未来物联网的信息来源是物理世界，全世界将有数以百亿级的各类设备不断产生新的信息。互联网的信息量与物联网的信息量相比不在同一个数量级上。物联网产生的海量信息对数据传输、存储、挖掘技术带来了巨大挑战，这必将推动并行计算相关技术的进一步发展。

### 4.3.4 云计算技术

**1．云计算技术的概念**

云计算是近年来 IT 业发展过程中出现的新概念，不同个人、不同机构对云计算有不同的定义。例如，维基百科上的定义是："一种基于互联网的计算新方式，通过互联网上异构、自治的服务为个人和企业用户提供按需即取的计算"。

著名咨询机构 Gartner 将云计算定义为："云计算是利用互联网技术将庞大且可伸缩的 IT 能力集合起来作为服务，提供给多个客户的技术"。

而 IBM 公司则认为："云计算是一种新兴的 IT 服务交付方式，应用、数据和计算资源能够通过网络作为标准服务在灵活的价格下快速地提供给最终用户"。

尽管不同机构有各种不同的定义，但云计算的本质基本上可以归结为以下几点。

- 资源整合：云计算的前提必须是将各类 IT 资源进行高度的整合。例如，通过虚拟化技术将零散的硬件资源整合起，成为集中的、可统一管理的硬件资源池，可以灵活地供用户分配、使用；通过软件服务平台、中间件技术整合各类软件资源，实现软件的复用及按需使用。

- 按需服务：云计算是按需的、弹性的，用户可以根据自身需求订购合适的 IT 资源，可以通过自助服务的方式动态更改资源订购量，满足不断变化的 IT 资源需求。用户无需担心 IT 资源的短缺与浪费，一切资源均在云中。
- 低成本：云计算通过资源整合、按需服务的方式实现 IT 资源的使用率最大化，从而大幅度降低了单位 IT 资源的使用成本，实现低成本的运营与使用。

**2．云计算技术的发展历史**

早在 20 世纪 90 年代提出的网格计算的思想，就考虑充分利用空闲的 CPU 资源，搭建平行分布式计算。而在 1999 年出现的 SETI@home 更是成功地将网格计算的思想付诸实施，构建了一个成功的案例。

云计算与网格计算有许多相似之处，也是希望利用大量的计算机，构建出具有强大的计算能力的系统。但是云计算有着更为宏大的目标，它希望能够利用这样的计算能力，在其上构建稳定而快速的存储以及其他服务。而 Web2.0 正为云计算提供这样的机遇。在 Web2.0 的引导下，只要有一些有趣而新颖的想法，就能够基于云计算快速搭建 Web 应用。这正是云计算所带来的直接变化。

下面列举了一些云计算发展史上的关键点：

1961 年，John McCarthy 提出“计算资源将来可能被组织起来而成为公共资源”的原始云计算思想。

1984 年，Sun 公司的联合创始人 John Gage 提出“网络就是计算机”，用于描述分布式计算技术带来的新世界，今天的云计算正在将这一理念变成现实。

1998 年，VMware 成立并首次引入 X86 的虚拟技术。

2005 年，Amazon 公司发布 Amazon Web Services 云计算平台。

2006 年，Amazon 公司推出弹性计算云（Elastic Compute Cloud，EC2）服务。

2008 年，Google App Engine 发布。

2010 年，Microsoft 公司正式发布 Microsoft Azure 云平台服务。

**3．云计算技术的 3 个层次**

按技术特点和应用形式来分，云计算技术可以分为 3 个层次，如图 4-27 所示。

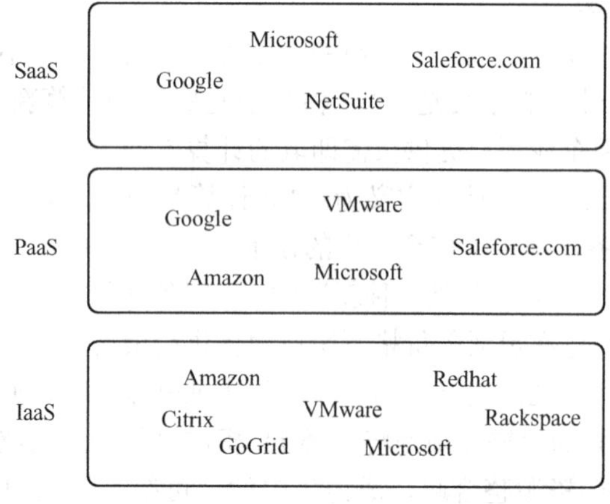


图 4-27　云计算的 3 个层次

（1）基础架构即服务 IaaS

基础架构即服务（Infrastructure as a Service，IaaS）指的是以服务的形式来提供计算资源、存储、网络等基础 IT 架构。用户通常能够根据具体应用需求，通过自助订购等方式来购买所需的虚拟 IT 资源，并通过 Web 界面、Web Service 等方式对虚拟 IT 资源进行配置、监控、管理。

IaaS 除了提供虚拟 IT 资源外，还在云架构内部实现了负载均衡、错误监控与恢复、灾难备份等保障性功能，将用户从 IT 基础设施建设、维护的工作中解脱出来，同时也为用户节省了大量建设、运营成本。

目前，IaaS 平台的主要提供商包括 VMware、Citrix、Redhat、Microsoft、Amazon 等。

从技术层面上来看，IaaS 一般是基于虚拟化（Virtualization）技术来实现的。虚拟化技术是一个广义的术语，它通常指能够使计算元件在虚拟硬件资源的基础上运行的技术。通过虚拟化技术，原有的硬件服务器被虚拟成了等同数量或者更多的虚拟服务器，每个虚拟服务器上可以运行不同的操作系统，拥有不同的计算资源、存储资源和网络带宽。虚拟化技术将有限、固定的 IT 资源根据不同需求进行重新规划以达到最大利用率，是一个简化管理、优化资源利用效率的解决方案。

虚拟化技术通常分为两个层面：软件虚拟化与硬件虚拟化。

对于软件虚拟化，客户操作系统在很多情况下是通过虚拟机监视器（Virtual Machine Monitor，VMM）来与硬件进行通信的。VMM 在软件套件中的位置是传统意义上操作系统所处的位置，而客户操作系统的位置是传统意义上应用程序所处的位置。这一额外的通信层需要进行二进制转换，以提供到物理资源（如处理器、内存、存储、显卡和网卡等）的虚拟访问接口。

目前具有代表性的软件虚拟化解决方案包括 Xen、KVM、Microsoft Hyper-V、VMware vSphere/Workstation、Oracle VitualBox 等。

硬件虚拟化通过采用支持虚拟化技术的硬件设备（通常是 CPU），提高虚拟化系统的性能。支持虚拟化技术的 CPU 带有针对虚拟化而特别优化的指令集，通过这些指令集，VMM 会很容易地提高性能。由于虚拟化硬件可提供全新的架构，支持操作系统直接在上面运行，从而无需进行二进制转换，减少了相关的性能开销，极大简化了 VMM 设计，进而使 VMM 能够按照通用标准进行编写，性能更加强大。

目前具有代表性的硬件虚拟化解决方案包括 Intel VT-x 及 AMD-VT 等。

（2）平台即服务 PaaS

平台即服务（Platform as a Service，PaaS）是指以服务形式向开发人员提供应用程序开发及部署平台，让他们可利用此平台来开发、部署和管理应用程序。PaaS 平台一般包括数据库、中间件及开发测试工具，并且都以服务形式通过互联网提供。Paas 可通过远程 Web 服务使用数据存储服务，还可以使用可视化的 API，甚至还允许开发者混合并匹配适合应用的其他平台。用户或者厂商基于 PaaS 平台可以快速开发自己所需要的应用和产品。同时，PaaS 平台可以帮助开发者更好地搭建基于 SOA 架构的企业应用。

目前，主流的 PaaS 平台有 Google App Engine、Amazon Web Service、Force.com、Microsoft Windows Azure Platform 等。

（3）应用软件即服务 SaaS

应用软件即服务（Software as a Service，SaaS）是随着互联网技术的发展和应用软件的成熟而兴起的一种完全创新的软件应用模式。它是一种通过 Internet 向终端用户提供应用软件的模式，厂商将应用软件统一部署在自己的服务器上，客户可以根据自己的实际需求，通过互联网向厂商定购所需的应用软件、服务，并按定购的服务多少和时间长短向厂商支付费用，并通过互联网获得厂商提供的技术支持。

通过 SaaS，用户无须再购买软件，而改用向服务提供商租用基于 Web 的软件来管理企业经营活动，并且无须对软件进行维护，服务提供商会全权管理和维护软件。软件厂商在向客户提供互联网应用的同时，也提供软件的离线操作和本地数据存储，使用户随时随地都可以使用其订购的软件和服务。

相比传统软件使用方式而言，SaaS 不仅减少或取消了传统的软件授权费用，而且厂商将应用软件部署在统一的服务器上，免除了最终用户在服务器硬件、网络安全设备和软件升级维护上的支出，客户不需要个人电脑和互联网连接之外的其他 IT 投资，就可以通过互联网获得所需软件和服务，大大降低了软件使用成本。

目前，有代表性的 SaaS 服务提供商有：Google、Microsoft、Saleforce.com、Netsuite 等。

**4．云计算技术的部署模式**

从部署模式上来看，云计算系统可以分为公共云计算系统、私有云计算系统和混合云计算系统等 3 类。图 4-28 给出了云计算的部署模式。

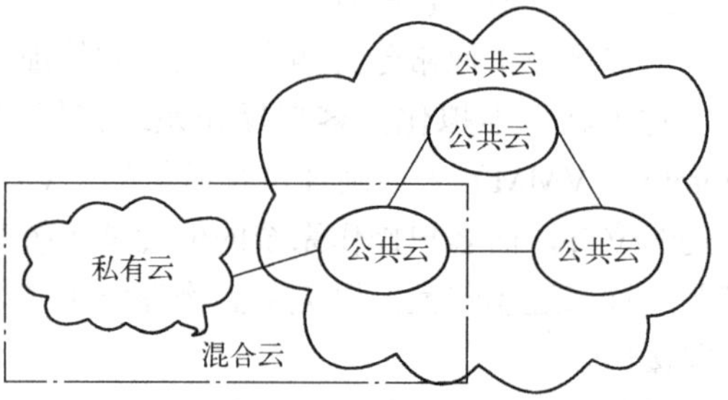

图 4-28　云计算部署模式

（1）常见的云计算部署模式

● 公共云

公共云通常位于因特网等公共网络中，通过 Web 应用或 Web 服务的方式来向用户提供云计算服务。公共云计算系统具有完备的自助服务功能，能够服务于几乎不限数量的、不限地理位置的、拥有相同基本架构的用户。

公共云计算系统以 Amazon、Google、Rackspace、Salesforce.com、Microsoft 等公司推出的产品为代表，向用户提供了丰富多彩的 IT 服务和商业应用。例如 Amazon 公司为应用开发者提供的弹性的、可靠的、自助的 IaaS 服务平台 Amazon EC2；Google 公司、Microsoft 公司分别推出的 Google App Engine、Microsoft Azure Platform 则以 PaaS 的形式为应用开发者提供开放的应用开发、运行环境；在 SaaS 领域，则以 Google 公司的 Gmail/Google Docs、Microsoft 公司的 Microsoft Online Services 为代表，这类公共云产品直接为终端用户提供在线邮件、在线办公等应用领域的软件服务。

● 私有云

私有云是针对单个机构的需求而特别定制的云计算系统。例如，一些金融机构的业务支撑平台、政府机构内部使用的公共政务平台、企业内部的私有 IT 服务平台等。私有云计算系统通常是自封闭的系统，只允许机构内部人员、应用系统使用，信息安全性较高。

一般来讲，私有云计算系统都会基于一些成熟的云计算解决方案来搭建。例如 VMWare

公司的 vSphere、RedHat 公司的 Enterprise Virtualization、Microsoft 公司的 Hyper-V 虚拟化等。通过采用虚拟化操作系统和网络技术，能够降低机构内部使用服务器和网络设备的数量，提高 IT 资源的利用率和 IT 基础设施的可用度，并使机构内部 IT 资源的管理更为明晰。

● 混合云

混合云计算系统表现为公共云、私有云的组合。数个云以某种方式整合在一起，为一些商业计划提供支持。有时用户可能需要用一套单独的证书访问多个云，有时数据可能需要在多个云之间流动，或者某个私有云的应用可能需要临时使用公共云的资源。大多数公司在长时间内都会同时使用企业预置型软件和公共 SaaS 解决方案，混合云计算系统则作为连接企业预置型软件和公共 SaaS 解决方案的桥梁。

另外，利用混合云可以实现私有云和公共云之间的负载均衡，一个达到其饱和点的私有云可以把一些进程自动地迁移到公共云，从而维持整个应用系统的稳定性与可用性。

（2）云计算部署模式的选择策略

机构在对各种云计算部署模式进行比较时，通常会考虑以下因素。

- 成本：哪种云现在比较省钱，哪种云长期看比较省钱？
- 安全性：同内部网络相比，公共云的安全性如何？对机构本身有何风险？
- 法规：如果采用公共云的话，是否能够证明自己遵守必要的法规？
- 管制：公共云供应商能够提供怎样的技术和商业实务方面的透明度？我是否拥有管理云服务供应商的工具？

最终，各类云计算部署模式没有绝对的好与不好，机构具体采用何种云计算部署模式还得综合自身应用需求、经济实力、经营策略等多方面的因素。

**5. 云计算技术的优缺点**

任何事物都具有两面性，云计算也不例外。在云计算平台上部署应用或使用 SaaS 软件服务相对于传统的应用部署方式和购买并使用软件的方式有何优势与劣势？要回答这个问题，需要对现有云计算技术的优缺点进行分析。

云计算具有以下优点。

（1）低成本

通过云计算降低生产成本包括多个方面：

- 降低 IT 基础设施的建设维护成本，应用构建、运营基于云端的 IT 资源。
- 通过订购在线 SaaS 软件服务降低软件购买成本。
- 通过虚拟化技术提高现有 IT 基础设施的利用率。
- 通过动态电源管理等手段，可节省数据中心的能耗。

（2）高灵活性

采用云计算技术，用户可以根据自己的需要定制相应的服务、应用及资源，云计算平台可以按照用户的需求来部署相应的资源、计算能力、服务及应用。同时，利用云计算平台的动态扩展性，在应用业务变化时，可以通过不断添加、删除计算资源的方式来对系统服务能力进行动态调整，实现系统的按需伸缩。

（3）潜在的高可靠性和高安全性

高可靠性和高安全性是云计算的潜在固有特性。在“云”的另一端，有专业的团队来管理信息，有先进的数据中心来保存数据。同时，严格的权限管理策略可以帮助用户放心地与所指定的目标对象共享数据。通过集中式的管理和先进的可靠性保障技术，理论上讲云计算的可靠性和安全性是相当高的。

云计算在理论上有众多优点，但是就目前的应用情况来看，其缺点也较为明显。

首先，企业在将应用从传统开发、部署、维护模式转换到基于云计算平台的模式时不可避免的有转移成本，转移成本的大小由应用复杂度、历史版本关联度、团队工作模式转换难易程度等决定。当然，转移成本大多是一次性的，一旦将应用转移到云平台上后，就不再有转移成本了。

其次，目前云计算平台的可靠性和安全性还不算太高，特别是安全性。由于缺乏成熟的安全保障技术、云信息安全相关法律条款的约束，云计算在对用户数据安全、隐私保护等方面还有较大的问题。随着技术的进步和相关法律的完善，云计算的安全问题会逐步解决。

**6．云计算技术与物联网的关系**

和云计算一样，物联网同样也是一种新兴的技术，物联网能不能利用云计算带来的优势而实现更快速的发展？答案是肯定的。云计算与物联网的结合可以分为几个层次。

第一个层次，利用 IT 虚拟化技术，为物联网后端应用提供运行支撑平台。从后端应用服务层面来看，物联网可以看做是一个基于互联网的，以提高物理世界的运行、管理、资源使用效率等水平为目标的大规模信息系统。采用服务器虚拟化、网络虚拟化和存储虚拟化，使服务器与网络之间、网络与存储之间也能够达到资源共享的虚拟化，实现计算能力的有效利用，为各类物联网应用提供有力支撑。

第二个层次，在虚拟化基础设施的基础上，通过云计算的方式为物联网应用提供标准化的开发、测试平台，即以 PaaS 的形式实现各类物联网应用的构建。通过云计算技术的应用来提高物联网应用的开发效率，降低开发难度，为大规模物联网应用铺平道路。

第三个层次，物联网、互联网的各种业务与应用在一个“大云”中进行集成，实现物联网与互联网中的设备、信息、应用和人的交互与整合，形成一个有效、良性的价值链体系和业务生态系统，推动整个信息产业及各行各业良性的可持续发展。

**7．云计算的业界案例**

（1）Amazon 云计算平台

Amazon 公司构建了一个云平台，并以 Web 服务的方式将云计算产品提供给用户使用。这些服务被称为 Amazon Web Services（AWS）。通过 AWS 的基础设施层服务和丰富的平台层服务，用户可以在 Amazon 云计算平台上构建各种企业级应用和个人应用。Amazon 云计算平台的主要产品如下：

- Amazon Elastic Compute Cloud (Amazon EC2)

Amazon EC2 是一种云基础设施服务，该服务基于服务器虚拟化技术，为用户提供大规模、可靠、可伸缩的计算资源。通过 EC2 所提供的服务，用户可以轻松申请和定制所需的计算资源，按需付费。

- Amazon Elastic MapReduce (Amazon EMR)

Amazon Elastic MapReduce 是一种 Web 服务，提供企业、研究人员、数据分析师和开发人员轻松、经济高效掌控海量数据的能力。它基于 Amazon Elastic Compute Cloud (Amazon EC2) 技术和 Amazon Simple Storage Service (Amazon S3) 技术的 Web 规模基础设施，是一种 Hadoop 托管服务运行架构。

Amazon Elastic MapReduce 能即时灵活配置自身所需容量大小，执行数据密集型应用计算，完成 Web 索引、数据挖掘、日志文件分析、数据仓库、机器学习、财务分析、科学模拟和生物信息研究任务。Amazon Elastic MapReduce 技术让用户专注于数据分析，无需担心费时的 Hadoop 集群设置、管理或调整，也无需担心所依靠的计算能力。

● Amazon Simple Storage Service（Amazon S3）

Amazon S3 是 Amazon 云平台提供的具有高扩展性、可靠性、安全性的网络存储服务。通过 S3，用户可以将自己的数据放到存储云上，通过互联网访问和管理。同时，Amazon 云平台的其他服务也可以直接访问 S3。

● DynamoDB

Amazon DynamoDB 是一个完全托管的 NoSQL 数据库服务，可以提供快速的、可预期的性能，并且可以实现无缝扩展。Amazon DynamoDB 被设计成用来解决数据库管理、性能、可扩展性和可靠性等核心问题。开发人员可以创建一个数据库表，该表可以存储和检索任何数量的数据，并且可以应付处理任何级别的请求负载量。Amazon DynamoDB 会自动把某个表的数据和负载，分布到足够数量的服务器上，从而可以容纳用户指定的负载量和数据量，同时还能够维持一致性和高性能。

● Amazon Relational Database Service (Amazon RDS)

目前很多应用仍采用关系型数据库进行存储，为了将这些应用系统无缝迁移到 Amazon AWS 平台，Amazon 设计了 Amazon RDS 来满足用户对关系型数据库服务的需求。Amazon RDS 是一个关系型数据库服务，通过 RDS 用户可以非常容易地建立，操作和伸缩云中的数据库。Amazon RDS 提供了 MySQL、Oracle、Microsoft SQL Server 或 PostgreSQL 数据库引擎的功能。这使得当前已用于现有数据库的代码、应用程序和工具也可以用在 Amazon RDS 上。Amazon RDS 可自动修补数据库软件并备份数据库，用户可以自定义数据的存储备份保留时间，并且实现时间点恢复。

● Amazon Simple Queue Service (Amazon SQS)

Amazon SQS 是用于分布式应用的组件之间数据传递的消息队列服务，这些组件可能分布在不同的计算机或不同的网络。利用 SQS 能够将分布式应用的各个组件以松耦合的方式结合起来，从而创建大规模的分布式系统。松耦合的组件之间相对独立性较强，系统中任何一个组件的失效都不会影响整个系统的运行。用户通过使用 SQS，能以极少的成本消除由于运行和扩展高可用性的消息集群所带来的管理负担。

（2）Google 云计算平台

Google 拥有全球最大规模的搜索引擎，并在海量数据方面拥有先进的技术，如分布式文件系统 GFS、分布式存储服务 Datastore 及分布式计算框架 MapReduce 等。2008 年 Google 推出 Google App Engine Web 运行平台，使客户的业务系统能够运行在 Google 的全球分布式基础设施上。2012 年，Google 推出云计算平台 Google Compute Engine，它是一个基础架构服务。Google 云计算平台主要包括以下产品：

● Google Compute Engine。

Google Compute Engine 是一个基础架构服务，可以让用户使用 Google 的服务器来运行 Linux 虚拟机，得到更强大的数据运算能力。Google Compute Engin 具有 3 个特点：一是延展性，Google 有着庞大的数据运算能力，用户可以使用 Google 的数据中心，在需要使用庞大运算能力的时候使用更多的服务器。二是性能，Google 提供更高性能的服务器。三是性价比，Google 提供相对于竞争对手更高的性价比。

- Google App Engine。

Google App Engine 允许用户在 Google 的基础架构上运行网络应用程序。Google App Engine 应用程序易于构建和维护，并可根据用户应用程序的访问量和数据存储需要的增长轻松扩展。使用 Google App Engine，用户不再需要维护服务器，只需上传应用程序，它便可立即提供服务。

- Google Cloud Datastore。

Google Cloud Datastore 提供了一个托管的 NoSQL 无模式数据库，用于存储非关系数据。Google 自动处理分片和复制，以提供高可用性和一致的数据库。用户无需担心数据的迁移，并可以在用户需要的时候自动扩展。同时，Google Cloud Datastore 提供一个健壮的查询引擎，支持类 SQL 查询。

- Google Cloud SQL。

Google Clooud SQL 提供关系数据库的云服务。用户可以将其数据库迁移到云中，或者使用其现有的需要在应用引擎中进行数据库访问的应用程序。用户使用 Cloud SQL 时，所有的事务都在云中，并由 Google 管理，用户不需要配置或者排查错误，仅仅依靠它来开展工作即可。由于数据在 Google 多个数据中心中复制，因此它永远是可用的。Google 还将提供导入或导出服务，方便用户将数据库带进或带出云。

- BigQuery。

BigQuery 是 Google 推出的一项 Web 服务，该服务让开发者可以使用 Google 的架构来运行 SQL 语句对超级大的数据库进行操作。BigQuery 允许用户上传超大量数据并通过它直接进行交互式分析，从而不必投资建立自己的数据中心。BigQuery 引擎可以快速扫描高达 70TB 未经压缩处理的数据，并且可马上得到分析结果。

### 4.3.5 服务支撑技术

**1．Web 服务技术**

Web 服务是一种面向服务的架构的技术，通过标准的 Web 协议提供服务，目的是保证不同平台的应用服务可以互操作，如图 4-29 所示。

根据万维网联盟（World Wide Web Consortium）的定义，Web 服务（Web Service）是一个用以支持网络间不同机器的互动操作的软件系统，网络服务通常是由许多应用程序接口（API）所组成的，它们通过网络（如 Internet）的远程服务器端，执行客户所提交的服务请求，通常包括以下几个功能。

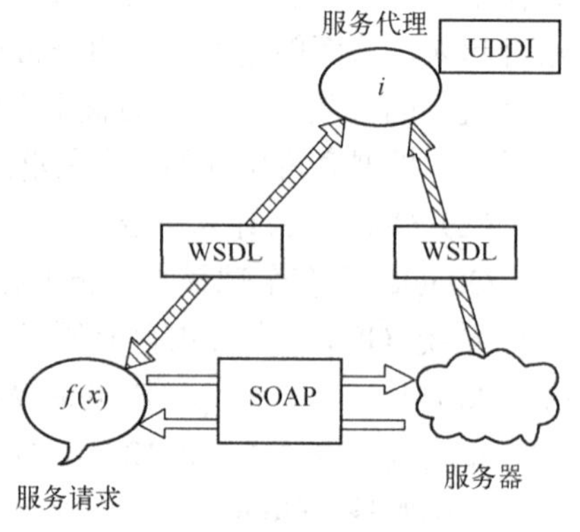


图 4-29 Web 服务的互操作

- SOAP：一个基于 XML 的可扩展消息信封格式，需同时绑定一个传输用协议。这个协议通常是 HTTP 或 HTTPS，但也可能是 SMTP 或 XMPP。
- WSDL：一个 XML 格式文档，用以描述服务端口访问方式和使用协议的细节。通常用来辅助生成服务器和客户端代码及配置信息。
- UDDI：一个用来发布和搜索 Web 服务的协议，应用程序可借此协议在设计或运行时找到目标 Web 服务。

其中，XML、SOAP 及 WSDL 规范由 W3C 负责制订，OASIS 则负责 UDDI 规范。

Web 服务实际上是一组工具，并有多种不同的方法调用。3 种最普遍的手段是：远程过程调用（RPC），面向服务架构（SOA）以及表述性状态转移（REST）。

（1）远程过程调用

Web 服务提供一个分布式函数或方法接口供用户调用，这是一种比较传统的方式。通常，在 WSDL 中对 RPC 接口进行定义（类似于早期的 XML-RPC）。尽管最初的 Web 服务广泛采用 RPC 方式部署，但针对其过于紧密的耦合性的批评声也随之不断。这是因为 RPC 式 Web 服务实质上是利用一个简单的映射，以将用户请求直接转化成为一个特定语言编写的函数或方法。如今，多数服务提供商认定此种方式在未来将难有作为，在他们的推动下，WS-I 基本协议集（WS-I Basic Profile）已不再支持远程过程调用。

（2）面向服务架构

现在，业界比较关注的是遵从面向服务架构（Service-Oriented Architecture，SOA）概念来构建 Web 服务。在面向服务架构中，通信由消息驱动，而不再是某个动作（方法调用）。这种 Web 服务也被称为面向消息的服务。SOA 式 Web 服务得到了大部分主要软件供应商以及业界专家的支持和肯定。作为与 RPC 方式的最大差别，SOA 方式更加关注如何去连接服务而不是去实现某个特定的细节。WSDL 定义了联络服务的必要内容。

（3）表述性状态转移

表述性状态转移式（Representational State Transfer，REST）Web 服务类似于 HTTP 或其他类似协议，它们把接口限定在一组广为人知的标准动作中（比如 HTTP 的 GET、PUT、DELETE）以供调用。此类 Web 服务关注那些稳定的资源的互动，而不是消息或动作。此种服务可以通过 WSDL 来描述 SOAP 消息内容，通过 HTTP 限定动作接口；或者完全在 SOAP 中对动作进行抽象。

由于使用 XML 作为消息格式，并以 SOAP 封装，由 HTTP 传输，Web 服务始终处于较高的开销状态。不过目前一些新兴技术（如新的 XML 处理模型等）正在试图解决这一问题。

类似的技术还包括 RMI 中间件系统、CORBA 和 DCOM 等，这些技术不依靠 SOAP 封装参数，而借助于 XML-RPC 和 HTTP 本身。

**2．M2M 管理平台与 WMMP 协议**

当前各大运营商都在积极推进物联网的应用服务平台建设，并提出了相应的技术与规范，其中，基于物物互联的物联网管理平台——M2M 平台，已经初具规模。

M2M 是一种以机器终端智能交互为核心、网络化的应用与服务。它通过在机器内部嵌入无线通信模块，以无线通信等为接入手段，为客户提供综合的信息化解决方案，以满足客户对监控、指挥调度、数据采集和测量等方面的信息化需求。

图 4-30 给出了 M2M 业务系统结构图。M2M 系统中包含如下网元功能。

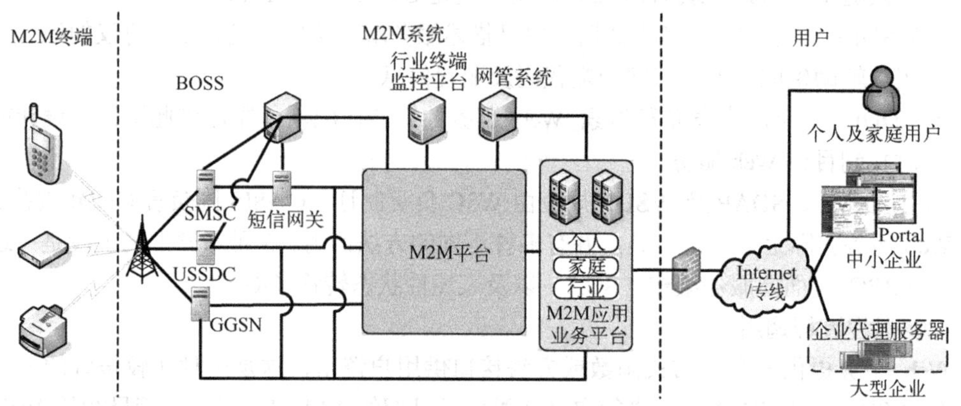


图 4-30　M2M 业务系统结构图

- M2M 终端：基于 WMMP 协议，并可接收远程 M2M 平台激活指令、本地故障告警、数据通信、远程升级、数据统计以及端到端的通信交互。
- M2M 平台：提供统一的 M2M 终端管理、终端设备鉴权，提供数据路由、监控、用户鉴权、计费等管理功能。
- M2M 应用业务平台：为 M2M 应用服务用户提供各类 M2M 应用服务业务，由多个 M2M 应用业务平台构成，主要包括个人、家庭、行业 3 大类 M2M 应用业务平台。
- 短信网关：由行业应用网关或梦网网关组成，与短信中心等业务中心或业务网关连接，提供通信能力。负责短信等通信接续过程中的业务鉴权、设置黑白名单、EC/SI 签约关系/黑白名单导入。行业网关产生短信等通信原始使用话单，送给 BOSS 计费。
- USSDC：负责建立 M2M 终端与 M2M 平台的 USSD 通信。
- GGSN：负责建立 M2M 终端与 M2M 平台的 GPRS 通信。提供数据路由、地址分配及必要的网间安全机制。
- BOSS：与短信网关、M2M 平台相连，完成客户管理、业务受理、计费结算和收费功能。对 EC/SI 提供的业务进行数据配置和管理，支持签约关系受理功能，支持通过 HTTP/FTP 接口与行业网关、M2M 平台、EC/SI 进行签约关系以及黑白名单等同步的功能。
- 行业终端监控平台：M2M 平台提供 FTP 目录，将每月统计文件存放在 FTP 目录下，供行业终端监控平台下载，以同步 M2M 平台的终端管理数据。
- 网管系统：网管系统与平台网络管理模块通信，完成配置管理、性能管理、故障管理、安全管理及系统自身管理等功能。

WMMP（Wireless M2M Protocol）协议是为实现 M2M 业务中 M2M 终端与 M2M 平台之间、M2M 终端之间、M2M 平台与 M2M 应用平台之间的数据通信过程而设计的应用服务层协议，其体系如图 4-31 所示。

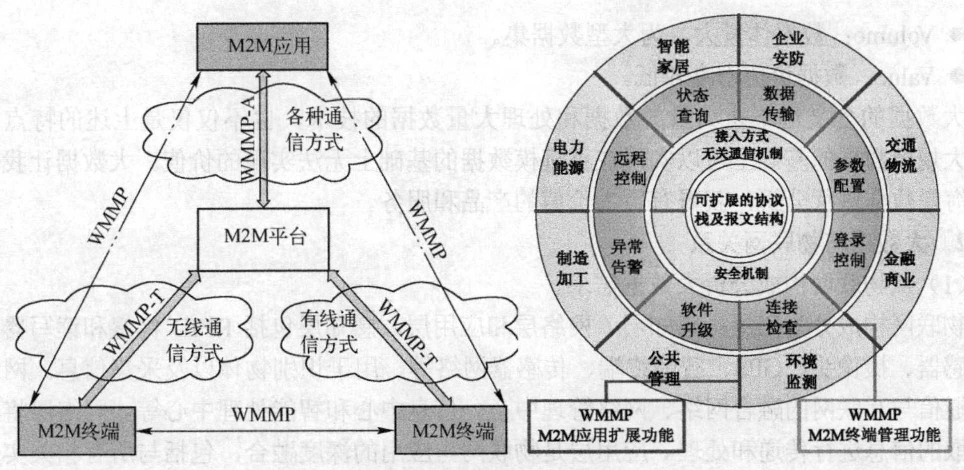


图 4-31　WMMP 协议体系

WMMP 协议的核心是其可扩展的协议栈及报文结构，而在其外层是由 WMMP 协议核心衍生的接入方式无关通信机制和安全机制。在此基础之上，由内向外依次为 WMMP 的 M2M 终端管理功能和 WMMP 的 M2M 应用扩展功能。

协议的消息交互采用简单对象访问协议（Simple Object Access Protocol，SOAP）接口，它包含以下 3 个方面：

1）XML-Envelop 为描述信息内容和如何处理内容定义了框架。

2）将程序对象编码成为 XML 对象的规则。

3）执行远程调用（Remote Procedure Call，RPC）的约定。

协议支持以下两种连接方式。

- 基于 HTTP 的标准 Web Service 方式：应用系统和 M2M 平台采用 WSDL（Web Services Description Language）来对接口进行描述。要求通信双方作为 Web Service 服务端时，应实现 HTTP 会话的超时机制。即一定时间内，如果客户端没有新的 HTTP 请求，则服务端主动断开连接。会话维持的时间要求可配置。
- 长连接：应用系统可以采用长连接和 M2M 平台交互，以提高效率。消息格式的定义和 Web Service 方式一致。

## 4.3.6　大数据技术

### 1．大数据概念

大数据是指超大的，难以用现有的常规数据库管理技术和工具处理的数据集。同时大数据描述了一种新一代的技术与架构，从各种超大规模的数据中提取价值。全球著名的信息技术、电信行业和消费科技市场咨询、顾问和活动服务专业提供商国际数据公司（International Data Corporation，IDC）在 2012 年英特尔大数据论坛提出了较为权威的大数据定义，大数据具有如下特征：

- Variety：数据多样性丰富，来源广泛，数据种类和格式日渐丰富，涵盖了结构化、半结构化和非结构化数据。
- Velocity：数据处理速度快，在数据量非常庞大的情况下，也能够做到数据的实时处理。

● Volume：数据体量大，为大型数据集。

● Value：数据价值密度较低。

大数据的含义远不止大量的数据和处理大量数据的技术，也不仅仅是上述的特点，人们在大规模数据的基础上可以实现在小规模数据的基础上无法实现的价值。大数据让我们通过对海量数据进行分析，获得有巨大价值的产品和服务。

**2．大数据与物联网关系**

（1）从物联网构成分析大数据需求

物联网构成分为三层：感知层、网络层和应用层。感知层包括 RFID 标签和读写器、各类传感器、摄像头、GPS、智能终端、传感器网络等，用于识别物体以及采集信息。网络层包括通信与互联网的融合网络、网络管理中心、信息中心和智能处理中心等。网络层将感知层获取的信息进行传递和处理。应用层是物联网与应用的深度融合，包括与所有相关实体信息化应用需求结合的层面，借助于数据采集、传输、处理与应用实现智慧化的信息化应用。从物联网的组成来看，大数据需求主要表现在以下方面：

● 联网实体的扩大化。

以典型的物联网应用——智慧城市为例，构建智慧城市所需要的各类传感器等设备数量在千万量级。同时，这些传感设备以高精度、高采样率不停感知环境数据，使得数据大量增长。这些海量异构的环境数据需要大数据处理技术为其提供存储、分析的支持，以便从大量环境数据中获取重要信息并实时作出决策。

● 网络层需求。

物联网传输网络是物联网数据传输的通道，通过有线、无线的数据链路，将传感器和终端检测到的数据上传到管理平台，并接收管理平台的数据到各个扩展功能节点。由于数据采集数量的大规模增加，需要有相应的大数据传输技术为应用层提供足够的高可靠与低延迟数据传输承载能力。

● 以应用为核心的数据需求的增长。

物联网的发展带动了以应用为核心的数据需求增长。同样以智慧城市为例，智慧城市包含的智能应用涉及公共安全、社会保障、医疗卫生、文化教育、交通、经济、政务等方方面面。这些应用带来了海量的数据增长。同时，物联网应用趋于个性化、定制化。自主化开发应用也将成为主流趋势，每个人都可能成为智慧应用的贡献者。应用数量的增加，将使得以应用为核心的数据迅速增长，必然需要借助大数据技术来对这些数据进行分析与挖掘，获取其中所蕴含的巨大价值。

（2）大数据处理技术在物联网中的应用

通过数据可视化、数据挖掘、预测分析、语义引擎以及数据质量和数据管理等手段，推动物联网产业在数据智能处理及信息决策上的商业应用，主要技术包括数据采集、数据存储、基础架构、数据处理、统计分析、数据挖掘、模型预测、结果呈现等。大数据处理技术在物联网中应用如下：

● 海量数据存储。

对物联网背后的大数据进行存储，通常采用分布式集群来实现。对于传统的数据存储及实时分析，关系数据库基本上能满足应用需求。但是，对于物联网产生的海量异构数据，关系数据库很难做到高效的处理。以谷歌为代表的 IT 企业提出了利用大规模廉价服务群实现并行处理的非关系数据库解决方案。非关系数据库的分布式存储技术，推动了物联网产业采用云存储、分布式文件系统等大数据基础架构，以基于云的分布式数据存储方式为海量异构数据的分析提供存储支持。目前，IBM、微软、谷歌、阿里巴巴、腾讯等企业，都在推出各自基于分布式计算的云存储技术，解决海量数据的存储、分析及挖掘等问题。

● 数据分析。

物联网后台海量数据的统计分析、数据挖掘、模型预测、结果呈现等都属于数据分析。以智慧城市为例，大数据分析技术起到举足轻重的作用。首先，大数据技术能够提供工具来解决城市管理所面临的问题。例如，快速处理大量包括视频、语音等非结构性数据，在海量数据、恶劣网络环境和复杂业务处理情况下，实现大量图片的实时网络传输和快速持久化存储；能够同时对任意监控点的图像、视频进行显示、播放、实时对比、快速报警；能够进行多条件检索等，从而更好地解决交通监管、安全防护等问题。其次，大数据技术能够在收集智慧城市各模块数据的基础上，对数据进行交互分析，从而建立起基于数据的辅助决策系统。例如，市内某路段的车流变得异常，城市管理系统可以推断出这里非常可能出了车祸或其他事故，从而及时派出警车排除故障。如果城市某地发生了重大事故，城市管理系统可以从全局出发，了解并管理全部的救急资源，协调和安排好警车、消防车、救护车等资源的调度和使用。同时，管理系统还能够获取伤病人员的个人健康档案，准确地提供医疗等善后服务，也能够准确地获取事故地段的地质、建设、管道等情况，从而更好地处理事故。

**3. 大数据相关技术介绍**

大数据相关技术主要有基础架构、数据处理、统计分析、数据挖掘、机器学习等技术，本节主要介绍在大数据领域较为成熟的 Hadoop 分布式计算框架、ASP HANA 内存计算系统机器学习的相关算法。

（1）分布式计算框架 Hadoop

Hadoop 是一个开源的分布式框架，可以实现在由大量服务器组成的集群上，通过分布式的计算模型和存储模型处理大数据集。Hadoop 被设计为从单独服务器扩展为成千上万台机器的集群，每台机器提供本地计算和存储功能，而不是通过硬件提升实现高可用性。同时，Hadoop 具有高容错性，可靠性，可扩展性等优势。

经过几年的快速发展，Hadoop 现在已经发展成为包含多个相关项目的软件生态系统。Hadoop 的核心包括 Hadoop Common、Hadoop HDFS 和 Hadoop MapReduce3 个子项目，但和 Hadoop 核心密切相关的，还包括 Avro、ZooKeeper、Hive、Pig 和 HBase 等项目，它们提供了互补性的服务，是一个海量数据处理的软件生态系统，Hadoop 生态系统如图 4-32 所示。

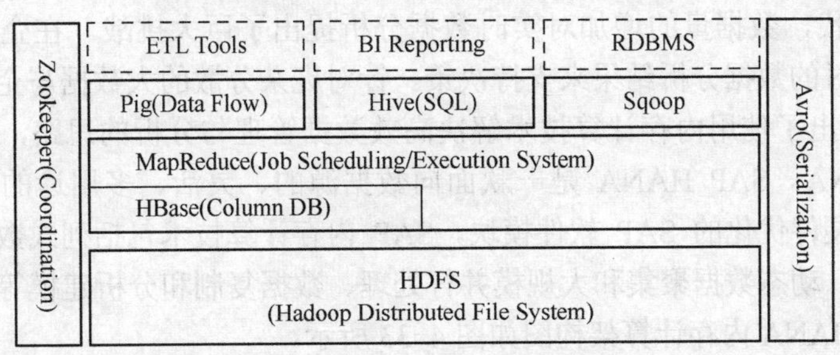


图 4-32 Hadoop 生态系统图

- **Haoop Common**：Hadoop Common 为 Hadoop 的其他项目提供了一些常用工具，主要包括系统配置工具 Configuration、序列化机制、远程过程调用 RPC 和 Hadoop 抽象文件系统 HDFS 等。它们为在通用硬件上搭建云计算环境提供基本的服务，并为运行在该平台上的软件开发提供了所需的 API。
- **Hadoop Distributed File System(HDFS)**：Hadoop 的分布式存储系统，是 Hadoop 体系中数据存储管理的基础。它是一个高度容错的系统，能检测和应对硬件故障，用于在低成本的通用硬件上运行。HDFS 简化了文件的一致性模型，通过流式数据访问，提供高吞吐量应用程序数据访问功能，非常适合应用于大规模的数据集。
- **MapReduce**：MapReduce 是一个并行处理的编程模型，基于它编写的应用程序能够运行在由大量服务器组成的大型集群上，并以一种可靠容错的方式并行处理 TB 级别的数据集。MapReduce 将应用划分为 Map 和 Reduce 两个步骤，其中 Map 对数据集上的独立元素进行指定的操作，生成键-值对形式的中间结果。Reduce 则对中间结果中具有相同键的所有值进行规约，以得到最终结果。MapReduce 非常适合在大量服务器组成的分布式并行环境里进行数据处理。
- **HBase**：HBase 是一个高可靠、高性能、面向列、可伸缩的非关系数据库，利用 HBase 技术可在廉价 PC Server 上搭建大规模存储集群。和传统关系数据库不同，HBase 采用列式存储的方式。其中，键由行关键字、列关键字和时间戳构成。HBase 提供了对大规模数据的随机、实时读写访问，HBase 中的所有数据文件都存储在 Hadoop HDFS 文件系统上。同时，HBase 中保存的数据可以使用 MapReduce 来处理。
- **Pig**：Pig 是运行在 Hadoop 上，对大型数据集进行分析和评估的平台。Pig 适合大量数据的并行化处理。Pig 简化了使用 Hadoop 进行数据分析的要求，提供了一个高层次的、面向领域的抽象语言 Pig Latin，它可以将复杂且相互关联的数据分析任务编码成脚本程序，该脚本会转换为 MapReduce 任务在 Hadoop 上执行。
- **Hive**：Hive 是建立在 Hadoop 基础上的数据仓库架构，为分布式存储大型数据集的查询和管理提供数据 ETL（抽取、转换和加载）工具、数据存储管理和大型数据集的查询和分析能力。Hive 提供的是一种结构化数据的机制，定义了类似于传统关系数据库中的类 SQL 语言 Hive QL，通过该查询语言，数据分析人员可以很方便地运行数据分析业务，同时，Hive 也支持 MapReduce 编程模型。

（2）SAP HANA 内存计算系统

在大数据时代，数据量的增加对实时数据分析提出了巨大挑战。在企业级应用中，企业管理者需要实时的数据分析结果来支持决策。针对庞杂分散的大数据与企业实时决策之间的矛盾，SAP 提出了使用内存计算技术解决高效数据管理与分析的思路，并实现了内存数据管理系统 HANA。SAP HANA 是一款面向数据源的、灵活、多用途的内存应用平台设备，整合了基于硬件优化的 SAP 软件模块，SAP 内存计算技术包括列式数据库设计、数据压缩、分区计算、动态数据聚集和大规模并行处理、数据复制和分析建模等，能有效处理和分析大量数据。HANA 内存计算架构图如图 4-33 所示。

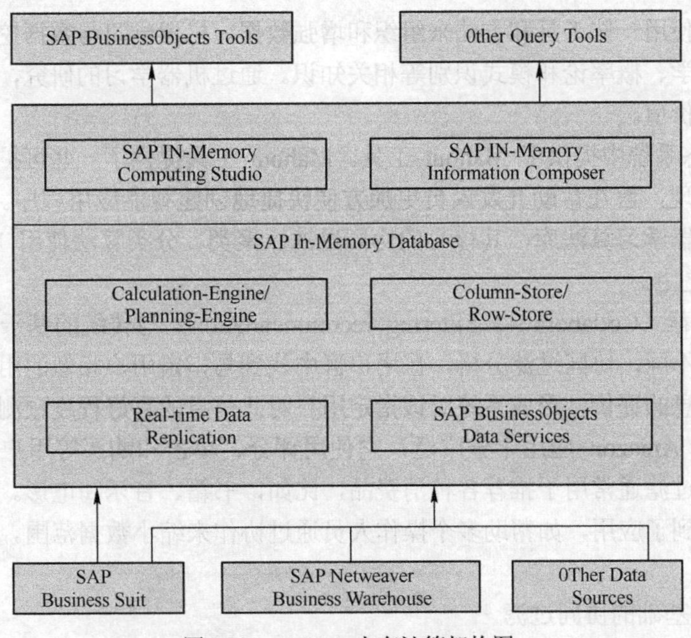


图 4-33 HANA 内存计算架构图

HANA 内存计算架构底层由 SAP Net Weaver 技术集成平台与商业套件提供支持，提供实时数据处理与商业数据服务，并提供数据计算引擎计划引擎以及列式数据存储构建内存数据库，在上层提供数据查询服务接口及商业工具。

● 列式存储

普通数据库采用行存储与磁盘存储的方式，数据完全存放于磁盘中，因此查询分析的速度取决于磁盘的吞吐速度，在进行大数据量分析计算时往往在磁盘上存在严重的性能瓶颈。SAP HANA 采取列存储与内存存储的方式，数据采用轻量级压缩算法，压缩后在内存中存储，不存在数据读取瓶颈，因此具有非常高的处理速度。

● 大规模数据实时分析

在大型数据集处理中，聚集是进行数据分析的核心操作。聚集需要针对大量数据进行操作。由于管理多个聚集表和数据源之间的一致性会出现高度冗余并增加软件的复杂性，所以要实现对数据的交互式实时分析，需要具有快速响应时间的动态聚集机制。SAP HANA 采用动态聚集的内存查询技术，数据操作完全在内存中，不需要任何索引来优化性能，任何计算和排序都在内存完成，可以根据用户需求实时提供聚集结果。

● 并行处理

SAP HANA 运行于多服务器集群，通过对大型数据表进行分区并将分区数据分放在多个服务器中，可以将数据分析的执行拆分成许多独立的执行过程，每个执行过程以并行的方式处理数据的一个子集，从而高效地实现数据实时分析。同时，HANA 采用优化的调度算法，以保证弹性计算资源利用率的最大化。

（3）机器学习

在大数据背景下，公司和个人的成功越来越依赖于迅速有效地将大量数据转化为可操作的信息。无论是每天处理数以千计的个人电子邮件消息，还是从海量博客文章中推测用户的意图，都需要使用一些工具和方法来组织和增强数据。机器学习与数据挖掘密切相关，并且经常需要统计学、概率论和模式识别等相关知识。通过机器学习的研究，可以深度挖掘大数据中所蕴含的价值。

Hadoop 生态系统中提供了 Mahout 工具。Mahout 工具提供了一些可扩展的机器学习领域经典算法的实现，旨在帮助开发人员更加方便快捷地创建智能应用程序。Mahout 构建了一个可扩展的机器学习算法库，其核心的协同过滤、聚类、分类算法使用 MapReduce 框架实现于 Hadoop 之上。

协同过滤推荐（Collaborative Filtering recommendation）与传统的基于内容过滤直接分析内容进行推荐不同，协同过滤分析，在用户群中找到与指定用户相似的用户，综合这些相似用户对某一信息的评价，形成系统对该指定用户对此信息的喜好程度预测。

协同过滤在 Amazon 应用十分广泛，它使用评分、单击和购买等用户信息为用户提供推荐产品。协同过滤通常用于推荐各种消费品，比如，书籍、音乐和电影。同时，它还在其他应用程序中得到了应用，如帮助多个操作人员通过协作来缩小数据范围。典型的协同过滤方法有以下几种：

● 以用户为基础的协同过滤

以用户为基础的协同过滤，用相似统计的方法得到具有相似爱好或者兴趣的相邻用户。方法步骤为：首先收集可以代表用户兴趣的信息。一般的网站系统使用评分的方式（或是给予评价），这种方式被称为“主动评分”。另外一种是“被动评分”，即根据用户的行为模式由系统代替用户完成评价，不需要用户直接打分或输入评价资料；然后进行最近邻搜索，以用户为基础的协同过滤的出发点是与用户兴趣爱好相同的另一组用户，计算两个用户的相似度；最后产生推荐结果，有了最近邻集合，就可以对目标用户的兴趣进行预测，产生推荐结果。

● 以项目为基础的协同过滤

以用户为基础的协同推荐算法随着用户数量的增多，计算的时间就会变长，因而出现以项目为基础的协同过滤，根据假设“能够引起用户兴趣的项目，必定与其之前评分高的项目相似”，通过计算项目之间的相似性来代替用户之间的相似性。方法步骤为：首先收集可以代表用户兴趣的信息；然后针对项目进行最近邻搜索，先计算已评价项目和待预测项目的相似度，并以相似度作为权重，加权各已评价项目的分数，得到待预测项目的预测值；最后产生推荐结果，以项目为基础的协同过滤不考虑用户间的差别，所以精度比较差。但是不需要用户的历史资料，或是进行用户识别。对于项目来讲，它们之间的相似性要稳定很多，因此可以离线完成工作量最大的相似性计算步骤，从而降低了线上计算量，提高了推荐效率，适合于用户多于项目的场景。

聚类即将数据分组成为多个类。在同一个类内对象之间具有较高的相似度，不同类之间的对象差别较大。聚类分析的用途十分广泛，例如，在商业应用中，聚类可以帮助市场分析人员从消费者数据库中区分出不同的消费群体，并且概括出每一类消费者的消费习惯。它作为数据挖掘中的一个模块，可以作为一个单独的工具以发现数据库中分布的一些深层的信息，并且概括出每一类的特点。或者把注意力放在某一个特定的类上以作进一步的分析。聚类分析也可以作为数据挖掘算法中其他分析算法的一个预处理步骤。聚类算法十分广泛，主要有划分法、层次法、基于密度的方法、基于网格的方法、基于模型的方法几个类别。

分类是一种数据分析形式，通过分析训练集中的数据，为每个类别建立分类分析模型，然后用这个分类分析模型对数据集的记录进行分类。大数据中隐藏着许多可以为商业、科研等活动的决策所需要的知识，分类可用于提取描述重要数据类的模型或预测未来的数据趋势。分类过程主要有两个步骤，学习过程和分类过程。在学习过程中，通过训练集建立一个模型，描述预定数据类集合概念集；在分类过程中，使用模型对将来的或未知的数据进行分类。分类算法种类很多，单一的分类方法主要包括：决策树、贝叶斯、人工神经网络、K-近邻、支持向量机和基于关联规则的分类等，以及用于组合单一分类方法的集成学习算法，如 Bagging 和 Boosting 等。

## 4.4 安全管理技术

实现信息安全和网络安全是物联网大规模应用的必要条件，也是物联网应用系统成熟的重要标志。因此安全管理是物联网应用系统运营的重要支撑技术。本节分析了物联网安全特征与目标、物联网面临的安全威胁与攻击；讨论了物联网安全体系；着重介绍了物联网在感知互动层和网络传输层的安全机制。

### 4.4.1 物联网安全特征与目标

物联网应用系统中的数据大多是一些应用场景中的实时数据，其中不乏国家重要行业的敏感数据，因此物联网应用系统的安全保证是物联网健康发展的重要保障。

信息与网络安全的目标是要保证被保护信息的机密性（Confidentiality）、完整性（Integrity）和可用性（Availability）。这个要求贯穿于物联网的感知信息采集、汇聚、融合、传输、决策等信息处理的全过程，物联网所面临的安全问题有着不同于现有网络系统的特征。

首先，在感知数据采集、传输与信息安全方面，感知节点通常结构简单、资源受限，无法支持复杂的安全功能；感知节点及感知网络种类繁多，采用的通信技术多样，相关的标准规范不完善，尚未建立统一的安全体系。

其次，在物联网业务的安全方面，支撑物联网业务的平台具有不同的安全策略，大规模、多平台、多业务类型使得物联网业务层次的安全面临新的挑战；另一方面，从信息的机密性、完整性和可用性角度分析物联网的安全需求和特征。物联网信息机密性直接体现为信息隐私，如感知终端的位置信息。在数据处理过程中同样也存在隐私保护问题，要建立访问控制机制，控制物联网中信息采集、传输和查询等操作。

总之，物联网的安全特征体现了感知信息的多样性、网络环境的复杂性和应用需求的多样性，给安全研究提出了新的更大的挑战。物联网的以数据为中心的特点和与应用密切相关性决定了物联网总体安全目标，此目标包括以下几个方面。

- 保密性：避免非法用户读取机密数据，一个感知网络不应泄漏机密数据到相邻网络。
- 数据鉴别：避免物联网节点被恶意注入虚假信息，确保信息来源于正确的节点。
- 设备鉴权：避免非法设备接入到物联网中。
- 完整性：通过校验来检测数据是否被修改。数据完整性是消息被非法（未经认证的）改变后才能够被识别。
- 可用性：确保感知网络的信息和服务在任何时间都可以提供给合法用户。

- 新鲜性：保证接收到数据的时效性，确保没有恶意节点重放过时的消息。

### 4.4.2 物联网面临的安全威胁与攻击

物联网具有感知互动层网络资源受限、拓扑变化频繁、网络环境复杂的特点，除面临一般信息网络的安全威胁外，还面临其特有的威胁和攻击，主要的有以下几类。

（1）安全威胁

以下介绍几种物联网在数据处理和通信环境中易受到的安全威胁。

- 物理俘获：是指攻击者使用一些外部手段非法俘获传感节点，主要针对于部署在开放区域内的节点。
- 传输威胁：物联网信息传输主要面临中断、拦截、篡改、伪造等威胁。
- 自私性威胁：网络节点表现出自私、贪心的行为，为节省自身能量拒绝提供转发数据包的服务。
- 拒绝服务威胁：是指破坏网络的可用性，降低网络或系统执行某一期望功能的能力，如硬件失败、软件瑕疵、资源耗尽、环境条件恶劣等。

（2）网络攻击

以下为物联网在数据处理和数据通信环境中易受到的攻击类型。

- 拥塞攻击：是指攻击者在获取目标网络通信频率的中心频率后，通过在这个频点附近发射无线电波进行干扰，使得攻击节点通信半径内的所有传感器网络节点不能正常工作，甚至使网络瘫痪。
- 碰撞攻击：是指攻击者和正常节点同时发送数据包，使得数据在传输过程中发生冲突，导致整个包被丢弃。
- 耗尽攻击：是指通过持续通信的方式使节点能量耗尽。如利用协议漏洞不断发送重传报文或确认报文，最终耗尽节点资源。
- 非公平攻击：攻击者不断发送高优先级的数据包从而占据信道，导致其他节点在通信过程中处于劣势。
- 选择转发攻击：攻击者拒绝转发特定的消息并将其丢弃，使这些数据包无法传播，或者修改特定节点发送的数据包，并将其可靠地转发给其他节点。
- 黑洞攻击：攻击者通过申明高质量路由来吸引一个区域内的数据流通过攻击者控制的节点，达到攻击网络的目的。
- 女巫攻击：攻击者通过向网络中的其他节点申明有多个身份，达到攻击的目的。
- 泛洪攻击：攻击者通过发送大量攻击报文，导致整个网络性能下降，影响正常通信。

### 4.4.3 物联网安全体系

OSI 安全体系架构对于构建物联网的信息安全解决方案，具有重要的指导意义和参考价值。为便于比较，先介绍 OSI 安全体系架构。

OSI 安全体系架构定义了 5 类安全服务、8 类安全机制及安全服务的关系。OSI 的 5 类安全服务是鉴别、机密性、完整性、访问控制和抗抵赖。在 OSI 框架之下，认为每一层和它的上一层都是一种服务关系。5 类安全服务的分类如表 4-7 所示。

OSI 定义的安全服务与安全机制之间具有如表 4-8 所示的关系。

表 4-7　OSI 安全服务分类

| 鉴　别 | 机　密　性 | 完　整　性 | 访问控制 | 抗　抵　赖 |
|---|---|---|---|---|
| 对等实体鉴别 | 连接机密性 | 带恢复的连接完整性 | 访问控制 | 有数据原发证明的抗抵赖 |
| 数据原发鉴别 | 无连接机密性 | 不带恢复的连接完整性 | | 有交付证明的抗抵赖 |
| | 选择字段机密性 | 选择字段的连接完整性 | | |
| | 通信业务流机密性 | 无连接完整性<br>选择字段的无连接完整性 | | |

表 4-8　安全服务和安全机制之间的关系

| 服务 \ 机制 | 加密 | 数字签名 | 访问控制 | 数据完整性 | 鉴别交换 | 通信量填充 | 路由控制 | 公证 |
|---|---|---|---|---|---|---|---|---|
| 对等实体鉴别 | √ | √ | ○ | ○ | √ | ○ | ○ | ○ |
| 数据原发鉴别 | √ | √ | ○ | ○ | ○ | ○ | ○ | ○ |
| 连接机密性 | √ | ○ | ○ | ○ | ○ | ○ | √ | ○ |
| 无连接机密性 | √ | ○ | ○ | ○ | ○ | ○ | √ | ○ |
| 选择字段机密性 | √ | ○ | ○ | ○ | ○ | ○ | ○ | ○ |
| 通信业务流机密性 | √ | ○ | ○ | ○ | ○ | √ | √ | ○ |
| 带恢复的连接完整性 | √ | ○ | ○ | √ | ○ | ○ | ○ | ○ |
| 不带恢复的连接完整性 | √ | ○ | ○ | √ | ○ | ○ | ○ | ○ |
| 选择字段的连接完整性 | √ | ○ | ○ | √ | ○ | ○ | ○ | ○ |
| 无连接完整性 | √ | √ | ○ | √ | ○ | ○ | ○ | ○ |
| 选择字段的无连接完整性 | √ | √ | ○ | √ | ○ | ○ | ○ | ○ |
| 访问控制 | ○ | ○ | √ | ○ | ○ | ○ | ○ | ○ |
| 有数据原发证明的抗抵赖 | ○ | √ | ○ | √ | ○ | ○ | ○ | √ |
| 有交付证明的抗抵赖 | ○ | √ | ○ | √ | ○ | ○ | ○ | √ |

注：√表示具有该功能，○表示不具有该功能。

根据物联网的安全威胁和特征，物联网的安全体系包括以下 3 个部分。

（1）基于数据的安全

该部分主要处理数据的保密性、鉴别、完整性和时效性。用于保障数据安全的方法主要包括以下两点。

- 安全定位：在存在恶意攻击的条件下，物联网应具有仍能有效、安全地确定节点的位置的能力。
- 安全数据融合：物联网应在任何情况下保证融合数据的真实性和准确性。

（2）基于网络的安全

网络通信为应用服务层提供数据服务，在考虑网络安全问题时应基于以下安全策略。

- 安全路由：防止因误用或滥用路由协议而导致的网络瘫痪或信息泄露。
- 容侵容错：网络传输层安全技术应避免故障、入侵或者攻击对系统可用性造成的影响。

基于网络的安全还应该使用网络可扩展策略、负载均衡策略和能量高效策略等。

（3）基于节点的安全

基于节点的安全为网络传输层通信和应用服务层数据提供安全基础设施，可采用以下安全机制：

- 安全有效的密钥管理机制。

- 高效冗余的密码算法。
- 轻量级的安全协议。

### 4.4.4 物联网感知互动层的安全机制

**1．密钥管理**

密钥管理系统是安全的基础，是实现感知信息保护的手段之一。物联网感知互动层密钥管理系统由于计算资源的限制面临两个问题：一是如何构建与物联网体系架构相适应的贯穿多个网络的统一密钥管理系统；二是如何解决物联网感知互动层的密钥管理问题，包括密钥的生成、分配、更新、组播等。

实现统一的密钥管理系统有两种方式：一是以互联网为中心的集中式管理方式，由互联网的密钥分配中心负责物联网感知互动层的密钥管理，一旦物联网感知互动层接入到互联网，则通过密钥分配中心与网关节点进行交互，实现对物联网感知互动层节点的密钥管理；二是以物联网感知互动层各局部网络为中心的分布式管理方式，这种方式对汇聚节点或网关的要求比较高，虽然可以通过分簇等层次式网络结构管理，但对多跳通信的边缘节点、分层算法的能耗，使得密钥管理存在成本和开销的问题。

物联网感知互动层的密钥管理系统的设计与传统有线网络或资源不受限的无线网络有所不同，其安全需求主要体现在以下方面：

- 密钥生成或更新算法的安全性。
- 前向私密性，中途退出网络或被俘获的恶意节点无法利用先前的密钥信息生成合法的密钥，继续参与通信。
- 后向私密性和可扩展性，新加入的合法节点可利用新分发或者周期性更新的密钥参与网络通信。
- 源端认证性和新鲜性，要求发送方身份的可认证性和消息的可认证性，即每个数据包都可以寻找到其发送源且不可否认。

物联网感知互动层的密钥管理机制涉及以下 3 个方面：

- 密钥材料的产生、分配、更新和注销。
- 共享密钥的建立、撤销和更新。
- 会话密钥的建立和更新。

在实现方法上，主要有基于对称密钥和非对称密钥两种方法。基于对称密钥的分配方式又可以分为 3 类：基于密钥分配中心方式、预分配方式和基于分组分簇方式，比较典型的解决方法有 SPINS 协议、基于密钥池预分配的 E-G 方法、单密钥和多密钥空间随机密钥预分配方法、对称多项式随机密钥预分配方法、基于地理信息的随机密钥预分配方法、低功耗的密钥管理方法等。对称密钥系统在计算复杂度方面有优势，但安全性方面却不如非对称密钥系统。

在非对称密钥系统领域，MICA2 节点上实现了基于 RSA 算法的外部节点的认证及 TinySec 密钥的分发和基于椭圆曲线密码的 TinySec 密钥的分发。

**2．鉴别机制**

物联网感知互动层鉴权技术主要包括以下 3 种。

- 网络内部节点之间的鉴别：物联网感知互动层密钥管理是网络内部节点之间能够相互鉴别的基础。内部节点之间的鉴别是基于密码算法的，具有共享密钥的节点之间能够实现相互鉴别。

- 物联网感知互动层节点对用户的鉴别：用户为物联网感知互动层外部的、能够使用物联网感知互动层收集数据的实体。当用户访问物联网感知互动层，并向物联网感知互动层发送请求时，必须要通过物联网感知互动层的鉴别。
- 物联网感知互动层消息鉴别：由于物联网感知互动层信息可能被篡改或被插入恶意信息，所以要求采用鉴别机制保证其合法性和完整性，其中鉴别机制包括点对点消息鉴别和广播消息鉴别。

**3．安全路由机制**

安全路由机制以保证网络在受到威胁和攻击时，仍能进行正确的路由发现、构建和维护，包括：数据保密和鉴别机制、数据完整性和新鲜性校验机制、设备和身份鉴别机制以及路由消息广播鉴别机制等。

针对安全威胁而设计的安全路由协议有 TRANS（Trust Routing for Location-aware Sensor Networks）和 INSENS（Intrusion-tolerant Routing Protocol for WSNs）。TRANS 是建立在地理路由之上的安全机制，包括信任路由和不安全位置避免两个模块，信任路由模块安装在汇聚节点和感知节点上，不安全位置避免模块仅安装在汇聚节点上；INSENS 是一种容侵的安全路由协议，包括路由发现和数据转发两个阶段。

针对不同的网络攻击，可采用相应的解决方案。例如，针对女巫攻击采用身份验证方法；针对 Hello 泛洪攻击采用双向链路认证方法；针对黑洞攻击采用基于地理位置的路由协议；针对选择转发攻击采用多径路由技术；针对认证广播和泛洪攻击采用广播认证，如 uTESLA 方法。

**4．访问控制机制**

访问控制机制以控制用户对物联网感知互动层的访问为目的，能够防止未授权用户访问物联网感知互动层的节点和数据。访问控制机制包括（但不限于）自主访问控制和强制访问控制。

（1）自主访问控制

自主访问控制策略包括（但不限于）访问控制表及访问能力表，其中访问控制表是指在通过访问控制表进行访问控制时，能明确指明网内的每种设备可由哪些用户访问，以及进行何种类型的访问（读取、发送控制命令）。访问能力表是指在通过访问能力表进行的访问控制中，能明确指明每个合法用户能够访问哪些设备资源，以及进行何种类型的访问（读取、发送控制命令）。

自主访问控制机制包括（但不限于）基于用户身份的访问、基于组的访问及基于角色的访问，如果明确指出细粒度的访问控制，则需要基于每个用户进行访问控制。否则，为了简化访问控制表，提高访问控制的效率，在各种安全级别的自主访问控制模型中，均可通过用户组和用户身份相结合的形式进行访问控制。

为了实现灵活的访问控制，可以将自主访问控制与角色相结合，实施基于角色的访问控制，这便于实现角色的继承。

（2）强制访问控制

当主体的安全级别不高于资源的安全级别时，主体能执行添加操作；当主体的安全级别不低于资源的安全级别时，能执行改写或删除已有数据的操作；当主体的安全级别不低于客体的安全级别时，能执行只读操作；当主体的安全级别不低于客体的安全级别时，能执行发送控制命令操作。强制访问控制可基于单个用户、用户组和角色进行实施，即为不同的用户、用户组或角色设置不同安全级别的标记，根据这些标记实施强制访问控制。

**5．安全数据融合机制**

安全数据融合机制，以保障信息保密性、信息传输安全、信息聚合的准确性为目的，通过加密、安全路由、融合算法的设计、节点间的交互证明、节点采集信息的抽样、采集信息的签名等机制实现。以下介绍基于监督的安全数据融合机制。

首先由信任中心或者汇聚节点选取监督节点，可指定也可选举产生，但不包括聚合节点。然后生成监督信息，包括监督范围和周期等。执行监督功能和数据融合同步进行，监督节点利用无线网络广播特点，收集监督范围内普通节点采集的发送给所监督的聚合节点的报文，进行数据融合。

监督节点将监督信息发送给路由节点并最终交给汇聚节点，汇聚节点一段时间内未收到监督报文，则判定聚合节点为恶意节点。汇聚节点根据监督节点上传的信息，对聚合节点融合信息的真实性、正确性进行判断。当汇聚节点判定聚合节点融合信息不可靠时，下发撤销聚合节点报文。

**6．容侵容错机制**

容侵框架主要包括 3 个部分。

（1）判定疑似恶意节点

找出网络中的攻击节点或可能被妥协的节点，汇聚节点或网关随机发送一个通过公钥加密的报文给节点，节点必须利用其私钥对报文进行解密并回送给汇聚节点。如果汇聚节点长期收不到回应报文，则认为该节点遭受入侵。另一种判定机制是利用邻居节点的签名，节点发送给汇聚节点的数据包要获得一定数量的邻居节点的签名，汇聚节点通过验证签名的合法性，判定节点为恶意节点的可能性。

（2）针对疑似恶意节点的容侵机制

汇聚节点发现网络中可能存在恶意节点后，发送一个信息包，告知疑似恶意节点的邻居节点可能的入侵情况，邻居节点将该节点的状态修改为容侵，该疑似恶意节点仍能在受控状态进行数据转发操作。

（3）通过节点协作对恶意节点做出处理决定

一定数量的邻居节点发送编造的报警报文给疑似恶意节点，观察其对报警报文的处理情况，邻居节点根据接收到的疑似节点的无效签名数量，决定对其选择攻击或者放弃操作。

容错机制主要包括 3 个方面的容错。

- 网络拓扑中的容错：通过对网络设计合理的拓扑结构，保证网络出现断裂的情况下仍能正常通信。
- 网络覆盖中的容错：在部分节点、链路失效的情况下，如何事先部署或事后移动、补充节点，从而保证对监测区域的覆盖和连通性。
- 数据检测中的容错：在恶劣的网络环境中，当一些特定事件发生时，处于事件发生区域的节点如何正确获取数据的能力。

### 4.4.5 物联网网络传输层的安全机制

**1．IPSec**

IPSec（IP Security）是一个开放式的 IP 网络安全标准，它在 TCP 协议栈中间位置的网络层实现，可为上层协议无缝地提供安全保障，高层的应用协议可以透明地使用这些安全服务，而不必设计自己的安全机制。

IPSec 提供 3 种不同的形式保护 IP 网络的数据。

- 原发方鉴别：可以确定声称的发送者是真实的发送者，而不是伪装的。
- 数据完整性：可以确定所接收的数据与所发送的数据是一致的，保证数据从原发地到目的地的传输过程中，没有任何不可检测的数据丢失与改变。
- 机密性：使相应的接收者能获取发送的真正内容，而非授权的接收者无法获知数据的真正内容。

IPSec 通过 3 个基本的协议来实现上述 3 种保护，它们是鉴别报头（AH）协议、封装安全载荷（ESP）协议、密钥管理与交换（IKE）协议。IPSec 的体系架构如图 4-34 所示。

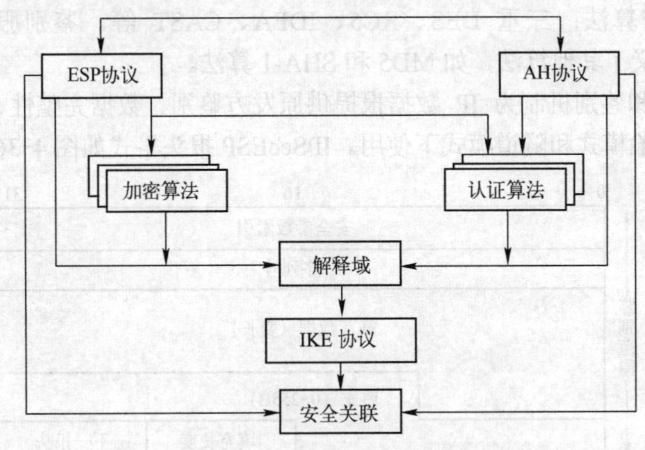


图 4-34　IPSec 的体系架构

（1）鉴别报头（Authentication Header，AH）协议

可以保证 IP 分组的原发方真实性和数据完整性。其原理是将 IP 分组头、上层数据和公共密钥通过嵌入哈希算法（MD5 或 SHA-1）计算出 AH 报头鉴别数据，将 AH 报头数据加入 IP 分组，接收方将收到的 IP 分组运行同样的计算，并与接收到的 AH 报头比较从而进行鉴别。

数据完整性可以对传输过程中非授权数据的内容修改，进行检测；鉴别服务可使末端系统或网络设备鉴别用户或通信数据，根据需要过滤通信量，验证服务还可防止地址欺骗攻击及重放攻击。IPSecAH 报头格式如图 4-35 所示。

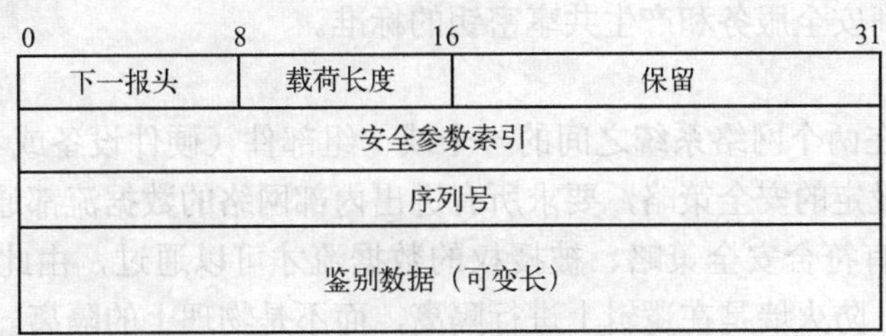


图 4-35　IPSecAH 报头格式

AH 各字段含义如下。

- 下一报头：表示紧随验证头的下一个头的类型。

- 载荷长度：以 32bit 为单位的鉴别头长度再减去 2，其默认值为 4。
- 保留：留作将来使用。
- 安全参数索引：用来标识一个安全关联。
- 序列号：增量计数器的值，与 ESP 中的功能相同。
- 鉴别数据：一个可变长字段（必须是 32bit 的整数倍），用来填入对 AH 包中除鉴别数据字段外的数据进行完整性校验时的校验值，其默认值是 96bit。

（2）封装安全载荷（Encapsulating Security Payload，ESP）协议

利用加密机制为通过不可信网络传输的 IP 数据提供机密性服务，同时也可以提供鉴别服务。

ESP 协议兼容多种加密算法，系统必须支持密码分组链接模式和 DES 算法，同时也定义了使用其他加密算法：三重 DES、RC5、IDEA、CAST 等。鉴别服务要求必须支持 NULL 算法，也定义了其他算法，如 MD5 和 SHA-1 算法。

通过这些加密和鉴别机制为 IP 数据报提供原发方鉴别、数据完整性、反重放和机密性安全服务，可在传输模式和隧道模式下使用。IPSecESP 报头格式如图 4-36 所示。

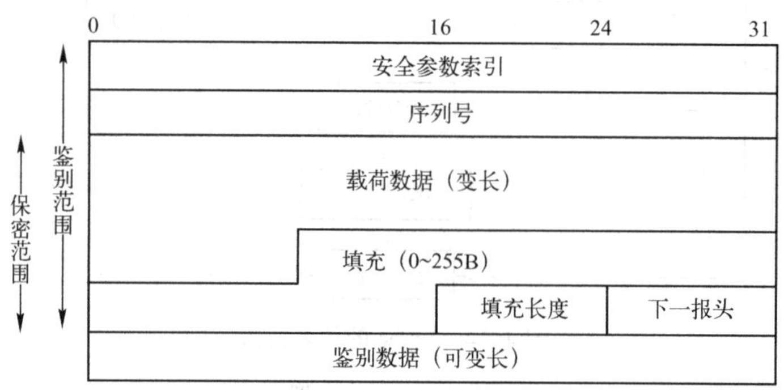


图 4-36　IPSec ESP 报头格式

ESP 报头中许多字段的含义与 AH 中字段含义类似。ESP 报头中的填充字段主要用来满足某些加密算法对明文分组字节数的要求。

（3）密钥管理与交换（IKE）协议

IPSec 的密钥管理包括密钥的确定和分配，分为手工和自动两种方式。IPSec 默认的自动密钥管理协议是 Internet 密钥交换（Internet Key Exchange，IKE），它规定了对 IPSec 对等实体自动验证、协商安全服务和产生共享密钥的标准。

**2．防火墙**

防火墙是部署在两个网络系统之间的一个或一组部件（硬件设备或者软件），这类组件定义了一系列预先设定的安全策略，要求所有进出内部网络的数据流都通过它，并根据安全策略进行检查，只有符合安全策略、被授权的数据流才可以通过，由此保护内部网络的安全。值得注意的是，防火墙是在逻辑上进行隔离，而不是物理上的隔离。防火墙的安全策略主要包含在以下几个方面：访问控制、内容过滤、地址转换。

防火墙的具体形态可以是以下 3 种。

- 纯软件防火墙：通过运行在计算机或者服务器系统上的软件，进行数据安全访问策略控制，实现简单，配置灵活。但是并发处理能力、安全防卫水平较差，多用于个

人计算机或者中小型企业服务器。

- 纯硬件防火墙：将防火墙相关软件固化在专门设计的硬件之上，数据处理能力较纯软件防火墙得到了很大的提升。在一些数据中心，必须使用纯硬件防火墙进行相关的安全防护。
- 软硬件结合防火墙：结合了前两种防火墙的优点，在数据中心使用较多。

屏蔽路由器结构是防火墙结构中一种最简单的体系结构，屏蔽路由器（或主机）作为内外连接的唯一通道，对出入网络的数据进行包过滤。其结构如图 4-37 所示。

屏蔽主机结构的防火墙使用一个路由器隔离内部网络和外部网络，代理服务器部署在内部网络上。在路由器上设置数据分组过滤规则，使得代理服务器是外部网络唯一可以访问的主机。屏蔽主机的防火墙结构易于实现，应用比较广泛。屏蔽子网结构的防火墙通过建立一个子网络来分隔内部网络和外部网络。子网络是一个被隔离的子网，在内部网络与外部网络之间形成一个隔离带。内外网络进行通信时，必须经过子网络通信，不可以直接通信。

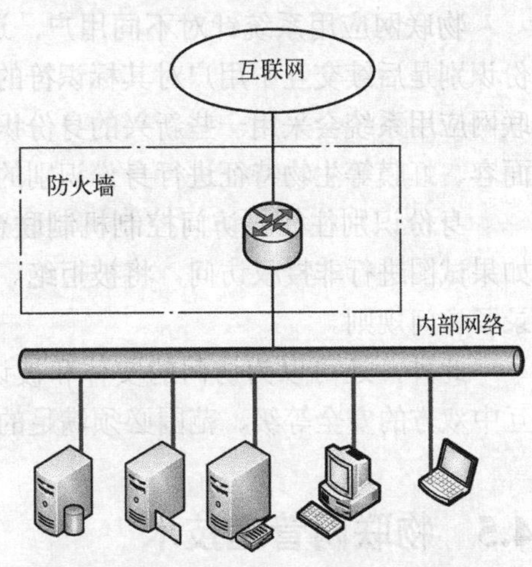

图 4-37　屏蔽路由器结构

**3．隧道服务**

物联网应用系统中有时候会使用一些自己建立的内部网络（Intranet），这类内部网络也必须通过互联网进行互联。这类服务往往是通过隧道技术提供的，最典型的就是虚拟专网（Virtual Private Network，VPN）。VPN 是指通过在一个公用网络（如互联网）中建立一条安全、专用的虚拟隧道，连接各地的不同物理网络，从而构成逻辑上的虚拟子网。进入 VPN 专用网络的各个终端，无论物理网络的位置在哪里，使用上还是类似于同一个局域网进行操作。

隧道技术的原理是在消息的发起端对数据报文进行加密封装，然后通过在互联网中建立的数据通道，将数据传输到消息的接收端，接收端再针对数据包进行解封装，得到最后的原始数据包。

隧道技术主要应用于 OSI 的数据链路层和网络层。数据链路层协议主要是将需要传输的协议封装到 PPP 中，把新生成的 PPP 报文封装到隧道协议包中，利用数据链路层协议进行传输。数据链路层隧道协议主要是 L2TP。网络层协议主要是把需要传输的协议包直接封装到隧道协议包中，再通过网络层进行传输。网络层隧道协议主要有 IPSec、IPv6 over IPv4 等。

**4．数字签名与数字证书**

数字签名包括两个过程：签名者对给定的数据单元进行签名；接收者验证该签名。

签名过程需要使用签名者的私有信息（满足机密性和唯一性），验证过程应当仅使用公开的规程和公开的信息，这些公开的信息不能计算出签名者的私有信息。数字签名算法与公钥加密算法类似，是私有密钥或公开密钥控制下的数学变换，而且通常可以从公钥加密算法派生而来。

数字证书是一种权威性的电子文档，是由权威公正的第三方机构即证书授证中心签发的证书。以数字证书为核心的加密技术可以对网络上传输的信息进行加密和解密、数字签名和签名验证，确保网上传递信息的机密性、完整性。

CA 中心，又称为证书授证中心，作为电子商务交易中受信任的第三方，承担公钥体系中公钥的合法性检验的任务。CA 中心为每个使用公开密钥的用户发放一个数字证书，数字证书的作用是证明证书中列出的用户合法拥有证书中列出的公开密钥。CA 中心的数字签名使得攻击者不能伪造和篡改证书。它负责产生、分配并管理所有参与网上交易的个体所需的数字证书，因此是安全电子交易的核心环节。

**5. 身份识别与访问控制**

物联网应用系统针对不同用户，通常会为用户设定一个用户名或标识符的索引值。身份识别是后续交互中用户对其标识符的一个证明过程，通常是由交互式协议实现的。一些物联网应用系统会采用一些新兴的身份识别技术，比如在智能家居中使用基于使用者的指纹、面容、虹膜等生物特征进行身份识别的技术。

身份识别往往与访问控制机制联合使用。访问控制机制确定权限，授予访问权。实体如果试图进行非授权访问，将被拒绝。授权中心或者被访问实体，都建有访问控制列表，记录了访问规则。

此外，还可以为访问的实体和被访问的实体划分相应的安全等级和范围，制定访问交互中双方的安全等级、范围必须满足的条件。

## 4.5 物联网管理技术

物联网是将海量的传感设备与互联网结合起来形成的一个巨大网络，让海量物品与网络连接在一起，以便于识别、管理和监控，在此基础上实现融合的应用，最终为人们提供无所不在的泛在服务。这样一个庞大而复杂的网络系统想要正常运行，必须要有一个可靠、有效、灵活且便利的管理系统作为它正常运行的有力保障。管理技术作为物联网必不可少的一种共性支撑技术，不仅包括了现有的网络管理功能，还应有物联网特有的管理功能。一个可运营、可管理、可控、可信任的物联网网络，它的管理功能至少应包含终端设备管理、网络管理等功能。物联网的终端与传统的用户终端相比，数量众多、功能相对简单、处理能力不高，某些应用中终端还有节能的要求。面对新的网络和设备特点，现有的网管系统和管理协议需要进行简化，以适应物联网通信的要求。

### 4.5.1 物联网终端管理技术

近年来伴随着物联网技术的逐步成熟以及应用的日益普及，对于众多物联网设备的远程管理需求也日益体现。由于物联网终端设备普遍具有低计算能力、低存储、低功耗的特性，如何高效地实现对它们的远程管理具有相当的挑战性。

物联网终端是物联网中连接感知延伸层和网络层，实现数据采集（或汇聚）及向电信网络发送数据的设备，它担负着数据采集、预处理、加密、控制和数据传输等多种功能。当前物联网终端种类繁多，形态各异，各个终端设计处于独立研发阶段，终端管理技术缺乏行业标准和规范，终端生产厂家或者集成商需要针对不同的行业终端设计独立的监管维护系统，导致资源浪费，投入产出比不高。因此，如何正确配置和管理这些海量设备将是一个很大的问题。使得终端协议、配置、维护、监控、软硬件接口标准化，对终端设备进行统一管理和控制，解决目前物联网产业中严重存在的孤岛式、低重用性、高成本，以及信息安全传输隐患和物联网终端生命状态的不可知的问题是物联网终端管理技术的首要目的。

另外，在很多物联网应用场合中由于部署以及成本等多方面限制，物联网设备通常都具有体积小、价格低廉、无固定电源供电的特点。受这些限制，它们的存储能力、计算能力、网络性能以及电源容量往往十分有限。因此，传统互联网中所使用的网络设备管理协议和方法对于这些物联网设备来说负荷过重，从性能到能耗等多方面的要求都难以满足而无法有效使用。这就需要针对能力受限的物联网设备开发更高效的管理协议及方法，相关研究已经吸引了学术界越来越多的关注。国际和国内的多个相关标准组织也已经开始了对物联网设备管理标准的讨论与制定。IETF、OMA、IPSO、ESTI、CCSA 等组织都起草或者发布了相关标准。

对于物联网终端管理技术的研究，目前主要集中在两个方向。首先是研究如何在物联网中使用现有网络管理协议；其次，是借鉴现有网管协议开发新的适用于物联网的专用网管协议。

**1．传统设备管理协议**

对于物联网的设备管理技术，一开始主要集中在使用传统网络的设备管理协议，研究是否能够直接将现有设备管理协议应用于物联网的设备管理及其效果如何。使用现有的互联网设备管理协议具有标准成熟度高，易与原有网管系统和设备向后兼容等优点，还能够避免额外的标准设计制定工作。

传统 IP 网络的管理协议直接用于受限的物联网设备负荷过重，难以满足低负荷、低功耗的需求，需要作出相应的改进后才能应用于物联网中。现有的尝试包括已在 Contiki 操作系统及 Atmel 公司的 AVR Raven 硬件平台上实现了轻量级的 SNMP 协议和 NETCONF 协议。研究结果表明，SNMP 协议比 NETCONF 协议具有更高的效率，占用的运算时间和存储空间都相对较少。上述网管协议通常使用 TLS/DTLS 等安全机制来提供安全保证，这些安全机制往往需要更大的开销。另外，由于大报文会带来在不同协议层上的分片以及重组开销，会需要较多的资源，所以建议更多地使用低负荷的小报文实现。这些研究结果都表明，经过适当优化及定制，部分现有的互联网设备管理协议可以用于某些场合下的物联网设备管理。

**2．新型物联网设备管理协议**

除了改进现有的传统网络设备管理协议使之适应物联网的要求外，新型物联网设备管理技术的研究工作及协议标准制定工作也在不断进行。

互联网工程任务组（IETF）作为全球最具权威的互联网技术标准化组织，曾经制定了 SNMP、NETCONF 等在传统互联网的设备管理中被广泛使用的协议和描述语言。

随着物联网技术的兴起，IETF 仍在进行新的面向受限环境下的网络管理技术的研究和开发，并陆续成立了多个工作组进行受限环境下 IP 网络技术的研究。包括研究在资源受限节点上实现 IPv6 的 6lo 工作组；研究在低功耗无线个域网（802.14.4）上实现的 IPv6 协议栈的 6LOWPAN 工作组（见图 4-38）；研究各种轻量级实现的 LWIG 工作组；研究低功率松散网络条件下轻量级路由协议的 ROLL 工作组；研究家庭网络的 homenet 工作组；研究受限网络环境下安全传输的 dice 工作组；研究受限 IP 网络中面向资源应用协议的 CORE 工作组等等。

其中，CORE 工作组规定了受限 RESTful 环境下的链接格式标准（CoRE Link Format RFC6690），该标准中所定义的链接格式可用于高效地描述受限物联网 Web 服务器的资源，包括它们的属性以及链接关系等等。特别地，CORE 工作组制定了一种专门用于受限设备和网络的 Web 传输协议，即受限应用协议（CoAP）的制定。CoAP 是一种类 HTTP 的用于

REST 架构的轻量级应用层协议，承载于 UDP 之上，采用 request/response 交互模型，支持 GET、PUT、POST、DELETE 方法，如图 4-39 所示。该协议的设计充分考虑了低功耗、功能有限的物联网设备的需求，具有报文头开销小，解析复杂度低，机制简单，支持多播等特点，目前与之相配套的相关协议族也正在逐步制定中。CoAP 及其配套的整个协议族可以作为轻量级的应用层协议用于传输物联网中的各种管理消息。另外，IETF 中建立了专门的讨论受限网络中管理问题的非工作组邮件列表 COMAN。目前，正针对受限设备的管理需求和备选的管理技术等热点问题进行热烈讨论，并计划将来就此课题成立专门的工作组。

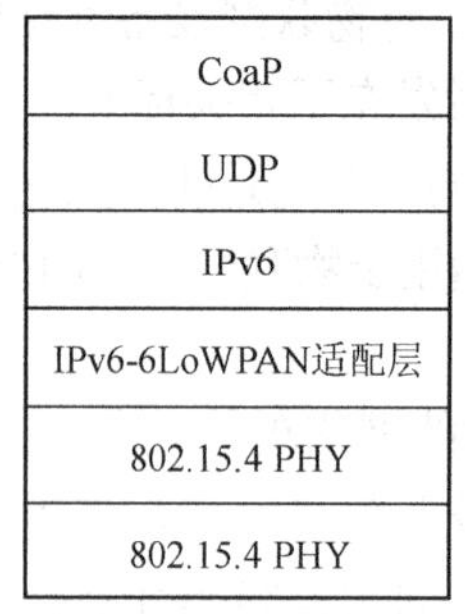


图 4-38　6LOWPAN 协议栈

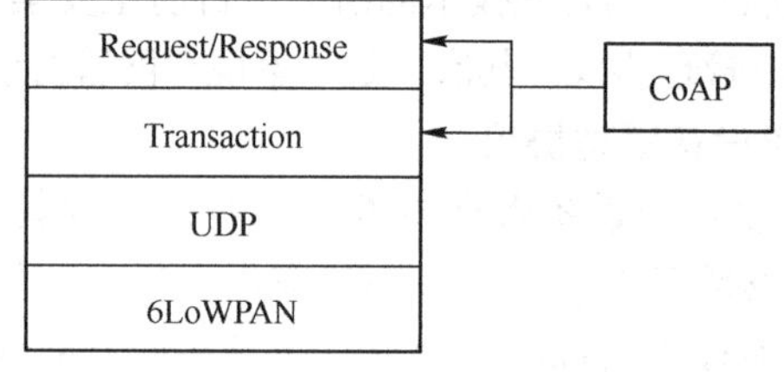


图 4-39　CoAP 协议栈

由全球主要的移动运营商、设备和网络供应商及信息技术公司组成的开放移动联盟（OMA）也早已认识到对处于多种网络中海量的各种轻量级设备和连接进行监控、配置和管理都是必不可少的功能，并计划制定一系列的标准来解决这些问题。目前 OMA 已经开始制定轻量级物联网设备管理框架，该设备管理框架将所有的管理项都描述为对象和资源，同时定义了常用的一些管理接口，可用于快速部署客户端/服务器模式的物联网业务。OMA 定义了 LWM2M 服务器、接入控制、设备、连接、固件五种对象，管理接口包括设备发现和注册接口、引导接口、设备管理及业务使能接口和信息报告接口等等，设备管理框架使用 CoAP 协议来实现这些接口。通过这些管理接口对管理相关的对象和资源进行操作，即可实现相应的管理功能。

与此同时，OMA lightweight M2M 标准项目组也尝试使用 OMA-DM 定义的管理机制来进行物联网设备管理。传统 OMA-DM 使用的 HTTP 和 XML 对于物联网中的受限设备来说负荷过重，在将其应用到物联网时，可以使用较轻量级的应用层协议 CoAP 来替代 HTTP，这也是当前物联网设备管理协议的工作重点。而在各种可以用于替代 XML 的压缩报文格式之中，研究结果表明 EXI 相比 Core Format Link 和 Protobuf 会更有效率且更容易实现。另外，由于受电池容量的限制，为达到节能的目的，多数 LTE 网络中的物联网设备都会有休眠模式，如果要对处于休眠模式的设备进行远程管理，首先需要将设备唤醒。

欧洲电信标准化协会（ETSI）专门设立了一个新的技术委员会来制定物联网通信标准，分别定义了与宽带论坛 TR069 管理协议以及 OMA 设备管理一致的管理信息模型，另有一些关于管理架构、接口、应用场景的标准也在制定中。

IPSO 联盟是一个致力于推广 IP 协议族用于智能设备间通信的全球性非营利组织，IPSO 已经发布了其第一个技术指南，IPSO 使用 IETF 标准为基于 IP 的智能设备构建了一个简单高效的 RESTful 的设计模型。该模型为如何使用 HTTP、REST、XML、JSON、COAP 等 Web 技术来实现物联网管理和应用描述了一个特定的模板。使用功能集的形式定义了智能设备可用于向后台业务表示自身资源的 REST 接口。

中国通信标准化协议（CCSA）的泛在网技术委员会（TC10）也对部分场景下的管理功能进行了研究。如感知节点的电源管理，嵌入式通用集成电路卡（eUICC）远程管理，医疗无线体域网管理等，但还没有标准项目针对物联网下的网络管理架构、模型以及协议进行研究。

综上所述，物联网终端设备管理技术目前总体上还处于研究探索阶段。然而，随着物联网设备管理相关技术及标准的不断完善，物联网设备和技术必将获得更加广泛的应用。

## 4.5.2 物联网网络管理技术

网络管理是指对网络上的资源进行集中化管理的操作，一般包括五个功能域，即故障管理、配置管理、计费管理、性能管理和安全管理。在传统网络下，这五个功能域基本上涵盖了网络管理的内容。目前的通信网络、计算机网络基本上都是按照这五个功能域来对网络进行管理的。对于物联网来说，由于物联网有许多新的特性，导致物联网对于其网络的管理提出了新的要求，这五个传统的网络管理功能域显然已经不能全部反映物联网网络管理的实际情况了。必须要针对物联网的新特性开发出新的网络管理技术。当前，物联网的网络管理还是一个新的工作，迄今为止还少有专门针对物联网网络管理的研究和开发。

首先，作为物联网的接入部分，传感器网络有着许多不同于传统通信网络和互联网络的地方。传感器网络是一种自组织的，不需要固定设施（infrastructure）的网络体系架构。物联网具有海量的节点数量，这些节点可以动态、频繁地加入或者离开网络，网络中的节点可以高速移动，节点间的链路通断变化频繁，网络拓扑结构形式具有多样性，节点的生效和失效频繁导致网络拓扑变化剧烈。这些特性导致物联网具有如下特点：

- 网络拓扑变化剧烈。这是因为传感器网络一般是自组织布设，设计寿命的期望值长，节点数目大，传感器节点失效是常事。传感器的失效往往会造成传感器网络拓扑的变化。
- 网络中没有固定的节点和中心。传感器网络的设计和操作与其他无线网络，如蜂窝网络或 802.11 不同，传感器网络中基本没有一个固定的中心实体。在标准的蜂窝无线网中，依靠这些中心实体也就是基站来实现协调及管理功能，而传感器网络则必须依靠分布式的算法来实现这些中心节点的功能。因此，传统的基于集中的 HLR 和 VLR 的移动管理算法，以及基于基站和 MSC 的媒体接入控制算法，在物联网中都不再适用。
- 传感器网络的无线传输距离一般比较小。由于受到自身节点能力的限制，传感器网络其自身的通信距离一般在几米、几十米的范围内。
- 物联网对于数据的安全性有一定的要求。这是因为物联网一般完全依赖网络自身采集数据和传输、存储、分析数据并作出决策。如果发生数据或节点被入侵篡改，必然导致网络的错误决策和行动。
- 网络终端之间的关联性较低。使得节点之间的信息传输很少，相对比较独立。
- 网络地址的短缺性导致网络管理的复杂性。众所周知，物联网的具有海量的节点数量，目前尚无一个完善的解决方案，这样更加增加了物联网管理技术的复杂性。

因此，根据上述物联网的新特性，物联网网络管理技术的研究和开发的内容，除了应当包括传统网络网络管理的五个功能域以外，还应针对上述特点作出新的改变。

**1．网络管理协议**

物联网的管理包含了对现有网络（接入网、核心网等）的配置管理，同时根据物联网自有的特性，还有它的特有管理功能需求。物联网的管理系统可以看作是在现有电信网络及互联网的基础上，为适应加入的感知子网络而进行的优化和扩展。物联网的节点数量非常庞大，还可以自身通过不同的方式（预配置、自组织等）灵活地组成很多区域子网。物联网系统的子网网络也是多种多样的，可以是基于 RFID 的网络系统，基于 ZigBee 的传感器网络，或者是基于近距离通信的其他应用。不同类型的设备，其管理层的协议栈也千差万别。很多个这样的子网接入到互联网中，为上层的应用提供服务。显然，在这样一个分布式的网络中，为每一个物联网终端设备分配一个可管理的地址（例如 IPv6 地址），让一个大的网络管理平台直接管理每一个终端并不是一个好的管理方法。物联网的子网内部可以有自己的私有的管理平台，网关作为区域子网的中心控制器自主完成部分网管的功能。管理平台通过对网关的管理，间接地得到整个子网的状态，并对其进行管理。对于一个子网而言，它的管理协议可以是开放的，也可以是私有的，但对于管理系统的功能而言，存在着共同的需求。

而从各个子网的具体工作形态来看，物联网技术与无线传感器网络更加接近，很多子网甚至就是无线传感器网络。因此无线传感器网络的网络管理技术有可能率先移植进物联网领域。目前国内外在与物联网相近的传感器网络领域已经有不少研究成果。这些研究成果虽然没有完全标明是物联网的应用，但是从网络应用和管理的角度来看，应该是适用于物联网子网络管理技术的。

典型的无线传感器网络管理框架包括 BOSS 和 MANNA。BOSS 是一种基于 UPnP 协议的无线传感器网络管理系统，可看作 UPnP 网络和传感器节点之间的协调器。BOSS 通过在 UPnP 控制点和无线传感器网络之间建立一种桥接架构，使得无线传感器网络能接入 UPnP 网络，这种架构使得网络可以通过 UPnP 控制点对无线传感器网络进行管理，从而有效提升了无线传感器网络的可管理性。BOSS 系统由 BOSS、UPnP 控制点、无线传感器节点设备组成。控制点通过 BOSS 提供的服务对无线传感器网络进行控制和管理，控制点和 BOSS 之间使用 UPnP 协议进行通信，而无线传感器网络和 BOSS 之间则通过私有协议进行通信。控制点通过 BOSS 从 WSN 中收集基本的网络管理信息，对这些信息进行分析处理之后，控制点再通过 BOSS 进行诸如同步、定位和能量管理等基本管理服务。

MANNA 的设计思想是将网络应用与网络管理分离，使得网络管理系统能适应不同的应用环境。MANNA 的模块包括管理服务、管理功能和网络模型。管理功能是执行动作，网络模型定义了执行条件，而管理服务则将它们有机结合起来。当网络发生变化时，只需要对相应的网络模型和管理功能进行修改或增删，就可以继续提供管理服务了。同时，MANNA 将无线传感器网络管理角色定义为 Manager，Agent 以及 MIB，并定义了这些角色的功能和位置。MANNA 吸收了传统网络管理思想的同时，充分考虑了无线传感器网络的特点，虽然并未完成所有细节，但它是第一个被完整提出并论述的无线传感器网络管理架构，对无线传感器网络管理的研究产生了非常大的影响。

除上述两个框架以外，国内外还提出了多种无线传感器网络管理协议。比较有代表性的包括 sNMP、SNMS 等等。sNMP(sensor Network Management Protocol)是一种无线传感器网络管理架构。sNMP 架构分为两个部分，首先是定义描述网络当前状态的网络模型和一系列的网络管理功能，其次是设计提取网络状态和维护网络性能的一系列算法和工具。SNMS 则是一种交互式的 WSN 网络管理系统，SNMS 包括两个子系统：基于查询的网络健康状况监测系统和事件驱动的日志系统。用户通过 SNMS 的查询系统可以收集并监测诸如节点电量、节点附近的温湿度等信息，这些信息有助于预测可能出现的故障。日志系统则可以让用户设置感兴趣的事件，当事件发生时相应的节点将报告相关数据。SNMS 支持两种流量模式：收集和分发。收集模式用来获取网络健康状况数据，分发模式用来发布管理消息、命令和查询。

**2. 网络故障管理**

物联网常常需要在无人干预的环境下长时间运行，网络中可能随时出现失效节点。物联网系统的故障管理除了包含对电信网络的性能监测和故障定位之外，也应根据物联网的特点和需求，进行优化和扩展。这一部分主要是对物联网区域子网的性能监测和故障诊断，并上报给管理系统。这些故障管理功能包括：

- 可靠性监测：为了预防故障的发生，物联网的设备以及功能实体都应主动进行性能的监测，及时地修正错误。
- 诊断模式：可以将物联网系统或其中的某些部分配置为诊断模式，能够帮助系统对出现的故障进行诊断。
- 故障发现和报告：物联网的运行状态必须是可监控、可管理的。当异常状况出现时，能够在特定的时隙向管理系统报告。
- 故障恢复：物联网的运行一般不需要人的介入。因此，当物联网系统中的设备出现故障时，管理系统对设备进行远程的诊断、恢复、复位或隔离等操作是十分必要的。

Sympathy 协议是一个比较有代表性的用于处理节点故障的管理协议，在 Sympathy 协议中使用了 4 种标记参数：邻居列表、链路质量、节点下一级跳转的两个最优选择和相关的下一级跳转的路径损耗。所有节点中的这些参数阶段性地被收集起来传递给一个处理节点，然后在处理节点处进行诊断，确认并定位故障。WinMS 协议则使用一个计划驱动的 MAC 协议、一个本地网络管理方案和一个中心网络管理方案来进行网络故障管理。其中，MAC 协议用于在一个树型结构的数据集中收集和广播管理数据；本地网络管理方案用于个体节点运行自身管理功能，中心网络管理方案用于控制核心管理节点，获得整个网络的整体信息，并可靠地运行、预防故障和修复故障的管理任务。

**3. 网络配置管理**

配置管理功能从物联网设备中获取数据，并使用这些数据管理所有节点设备的配置信息，掌握和控制网络的状态，包括传感器子网内运行的传感器节点的状态以及节点的连接关系等内容。配置管理主要的作用是增强物联网的控制。节点设备在电源能量、通信能力、计算和存储能力等方面都极度受限，在配置管理中主要体现在轻量级功能上。物联网的配置管理应该具备以下的一些功能。

节点部署与覆盖：节点部署，即通过一定的算法布置节点，优化现有的网络资源，以期网络在未来的应用中获得最大利用率或单个任务的最少消耗量。节点部署是物联网进行工作的第一步，是网络正常工作的基础，只有把节点设备在目标区域布置好，才能进一步进行其他的工作和优化。在部署时，每个节点的感知范围、无线传输范围都是有限的，为保证整个区域都在监测范围之内，以及保证网络的连通性，需要按照一定的算法在目标区域布置传感器，即覆盖问题。它是整个物联网应用得以继续进行的基础。覆盖问题从最初的画廊问题（线性规划问题）发展到 Ad hoc 网络的覆盖问题，以及无线传感器网络的覆盖问题，甚至还出现了移动站点辅助的覆盖方案。当然随着实际物联网应用的发展，还会出现更多的适合实际需求的有效覆盖方案。

能力信息上报：物联网网络的子网类型是异构的，这些子网中的终端和网关也是多种多样、各不相同的。因此，不同的设备向管理系统上报自己的能力信息十分必要。管理系统不仅要能对不同类型的设备的标识、能力、性能等信息进行记录和查询，还应能对不同类型的网关设备和终端设备的位置、状态、可用性等动态信息进行监控和查询，并且将动态信息和被管理对象关联起来。

即插即用：物联网子网的设备应尽可能地使用“即插即用”的配置方式接入网络。“即插即用”使得设备能够独立地完成网络配置，而不需要借助其他的辅助设备。这一简化网络配置的过程，可大大提高网络部署的效率，可以进一步推动物联网设备投入使用。

拓扑控制：拓扑控制是节点感知和节点间通信的基础。目前在无线传感网络中已有较多拓扑控制的工作，一般希望使用自适应自配置的传感器网络拓扑算法。现在有许多基于簇管理的算法用于拓扑管理，这些算法可以采用多种方式进行分类，如基于位置信息和不基于位置信息、分布式和集中式、基于节点 ID 和基于节点度等。

节点重编程：节点重编程是在节点设备首次部署完成后对其进行远程任务再分配、节点软件更新和网络功能重配置的过程。由于工作环境的不确定性和可变性，工作在节点上的应用往往具有动态的功能和性能需求，并且事先计算好所有可能的运行条件，从而生成所有可行的系统配置一般来说是不可行的，因此节点重配置重编程是物联网网络管理必须具备的重要功能。当前一般有 4 种重编程配置机制：全二进制代码更新、模块二进制更新、虚拟机方式、参数调整。其中，参数调整方式灵活性小但开销也小；全二进制代码更新允许做任意的功能更改，其灵活性最好但开销也最大；模块二进制更新的灵活性与全二进制代码更新类似，但为了适应物联网窄带宽、低能耗的特点，要尽量减少网络流量，避免不必要的重复传输，只传输需要更新的软件部分，使开销较小；虚拟机方式是指提供脚本并通过执行脚本完成重配；其灵活性主要受限于脚本，这是目前使用比较广泛的重编程方法。

**4. 网络性能管理**

性能管理通过评估物联网的运行状况及通信效率等性能参数，实现对网络性能的分析检测。其能力包括监视和分析各个子网络及其所提供服务的性能机制。性能分析的结果可能会用于触发某个诊断测试过程或重新配置网络，以维持网络的性能。物联网是涵盖了数据的感知、处理和传输功能并面向应用的任务型网络，其性能管理除了包括一系列传统的性能参数，还涉及网络生存周期、能耗管理、QoS 等更为广泛的性能指标。

网络生命周期管理：生存周期是指从网络部署开始到网络无法完成任务的时间。生命周期管理是指管理系统通过周期性的发送消息给所有的设备，根据设备的回复来判断被管理对象的状态。例如，是否在线、是否激活、是否休眠、是否失效等。管理系统通过生命周期消息来确认设备的状态。设备也可以定期向管理系统发送生命周期消息报告自己的状态。

能耗管理：由于节点通常能量有限，因此在复杂的应用环境下如何延长网络的工作寿命就成为无线传感器子网的首要性能指标和重要研究内容。在无线传感器网络管理中，剩余能量管理是很重要的功能，当前已有很多研究成果。E-Scan 是一种比较有代表性剩余能量管理机制，它使用具有数据融合的剩余能量扫描算法，相对于由节点主动汇报自己的能量状况的算法，可以大大减少剩余能量管理本身所带来的能量消耗。E-Scan 不关心某个具体节点的剩余能量，而是关心某个区域内的能量状态特征，如最大值、最小值。因此在扫描过程中，对同一区域内的节点进行相似能量状态的合并。这样，协议最终会得到各个不相交区域的能量状态特征，据此可以得出整个子网络的剩余能量情况。

QoS：物联网的 QoS 指标主要包括传输可靠性（丢包率）、传输时延和传输实时性等。虽然在无线传感器网络中冗余节点和冗余数据大量存在，但数据传输的可靠性始终是各种应用服务的基础；传输时延是指从源节点到目的节点传输一个（或一组）数据包所需的总时延，具体包括传播时延、排队时延和路由时延等；传输实时性在无线多媒体传感器网络传输图像或视频时更为关注。目前也已有大量的无线传感器子网方面的 QoS 保证算法。

**5. 网络计费管理**

传统网络中，计费管理一般根据 IP 地址对流量进行双向统计，或是按照通话时长等按照特定的计费策略计算网络使用费用。而在物联网中，当前的发展现状仍以面向特定应用的定制封闭网络为主，因此计费并非是当前物联网的主要问题。但是随着物联网的进一步发展和应用市场的进一步拓广，物联网的计费管理必不可少。可由运营商管理、提供并运营共性平台，为物联网应用子集提供支撑，并提供计费管理。而由第三方负责维护应用子集平台，为用户提供差异化服务，并向用户收取费用。到那时，计费管理将成为必需的管理功能。

综上所述，到目前为止，对物联网网络管理的理论和技术的研究还处于起步阶段。然而，已经有越来越多的研究者开始关注这一领域，相信网络管理将成为物联网研究的下一个热点。可以预见，物联网网络管理将在下列几个方面进一步开拓发展。首先，现有的无线传感器子网管理系统都不具备完全的网络管理功能，而且绝大多数现有网络管理系统都是与特定应用相关的。设计一个有效的、通用的网络管理架构来支持不同应用服务下的异构网络，是一个亟待解决的难题。其次，网络管理的基础是网络状态、性能参数等关键信息的测量。传统网络测量技术关注的是具体网络设备的状况，但这并不完全适合物联网网络管理。物联网的网络测量应该将网络整体以及网络节点间的协作行为作为一个重要的参数。因此开发适应物联网的网络测量技术，将是下一个热点。此外，分布式人工智能和主动网络技术将在网络管理中扮演越来越重要的角色。分布式管理架构将成为主流，管理智能将进一步下放到各个子网甚至特定的设备商。总而言之，随着物联网的进一步发展和逐步成熟，更多的应用会被开发出来，作为重要保障的网管系统，也必将在这一进程中逐步优化、完善，为庞大而复杂的物联网系统提供可靠且灵活便利的支撑。

## 本章小结

物联网的关键技术是在物联网发展、演进过程中逐步总结出来的。物联网关键技术按照功能可以分为 5 类，分别是感知技术、通信组网技术、应用服务技术、安全管理技术、物联网管理技术。感知技术主要包括传感器技术和信息处理技术；通信组网技术涉及通信技术、组网技术、中间件技术、网关技术等；应用服务技术包括海量信息多粒度分布式存储技术、海量数据挖掘与知识发现技术、海量数据并行处理技术、云计算技术、服务支撑技术；安全管理技术对物联网提供了有力的支撑；物联网管理技术对于物联网的正确运行必不可少。物联网的不断发展将会对各种关键技术提出更多、更高的要求，同时促进关键技术的进一步革新和突破。

# 第 5 章　物联网典型应用

随着 2009 年初美国在 IBM 公司的倡议下，将物联网正式引入美国国家战略，全球掀起了一阵阵物联网热浪。欧盟、日本、韩国、中国等纷纷跟进，将物联网作为各自信息产业领域的国家级战略，物联网也有望成为继计算机、互联网之后的世界信息产业的第三次浪潮。那么，物联网的主要应用包括什么，它将给人们的生产、生活带来怎样的影响？本章将讨论这一问题。

## 5.1　智能电网

电力工业是国家的经济命脉，是现代经济发展和社会进步的基础和重要保障，也是国家能源安全的基础组成部分，在国民经济的可持续发展中起着不可替代的支撑作用。进入 21 世纪以来，电力工业正面临全球变暖、能源压力和生态文明意识的提升等越来越多的挑战。

面对这些挑战，为了支持未来能源发展，国内外电力企业、研究机构和学者对未来电网的发展模式开展了一系列研究与实践，建设更加安全、可靠、环保、经济的电力系统已经成为全球电力行业的共同目标。电网作为能源供应体系的重要环节，必然会在节能减排、绿色低碳领域承担更加重要的任务。

### 5.1.1　智能电网概述

传统电网是一个刚性系统，电源的接入与退出、电能的传输等都缺乏弹性，致使电网没有动态柔性及可组性；垂直的多级控制机制反应迟缓，无法构建实时、可配置、可重组的系统；系统自愈、自恢复能力完全依赖于实体冗余；对客户的服务简单、信息单向；系统内部存在多个信息孤岛，缺乏信息共享。

虽然局部的自动化程度在不断提高，但由于信息的不完善和共享能力的薄弱，使系统中多个自动化系统处于割裂的、局部的、孤立的，不能构成一个实时的有机统一整体的状态，整个电网的智能化程度较低，电网的发展也因此面临前所未有的挑战。

能源供应长期以来主要依赖化石能源。化石燃料的大量开发，造成了环境污染和大气中温室气体的浓度显著上升。再加上近年来全球气候的变暖，致使环境问题变得越来越严峻。

为满足可持续发展的要求，构建资源节约型、环境友好型社会，国家电力能源结构必须从传统的以煤为主，转变为使用多种能源，特别是新兴的可再生能源。

智能电网的一个重要内容就是大力支持可再生能源的接入，这与我国整个电力能源结构的调整目标相一致。可以加快风电、光伏发电等绿色能源发电及其并网技术研究，规范新能源的并网接入和运行，实现新能源和电网的和谐发展。

传统电网对于自愈能力体现较弱，对于外来的攻击自我恢复能力较差。面对电网复杂度越来越高的特点，用户对电网也提出了更高的要求。它必须能够实时掌控电网的运行状态，及时发现、快速诊断和消除故障隐患，并且在尽量少的人工干预下，快速隔离故障、自我恢复。

随着电网规模的日益增大，电网的运行与控制的复杂程度越来越高，对实现电能安全传输和可靠供应也提出了更高要求。这要求我们必须从经济和安全可靠性两个方面进行考虑。

- 经济方面：优化资源配置，提高设备传输容量和利用率；在不同区域间进行及时调度，平衡电力供应缺口；支持电力市场竞争的要求，实行动态的浮动电价制度，实现整个电力系统优化运行。
- 安全可靠性方面：更好地对人为或自然发生的扰动做出辨识与反应。在自然灾害、外力破坏和计算机攻击等不同情况下，保证人身、设备和电网的安全。

实现与客户的智能互动，以最佳的电能质量和供电可靠性满足客户需求。将系统运行与批发、零售电力市场实现无缝衔接，同时通过市场交易更好地激励电力市场主体参与电网安全管理，从而提升电力系统的安全运行水平。

在科技发展日新月异的今天，由传统技术发展起来的电力网络已经不能完全符合现代化的要求。以先进的计算机、电子设备和智能元器件等为基础，通过引入通信、自动控制和其他信息技术，创建开放的系统和共享的信息模式，整合系统数据，优化电网管理，使用户之间、用户与电网公司之间形成网络互动和即时连接，实现数据读取的实时、双向和高效，将大大提升电网的互动运转，提高整个电网运行的可靠性和综合效率。

电力物联网是指通过智能传感和通信装置在电力系统中实现有效的信息感知和获取，经由无线或有线网络进行可靠信息传输，并对感知和获取的信息进行数据挖掘和智能处理，实现信息自动化交互、无缝连接以及智能处理的网络。电力物联网可以在智能电网的发电、输电、变电、配电、用电、调度等各个环节的实时控制、精确管理和科学决策中发挥重要作用。

电力物联网作为智能电网的长期有效的支撑平台，是提升电力系统智能化水平的重要手段，有利于对电力系统的运行进行有效管理，实现“电力流、信息流、业务流”的一体化融合，是向以低能耗、低污染、低排放为基础的低碳经济模式转型的有效技术支撑手段。

智能电网的建成也将为电力物联网技术的应用发展提供更加广阔的应用平台。

### 5.1.2 智能电网系统与技术需求

目前，面向智能电网的物联网在逻辑功能上抽象为 3 层：感知互动层、网络传输层和应用服务层。

（1）感知互动层

感知互动层主要通过无线传感网络、RFID、全球定位系统等信息传感终端，实现对智能电网各应用环节相关信息的采集。信息传感终端包括传感器等数据采集设备以及数据接入到网关之前的传感器网络，例如 RFID 标签和用来识别 RFID 信息的扫描仪、视频采集的摄像头、各种传感器以及由短距离传输技术组成的无线传感网。

电力物联网感知互动层以传感网和通信网的结合为切入点，通过异构网络实现协同工作以形成可管理的感知网。感知互动层可进一步划分为两个子层，首先是通过传感器、智能视频识别等设备采集数据；然后通过 RFID、工业现场总线、微功率无线、红外等短距离传输技术传输数据。感知互动层是电力物联网发展和应用的基础，RFID 技术、感知和控制技术、短距离无线通信技术是感知互动层涉及的主要技术，其中又包括芯片、通信协议、RFID 材料、智能节点等细分领域。

目前，感知互动层的无线传感网技术标准众多，但电力物联网的标准和规范较少。一方面是由于物联网技术在电力系统中的应用刚起步，尚处于探索阶段；另一方面，物联网设备在强电磁环境下应用的可行性以及对电力设备的潜在影响需进行严格论证和验证。

（2）网络传输层

网络传输层以电力光纤网、电力无线专用网为主，辅以电力线载波通信网、无线通信公网，实现感知互动层各类电力系统信息的广域或局部范围内的信息传输。这些数据可以通过电力专网、电信运营通信网、国际互联网、小型局域网等网络传输，实现有线与无线的结合、宽带与窄带的结合、感知网与通信网的结合。

网络传输层中的感知数据管理与处理技术是实现以数据为中心的物联网的核心技术。感知数据管理与处理技术包括传感网数据的存储、查询、分析以及基于感知数据决策和行为的理论和技术。云计算平台作为海量感知数据的存储、分析平台，将是物联网传输层的重要组成部分，也是应用服务层众多应用的基础。

（3）应用服务层

应用服务层主要采用数据挖掘、智能计算、模式识别以及云计算等技术，协同各系统共同运作，实现电网海量信息的综合分析和处理，实现智能化的决策、控制和服务，从而提升电网各个应用环节的智能化水平。

应用服务层解决的是信息处理和人机界面的问题，由网络传输层传输来的数据在这一层里进入各类信息系统进行处理。应用服务层也可以按照形态直观地划分为两个子层，一个是应用程序层，进行数据处理；另一个是终端设备层，提供人机界面。电力物联网的应用服务架构如图 5-1 所示。

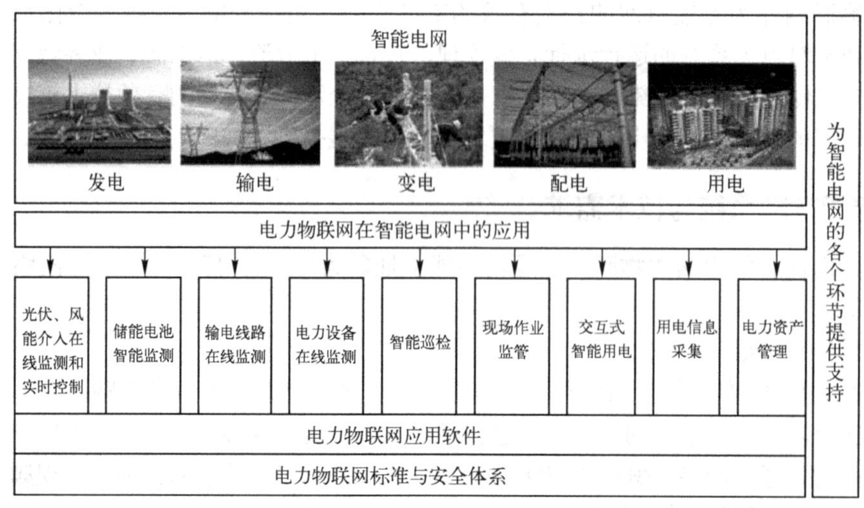


图 5-1　电力物联网的应用服务架构

智能电网的建设和应用有以下几方面的需求。

**1．发电与储能**

在智能电网的发电环节，目前存在电源结构和布局不合理，电网的调节手段和调峰能力不足等问题，发电机控制系统的技术水平和国外相比有一定差距，储能技术应用研究也处在起步阶段。

为了加快能源结构转型步伐，国家制定了能源发展目标，鼓励发电企业采用先进、高效的多元化发电技术，实现电源发展方式集约化、结构布局科学化、并网接入标准化、运行控制智能化，提高电源支撑能力，提升机网协调水平，保障系统安全稳定，实现资源优化配置。国家能源发展战略目标的制定为物联网技术提供了良好的发展机遇和应用前景。

为了实现能源发展战略目标，需要以自主创新为主导，将自主研发与引进吸收相结合，提升机网协调水平，深入研究各类电源的运行和控制技术，提升电源的信息化、自动化和互动化水平，保证电力系统安全稳定经济运行。

智能发电环节大致分为常规能源、新能源和储能技术这 3 个重要组成部分。常规能源包括火电、水电、燃气机组等。物联网技术的应用可以提高常规机组状态监测的水平，结合电网运行的情况，实现快速调节和深度调峰，提高机组灵活运行和稳定控制水平。在常规机组内部布置传感监测点，有助于深入了解机组的运行情况，包括各种技术指标和参数，并和其他主要设备之间建立有机互动，能够有效地推进电源的信息化、自动化和互动化，促进机网协调发展。

结合物联网技术，可以研究水库智能在线调度和风险分析的原理和方法，开发集实时监视、趋势预测、在线调度、风险分析为一体的水库智能调度系统。根据水库来水和蓄水情况及水电厂的运行状态，对水库未来的运行进行趋势预测，在异常情况下对水库调度决策进行实时调整，并提供决策风险指标，规避水库运行可能存在的风险，提高水能利用率。

物联网技术的发展和进步，可以加快风电、光伏发电等新能源发电及其并网技术研究，规范新能源的并网接入和运行，实现新能源和电网的和谐发展。

利用电力物联网技术，可以对不同类型风电机组的稳态特性和动态特性及对电网电压稳定性、暂态稳定性进行实时监控，建立风能实时监测和风电功率预测系统、风电机组/风电场并网测试体系，研究变流器、变桨控制、主控及风电场综合监控技术。

物联网技术同样有助于开展钠硫电池、液流电池、锂离子电池的模块成组、智能充放电、系统集成等关键技术研究；逐步开展储能技术在智能电网安全稳定运行、削峰填谷、间歇性能源柔性接入、提高供电可靠性和电能质量、电动汽车能源供给、燃料电池以及家庭分散式储能中的应用研究和示范。加强大型压缩空气储能等多种储能技术的研发，在重大技术突破的基础上开展试点应用。

**2．智能输电**

输电环节是智能电网中一个极为重要的环节，虽然已经开展大量研究和示范工作，但依然存在许多问题，主要有：电网结构仍然薄弱，设备装备水平和健康水平仍不能满足建设坚强电网的要求；设备检修方式较为落后；系统化的设备状态评价工作刚刚起步。

因此，在输电可靠性、设备检修模式以及设备状态自动诊断技术等方面，和国际水平相比还存在一定的差距。在智能电网的输电环节中有许多应用需求亟待得到满足，需要结合物联网的相关技术，提高智能电网中输电环节各方面的技术水平。

电网技术改造工作将持续开展，改造范围包括线路、杆塔和电容器等重要一次设备，保护、安稳和通信等二次设备，以及营销和信息系统等。可以结合物联网技术，提高一次设备的感知能力，并很好地结合二次设备，实现联合处理、数据传输、综合判断等功能，提高电网的技术水平和智能化程度。

输电线路状态检测是输电环节的重要应用，主要包括雷电定位和预警、输电线路气象环境监测与预警、输电线路覆冰监测与预警、输电线路在线增容、导地线微风振动监测、导线温度与弧垂监测、输电线路风偏在线监测与预警、输电线路图像与视频监控、输电线路运行故障定位及性质判断、绝缘子污秽监测与预警、杆塔倾斜在线监测与预警等方面。

以上这些方面都需要物联网技术的支持，包括传感器技术、分析技术和通信技术等。利用物联网技术加强这些高级应用，可以进一步提高输电环节的智能化水平和可靠性。

**3．智能变电**

变电环节也是智能电网中一个十分重要的环节，目前已经开展了许多相关的工作，包括全面规范开展设备状态检修，全面开展资产全寿命管理工作研究，全面开展变电站综合自动化建设。

变电环节存在的问题主要有：设备装备水平和健康水平仍不能满足建设坚强电网的要求；变电站自动化技术尚不成熟；智能化变电站技术、运行和管理系统尚不完善；设备检修方式较为落后；系统化的设备状态评价工作刚刚起步。

我国电网变电环节的自动化和数字化水平、设备检修模式以及设备状态自动诊断技术和国际水平相比还存在一定的差距。在变电环节中有许多应用需求亟待得到满足，需要结合物联网的相关技术，提高电网变电环节各方面的技术水平。

设备状态检修工作正在全面推进。以 110 千伏及以上电压等级变压器、断路器设备为重点，设备检修工作逐步过渡到以状态检修为主的管理模式。需要物联网技术将重要设备的状态通过传感器感知到管理中心，实现对重要设备状态的实时监测和预警，提前做好设备更换、检修、故障预判等工作。

智能化变电站的建设也需要全面推进。近年来，随着数字化技术的不断进步和 IEC61850 标准在国内的推广应用，变电站综合自动化的程度也越来越高。将物联网技术应用于变电站的数字化建设，可以提高环境监控、设备资产管理、设备检测、安全防护等应用水平。

**4．配电自动化**

配电自动化系统，又称配电管理系统，通过对配电的集中监测、优化运行控制与管理，达到高可靠性、高质量供电，降低损耗和提供优质服务的目标。

电力设备的状态检修是工业化国家普遍推行的一种科学的设备检修管理策略。长期以来，我国电力设备大多采用传统的计划检修模式，耗费巨大，工效不佳。科学、合理地安排检修，降低检修成本及工作量，保证系统的高可靠性，提高设备有效利用率，是国内电力全行业所面临的困难与挑战。

物联网在配电网设备状态监测、预警与检修方面的应用主要包括：对配电网关键设备的环境状态信息、机械状态信息、运行状态信息的感知与监测；配电网设备安全防护预警；对配电网设备故障的诊断评估和配电网设备定位检修等方面。

目前，我国配电网设备的检修方式还比较落后，有必要使用先进的物联网技术实现突破。

由于我国配电网的复杂性和薄弱性，配电网作业监管难度很大，常出现误操作和安全隐患。切实保障配电网现场作业安全高效是智能配电网建设亟需解决的问题。

物联网技术在配电网现场作业监管方面的应用主要包括：身份识别、电子标签与电子工作票、环境信息监测、远程监控等。

基于物联网的配电网现场作业管理系统主要用于实现确认对象状态，匹配工作程序和记录操作过程的功能，减少误操作风险和安全隐患，真正实现调度指挥中心与现场作业人员的实时互动。

随着电网规模的扩大，输、变、配、用电设备数量及异动量迅速增多且运行情况更加复杂，对巡检工作提出了更多更高的要求。而目前的巡检工作主要还是依靠人力或离线电子设备进行巡视，面对更艰巨的巡检任务，针对巡检人员的监督机制成为生产管理的薄弱环节，需要更加完善的技术手段监督巡检人员确实到达巡检现场并按预定路线进行巡检。同时，由于电网规划、管理、分析、维护系统的高度集成，迫切需要一种更加信息化、智能化的辅助手段以进一步提升巡检工作的效率。

**5. 智能用电**

智能用电环节作为智能电网直接面向社会、面向客户的重要环节，是社会各界感知和体验智能电网建设成果的重要载体。

目前，我国的部分电网企业已在智能用电方面开展相关技术研究，并建立了集中抄表、智能用电等智能电网用户侧试点工程，主要包括利用智能表计、交互终端等，提供水电气三表抄收、家庭安全防范、家电控制、用电监测与管理等功能。

但是，目前用电环节还存在许多不足，主要有：低压用户用电信息采集建设较为滞后，覆盖率和通信可靠性都不理想；用户与电网灵活互动应用有限；分布式电源并网研究与实践经验较匮乏；用户能效监测管理还未得到真正应用。

随着我国经济社会的快速发展，发展低碳经济、促进节能减排政策的持续深化，电网与用户的双向互动化、供电可靠率与用电效率要求的逐步提高，电能在终端能源消费中的比重将不断增大，用户用能模式正发生着巨大转变。大量分布式电源、微网、电动汽车充放电系统、大范围应用储能设备接入电网。这些不足将成为制约我国智能电网用电环节的瓶颈，因此，迫切需要研究与之相适应的物联网关键支撑技术，以适应不断扩大的用电需求与不断转变的用电模式。

### 5.1.3 智能电网应用与市场预期

发电的应用主要包括：对大规模新能源，如风能、太阳能、生物质能、海洋能、地热能等可再生能源的发电与并网的监测，对电动汽车和储能设备的运行状态监控。

智能巡检的应用主要包括：巡检人员的定位、设备运行环境和状态信息的感知、辅助状态检修和标准化作业指导等。

智能电网中的变电环节有多种应用和技术改进的需求，结合物联网技术，可以更好地实现各种高级应用，提高变电环节的智能化水平和可靠性程度。物联网也将在变电环节中实现具有较大规模的产业化应用。

物联网技术在智能用电环节拥有广泛应用空间，主要有：智能表计及高级量测、智能插座、智能用电交互与智能用电服务；电动汽车及其充电站的管理；绿色数据中心与智能机房；能效监测与管理和电力需求侧管理等。

面向智能电网的物联网应用，应当以实际需求为牵引，凭借技术和标准优势，在智能电网发、输、配、变、用等环节推动广泛应用。通过试点工程的验证示范作用，促进技术和产品的成熟，降低技术风险和商业风险，进而形成大规模、广辐射的应用体系。预计到 2015 年，全国将有 5～10 个面向智能电网应用的物联网应用的智能城市，产业规模达到 2000 亿元，带动相关产业的规模达到万亿级。

## 5.2 智能交通

过去 10 年来，随着我国经济的持续快速发展，人们的出行范围不断扩大，汽车工业作为我国经济支柱产业，汽车保有量也迅速增加。根据中国统计年鉴的数据，2009 年中国汽车保有量约为 3.92 亿辆。

交通系统的高速发展一方面促进了物流和人际往来，缩短了出行时间，提高了工作效率；另一方面也带来了诸多问题。例如，巨大的交通压力引起的交通拥堵、交通事故频发和大量的汽车尾气排放等，已经成为今天中国经济实现可持续发展所面临的重要难题。

### 5.2.1 智能交通概述

目前我国交通系统主要面临如下问题：第一，城市道路拥堵严重。资料显示，我国大多数城市的平均行车速度已降至 20km/h 以下，有些路段甚至只有 7～8km/h；第二，汽车能耗高、尾气排放量大。我国交通运输行业的石油消费中 30%是消耗在堵车的时候，而在这些石油燃烧产生的污染排放方面，机动车碳排放量占我国碳排放总量的 30%；第三，交通安全事故频发。我国道路交通事故绝对死亡人数已经成为世界上交通事故最多的国家之一。2009 年，全国共发生道路交通事故 2 万起，造成 6.77 万人死亡，直接经济损失 9.1 亿元。

面对这些交通运输系统带来的拥堵、能耗、污染以及安全问题，简单地通过限制车辆增加或增大路网覆盖率，效果并不明显。解决复杂的交通运输问题，必须将道路、车辆、出行者作为一个有机的整体加以考虑，利用系统工程的方法，改造传统的交通运输系统，寻找实现交通系统优化的方案。

物联网提出以来，一直受到各国军事部门、学术界、工业界的极大关注。它在交通运输方面的应用备受关注，为智能化的交通运输系统建设提供了一种更加系统化的解决方案。智能交通物联网就是将先进的传感、通信和数据处理等物联网技术，应用于车辆、出行者、道路及其相关的管理部门，形成一个安全、畅通和环保的互联智能交通运输系统。

物联网在传统的智能交通系统的基础上，使其智能化水平有质的飞跃，通过感知车辆运行状态、交通基础设施状态、出行者行为等，在更高层次上满足人们交通出行的安全、畅通和环保需求，满足运输智能化、自动化的需求和车辆智能化、安全性和节能减排的需求。

智能交通管理系统摆脱了单纯修路的局限，强调把握交通流背后的信息流，通过优质信息服务实现道路高效使用。智能交通系统作为现代交通运输发展的趋势，在城市交通发展中正扮演着越来越重要的角色。

据初步估计，智能交通系统能够提高路网运行效率，使交通堵塞减少约 60%，使现有道路的通行能力提高 2～3 倍。通过智能交通控制，平均车速的提高带来了燃料消耗量和排出废气量的减少，汽车油耗也可由此降低 15%。如以 7000 万辆汽车保有量测算，每年可减小约 2500 万吨汽油的消耗，占了每年成品油进口量的一半以上。同时，交通顺畅将大幅度减少车辆在道路上的停滞时间，使得汽车尾气的排放大大减少，从而改善了空气质量。

### 5.2.2 智能交通系统与技术需求

智能交通物联网具有典型的物联网 3 层架构，即由感知互动层、网络传输层、应用服务层 3 个层次组成。其中，感知互动层主要实现交通信息流的采集、车辆识别和定位等；网络传输层主要实现交通信息的传输，一般包括接入层和核心层，这是智能交通物联网中相对独立的部分。

应用服务层中的数据处理层主要实现网络传输层与各类交通应用服务间的接口和能力调用，包括对交通流数据进行分析和数据融合与 GIS 系统的协同等。应用服务层主要包含各类应用，既包括局部区域的独立应用，如交通信号控制服务和车辆智能控制服务等，也包括大范围的应用，如交通诱导服务、出行者信息服务和不停车收费等。

**1. 智能交通信息感知技术**

实时、准确地获取交通信息是实现智能交通的依据和基础。交通信息包括静态信息和动态信息两类。静态交通信息主要是基础地理信息、道路交通地理信息（如路网分布）、停车场信息、交通管理设施信息、交通管制信息以及车辆、出行者等出行统计信息。静态信息的采集可以通过调研或测量来获取，数据取得后，存放在数据库中，一段时间内保持相对稳定；而动态交通信息包括时间和空间上不断变化的交通流信息，车辆位置和标识、停车位状态、交通网络状态（如行程时间、交通流量、速度）等。

智能交通物联网感知互动层通过多种传感器（网络）、RFID、二维码、定位、地理信息系统等数据采集技术，实现车辆、道路和出行者等多方面交通信息的感知。其中不仅包括传统智能交通系统中的交通流量感知，也包括车辆标识感知、车辆位置感知等一系列对交通系统的全面感知功能。下面介绍一些典型的交通信息感知技术。

（1）磁频感知技术

基于电磁感应原理，主要有环形线圈传感器和磁力传感器等。它们一般通过粘贴，固定在车道表面，或切割路面安装在路面下。当车辆通过检测区域时，在电磁感应的作用下，传感器内的电流会跳跃式上升，当该电流超过指定的阈值时会触发记录仪。该技术可以检测车辆流量、车道占有率以及停车位是否空闲等交通参数。

（2）波频感知技术

该技术分为主动式和被动式两种，前者通过检测器向检测区域发射具有一定波长的能量波束，当车辆通过检测区域时，该波束经车辆反射后被检测器接收，然后经过处理分析获得所需的交通参数，该技术的主要设备有微波雷达、超声波检测器、主动式红外检测器等；后者则直接接收通过检测区域的车辆发射的具有一定波长的能量波束，并分析所需的交通参数，包括被动红外线检测器、被动声学检测器等。

（3）视频采集技术

该技术是一种将视频图像和模式识别相结合并应用于交通领域的新型采集技术。视频检测系统将视频采集设备采集到的连续模拟图像转换成离散的数字图像后，经软件分析处理得到车牌号码、车型等信息，进而计算出交通流量、车速、车头时距、道路占有率等交通参数。具有车辆跟踪功能的视频检测系统还可以确认车辆的转向及变车道动作。视频检测器能采集的交通参数最多，采集的图像可重复使用，能为事故处理提供可视图像。

上面提到的几种交通信息采集技术都是基于静止部署的传感器，能够用于采集路口或主干道的交通流量参数。但这些技术存在安装维护成本高、易损坏，以及存在精度受环境影响等诸多缺点，只能在主要道路上部署这些传感器，直接影响了交通流信息采集的完整性和稳定性，不适用于大规模的应用。

（4）位置感知技术

该技术是智能交通物联网感知互动层的核心技术之一，全面精确的交通信息采集需要使用位置感知技术。

智能交通中的位置感知技术目前主要分为两类，一类是基于卫星通信定位，如美国的全球定位系统（Global Positioning System，GPS）和中国的北斗定位系统，利用绕地运行的卫星发射基准信号，接收机通过同时接收 4 颗以上的卫星信号，通过三角测量的方法确定当前位置的经纬度。通过在专门的车辆上部署该接收器，并以一定的时间间隔记录车辆的三维位置坐标（经度坐标、纬度坐标、高度坐标）和时间信息，辅以电子地图数据，可以计算出道路行驶速度等交通数据。

另一类位置感知技术是基于蜂窝网基站，其基本原理是利用移动通信网络的蜂窝结构，通过定位移动终端来获取相应的交通信息。该技术包括两种方法：第一种是利用已知蜂窝基站位置对移动终端进行绝对定位。例如，基于电波到达时间、基于电波到达时间差以及 A-GPS（Assisted GPS）对移动终端进行定位的技术；第二种是基于基站切换行为，移动终端在移动过程中会不断切换到新的基站以保证网络通信质量。因此在城市道路上的移动会对应一个稳定的切换序列，通过在基站采集所有用户的切换序列，可计算出交通流信息。

**2．智能交通信息传输技术**

智能交通物联网的网络传输层通过泛在的互联功能，实现感知信息高可靠、高安全性传输。智能交通信息传输技术的主要内容包括交通物联网的接入技术、车路通信、车车通信技术等。

专用短程通信（Dedicated Short-Range Communication，DSRC）技术是智能交通领域为车辆与道路基础设施间通信而设计的一种专用无线通信技术，是针对固定于车道或路侧单元与装载于移动车辆上的车载单元（电子标签）间通信接口的规范。

DSRC 通信系统主要包括 3 个部分：车载单元（On-Board Unit，OBU）、路侧单元（Road-Side Unit，RSU）和通信协议。我国采用的 DSRC 技术标准工作在 ISM5.8GHz 频段，下行链路为 5.830GHz/5.840GHz，传输速率为 500kbit/s，上行链路为 5.790GHz/5.800GHz，传输速率为 250kbit/s。

DSRC 技术通过信息的双向传输，将车辆和道路基础设施连接成一个网络，支持点对点、点对多点通信，具有双向、高速、实时性强等特点，广泛应用于道路收费、车辆事故预警、车载出行信息服务、停车场管理等领域。

除车路通信外，车车通信也是智能交通物联网的重要通信技术。车车间无线通信主要是依赖于移动自组织网络技术（Mobile Ad Hoc Network，MANET），也可称为车车间通信自组织网络（Vehicular Ad Hoc Network，VANET）或车载自组织网络。车车通信在几十到几百米的通信范围内，车辆之间可以直接传递信息，不需要路边通信基础设施的支持。

VANET 中，所有具备通信能力的车辆构成了通信网络中的移动节点。车辆通过无线接口自动检测通信范围内的车辆，并自动维护网络状态信息。当一辆车需要传输信息时，将消息传输给根据网络状态确定的下一辆车，并通过多跳通信的方式将信息传输给更远范围的目标车辆。该技术能够更好地实现车辆之间的信息交互，满足道路上车辆的快速动态变化特性，进而及时地在局部范围内发布重要的交通信息。

基于 VANET 的车车通信系统适应性更强，特别适用于基础设施遭到破坏、交通事故、地震等危机情况下的及时通信。车车通信系统的应用主要有紧急信息警示、车辆纵向协调控制、协作驾驶等。目前车车通信的难点集中在 VANET 网络的实现上，由于驾驶人员不同的驾驶行为和路网对车辆移动的限制，会导致车流密度的不断变化。换道规则和车辆跟驰规则又导致车辆之间相互影响，这些特殊的移动模式给 VANET 的设计带来了许多挑战。

**3. 智能交通信息处理技术**

智能交通物联网的感知互动层所采集到的未加工过的交通数据可能是视频也可能是蜂窝网的基站信号或者 GPS 的轨迹数据，尚不能表达任何交通参数。从采集的这些原始数据提取出有效的交通信息，进而为交管部门、大众和其他用户提供决策依据，还需要经过进一步的处理。

交通信息提取一般依赖于模式识别和统计技术，实现从原始的采集数据（可能是图像、图形、文字和语音等）中提取交通相关参数，如车牌号码、交通状态识别、交通流量等。几种典型的技术包括车牌识别技术和基于蜂窝网络的交通信息提取技术。车牌识别过程通常分为图像采集、图像预处理、车牌定位、字符分割和车牌识别 5 个部分。

首先通过采集摄像头拍摄包含车牌的视频图像，再对图像进行预处理以克服图像干扰和加快处理速度；然后从图像中提取车牌字符部分，将车牌上的字符串分割成独立的单个字符；最后提取字符的特征并与存储库中的已知字符模式比对，识别出字符，得到完整的车牌号码。

基于蜂窝基站定位的交通流量提取过程主要包括：采集基站切换序列、建立基站切换模板库、路径匹配以及交通参数计算。通过事先在所有路段上测试发生基站切换的位置点并存储在切换序列库中，将实时采集到的基站序列与库序列匹配，确定终端所在的道路以及通过时间，进而计算出所有道路上的行驶速度、交通流量等参数。

然而，由于基站切换并不仅仅与信号强度相关，也与当前基站的通信容量及运营策略相关，因此每条道路的切换序列可能并不完全稳定，需要使用诸如滤波等方法平滑处理。基于基站切换行为的智能交通信息采集技术还需要识别用户的交通模式，判断用户是步行、骑车还是乘车，只有乘车的用户的位置数据才对交通流量分析有意义。

此外，在有高架桥或立交桥的重叠区域，还需要辨别桥上和桥下的不同交通流。需要通过大量样本的训练和学习，并对每种交通模式进行行为建模。

由于交通信息的采集源多种多样，例如，固定线圈、监控摄像头、GPS 浮动车、蜂窝网络等。所以需要进行数据融合，利用多种数据源相互检验、互相补充、综合处理，才能产生高精度的实时交通信息。交通信息融合的方法大致包括3类：统计分析法，如直接对数据源作加权平均或滑动平均；基于概率统计模型，如卡尔曼滤波、贝叶斯估计和统计决策理论等；基于人工智能方法，如神经网络、模糊推理和证据推理。

统计分析方法是交通参数融合的经典方法，主要包括自适应加权平均、指数平滑法、利用平均值的递推估计算法。自适应加权平均的数据融合算法，是在总均方误差最小这一最优条件下，根据各个传感器所得的检测值以自适应的方式寻找其对应的权值，使融合后的值达到最优。卡尔曼滤波方法则通过引入控制论中状态空间的概念，将所要估计的交通参数作为状态，用状态方程来描述系统，用测量模型的统计特性递推决定统计意义下的最优融合数据估计。

许多智能交通应用还需要能够预测交通状况，并利用交通诱导系统为出行者提供有效的出行参考，达到缓解交通拥堵、节约能源的目的。交通信息的预测时间一般不超过 15 分钟，同时交通系统具有高度的不确定性和非线性，实时准确的交通预测给海量数据处理带来了很大的挑战。

预测的交通参数通常包括交通流量和旅行时间，交通流量是城市交通流诱导、公路交通事件检测等应用的基础数据。路段平均旅行时间是进行车辆诱导的主要依据，也是出行者最关注的交通参数。建立交通流诱导的关键是能准确地预测未来时段内车辆在路段上的旅行时间。目前使用的交通流量预测方法大致包括多元回归模型和时间序列模型等传统预测模型、小波理论和与神经网络相关的复合预测模型以及非参数回归和谱分析法等现代预测方法。

### 5.2.3 智能交通应用与市场预期

智能交通物联网的应用服务层可以支持多种多样的智能交通服务，典型的应用如下。

（1）自适应的交通控制系统

许多城市道路交叉路口时常出现这样的情况，有时在一个方向已经没有车了，可绿灯仍然亮着，而另外一个方向却有很多车在红灯下等候。自适应交通控制系统通过部署在路面或移动的 GPS 车采集到的路段交通流信息和路口的交通状态，根据路口各个方向交通的状态以及周围相邻路口的交通状态，改变路口各方向红绿灯信号的持续时间（信号配时），使得路口的使用效率得以提高。

（2）智能交通诱导与交通信息服务

统计结果表明，城市道路所承载的交通流量可能相差很大。例如，交通拥堵时仍然会有相当一部分道路是很畅通的。智能化的交通诱导系统通过实时采集城市道路交通流量、可用停车位等数据，并持续进行建模和分析，实时分析路网交通状态，向出行者提供实时交通信息和路径引导信息。它通过诱导出行者的出行行为，改善道路交通状况，实现路网交通流的均衡分配。

（3）电子收费系统

相关部门统计数据表明，当前的人工道路收费模式下，一辆车停车缴费最快也需要 8～10 秒的时间，繁忙公路上的收费站往往会造成大量车辆的拥堵。电子收费系统通过在车辆上安装带有标识功能的终端，使车辆驶过收费道口时，系统能自动识别通信车辆并使用电子货币结算，从而实现道路的不停车收费，避免了在收费站前停靠交费。

（4）智能公共交通管理系统

许多城市的公交站台，乘客望眼欲穿等下一班车，而公交公司却不知道增发哪些班次。乘客等不到出租车，而一些司机却在空驶。这些当下城市公共交通的常态，都是由于交通信息流动不通畅所致。基于物联网的智能公共交通管理系统，通过综合利用 GPS 定位技术、通信技术、地理信息系统等技术实现运营公交车、出租车、出行乘客、查询终端、公交站点和管理中心等元素的互联互通。这一方面方便广大乘客了解公共交通信息，合理安排出行，另一方面使得公共交通管理机构加强对运营车辆的指挥调度，提高运营效率。

（5）智能汽车

与前面所有应用侧重于优化整个交通系统运行不同，智能汽车集中在利用车内传感器实现智能控制来提高用户的驾车体验和改善行驶安全性。智能汽车主要包括安全辅助驾驶、智能动态导航以及汽车远程通信等几个不同方面的应用。

作为未来交通系统发展的大趋势，国家高度重视发展智能交通产业，各相关部门都采取多种措施予以积极推动，分别提出将智能交通作为我国未来交通运输领域发展的重要方向和优先领域予以重点支持。科技部“十五”计划中，科技教育发展重点专项规划把智能交通系统列为二十个重点发展的项目之一，并正式实施国家科技攻关“智能交通系统关键技术开发和示范工程”。交通部将智能交通系统列入 2010 年长期规划重点发展项目。

科技部、交通部等部门联合成立了全国智能交通系统（ITS）协调指导小组及办公室。各级地方政府响应中央号召，也纷纷加大对智能交通系统的投资力度。据安信证券研究预计，2007～2012 年中国智能交通系统建设投资的年均复合增长率将超过 20%，预计未来 3 年我国智能交通系统行业的投入将达到 1500 亿元，如图 5-2 所示。

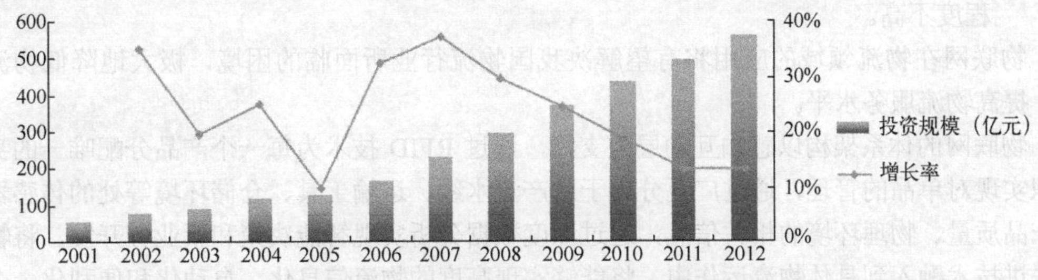


图 5-2　我国智能交通行业投资额预测

智能交通在美国的应用率超过 80%，1997～2007 年，美国智能交通相关产品及服务市场容量超过 4200 亿美元；欧洲智能交通在 2010 年产生了 1000 亿欧元左右的经济效益；1998～2015 年，日本的市场规模累计将达到 5250 亿美元。与美国、日本、欧洲等发达经济体相比，中国的智能交通发展还刚刚起步。以高速公路智能交通系统为例，尽管该领域年投资额逐年增长，但与发达国家智能交通系统投资额占高速公路总投资平均达 7%～10%相比，这一比例在中国只有 1%～1.5%，我国的高速公路智能交通系统建设仍处于发展初期。

我国的智能交通市场主要由城市道路交通管理、城市公共交通管理和高速公路智能交通系统 3 大部分组成。以城市道路交通管理为例，目前我国非农业人口在 20 万以上的城市有 319 个，建立一个交通指挥中心平均投资额约在 7000 万元左右，如果 20 万人口以上的城市均在 8 年内建成功能较为完善的指挥中心，其投资额约为 190 亿元。

同时，北京、上海、广州等特大城市需要大量城市快速环路及干道交通监控、诱导系统的规划、投入与建设。再考虑城市交通管理的其他项目及已有城市道路交通管理系统的改造投入，保守估计，2009～2016 年，中国城市道路智能交通系统的总投资额将达到1077.58 亿元。

## 5.3 智慧物流

随着科学技术的高速发展、贸易壁垒的消除以及全球化进程的加快，物流领域逐渐成为现代信息技术普遍应用的领域，物流企业正在转变为信息密集型企业，物流信息化成为现代物流业的灵魂，是现代物流业发展的必然要求和基石。

### 5.3.1 智慧物流概述

目前我国的物流业和发达国家相比还有较大差距。进入新世纪以来，我国物流业总体规模快速增长，服务水平显著提高，发展的环境和条件不断改善，但还存在一些突出问题：

- 全社会物流运行效率偏低，社会物流总费用与 GDP 的比率高出发达国家 1 倍左右。
- 社会化物流需求不足和专业化物流供给能力不足的问题同时存在，“大而全”、“小而全”的企业物流运作模式还相当普遍。
- 物流基础设施不足，尚未建立布局合理、衔接顺畅、能力充分、高效便捷的综合交通运输体系，物流园区、物流技术装备等能力有待加强。
- 地方封锁和行业垄断对资源整合和一体化运作形成障碍，物流市场还不够规范。
- 物流技术、人才培养和物流标准还不能完全满足需要，物流服务的组织化和集约化程度不高。

物联网在物流领域的应用将有望解决我国物流行业所面临的困境，极大地降低物流成本，提高物流服务水平。

物联网的体系架构以感知互动层为支撑，通过 RFID 技术为每一个产品分配唯一的身份标识实现对单品的管理，通过广泛分布于生产流水线、运输工具、仓储环境等处的传感器采集产品质量、物理环境的相关信息，通过深度数据分析实现智能决策和新业务开发。将物联网先进技术融入到具体物流运作中，将能够实现高度的物流信息化、自动化和便利化。企业通过接入物流物联网信息网络能够即时建立与企业内部、供应商、消费者、政府部门等相关单位之间的联系、协调和合作，实现整体联动的社会化物流。

物流物联网的建设能够极大加强物流环节各单位间的信息交互，实现企业间有效的协调与合作，推进物流行业的专业化、规模化发展。开放的物联网信息网络能够深化专门从事物流服务的第三方物流（3PL）企业与客户的合作关系，最大限度地开发他们在包装、运输、装卸、仓储、加工配送等方面的物流资源，为客户提供优化的物流解决方案和增值服务。

随着现代经济的发展，企业之间的交换关系和依赖程度也越来越错综复杂。在市场瞬息万变和竞争环境日益激烈的情况下，企业在物流方面的要求：一是响应快速，二是协同配合，三是个性化需要。而物联网的应用不仅能够使物流充分满足企业的要求，甚至能够通过物流环节及时反馈信息，改变企业生产滞后于市场需求的被动局面，打造企业主动推动市场的新局面。

### 5.3.2 智慧物流系统与技术需求

随着社会对物流智能化和信息化服务需求的不断提高，基于物联网技术，以高度信息化、智能化为特征的智慧物流应运而生，使物流信息化进入一个新的阶段。智慧物流系统的体系架构包括 3 个层面：最下层是感知互动层，包括 RFID 设备、传感器与传感网等，主要用于物流信息的智能获取；感知互动层之上是网络传输层，网络传输层是进行物流信息交换、传递的数据通路，包括各类接入网与核心网；最上层是应用服务层，包括数据互换平台、公共服务平台和用户服务平台。

**1．感知互动层技术**

物联网感知互动层主要完成物体信息的采集、融合处理，采用条码识别、RFID、智能图像识别、GPS、AIS 等多种技术对各类物流对象进行信息采集，这种采集具有实时、自动化、智能化、信息全面等特点。

（1）条码识别

条形码是由宽度不同、反射率不同的条和空，按照一定的编码规则（码制）编制成的，用以表达一组数字或字母符号信息的图形标识符。随着计算机应用的不断普及，条形码识别技术的应用得到了很大的发展。条形码可以标出商品的生产国、制造厂家、商品名称、生产日期、图书分类号、邮件起止地点、类别、日期等信息，因而在商品流通、图书管理、邮电管理、银行系统等许多领域都得到了广泛的应用。

（2）RFID

射频识别系统通常由电子标签（射频标签）和阅读器组成。电子标签内存有一定格式的电子数据，常以此作为待识别物品的标识性信息。应用中将电子标签附着在待识别物品上，作为待识别物品的电子标记。

阅读器与电子标签可按约定的通信协议互传信息，通常的情况是由阅读器向电子标签发送命令，电子标签根据收到的阅读器的命令，将内存的标识性数据回传给阅读器。这种通信是在无接触方式下，利用交变磁场或电磁场的空间耦合及射频信号调制与解调技术实现的。射频识别系统能够获得比条形码更多的标识信息和更远的识别距离。

（3）智能图像识别

集装箱号码自动识别，简称箱号识别，是基于图像识别中的 OCR（光学字符识别）技术发展而来的一种实用技术，包括触发、图像抓拍、字符识别等几个关键环节。它能对集装箱图像进行实时抓拍，对集装箱号和箱型代码（ISO 号码）进行识别。

实时的影像、车辆和集装箱的信息均转化成为数字化信息存储在计算机中，通过调用这些信息，与物流、码头、堆场或海关的信息管理系统进行整合，提高关口货物管理、集装箱存货管理、场地规划、收费管理及其他有关物流管理的自动化程度，有效节省集装箱检验的时间，降低了人工记录集装箱号码的出错率。

（4）GPS

卫星定位是一种结合卫星及通信发展的技术，利用导航卫星进行测时和测距的系统。全球卫星定位系统（简称 GPS）是美国从 20 世纪 70 年代开始研制，历时 20 余年，耗资 200 亿美元，于 1994 年全面建成，具有海陆空全方位实时三维导航与定位能力的新一代卫星导航与定位系统。全球卫星定位系统以全天候、高精度、自动化、高效益等特点，成功地应用于物流运输领域，取得了很好的经济效益和社会效益。

（5）AIS

AIS（Automatic Identification System，自动识别系统）也称全球无线电应答器系统。AIS 是近年来几个国际组织，特别是国际海事组织（IMO）、国际航标协会（IALA）、国际电信联盟（ITU）共同的研究成果。AIS 的目的是使所有船舶都安装无线电应答器系统，使本船只可以被其他装有无线电应答器的船舶“看得见”。

AIS 能够识别船只、协助追踪目标、简化信息交流、提供其他辅助信息以避免碰撞发生等，AIS 的正确使用有助于加强海上生命安全、提高航行的安全性和效率，以及对海洋环境的保护。

**2．网络传输层技术**

网络传输层是进行物流信息交换、传递的数据通路，包括各类接入网与核心网。除传统的因特网外，在物流领域应用较为广泛的有移动通信技术、集群通信技术等。

（1）移动通信技术

移动通信技术是以无线电波为通信用户提供实时信息传输的技术，通过“蜂窝”（Cellular）技术的地域覆盖和短距离通信组合，以实现在保障覆盖区或服务区内的顺畅的个体移动通信。目前国内移动通信技术的发展已进入 4G 时代，随着技术的不断发展，移动通信技术的数据传输能力越来越强，在广域、远程无线语音与数据传输等应用中，为用户提供方便快捷的服务。

（2）集群通信技术

集群通信系统产生于 20 世纪 70 年代，已经广泛应用于军队、公安、司法、铁路、交通、水利、机场、港口等部门。集群通信系统由基站、移动台、调度台和控制中心 4 部分组成。其中，基站负责无线信号的转发，移动台用于在运行中或停留在某个不确定的地点进行通信，调度台负责对移动台进行指挥、调度和管理，控制中心主要负责控制和管理整个集群通信系统的运行、交换和接续。

集群通信系统可以将所具有的可用信道为系统的全体用户共用，能够自动选择信道，具有共用频率、共用设施、共享覆盖区、共享通信业务、共同分担费用、兼容有线通信等特点，同时还具有调度指挥、控制、交换、中继等功能，既节约射频频谱，又能为用户提供快速、方便、无干扰的通信，是一种多用途、高效能而又廉价的先进无线调度通信系统。

**3．应用服务层技术**

物流领域中的应用服务层技术包括电子数据交换（EDI）、物流信息系统等。

（1）EDI

联合国标准化组织将 EDI 描述为按照统一标准、将商业或行政事务处理转换成结构化的报文数据格式，并利用计算机网络实现的一种数据电子传输方法。EDI 的主要功能表现在电子数据传输、传输数据的存证、文书数据标准格式的转换、安全保密、提供信息查询、提供技术咨询服务、提供信息增值服务等方面。

EDI 作为一种新型有效的信息交换手段，可以提高整个物流流程各个环节的信息管理和协调水平，是实现快速响应（QR）、高效消费者响应（ECR）、高效补货等方法必不可少的技术。

（2）物流信息系统

所谓物流信息系统，实际上是物流管理软件和信息网络结合的产物，小到一个具体的物流管理软件，大到利用覆盖全球的互联网将所有相关的合作伙伴、供应链成员连接在一起提供物流信息服务的系统，都可称为物流信息系统。对一个企业来说，物流信息系统不是独立存在的，而是企业信息系统的一部分，或者说是其中的子系统，即使对一个专门从事物流服务的企业也是如此。

建立在信息网络基础上的物流信息系统，通常也称为物流信息平台。在信息网络环境下，“系统”和“平台”这两个概念在很多时候被人们不加区别地使用。

物流公共信息平台的基本功能是将物流相关的企业和服务机构，如生产制造商、物流服务商、分销商、银行、保险、政府相关机构，通过统一的信息网络连接起来，实现不同数据格式、多种信息标准的转换和传输，提供公共的应用模块，方便企业使用，降低信息成本，进一步还可以提供决策分析服务。

### 5.3.3 智慧物流应用与市场预期

中国政府高度重视智慧物流产业的发展，2009 年初出台了《物流产业调整振兴规划》(以下简称《规划》)，为物流领域的物联网应用快速发展带来了强大动力。同时《规划》中明确提出了要积极推进企业物流管理信息化，促进智慧物流发展，要求物流产业尽快制定物流信息技术标准和信息资源标准，建立物流信息采集、处理和服务的交换共享机制。

加快行业物流公共信息平台建设，建立全国性公路运输信息网络和航空货运公共信息系统以及其他运输与服务方式的信息网络等，由此进一步扶持智慧物流发展。预计到 2015 年，智慧物流领域物联网产业市场规模将达到 300 亿元，到 2016～2020 年，智慧物流领域物联网产业市场规模将达到 800 亿元。

## 5.4 精细农业

### 5.4.1 精细农业概述

我国是人口大国，农业不只是社会发展的基础，也是社会安定的基石。我国又是传统的农业大国，勤劳的中国农民，以世界 7%的耕地养活了 22%的人口。

当前制约我国农业发展的主要问题是农业生产资源紧缺与过度消耗。具体表现在如下方面：

- 耕地资源不断减少。从 1996 年到 2004 年中国耕地面积减少 1 亿多亩，年均减少 1000 多万亩。近两年国家采取最严格的土地管理政策，年耕地减少量也还维持在 400 万亩左右。
- 水资源紧缺。目前，全国仅灌区每年就缺水 300 亿立方米左右。20 世纪 90 年代年均农田受旱面积四亿亩。
- 水资源浪费和污染情况严峻。中国农业用水量占总用水量的 70%以上，但中国主要灌区的渠系利用系数只有 0.4～0.6，与发达国家的 0.8 相差甚远。
- 化肥农药污染浪费情况严峻。中国是最大的农药使用国和化肥使用国，2003 年全国农药使用量为 131.2 万吨，有毒农药约占 90%，并正以每年 10%的速度增加。中国每年施用化肥量达 4200 万吨以上，占全球施用化肥量的 1/3，但化肥利用率却不到

40%，低于发达国家 15～20 个百分点。这些浪费的农药和化肥对食品安全和环境都造成了巨大的危害。

生产资源的紧缺和现有生产方式对资源的浪费，要求单位资源产量的提高和对资源的精细使用，但单纯的机械化农业并不能解决产量的提高和资源浪费之间的矛盾。智能农业通过全面的感知、可靠传递和智能处理，使农业生产方式逐渐由经验型、定性化向知识型、定量化转变，由粗放式向精细化转变，实现减少浪费和污染、保证产量和质量的目的。

智能农业是指以现代信息技术与农业技术融合为特点的精细农牧业技术，它可为提高农业生产效率提供重要支撑，其核心是利用信息技术精确获知生态环境、动植物生命、农产品品质等特征信息进行智能信息处理和决策，并通过机械化控制手段改造生产目标和生产环境。智能农业的精确感知、智能信息处理和决策、机械化控制手段改造这 3 个方面都是传统农业无法实现的。

农业物联网系统一般采用包括大量传感器节点构成的传感器网络；将环境采集传感器、带有身份标识的单体信息收集传感器以及多媒体传感器所采集的环境信息与作物信息，通过通信网络迅速回传；通过数据分析（包含图像识别）、模式识别、专家系统（人工智能、数据挖掘）进行智慧的判断，反馈给决策层与终端操作者。

农业物联网的实施有着重要的意义。它将农业生产模式逐渐从以人力为中心、依赖于孤立机械的生产模式转向以信息和软件为中心的生产模式，从而大量使用各种自动化、智能化、可远程控制的生产设备，实现对农业生产环境信息和农作物生长信息的全面感知、可靠传递和智能处理。

### 5.4.2 精细农业系统与技术需求

农业物联网技术的层次结构与智慧物流、智能电网等物联网应用系统类似，均由感知互动层、网络传输层和应用服务层组成。感知互动层主要实现对农业生态环境、农作物的状态和农产品状态的实时感知；网络传输层主要实现农作物和农产品信息的传输，包括接入层和核心层；应用服务层通过数据分析和融合、模式识别等手段形成最终数据，提供给生态环境监测系统、生长监控系统、追溯系统等。

**1．农业信息感知技术**

农业信息包括环境信息和作物信息两类，环境信息主要是种植业、畜牧业、渔业的生长环境信息，包括光照强度、温湿度、离子浓度等信息；作物信息的采集包括动植物的身份标识信息、外貌信息、行为信息和这些信息的统计信息。感知互动层所需要的关键技术包括检测技术、短距离有线和无线通信技术等。

各类农业信息首先通过传感器、数码相机等设备进行采集，然后通过 RFID、条码、工业现场总线、蓝牙、红外等短距离传输技术进行传输。也可以只有数据的短距离传输这一层，特别是在仅传输物品的唯一识别码的情况下。在实际应用中，这两个子层有时很难以明确区分开。现代农业常用的传感器包括空气温湿度传感器、土壤温湿度传感器、光照强度传感器、$CO_2$ 传感器、$NH_3$ 传感器、营养元素（氮、磷、钾等含量）传感器等，此外在喷灌和滴灌场合还可能用到水流量传感器、水温传感器，水产养殖方面会用到水体溶解氧浓度传感器等，而作物信息检测则往往需要用到图像采集设备和耳标等。

（1）营养元素传感器

营养元素传感器对营养元素含量的检测采用的是离子敏传感器。离子敏传感器由离子敏感膜和转换器两部分组成。敏感膜用以识别离子的种类和浓度，转换器则将敏感膜感知的信息转换为电信号。一般用于检测无土栽培环境中所调配的营养液中营养元素的含量，或根据流回的营养液中元素的吸收情况决定营养元素的调配比率，也可用于普通大棚或温室中土壤营养元素含量检测。

（2）水体溶解氧浓度传感器

水体溶解氧的检测使用溶解氧浓度传感器，该传感器使用覆膜酸性电解质原电池原理来实现水体中溶氧（DO）浓度的测量。该传感器经常应用于水产养殖中的水含氧量检测监控。

（3）耳标

耳标是动物标识之一，用于证明牲畜身份，承载牲畜个体信息的标识，加施于牲畜耳部。电子耳标应用 RFID 技术，内置芯片和天线，编码信息存储于芯片内。由于 RFID 具有非接触、远距离、自动识别移动物体、可读可写等特性，一些自动化计量、测量、定量系统在畜牧业中得以推广使用。

**2．农业信息传输技术**

智能农业物联网的网络传输层通过泛在的互联功能，实现感知信息高可靠、高安全传输。互联网和移动通信网（包括移动互联网）是智能农业物联网的核心网络，该类网络是所有物联网应用的共性部分，本章不作特别的介绍。

**3．农业信息处理技术**

感知互动层采集的信息通过网络传输层到达远程机房的主机中。各种传感器收集到的信息有些是可以直接利用的，有些（如图像、视频或多个传感器采集的信息）则需要经过预处理，完成信息的提取和融合才可以使用。

根据有效信息，通过智能信息处理与控制技术可以实现如下几种典型应用。

- 环境控制：为作物提供一个最有利的生长环境，以便最大限度地提高作物产量、增加收益。动植物的生长环境有较为复杂的多个控制的因子。这些控制因子之间相互影响和作用，通过智能控制技术中的解耦方法，实现精确控制。
- 生长要素调节：动植物生长过程中，不同的生长阶段需要不同的饲喂和施肥方法。通过感知生长阶段，智能判断所需施肥和圈养方案，实现对动植物生长要素的调节。
- 病虫害控制：病虫害控制是农业生产中的重要环节。将所收集的数据通过包含有专家经验的智能专家系统，判断所患病虫害，并给出解决方法。

智能控制理论的创立和发展是对计算机科学、人工智能、知识工程、模式识别、系统论、信息论、控制论、模糊集合论、人工神经网络、进化论等多种前沿学科、先进技术和科学方法的高度综合集成。

智能控制技术的主要方法有模糊控制、基于知识的专家控制、神经网络控制和学习控制等。常用的优化算法有：遗传算法、蚁群算法、免疫算法等。

（1）模糊控制

模糊控制以模糊集合、模糊语言变量、模糊推理为其理论基础，以先验知识和专家经验作为控制规则。其基本思想是用机器模拟人对系统的控制，就是在被控对象的模糊模型的基础上运用模糊控制器近似推理等手段，实现系统控制。在实现模糊控制时，主要考虑模糊变量的隶属度函数的确定以及控制规则的制定，二者缺一不可。

例如，猪养殖过程中可采用模糊控制器和串联神经网络解耦的控制系统处理传感器收集得到的信息，对商品猪生长的小气候环境进行控制。猪生长环境中需要控制的因子很多，如温度、湿度、光照、风速、氨氮浓度等，其中温度和湿度对猪的生长影响最大，故该研究对温度和湿度进行控制，控制机构有天窗、南北卷帘、东西卷帘、加热器、鼓风机、抽风机、喷淋共 7 种，主要控制开关量和档位。

模糊控制器的输入为误差和误差变化率，输出为神经网络的输入。采用的模糊控制器带有调整因子，由模糊控制和积分作用两部分并联组成。当系统处于初始阶段时，模糊控制的主要任务是消除误差；而系统接近稳态时，误差较小，应避免振荡。可通过模糊控制在线修正控制器的比例因子。

（2）专家控制

专家控制是将专家系统的理论技术与控制理论技术相结合，仿效专家的经验，实现对系统控制的一种智能控制。主体由知识库和推理机构组成，通过对知识的获取与组织，按某种策略适时选用恰当的规则进行推理，以实现对控制对象的控制。专家控制可以灵活地选取控制率，灵活性高；可通过调整控制器的参数，适应对象特性及环境的变化。

国内外已经成功开发和应用了多例农业生产和环境管理方面的专家系统。它们一般都具有智能信息管理、逻辑判断和辅助决策功能，具体如下：

- 收集市场信息，根据历史数据和目前数据预测市场，向生产人员推荐种植品种。
- 成本核算后，给出作物培养方案，供生产人员参考，以便获得最大利润。
- 根据监测的实时数据，动态调整培育模式，使作物处于目标期望的生长环境。
- 作物出现虫害和疾病后，根据知识库中的专家知识自动进行诊断，从经济效益和生态效益两方面综合考虑，给出治疗方案和挽救措施。

（3）神经网络控制

神经网络模拟人脑神经元的活动，利用神经元之间的联结与权值的分布来表示特定的信息，通过不断修正连接的权值进行自我学习，以逼近理论为依据进行神经网络建模，并以直接自校正控制、间接自校正控制、神经网络预测控制等方式实现智能控制。

以基于神经网络的黄瓜等级判别为例，说明神经网络在智能农业物联网处理层的应用。该方法综合神经网络理论和图像处理技术，对瓜果的形状和质量进行判别，最后自动给出质量等级，通过实验对比，其判别的正确率优于人工判别和机器人判别两种方法。

该方法模仿人对长型瓜果形状的判断方式，抽出长型瓜果的 6 种形状特征，将其设定为神经网络输入层的 6 个输入端。输出层有 2 个输出端，可取 4 种状态，代表 4 个分级。网络结构采用前向多层神经网络，隐层单元数为 10 个，学习误差设定在 0.001 以下，通过训练最后确定网络各权值。学习时，把标准模型放在 CCD 摄像机下，计算机采集该图像信号，通过键盘输入教师信号。完成后，进行第二次学习，直至满足误差要求。实验数据表明，该方法的操作优于人工方式，具有精度高，重复性好等优点。

（4）学习控制

学习控制是指靠自身的学习功能，认识控制对象和外界环境的特性，并相应地改变自身特性以改善控制性能的系统。这种系统具有一定的识别、判断、记忆和自行调整的能力。

实现学习功能可以有多种方式。学习控制系统经常采用的方法包括遗传算法学习控制和迭代学习控制。

### 5.4.3 精细农业应用与市场预期

当前，全面感知、可靠传输和智能反应的各种物联网技术在农业中的应用实现了人们对未来农业的畅想。本节选取几类典型的应用加以介绍。

**1. 农业生态环境监测**

农业生产依赖于一个良好的农业生态环境，但农业生态环境的优劣，只有通过生态环境监测才能加以判断。生态农业建设的成效如何，制约农业发展的障碍因子何在，怎样维持系统的良性循环，这些问题的解决都离不开生态环境监测。农业生态环境是确保国家农产品安全、生态安全、资源安全的重要基础。

农业生态环境监测是对特定环境敏感的生态因子的测量记录评估，它揭示了生态环境质量的现状、变化和趋势。通过对农业生态环境的监测，可以有效地节约资源、监测污染和预警灾害；对降雨、大气温度湿度的监测，可以指导农户进行定量灌溉；对森林中温度和湿度的监测，可以间接反映可燃物含水量的大小，预报和监测森林火灾的发生。

与传统监测手段相比，采用物联网传感器技术进行监测有更实时、定量、准确的优点。目前，越来越多的国家综合运用高科技手段，构建先进农业生态环境监测网络。通过利用先进的传感器感知技术、信息融合传输技术和互联网技术，将物联网技术融合其中，建立农业信息化平台，实现了对农业生态环境的自动监测。

**2. 智能温室**

在作物的整个生育期中，温室内的温度、湿度、光照度和气体浓度等环境因素往往不能完全满足作物的需要。而传统手工控制方法存在调节不准确、滞后严重等问题，影响了农业生产。

智能温室采用由中心控制计算机、现场控制机、系列传感器、电动执行器和局域网通信网络等组成的分布式计算机监控系统。温室的温度、湿度、光照和通风等的控制与作业，由升降温、喷洒水、采遮光、通排风等器械或机械手完成；作物所需要的营养、肥料和水分等，按生理要求与营养需要配制成营养液，采用针剂式滴灌和喷灌作业完成。

智能温室由于完全实现了智能化的控制，避免了自然环境气候的影响，减少了病虫危害，实现了作物的优质、高产和无公害生产。

**3. 智能灌溉**

农业水资源利用效率低，短缺与浪费现象并存，是当前中国灌溉农业发展面临的主要问题。解决这个问题的根本出路是大力发展和推广精确灌溉，它根据作物需水信息，适时、适量地进行科学灌溉，达到节水增产的目的。

智能灌溉系统由无线传感器网络、传输网络、控制主机和水泵控制部分组成。系统运行时，通过以上多种传感器收集灌溉需求信息，通过网络上报到工作站服务器，工作站服务器通过建模分析，将灌溉指令发送到灌溉嵌入式系统，确定是否启动水泵为农田供水。管理员也可以远程通过网络访问服务工作站，监控灌溉信息，控制水泵为农田供水。它根据作物需水信息，适时、适量地进行科学灌溉，达到节水增产的目的。

**4．智能病虫害诊断系统**

中国是粮食作物和蔬菜生产大国，目前主要采用农药防治病虫害。过多使用农药会造成产品、环境污染，极大威胁着我国粮食安全。

中国目前受农药污染的耕地面积已超过 1300～1600 万公顷。在实际生产中，大多数农民对于作物病害的诊断只是靠经验、凭感觉，对作物的生长状态造成了伤害。有效地早期诊断病害是农民在生产过程中所遇到的最大难题。

智能病虫害诊断系统根据判断病虫害类型不同，采用不同的图像处理技术获得判断依据。大部分病虫害智能检测系统均选用摄像设备和环境传感器，采集环境中各种影响因子的数据信息、视频图像等，再通过 TD/GPRS 网络传输到诊断平台。

处理层利用图像滤波、分割、识别算法处理图像，得到病虫害信息，通过查找病虫害预警模型库、作物生长模型库、告警信息指导模型库等信息库，指导农药使用，实现对病虫害的实时监控和有效控制。

**5．智能集约化水产养殖**

近年来随着集约化养殖的增加，残饵、生物代谢废物的排泄改变了水库生物群平衡，网箱养殖经常造成整个水体的水质恶化，不断出现水库缺氧泛箱事故的发生。例如，2002 年 10 月中旬，荥阳丁店水库由于严重超负荷的养殖量，在突然降温时形成上下水层对流，整个水体严重缺氧，造成泛箱死鱼事故，5 万公斤养殖鱼类死亡。

智能集约化水产养殖系统中，传感器节点负责温度和水溶氧量数据的采集和发送；数据通过网络传输层发送到数据管理中心；数据管理中心基于时间段设置数据读取，根据读取的结果确定运行状况，设定报警。通过对水体的水质恶化状况的在线污染监测，就能预防水库发生缺氧泛箱事故。

**6．精量饲喂系统**

过量采食与采食不足都会对动物健康造成危害。所以，如何使动物处在一个营养均衡的状态，一直是动物营养学研究的重要方向。研究表明，有些采食模式性状如日采食量、单次采食量、日采食次数、单次采食时间等，有一定的遗传性，因而可通过选择加快它们的遗传改良。认识采食量调控规律，对合理饲养种畜、幼畜和受各种应激因素影响的动物（包括病畜）以及有效利用饲料、充分发挥动物生产潜力，都有重要意义。

精量饲喂系统由种畜个体采食活动监测装置、通信网络和控制管理计算机 3 部分构成。个体采食活动监测装置利用 RFID 射频识别技术识别个体，获得准确的种畜个体采食活动的相关数据，包括采食量、采食时间、采食速度、环境温度等。通过通信网络传输给控制计算机。控制计算机记录采食活动的相关数据，根据预输入采食模型判断饲料供应配比，同时控制料槽门、料槽连锁机构、报警装置和驱赶装置的开关。

精量饲喂系统可以针对种畜个体进行精量的饲喂，并且可以自动获取个体的实际采食量和采食活动的相关数据，为动物生产建立科学、合理的生产制度，提高经济效益，实现动物生理行为水平上的自动化畜牧生产体系。

**7．智能冷链**

随着我国鲜活农产品销量的逐年增加，未来 10 年内冷库与冷藏车的平均增量将达到 30%。但目前农产品仓储整体水平较低，不论是产业链链条还是仓储设施设备和与日俱增的市场需求之间还存在着很大差距。鲜活农产品耗损率大，而且存在食品安全隐患。

智能冷链系统由分布在仓库和运输车辆上的传感器节点采集温度、湿度、$CO_2$ 浓度信息，通过 GPRS 网络传输给远程监控中心。远程监控中心根据预先设置的规则，判断状态是否正常，回传给节点的控制输出接口，调节温湿度或发出报警。通过冷链配送温度动态监控与管理，对仓储和运输环节的温度、湿度和二氧化碳浓度全程地监视和调节，保证了农产品的新鲜，保证了食品安全，减少了因为腐坏导致的经济损失。

## 5.5 公共安全

公共安全是国家安全和社会稳定的基础。近年来，国内外公共安全事故急剧增加，恐怖活动日益猖獗，造成人、财、物的巨大损失。公共安全已成为世界性的热点问题，是政府和社会关注的焦点。

### 5.5.1 公共安全概述

根据国务院的总体预案，公共安全事件有 4 大类，即自然灾害、事故灾难、突发公共卫生事件、突发社会事件。国家科学技术中长期发展纲要将确保公共安全作为全面建设小康社会的根本保障，其中包括食品安全、生产安全、减灾防灾、社会安全、反恐、检疫等多个方面。

安防系统的应用范围极其广泛，涉及人们日常生活的方方面面。已有市售产品包括视频监控、出入口控制、入侵检测、防爆安检等十几个大类，共数千品种。以上海世博园区的安全防护为例，300 余场馆，40 万余日均访问人次，游客的出行安全和食品安全保障，以及场馆建筑和室内设施安全保障都需要安防系统提供支持。其他如贵重设备监护、煤矿监控、建筑物结构健康监测、事故预警、监狱监控等，也均属于安防应用范畴。

随着社会发展的深入变革，用户对安防系统的功能需求越来越高，而现有的第二代安防系统功能较为单一，智能化不足，如防入侵系统仅能判断是否存在入侵行为，而无法得知是何种入侵，具体的事件响应需要安防人员的参与，或是派人赴报警点查看，又或是启用预警设备或其他侦测设备才能应对。人机的多次交互将不可避免地加大系统响应延时，增加不确定性，而人力成本也会成为安全防护系统的实施成本，成为安防系统规模化的障碍。

物联网以其无所不在、高效传输、快速感应的特点，在很多需要快速反应处理能力的场合大有用武之地。同时，物联网还具备协调多模感知网络共同工作的能力，可以在无人员介入的情况下完成各项复杂任务。

在公共安全防护领域，物联网技术可以实现诸如实时监控监测、位置定位、智能分析判断、人机智能对话等诸多功能，基于物联网的安防系统具备自感应、自适应和自学习能力，能够结合多种传感器信息，实现事故目标的有效分类和高精度的区域定位，甚至可以在不需要外界介入的情况下启动各项应急措施。而另一方面，各类感知技术以及组网技术的长足发展，也为安全防护物联网相关应用的开发提供了必要的技术支撑。

基于多模信息感知与协同处理，使用物联网技术搭建安全平台，其独到优势可以归纳为如下几点：

- 可实现高精度定位。
- 能够智能分析判断及控制。

- 能够最大限度降低因传感器问题及外部干扰造成的误报。
- 能够完成由面到点的实体防御及精确打击。
- 强大的网络支撑平台。
- 可轻松实现高度智能化的人机对话功能。

### 5.5.2 公共安全系统与技术需求

安全防护物联网同样也遵从感知互动层、网络传输层、应用服务层为核心的 3 层体系架构：

- 感知互动层用于采集各类安全相关的环境信息与人员信息，即需要获悉检测对象的运作状态，还需要监控目标区域内的各类突发事件，如人员入侵、火警、毒气等。
- 网络传输层用于在各类特定环境下可靠传输环境信息、报警信息，并作为应急联动指令及时下达的重要通道。
- 应用服务层用于数据处理、异常分析、预警判断，为城市公共安全防护、特定场所安全防护、生产安全防护、基础设施安全防护、食品安全防护等众多领域的安全防护应用提供服务。

**1．安防信息感知技术**

安全防护系统最重要的功能是能防患于未然，预知各种潜在威胁，既需要判断准确，更需要功能完备。但由于缺少明确的防护目标，相对于其他形式的物联网应用，公共安全防护需要采集的外界环境信息更加多样化。大量功能各异的传感器节点各司其职，通力协作，检测周界入侵、建筑物损伤、空气成分、水源分布，甚至还可以协同少量执行节点实施初步的救援辅助工作。

安全防护的对象通常是一块区域，如广场或是建筑内部、房间等，属于“面”的监控。而单独的采集设备，如传感器等，作为信息采样点，其功能是有限的。真正应用于安全防护，需要由点而线，由线而面。因此，安防应用中的信息采集技术既包括感知设备的设计与选取，还必须包括感知设备的部署与协调。

以下是一些常用的安防信息感知技术。

（1）振动感知技术

振动感知技术可用于检测建筑物的振动信息，判断建筑物结构健康状态，或是检测地面振动信息判断是否存在入侵，并识别入侵对象。电测方法是最为常见的振动测量方法，通常将振动参量转化成电信号，然后再通过电子线路放大作为标量。该方法成本低，精度也较高，体积小、便于部署。此外还有机械式测量方法与光学式测量方法。

（2）加速度传感器

加速度传感器在安全防护应用中的用途和振动传感器类似，只是工作机理略有不同。加速度传感器的基本原理是牛顿第二定律，通过测量敏感部件的受力情况计算得到加速度的值。外来作用力会造成敏感部件的形变，通过测量形变量并将其转换为电压输出，可以得到相应的加速度信号。市场上常见的加速度传感器有压电式、压阻式、电容式和谐振式等。

（3）瓦斯浓度探测

瓦斯浓度探测是通过检测空气中的瓦斯含量，以达到防火防爆的目的。常用的瓦斯传感器可分为热导式和热效式两大类。热导式瓦斯传感器利用瓦斯与空气的导热系数不同来测量瓦斯浓度；热效式瓦斯传感器（又称热催化式瓦斯传感器）利用可燃气体在催化剂的作用下进行无焰燃烧，产生热量，通过测量热敏电阻的阻值变化，获得瓦斯浓度。

（4）红外传感器

红外传感器可用于实现包括入侵检测、气体成分检测、目标识别等多项功能。红外传感器以红外线为介质，基于光电效应或热效应进行检测。

（5）泄漏感应电缆

泄漏感应电缆是泄漏电缆的一种，常用于室外周界入侵检测。泄漏电缆将同轴线的外导体切开，使部分电磁能量外泄，使得敷设的两条泄漏电缆之间形成了一个柱形电磁场防护区域，当人体和金属体在这个区域移动时，会引起电磁场扰动，从而被探测器检测到，产生报警信号。

对于非金属体或非人体，比如树枝等，由于对电磁场的干扰极弱，虽然在该防护区域移动，却不能引起电磁场的扰动，因此不会报警。通过对探测器灵敏度的调整，可以将小动物，如小狗、小猫等在防护区域移动的干扰滤掉，达到有效防护的目的。

（6）核辐射传感器

核辐射传感器通过监测各类放射源，预防恐怖分子的“脏弹”袭击。常用的探测器有电流电离室、盖格计数管和闪烁计数管 3 种。

电流电离室是一种气体探测器，射线使高压舱内的工作气体发生电离，然后通过收集电离产生的电荷记录放射强度；盖革计数管也是一种气体探测器，它通过将入射粒子转换为电脉冲进行记录；闪烁计数管为固体结构，当射线进入闪烁体，闪烁体吸收能量而使原子、分子电离和激发，并发射荧光光子，光子在光阴极上打击出光电子，随后在光电倍增管中以数亿倍的倍数倍增，电子流在阳极负载上产生电信号，并由电子仪器记录。

在信息采集网络的布设方面，需要在区域中部署传感器节点，形成对区域的覆盖感知网络。根据应用场景不同，感知覆盖包括区域覆盖与带状覆盖。区域覆盖是指对监测区域的完全覆盖，区域内部的人员、物品都属于监控对象；而带状覆盖则是对区域周界的环状覆盖，多用于外来入侵检测。

传感器网络研究领域已有一定的与感知覆盖相关的研究成果，理论成果主要在于推导出达到一定覆盖冗余度所需要的最少节点数目，以作为随机性部署的参考。在安防应用中，传感器节点的部署需要根据所处环境因势而设，如煤矿安防、建筑物结构健康监测等，通常需要物联网技术人员同专业工程师协作，根据周边环境特征，设计节点部署方案。

当防护区域范围扩大，静态的传感器节点部署方式会带来指数级的成本增加，而难以实现大范围的监控，如城市范围的监控。在城市安防方面，为形成城市范围的安全防护网络，国内外研究者提出，可以将信息采集终端安放到手机或是城市车辆上，依赖人们的日常迁徙承载其移动，可以实现对大型区域的移动覆盖。这一类部署机制成本低、易于实现，是未来城市安全防护物联网的重要发展方向。

**2．安全防护应用中的数据传输**

在安全防护框架下，物联网数据传输需要满足较高的实时性与可靠性要求，以保障对各类危险行为的快速响应，保障人们的生命财产安全与社会稳定。同时，由于安全防护网络大部分需要提前部署与规划，并拥有相对稳定的网络拓扑，这也为较复杂的传输机制实现提供了良好支持。

出于对网络高健壮性的需求，并考虑到安防网络通常需要部署在复杂的室内或地下环境中，安防应用可能会使用一些特殊的数据传输机制，下面将对其中的监控视频传输、无线多跳传输、地下环境数据传输 3 部分进行介绍。

（1）面向安防监控的视频传输

视频监控系统是时下最为常见的一类安全防护系统。在视频监控系统中，大量的监控画面数据需要通过网络传达并呈现给指挥中心的安防人员。基于物联网的智能视频监控系统更是需要指挥中心服务器与下属监控摄像头多次交互，自动分析监控内容、提取有用信息。

视频传输将占用大量网络带宽，且对传输实时性的要求通常高于一般的物联网应用，因此往往需要部署专用通信线路。常见的视频监控包括有视频基带传输、光纤传输、网络传输、微波传输、双绞线平衡传输、宽频共缆传输 6 种传输方式。这些传输方式由于传输距离和成本的不同，适用于各种视频监控应用场合。

目前在安全监护方面，应用较为广泛的两类视频传输手段，分别是视频网络传输方式与宽带共频传输方式。

视频网络传输方式在娱乐性视频传输中使用最为广泛，也是未来视频监控系统的发展趋势之一。视频网络传输方式采用 MPEG 音视频压缩格式传输监控信号，在互联网上传输，重点用于解决城域间远距离、点位极其分散的监控传输方式。

目前，网络传输技术已经替代了众多传统的视频传输方式，但是它也有网络带宽不受控制，难以确保视频流稳定等不足，若要广泛应用到安全防护监控中，对网络基础设施及网络硬件条件要求较高。

宽带共频传输是现在较为高端的一种传输方式，是解决几公里至几十公里监控信号传输的最佳解决方案之一。宽带共频传输采用调幅调制、伴音调频搭载、FSK（频移键控）数据信号调制等先进技术，可将 40 路监控图像、伴音、控制及报警信号集成到“一根”同轴电缆中双向传输。其优点是充分利用了同轴电缆的资源空间，40 路音视频及控制信号在同一根电缆中双向传输，且施工简单、维护方便，可大量节省材料成本及施工费用。

（2）安防应用中的无线传输

基于有线网络构建的安防系统具有可靠、稳定的优势，适合于传输图像、视频等大数据量信息，但是这种网络部署方式由于成本高昂、难于部署等因素，而无法适用于一些复杂或受限地理环境，如桥梁、高楼的结构等的健康监测；另外对于一些变化环境下的安全防护，如采掘进行中的地下煤矿工作面，也有灵活性不足的缺陷。

基于无线网络交换信息是物联网技术的重要特色之一，配备有无线通信模块的传感器节点极易部署，这些节点既可以通过电信网、WiMAX 等多种手段接入控制中心网络，也可以以多跳无线链路的形式传输数据。此外，多跳无线的网络组织形式还可以同既有的有线网络基础设施搭配使用，直接在现有的安全防护系统之上进行扩展，这进一步降低了系统的架设成本。

无线链路极易受外界环境干扰，尤其是在多跳无线网络里，保证消息传输可靠性尤为困难。研究人员提出了大量的应对机制来提升多跳数据传输成功率。其中加入系统冗余是一类较为可行的方案，在网络传输机制中具体体现为各类多径路由机制，即使数据报文能够沿着不同的路径从源节点向目标节点转发。现有的多径路由主要包括 3 类：对单路径路由的扩展、多路径并行传输以及机会路由。

- 在基于单路径扩展的多径路由机制中，通常是在路由发现时记录多条路由作为当前路由的备选路由。当活动路由失效后，从多路径中选择一条继续路由，不需要重新发起路由发现过程。基于单路径扩展的多径路由通常只需要在现有单径路由的基础上进行小幅修改，比如在路由建立过程中，让中间节点记录更多的上级节点，将其中路由开销较低却非最优的节点加入备选路径，当主路径失效时，则可将数据包发往备选路径。
- 在多路径并行传输的多径路由中，通常是预先选好多条独立的通向目标节点的路径，然后根据链路资源，以及跳数、延迟等，将待发送的数据分散到这些预先确定的路径上。在发送数据之前，数据源可以通过在原数据中加入冗余的复制以提高消息传输的可靠性。
- 机会路由是一种随机性多路径传输机制，它基于概率性无线信道模型设计，距离源节点不同远近的中间节点，会以不等的概率侦听到来自源节点的数据包。机会路由技术试图利用这些中间节点，减少消息转发次数，降低消息传输延时。而在传输过程中，多个中间节点会相互协作，达到提高消息传输可靠性的目的。

（3）地下环境数据传输

在安全防护应用中，往往会需要在一些特殊环境下部署网络，比如地下矿井、地铁隧道等，其中大部分位于地下深处，外界电磁波很难深入其中；而这类环境又往往狭长、曲折、昏暗，若在其中使用多跳无线链路用于长距离传输，单节点的通信距离缩短、端到端传输跳数增加、数据传输成功率极低，系统难以正常运作；若使用大功率射频信号，又容易激发电火花，带来新的安全隐患。对于这种应用场合，使用通信线缆承载数据传输是必需手段。而对于进展中的工作面，使用有线电缆通信灵活性不足，仍然需要无线通信方式作为补充。通过有线链路连接无线访问点是一类常用的地面混合通信手段，但是部署在地下的无线访问点却极易损坏，导致系统可靠性降低。

泄漏电缆通信是一种新型通信技术，常用于山区隧道、地铁等狭长隧道内部通信。这种电缆在同轴管外导体上的纵长方向开设一系列的槽孔或隙缝（开槽形式取决于所使用无线信号的频段），使电缆中传输的电磁波的部分能量从槽孔中泄漏到沿线空间，场强衰减较均匀而无起伏，易为接收设备所接收。

泄漏电缆传输频段较宽，既能通话，又能传输各种数据信息。在长隧道地区，由于泄漏电缆衰耗较大，需要在隧道内装设中继器，用以补偿传输损耗，中继器需远距离供给电源。

**3．安防信息处理技术**

安防信息处理包括在节点本地或后方监控中心对采集到的各类安防信息进行加工、分析，提取各类潜在的危险信号并实现预警。此外，安防信息处理技术还需要具备排除各类错误数据对系统所造成的影响。

（1）异常事件判断技术

异常事件识别用于从大量数据中分析、判断检测对象的状态异常，主要用于检测各类不易察觉的慢性状态恶化，比如建筑或输油管道等关键基础设施的老化等。物联网安防系统收集到的数据是以时间为轴的状态数据，这一类数据将作为异常事件识别的输入。通过比较当前状态数据与历史正常状态数据，结合检测对象的状态模型，可以识别状态异常。

常用的分析手段包括从时域上分析和从频域上分析。前者通常是将检测参数建模为时间函数，对比正常状态的参数来判断是否有异常事件发生；而后者则是通过一系列的时频变换，对比检测对象当前状态与正常状态的频谱分布，判断是否有异常事件发生。

从时域上分析的重点在于根据采集到的离散数据建立精确的检测对象变化模型，通常表示为时间函数。而插值法是最为常用的建模方法。插值法又称“内插法”，是利用函数 $f(x)$在某区间中若干点的函数值，作出适当的特定函数，在这些点上取已知值，在区间的其他点上用这个特定函数的值作为函数 $f(x)$的近似值。如果这个特定函数是多项式，就称它为插值多项式。常用的插值法有 Lagrange 插值、Newton 插值、Hermite 插值、分段多项式插值及样条插值。

频域分析是捕获数据内在规律的常用方法，通常是通过一系列的时频分析变换，将时序信号转到频域上研究。该类方法判断准确性高，但是计算量较大，适用于集中式的数据处理，还有一独到优势在于无需全网节点的时间同步。

在节点本地进行数据处理，快速傅里叶变换是一种常用变换。傅里叶变换能将满足一定条件的某个函数表示成三角函数（正弦和/或余弦函数）或者它们的积分的线性组合。在不同的研究领域，傅里叶变换具有多种不同的变体形式，如连续傅里叶变换和离散傅里叶变换。

快速傅里叶变换是计算离散傅里叶变换的一种快速算法，简称 FFT，它是根据离散傅里叶变换的奇、偶、虚、实等特性，对离散傅立叶变换的算法进行改进获得的。采用这种算法能使计算机计算离散傅里叶变换所需要的乘法次数大为减少，特别是被变换的抽样点数 N 越多，FFT 算法计算量的节省就越显著。

（2）智能视频监控技术

智能视频监控技术是物联网安防应用的重要内容，也是计算机视觉领域的重要研究课题。基于智能视频监控技术构建的监控系统，能够通过自动分析和抽取视频源中的关键信息自动识别不同物体，发现监控画面中的异常行为，并及时地发出警报和提供有用信息，有效协助安全人员处理各类危机，并最大限度地降低误报和漏报现象。

智能视频监控系统的处理流程包括：背景建模、前景提取、目标跟踪、行为识别 4 个部分。背景建模用来对监控场景中相对不变的区域建立模型，为前景提取作准备；前景提取用来监测视频图像序列中的移动（前景）物体；目标跟踪用于跟踪视频图像序列中的前景目标，进而得到目标的运动轨迹；行为识别则用于从轨迹中识别特定的行为。

在实际情况中，监控的场景往往复杂多变且人较多，例如机场视频监控。近年来，虽然在上述 4 个方面的研究都取得了不小进展，但仍不足以构建通用快速鲁棒的智能视频监控系统。不少研究者开始研究用机器学习的方法研究人或特定行为的检测，这方面有代表性的工作有基于 adaboost 算法的人检测与基于 HoG 特征的行人检测。

（3）分布式事件检测与决策技术

物联网下的安防系统高度智能化，各种感知设备通过底部网络支撑平台连接在一起，将来自于不同种类感知设备的多模信息进行融合，实现分布式决策。安全防护系统需要在无外界人员参与的情况下，对各种安全威胁行为作出判断，排查安全隐患，并协调各事件处理机构采取适当措施。漏检会造成损失，而误检会带来不必要的恐慌。分布式检测与决策的重要方面在于需要能区分出节点故障或是特定事件发生带来的采集数据异常。

研究人员发现，节点故障和特定事件发生带来的数据异常，其关键区别在于，前者造成的数据异常不存在空间相关性，而后者存在。通过分析地理位置邻近节点汇报数据的空间相关性，能区分出造成数据异常的根源究竟是哪一种。

基于上述思想，智能安防系统下的网络节点按照分层架构组成网络，本地节点做出一次判决，而后将结果发送至上一级节点，由该节点进行第二次判决；如此反复，直至判决结果抵达指挥中心。对于仍然无法准确判决的情况，指挥中心会启动视频监控设备，将图像相关信息交由安防人员分析。

### 5.5.3 公共安全应用与市场预期

基于物联网技术的安全防护系统应用极为广泛，包括社会安全、生产安全、食品安全、减灾防灾、反恐、检疫等诸多方面。

（1）城市公共安全防护

城市公共安全防护主要是为保障社会安全，防范各类恐怖袭击。涉及的内容包括，在人口密集的公共场所内对各类可能的恐怖袭击，以及大规模恶性意外事故进行防范，实现突发事件监测与预警功能，以及及时传达应急联动指令的功能。

（2）特定场所安全防护

特定场所泛指社会上的重要单位和要害部门，如机场、核电站、军事设施、党政机关、国家的动力系统、广播电视、通信系统、国家重点文物单位、银行、仓库、百货大楼等，这些单位的安全保卫工作是安全防范工作的重点内容。特定场所的安全防护主要针对场馆和园区，防止不法分子的破坏，其中包括周界防入侵、内部人员活动安全保障、险情救援辅助等功能。

（3）生产安全防护

生产安全防护是针对一些危险工作环境下，工作人员生命安全的防护，还有针对重要生产器械及设施的防护。典型场合有石油或煤炭行业的防火防爆，化工行业的防中毒，核电厂的防泄漏等。具体的防护内容取决于具体的工作场合，如煤矿安防需要对矿井内部瓦斯成分进行检测、预警渗水坍塌等大型事故等。

（4）基础设施安全防护

基础设施包括各类面向社会，服务于公众的建筑、器械、设备等，如桥梁、公路、路标、井盖，以及 ATM 取款机、小区运动器材等。既需要检测大型建筑物的结构健康，防止各类坍塌事故，还需要对 ATM 机等重要设施防盗防砸。

（5）食品安全防护

食品安全防护用于在食物的众多加工环节安全把关，防止各类食物中毒事件；完善食品的生产流程备案，便于消费者查阅。

当前我国正处在城市化高速度发展的阶段，人口的聚集带来了大量的公共安全问题，各种灾害造成的损失也逐年上升。我国每年因公共安全问题造成的经济损失达 6500 亿元，并夺去约 20 万人的宝贵生命。

中国的安防产业从 20 世纪 80 年代开始起步，比西方经济发达国家大约晚 20 年。改革开放以前，受经济发展的限制，中国的安防主要以人防为主，安全技术防范还只是一个概念，技术防范产品几乎是空白。20 世纪 80 年代初，安防行业在上海、北京、广州等经济发达城市和地区悄然兴起。

进入 21 世纪后，中国安防安全技术防范产品行业又有了进一步的发展，智能建筑、智能小区建设异军突起，高科技电子产品、全数字网络产品大量涌现，都极大促进了安防产品市场蓬勃发展。中国正在发展成为世界上最庞大的安全防范产品市场，安防产业日渐成为中国经济建设领域中的一支重要生力军。

## 5.6 智慧医疗

医疗卫生体系的发展水平关系到人民群众的身心健康和社会和谐，是社会关注的热点。经过长期的发展，在医疗服务质量和医疗安全等方面，我国已经和西方发达国家的水平比较接近。

### 5.6.1 智慧医疗概述

我国的医疗卫生事业还面临着与社会发展不协调的地方，主要体现在：

（1）医疗服务还不够完善

在比较长的时间里，我国的医疗服务主要集中在疾病的预防、诊断和治疗上，还需要进一步拓展医疗服务的范围和深度，如增强医疗服务的方便性、快捷性，提高医疗机构的数字化和信息化水平，完善医疗设备、器械、人员的管理，改善医药产品的监管流程，拓展健康辅助、教育和咨询的范围等。

（2）医疗资源相对缺乏

相对于人民群众的医疗卫生需求，我国医疗资源缺乏的问题还比较突出，集中表现在“三长一短”（即挂号、取药、交费时间长，医生诊疗时间短）和“看病难，看病贵”。中国社会科学院发布的 2007 年《社会保障绿皮书》显示，1990～2004 年，我国城乡居民人均医疗保健支出分别增加了 19.57 倍和 5.86 倍，居民医疗费用支出的增速远远超出其收入增长速度。

（3）医疗信息化水平相对较低

据卫生部统计信息中心 2007 年对全国 3765 家医院做的信息化现状调查显示，有 47.9%的医院年均信息化投入不足医院毛收入的 0.5%，有 26.1%的医院不足 1%。3765 家医院中，只有 2%的医院使用客户关系管理系统，只有 15%的医院使用办公自动化系统，只有 22%的医院使用住院医生工作站系统，只有 21%的医院使用门诊、急诊医生工作站系统，只有 21%的医院使用制剂管理系统。

（4）医疗区域发展不平衡

由于经济社会发展不够协调，城乡“二元结构”问题比较严重，导致我国医疗区域发展不平衡。卫生部公布的《2009 年我国卫生事业发展统计公报》显示，2008 年全国卫生费用总支出中，城市达 11255.0 亿元，占 77.4%；农村 3280.4 亿元，占 22.6%。在一些偏远和落后地区，医疗卫生基础还非常薄弱。

面对上述我国医疗卫生事业存在的问题，除了加强政府职能、增加社会投入、完善医疗保障制度外，必须利用先进的科学技术手段，完善我国的医疗服务、弥补医疗资源的不足、增强医疗的信息化水平、提高医疗机构的能力和效率、促进医疗卫生在区域间的平衡发展。

伴随着物联网技术的发展，发达国家和地区纷纷大力推进基于物联网技术的智慧医疗。基于物联网技术的智慧医疗系统可以实时感知各种医疗信息，方便医生准确地掌握病人病情，提高诊断的准确性；可以方便医生对病人的情况进行有效跟踪，提升医疗服务的质量；可以通过传感器终端的延伸，加强医院服务的效能，从而达到有效整合资源的目的。

基于物联网技术的智慧医疗系统可以便捷地实现医疗系统的互联互通，方便医疗数据在整个医疗网络中的资源共享；可以降低信息共享的成本，显著提高医护工作者查找、组织信息并做出回应的能力，使对医院决策具有重大意义的综合数据分析系统、辅助决策系统和对临床有重大意义的医学影像存储和传输系统、医学检验系统、临床信息系统、电子病历等得到普遍应用。

基于物联网技术的智慧医疗系统可以优化就诊流程，缩短患者排队挂号等候时间，实行挂号、检验、交费、取药等一站式、无胶片、无纸化服务，简化看病流程，杜绝“三长一短”现象，有效解决群众“看病难”问题；可以提高医疗相关机构的运营效率，缓解医疗资源紧张的矛盾；可以针对某些病例或者某种病症进行专题研究，智慧医疗的信息平台可以为他们提供数据支持和技术分析，推进医疗技术和临床研究，激发更多医疗领域内的创新发展。

基于物联网技术的智慧医疗将有效提升我国医疗服务的信息化水平，协助为人民群众提供一流的医疗信息服务，为构建和谐的社会环境打下坚实基础。

### 5.6.2 智慧医疗系统与技术需求

面向智慧医疗的物联网系统大致划分为感知互动层、网络传输层和应用服务层。感知互动层通过各种传感器设备感知与病人、医疗物品及设备等相关的信息；网络传输层通过通信网络将采集的医疗信息传输到数据管理中心；应用服务层根据应用需求对医疗信息进行分析和挖掘，并根据结果提供相应的服务。

**1．医疗信息感知**

绝大多数医疗信息都是通过医用传感器采集的。医用传感器特指应用于生物医学领域的传感器，是能感知人体生理信息并将其转换成与之有确定函数关系的电信号的一种电子器件。根据医用传感器的工作原理，大致可以分为化学传感器、生物传感器、物理传感器和生物电电极传感器。

在智慧医疗中，常用的医疗传感器包括体温传感器、电子血压计、脉搏血氧仪、血糖仪、心电传感器和脑电传感器等。

**2．医疗信息传输**

根据传输距离的远近，信息传输可以大致划分为 4 个概念层次：人体局域网（Body Area Network，BAN），个人区域网（Personal Area Network，PAN），局域网（Local Area Network，LAN）和广域网（Wide Area Network，WAN）。人体局域网的传输距离一般在 1 米（或 2 米）之内，个人区域网的传输距离一般在 10 米之内，局域网一般在 100 米之内，而广域网的传输距离可达数千公里，乃至覆盖整个物理世界。在医疗应用中，人体局域网、个人区域网和局域网一般以无线通信方式传输信息。

无线人体局域网利用近距无线通信技术，将穿戴在身体上的集中控制单元和多个微型的穿戴式或植入式传感器单元连接起来，它主要针对健康监护应用，可以长期、持续地采集和记录各种慢性病（如糖尿病、哮喘和心脏病等）病人的生理参数，并在需要时为病人提供相应的服务，如在发现心脏病人的心电信号发生异常时，及时通知其家人和医院，在发现糖尿病人的胰岛素水平下降时，自动地为病人注射适量的胰岛素。

无线个人区域网旨在利用无线技术，将与个人生活密切相关的通信电子设备连接起来，包括便携式计算机、掌上电脑、蜂窝电话、家电设备等。利用无线个人区域网，可以将无线人体局域网的数据传输到附近的计算机或通信设备，以便进行处理、存储或传输到更远的数据中心。在手术过程中，无线个人区域网可以用于外科医生之间的通信，方便相互协调和沟通。

无线局域网是指以无线信道作为传输媒介的局部范围内的通信网络，它可方便地布设于家庭、医院等环境，用于将采集到的医疗信息传输到后台数据中心，或从后台数据中心获取相关数据。在移动医疗护理应用中，护士利用手持移动终端设备，可以方便地把病人的相关信息通过医院无线局域网传输到医院信息系统（Hospital Information System，HIS）的后台数据库中，也可以根据病人的唯一标识号，从后台数据库中读取病人的住院记录、化验结果等信息。

广域网实现了局域网之间的互联，由结点交换机以及连接这些交换机的链路组成，结点交换机实现分组存储转发的功能。广域网用于医疗信息的远距离传输，主要用于远程医疗、远程监护、远程教育与咨询等应用中的信息传输。

**3．医疗信息处理**

对于获取到的各种医疗信息，需要根据应用需求进行相应的分析和处理，以便供医务人员进行诊断或为患者提供相应服务。医疗信息的处理可以大致分为两类：

（1）操作型处理

指对医疗信息进行存储、查询、修改、删除等事务型处理，这种处理不需要复杂的数据分析过程，一般与数据管理中心的数据库进行联机操作。

（2）分析型处理

指对医疗信息进行清理、变换、规约、融合、提取和建模等分析型处理，这种处理可能涉及数据库、人工智能、模式识别、大规模计算等多个领域，一般分析方法与数据管理中心的数据仓库进行联机操作。这种分析型的医疗信息处理又称为医疗数据挖掘（Medical Data Mining）。

医疗信息具有多模性、不完整性、时间性、冗余性和隐私性 5 大特性，医疗数据包括纯数据（如体征参数、化验结果）、信号（如肌电信号、脑电信号等）、图像（如 B 超、CT 等医学成像设备的检测结果）、文字（如病人的身份记录、症状描述、检测和诊断结果的文字表述），以及语音和视频等信息。

因此，医疗数据挖掘涉及图像处理技术、时间序列（Time Series）处理技术、数据流（Data Stream）处理技术、语音处理技术和视频处理技术等多个领域。这里不对这些技术做详细描述。

### 5.6.3 智慧医疗应用与市场预期

智慧医疗物联网的应用可以大致分为以下几类：智能医疗监护、医药产品智能管理、医疗器械智能管理、智能医疗服务和远程医疗等。

**1. 智能医疗监护**

智能医疗监护通过先进的感知设备采集体温、血压、脉搏、心电图等多种生理指标，通过智能分析对被监护者的健康状况进行实时监控。智能医疗监护可以对异常生理指标做出及时的反应，可以实时跟踪被监护者的位置，可以分析被监护者的行为，并在出现异常状况时进行提示或报警，以便进行及时的医疗救护。

智能医疗监护的典型应用如下：

（1）生命体征监测

生命体征监测通过将电子血压仪、电子血糖仪等各种可移动、微型化的电子仪器和设备植入到被监护者体内或者穿戴在被监护者身上，持续记录各种生理指标，并通过内嵌在设备中的通信模块，以无线方式及时将信息传输给医务人员或家人。

生命体征监测系统一般包含 4 个主要部分。

- 生命体征采集设备：生命体征采集设备包含各种传感器，用于采集被监护者的各种生命体征。
- 数据传输网络：数据传输网络用于将采集到的各种传感器数据传输到局部数据存储中心或后台数据库。
- 数据存储及分析模块：在数据中心，将对各种数据进行存储，并根据应用需求进行相应的分析和处理。
- 功能服务模块：根据数据处理结果为用户提供相应的服务。

美国斯坦福大学和 NASA 阿莫斯研究中心联合开发了名为 Life Guard 的可穿戴式生理监控系统。系统的核心部件是一个可穿戴式的生命体征监测器 CPOD（Crew Physiologic Observation Device），可以通过附带的生理传感器连续地对病人的心电、呼吸率、心率、血氧饱和度、环境或体温、血压等进行监测。此外，CPOD 内嵌有三维加速度传感器，还可以外接 GPS 设备对用户的位置变化进行跟踪。

（2）人员及设备定位

在医疗过程中，对于医务人员、患者、医疗设备的实时定位可以很大程度上改善工作流程，提高医院的服务质量和管理水平，可以方便医院对特殊病人（如精神病人、智障患者等）的监护和管理，可以对紧急情况进行及时的处理。

常用的室内定位方法包括基于 RFID 标签的方法和基于 WiFi 的方法，前者通过识别阅读器读取 RFID 标签时的物理位置“邻近”关系来定位目标，后者根据在当前位置所接收到的各个 WiFi 访问点（Access Point，AP）的信号强度，利用基于传播模型的方法或基于机器学习的方法来实现目标定位。

Ekahau 公司在室内定位领域处于领先地位，其开发的基于 WiFi 的实时定位管理系统（Real Time Location System，RTLS）已经在全球的医疗机构中成功实施了近千家。

（3）行为识别及跌倒检测

行为识别系统可识别各种身体行为（如静止、走路、跑步、上下楼梯等）。连续的行为识别可以计量用户走路或者跑步的距离，进而计算运动所消耗的能量，据此对用户的日常饮食提供建议，保持能量平衡和身体健康。Nokia 公司开发的计步器程序 StepCounter 可以利用手机中内置的加速度传感器识别行走动作，统计携带者每天走过的总步数和总距离，进而推算每天消耗的热量，为运动和健身提供比较科学的指导。

跌倒检测系统能够检测患者（特别是高血压患者等特殊人群）的意外摔倒并迅速报警，为救治争取宝贵的时间。美国佛罗里达州立大学的研究人员研制出一款名为 iFall 的跌倒检测系统。iFall 以 Android 智能手机为平台，利用内置在手机中的三维加速度传感器，通过基于阈值的跌倒检测算法来判断用户是否跌倒，并提供及时的报警服务。

**2．医疗产品智能管理**

医药产品智能管理通过智能识别技术对药品、血液、医疗垃圾等的流通过程进行实时跟踪监控，确保医药产品的安全运输、使用及处理。医药产品智能管理的典型应用包括以下方面。

（1）药品防伪

假药由于制药不规范、材料不合格等原因引发了众多安全问题，亟需规范药品的生产和流通环节、打击猖獗的假药市场，以保护患者的生命安全。

药品防伪一般采用 RFID 电子标签识别技术。生产商为生产的每一批药品甚至每一个药瓶都配置唯一的序列号，即产品电子代码（Electronic Product Code，EPC）。通过 RFID 标签存储药品序列号及其他相关信息，并将 RFID 标签粘贴在每一批（瓶）药品上。在整个流通环节，所有可能涉及药品的生产商、批发商、零售商和用户等都可以利用 RFID 读卡器读取药品的序列号和其他信息，还可以根据药品序列号，通过网络到数据库中检查药品的真伪。

英国制药企业葛兰素史克公司将 RFID 标签用于药物的防伪，防止偷盗和非法假冒。辉瑞制药公司同样采用 RFID 技术和验证服务，方便用户验证产品的真伪，同时还可用于发现和召回过期药品，保障消费者的合法权益以及药品市场安全。Purdue Pharma 公司对生产的奥斯康定（OxyContin）药品都贴上了一个 RFID 标签，跟踪药品在整个供应链中的轨迹。

（2）血液管理

血液是医疗手术的必需品，卫生、安全的血液是医治重危患者的基本保证。血液从采集、运输、存储到使用的整个过程中，包含多个环节。涉及献血者资料、血液类型、采血时间、运输过程的环境条件、经手人等众多信息，必须要有有效的管理系统，全程、全方位地监管整个流程。

在血液管理中，献血者首先进行献血登记和体检，合格后进行血液采集。每一袋合格的血液上都被贴上 RFID 标签，用唯一的 RFID 编码标识这袋血液，同时将血液基本信息和献血者基本信息存入管理数据库。血液出入库时，可以通过读卡器查询血液的基本信息，并将血液的出入库时间、存放地点和工作人员等相关信息记录到数据库中。

在血库中，工作人员可以对库存进行盘点，查询血袋的存放位置，并记录血液的存放环境信息。在医院或患者使用血液时，可以读取血液和献血者的基本信息，还可以通过 RFID 编码从数据库中查询血液的整个运输和管理流程。

基于 RFID 识别技术的血液管理实现了血液从献血者到用血者之间的全程跟踪与管理，可以最大程度地降低混淆风险和使用错误。同时，由于采用无线技术，整个过程不需要接触性识别，从根本上避免了血液污染。

（3）医疗垃圾处理

医疗垃圾含有大量的细菌或病毒，有的医疗垃圾还有放射性和传染性，随意处理不仅会给环境带来严重的污染，更会给人类健康带来极大的威胁。利用 RFID 和定位技术可以实现对医疗垃圾整个处理过程的全程跟踪管理。通过在装载医疗垃圾的纸箱和塑料容器上粘贴 RFID 标签，可以对每一箱垃圾进行唯一的标识。

垃圾处理车上装有 RFID 读取设备，可以不间断地读取所装垃圾箱上的标签信息。垃圾处理车装有无线通信装置和卫星定位设备，可以将所有垃圾箱的标签信息和当前位置实时地汇报给医疗垃圾监控中心。从监控中心可以定位垃圾处理车的位置，监控垃圾处理车上的垃圾箱。借助医疗垃圾监控系统，监管部门可以有效监督医院、运输单位、垃圾处理场等相关单位的处理流程，实现医疗垃圾的安全管理。

**3．医疗器械智能管理**

医疗器械智能管理的典型应用包括以下方面。

（1）手术器械管理

传统手术器械管理方法不能对手术器械的清洗、分类、包装和使用的整个流程进行严格的监控管理，时常会出现手术器械消毒不严格、二次污染、器械包超过有效期等事故。

RFID 手术器械管理系统通过为每个手术包配置一个 RFID 标签，存储手术器械包的相关信息（包括手术器械种类、编号、数量、包装日期、消毒日期等）。在使用过程中，医务人员可以通过手持或台式 RFID 读写器对 RFID 标签进行读取或写入，并通过网络技术与后台数据库进行通信，读取或存入手术器械包的管理信息，实现手术器械包的定位、跟踪、监管和使用情况分析。

中国人民解放军总医院（301 医院）和国内某公司研发的“手术包 RFID 安全追溯信息管理系统”经过在 301 医院一年多的运行，不仅节省了医疗成本，还有效保障了手术包的使用安全。医院消毒供应中心每天发出手术器械包 400 多个，信息管理系统可以准确记录和追溯每个医疗器械包的使用流程。

（2）手术材料管理

现实生活中，偶尔会发生手术过后在病人体内遗留手术材料（如手术棉球、纱布等）的医疗事故，不仅影响手术质量，还给病人日后生活带来隐患。RFID 技术可以帮助医生完成复杂而费时的手术材料清点工作，提高手术过程的安全性。

美国的 Haldor 先进技术公司开发了 ORLocate 系统，它通过 RFID 识别技术标记手术过程中使用的每一个物品，可在任何时间检查各类物品的数目。ORLocate 系统大大提高了手术室后勤和流水作业的效率，确保了患者的安全。美国匹兹堡 ClearCount 医疗服务公司从 2004 年就开始开发嵌有 RFID 芯片的手术棉球。西门子公司 IT 服务部也与慕尼黑伊萨尔河大学医院合作，使用主动式和被动式 RFID 标签来跟踪棉球、药签等外科手术时使用的器械，并对手术全过程进行追踪。

（3）医疗器械追溯

植入性医疗器械在临床医疗中运用越来越广泛，这类医疗器械被种植、埋藏、固定于机体受损或病变部位，以支持、修复或替代机体功能，包括心脏起搏器、人工心脏瓣膜、人工关节、人工晶体等。植入性医疗器械属于高风险特殊商品，其质量的可靠性、功能的有效性直接关系到接受植入治疗患者的身体健康和生命安全。

IBM 公司和可植入医疗设备制造商 Implanet 公司联手开发了 BeepNTrack 方案，为 Implanet 公司生产的膝盖和臀部植入设备提供了从供应链到医院的全过程追踪服务。Implanet

公司将含有唯一标识码的 RFID 标签贴在单件设备的包装上，并采用 RFID 技术对设备的运输进行跟踪。标签在手术后提供给病人，这样病人可以了解到所植入设备的全部信息。

**4．智能医疗服务**

智能医疗服务包括以下内容：

（1）移动门诊输液

门诊输液室是医院内人群相对集中而且流动性较大的场所，也是医院管理工作的重要环节。传统的门诊输液流程存在众多隐患：

- 护士一般以病人的姓名和年龄，人工进行身份核对，当出现手工书写不清或错误、病人神志不清、同名或名字发音近似时，容易造成差错。
- 门诊输液室病人众多，使用药品种类复杂，容易造成用药错误。
- 输液室环境嘈杂，护士不能及时应答病人的呼叫、不方便确认病人的位置，使得输液室秩序混乱。

移动门诊输液系统通过无线通信技术、网络技术、移动计算技术和数字识别技术，实现门诊输液管理的流程化和智能化，可以提高医院的管理水平和医务人员的工作效率，改善病人身份及药物的核对流程，方便护士在输液服务过程中有效应答病人的呼叫，改善门诊输液室的环境，并为医务人员的工作考核提供依据。

（2）移动护理

传统的护理工作流程不能记录护士执行医嘱的详细情况，无法对护理行为进行规范、对护理质量进行监控，在发生医患纠纷或医疗事故时不能有效进行责任认定，无法在护理操作过程中给护士提供指导。

典型的移动护理系统包括 RFID 标签、便携式终端、医疗信息系统服务器等。患者佩戴的 RFID 标签可记录患者的姓名、年龄、性别、药物过敏等信息，护士在护理过程中通过便携式终端，读取患者佩戴的 RFID 信息，并通过无线网络从医疗信息系统服务器中查询患者的相关信息和医嘱，如患者生理指标、护理情况、服药情况、体温测量次数等。

护士可以通过便携式终端记录医嘱的具体执行信息，包括患者生命体征、用药情况、治疗情况等，并将信息传输到医疗信息系统，对患者的护理信息进行更新。患者携带的 RFID 标签能够确保标签对象的唯一性和正确性。

通过 RFID 标签，还可以定位病人的位置，方便对病人的服务和管理。移动护理可以协助和指导护士完成医嘱，提高护理质量、节省医务人员时间、提高医嘱执行能力、控制医疗成本，使医院护理工作更准确、高效、便捷。

（3）智能用药提醒

许多人用药期间经常会忘记按时吃药，特别是需要长期服药的慢性病患者和独居老人。智能用药提醒通过记录药物的服用时间、用法等信息，提醒并检测患者是否按时用药。

亚洲大学的团队研发了一款基于 RFID 的智慧药柜，用于提醒患者按时、准确服药。使用者从医院拿回药品后，为每个药盒或药包配置一个专属的 RFID 标签，标签中记录了药的用法、用量和时间。把药放入智慧药柜时，药柜就会记下这些信息。

当需要服药时，药柜就会发出语音通知，同时屏幕上还会显示出药的名称及用量等。使用者的手腕上戴有 RFID 身份识别标签。如果药柜发现用户的资料与所取的药品的资料不符合，会马上警示用户拿错了药。如果使用者在服药提醒后超过 30 分钟没有吃药，则系统会自动发送消息通知医护人员或者家属。

除了智慧药柜，智能用药提醒的产品还有名为 Glow Caps 的智慧药瓶和名为“葡萄干”的智慧药片等。

（4）智能辅助

老年人以及残障人士都是需要帮助和关注的主要社会群体。预计到 2030 年，我国 65 岁以上的老年人口达 15.98%。据统计，目前仅有 25.3%左右的残疾人得到康复服务。发展智能康复、辅助技术和产品，能够为老年人和残障人士提供康复服务，有效减轻家庭负担，改善他们的生活方式和提高其生活能力。

加拿大不列颠哥伦比亚大学研制出一种全自动高智能康复机器人，可以帮助四肢灵活性下降的老年人、肢体残疾人以及由于疾病引起的肢体运动性障碍病人重建上下肢功能。香港理工大学研发的“理大关师傅”智能疗复治疗系统可以感应使用者的肌动电流，监测患者肌肉活动意向，锻炼、恢复中风、脊椎受损以及运动创伤患者的肌肉活动能力。

**5．远程医疗**

远程医疗能够为偏远地区的病人提供及时的诊断与治疗，缩短诊疗时间和降低费用。此外，远程医疗还能对高发病人群，如老年人、残疾人和慢性病患者实行远程家庭监护，提高患者的生活质量。加拿大 Intouch-health 公司与美国约翰霍普金斯大学合作研发了远程现场机器人“Physician-Robot”，使得医生可以在任何地点通过网络，操作机器人巡视或问诊病人的情况。

根据卫生部的统计，2008 年中国健康医疗市场规模已超过 10000 亿元人民币。如果按照 21 世纪的前 10 年中国健康医疗市场年均超过 10%的增长速度计算，预计到 2020 年，中国将会成为全球仅次于美国的第二大医疗市场。智慧医疗的发展、应用和推广，将进一步提升我国的医疗卫生水平。预计在未来几年内，中国智能医疗市场的规模将超过一百亿元。

## 5.7 智能环保

改革开放以来，我国社会经济发展取得了举世瞩目的巨大成就，但在资源和环境方面付出了巨大代价，经济发展与资源环境的矛盾日趋尖锐。自然环境的恶化及灾害频发严重影响了人民群众生活水平的提高，成为制约我国社会主义建设的首要问题。

### 5.7.1 智能环保概述

2007，世界银行和中国政府发布了一份关于环境污染的经济损失和健康影响的合作研究报告《中国环境污染损失》。该报告明确阐述了中国目前面临的主要环境挑战：室外空气和水污染对中国造成的健康和非健康损失的总和每年约 1000 亿美元，约占当年中国 GDP 的 5.8%。

我国环境形势十分严峻，主要原因之一是环境监测能力严重滞后，存在一系列问题。环境监测水平的地区差异非常明显，部分落后地区的环境监测站甚至不能正常开展工作。据相关部门的一项调查显示，全国县级环境监测站达标率仅 17%左右，其中监测设备落后是主要方面。

目前，环境监测领域的广度及深度不够，环境监测对象以水、气、声、渣为主，土壤、生物、放射性、电磁辐射、环境振动、热污染、光污染等监测工作刚刚起步，有毒、有害、有机污染物等项目尚没有普遍开展监测。环境监测手段落后，环境监测仍以手工监测为主，监测频次低、时效性差、技术装备能力不足、技术与方法不完备。在污染物排放量激增的情况下，间断性的监测已不能掌握污染源和环境污染状况的变化。

由于目前环境监测网络体系不完善、环境监测信息统一发布平台尚未建立，以点代面，受传统监测手段的制约，对环境污染和生态破坏及其灾害不能实现大面积、全天候、全时段的动态监测。为了适应环境发展的需求，必须通过加强环境科技创新以提高环境监测和预警的技术支撑能力，提高检测装置的精度，扩大自动监测范围，提高所用设备长期运行的可靠性，加强信息处理技术、控制技术的应用，实现环境质量变化的预报和环境质量的直接控制。

物联网是由各种技术融合而成的新型技术体系，通常包括感知互动、网络传输、应用服务 3 个层面。

（1）感知互动层面

感知互动层面具有全面感知的特性，通过结合各种传感技术，对人、物品、自然环境及生态系统等静态或动态的信息进行大规模、分布式的感知以获取有用信息，针对具体感知任务，常采用协同处理的方式对多种类、多角度、多尺度的信息进行在线计算与控制，并通过接入设备将获取的感知信息与网络中的其他单元进行资源共享与交互。

（2）网络传输层面

网络传输层面通常包括接入和传输，通过结合各种通信和网络技术，将分散的来自于感知互动层的信息接入现有移动通信网、无线城域网、无线局域网、卫星网等通信基础设施，最终传输到应用系统服务器或互联网中。

（3）应用服务层面

应用服务层面具有智能处理的特性，通过各种智能运算技术，对海量的信息进行全面的分析，提升人类对物理世界的洞察力，辅助进行智能的决策和调节控制。

随着通信技术、嵌入式技术、半导体技术及传感器技术的快速发展，物联网技术凭借其低成本、低能耗，适合于快速灵活大规模部署及自动智能化处理方面的优势，将有效地改善目前环境监测和预警系统中存在的问题，及时有效地控制和减轻环境污染等的危害。

与传统的环境监测网络相比，基于物联网技术的环境监测网络有以下优点。

- 监测更精细：传感器节点一般与被监测对象距离较近，较卫星和雷达等独立监测系统相比，提高了监测精度和准确性，因此可以对环境状况进行精确传感。
- 监测更可靠：由于物联网感知互动层（无线传感网）的自治、自组织和高密度部署（冗余性），当传感器节点失效或新的节点加入时，可以在恶劣的环境中自动配置与容错，使得无线传感网在环境监测中具有较高的可靠性、容错性和鲁棒性。
- 监测实时性更好：分布位置不同的多个传感器、多种传感器的同步监测，使得环境状况改变的发现更加及时，也更加容易。分布式的数据处理、多传感器节点协同工作，使监测更加的全面，使得在无人环境、恶劣环境情况下，环境信息的实时采集和传输成为可能。

### 5.7.2 智能环保系统与技术需求

环境监测物联网作为物联网技术在环保领域的重要应用，具有物联网的典型体系架构。

感知互动层主要实现环境信息采集、捕获，针对水文、气候、地质、地貌、气象、地形、污染源排放情况等监测对象，采用大量新式传感器对环境进行实时连续定量监测和感知。

网络传输层借助已有电信网络及因特网等基础设施，实现环境感知数据安全可靠的传输，与物联网技术在其他领域的应用相比，此部分内容并无特殊之处。

应用服务层最终面向各类环境监测应用，将网络内的信息资源整合成一个可以互联互通的大型智能网络，为大规模环境监测应用建立起一个高效、可靠、可信的基础设施平台，实现感知信息的处理、协同、共享、决策。

**1. 环境监测感知技术**

作为物联网的神经末梢，传感器技术的发展是物联网应用最基础的环节。传感器技术从原理上可以分为物理量、化学量、生物量 3 大类，每个类别中又有着很多小类。目前全世界大概有 40 个国家从事传感器的研制生产工作，研发、生产单位有 5000 余家，产品达 20000 多种。

由于传感器的种类繁多，且涉及较深专业领域知识，本节将按照环境监测要素的不同简要介绍大气污染、水体污染、土壤污染监测中常见的传感技术。

（1）大气污染监测

大气污染是指自然或人为因素使大气中某些成分超过正常含量或排入有毒有害的物质，对人类、生物和物体造成危害的现象。大气污染物目前已知约有 100 多种，主要分为有害气体（二氧化碳、氮氧化物、碳氢化物、光化学烟雾和卤族元素等）及颗粒物（粉尘和酸雾、气溶胶等）。大气污染的危害主要有以下 4 个方面：

- 对人体健康造成严重的损害。
- 使陆地和海洋生物中毒甚至死亡，还会使生物组织中含有有毒物质，间接危害人类的健康。
- 对物体的腐蚀，如金属建筑物出现的锈斑、古代文物的严重风化等。
- 对全球大气环境的影响，全球气候变暖、臭氧层破坏、酸雨频发等。

大气污染监测的目的在于通过气体传感器识别大气中的污染物质，掌握其分布与扩散规律，监视大气污染源的排放和控制情况。从本质上讲，气体传感器是一种将某种气体体积分数转化成对应电信号的转换器。

根据气体传感器使用的气敏材料以及气敏材料与气体相互作用的效应不同，可以大致将气体传感器分为以下几类：半导体气体传感器、电化学气体传感器、固体电解质气体传感器、接触燃烧式气体传感器、光化学型气体传感器、石英谐振式气体传感器、表面声波气体传感器等。

（2）水体污染监测

水体污染主要指由于人类活动排放的污染物进入河流、湖泊、海洋或地下水等水体，使水和水体的物理、化学性质或生物群落组成发生变化，从而降低了水体的使用价值。水体污染的主要危害如下：

- 严重危害人体健康，据世界卫生组织统计，全世界 75%左右的疾病与水有关。常见的伤寒、霍乱、胃炎、痢疾和传染性肝炎等疾病的发生与传播，都和直接饮用污染水有关。
- 破坏水环境生态平衡，如造成水体富营养化，导致藻类大量繁殖。
- 对工业、农业、渔业生产等的影响，水产品和农作物因水体污染而减产或无法食用，给渔业和农业生产带来很大损失。
- 水体污染还破坏了宝贵的水资源，使本来就十分紧张的水资源更加短缺。

水体污染监测的目的主要在于掌握水质现状及其发展趋势，为分析判断事故原因、危害及采取环境保护对策提供依据。水体污染监测传感器粗略地可以分为光学传感器、电学传感器、生物传感器和纳米传感器等 4 大类。

目前光学传感器又可分为可见光传感器、红外光传感器、紫外光传感器、荧光传感器、照度传感器、色度传感器、图像传感器以及亮度传感器等。电学传感器可分为电流传感器、电压传感器、电场强度传感器等。

目前水体污染监测传感器主要是针对水体环境中的一些重金属离子和有机物质进行测定，因此本小节简要介绍重金属污染监测和挥发性有机化合物污染监测传感技术。事实上，以下介绍的传感器技术并不局限于水体污染监测中，在大气污染、土壤污染监测中也同样适用。

重金属污染具有沉积性，长期积累在生物体内不可降解，能引起各种病症。据环保部门统计，我国的重金属污染形势非常严峻，2009 年全年有 18 起重金属中毒事件，有 4000 多人血铅过高。目前利用传感器监测痕量重金属元素的技术主要有：光纤化学传感器、离子选择性电极技术、微电极阵列技术、纳米阵列电极技术、激光诱导击穿光谱技术、生物传感器等。

挥发性有机化合物是一类易挥发的有机化合物的总称，包括多种不同的化合物，广泛存在于水、空气、土壤和食物中。挥发性有机物具有较宽的极性和浓度范围，在一定的浓度下对动植物有直接毒性，对人体有致癌、致畸、致突变以及引发白血病的危险，对生态环境系统和人类健康构成威胁。

监测挥发性有机化合物污染的传感器技术包括：声表面波化学传感器、渐逝波光纤传感器、基于光谱学的传感器、化学阻抗传感器等。

（3）土壤污染监测

由于具有生理毒性的物质或过量的植物营养元素进入土壤而导致土壤性质恶化和植物生理功能失调的现象，称为土壤污染。土壤污染物主要有以下几类：

- 有机污染物。
- 无机污染物。
- 重金属污染物。
- 固体废物。
- 病源微生物。
- 放射性污染物。

据国家环保总局统计，我国土壤污染总体形势相当严峻，受污染的耕地约有 1.5 亿亩，约占全国耕地的 1/10 以上。据估算，全国每年因重金属污染的粮食达 1200 万吨，造成的直接经济损失超过 200 亿元。

前面介绍的重金属污染和挥发性有机化合物污染也广泛存在于土壤中，相应的传感技术同样适用于土壤污染监测，在此不再赘述。这里仅简要介绍另一种危害较严重的放射性污染监测。

放射性物质对人体的健康危害是很大的，受到较大剂量的放射性辐射后经一定的潜伏期，可出现各种组织肿瘤或白血病，一次性受到大量的放射线照射甚至可引起死亡。

辐射探测器主要用于放射性污染监测，是一种能将辐射能转换为可测信号的器件。辐射探测器的基本原理是，辐射和探测介质中的粒子相互作用，将能量全部或部分传给介质中的粒子，在一定的外界条件下，引起宏观可测的反应。

对于光学波段，辐射可以看作光子束，光子的能量传给介质中的电子，产生所谓光子事件，辐射能转变为热能（如热电偶）、电能（如光电流和光电压）、化学能（感光乳胶中银颗粒的生成），或者另一种波长的辐射（荧光效应）。根据这些能量和辐射，设计各种不同器件，以测量辐射能量。

几种常见的监测放射性污染的传感器技术有：基于半导体场效应晶体管探测器；碲锌镉晶体探测器；热释光探测器等。

**2．环境监测传感网技术**

无线传感器网络是实现物联网必不可少的基础设施，依托网络和通信技术实现感知信息的传递和协同。众所周知，物联网具有广阔的行业应用需求，如智能交通、健康医疗、环保及灾控、能源管理、精细农业、食品安全等行业。

作为物联网感知互动层的关键技术，无线传感器网络在这些应用中又存在一些共性，如传感器节点节能技术，网络拓扑控制技术等。由于环境监测网络可能部署在恶劣环境条件下，因此本小节将重点介绍环境监测物联网中两类特殊的环境监测无线传感器网络。

（1）无线水下传感器网络

无线水下传感器网络是陆地传感器网络向水下应用的延伸，是指将低能耗、短距离通信的水下传感器节点部署到指定水域中，利用节点的自组织能力自动组网。利用传感器实时监测、采集网络分布区域内的各种监测信息，经数据融合等信息处理后，通过具有远距离传输能力的水下汇聚节点将实时监测信息送到水面基站，然后通过近岸基站或卫星，将实时信息传输给用户。

无线水下传感器网络可以实时监测河流、湖泊、海洋环境，如水质监测，以获取相关水资源被污染的信息。水下传感器网络与陆地传感器网络有很大不同，具有以下特点：

- 水下传感器节点和网络具有三维移动性特点，节点易受海流的影响而移动。因此，组网方式一般是自组织网络。
- 水下传感器网络主要利用水声进行通信和组网。
- 能量供给有限，因为是无线传输，所以需要电池供电，而水下环境使得更换电池更为困难。另外，节点发送信息耗能比接收信息往往大很多倍。

近年来，作为一个正在发展的新兴技术，无线水下传感器网络引起了研究人员的广泛关注。其主要研究内容包括：无线水下传感器网络通信技术、媒体接入控制技术、路由技术，以及如何利用水下传感器节点的移动性等。

随着数字通信技术的发展，如水下声学调制解调器的问世，使得无线水下传感器网络通信技术获得了较快发展。水下环境的特殊性，如声波通信的高时延、时延的动态变化、低带宽，以及对传感器节电低能耗的要求，给水下媒体接入控制协议带来了挑战。该问题正是目前无线水下传感器网络研究的热点之一。

无线水下传感器网络的三维移动性、稀疏性、链路的非对称性等特点为水下路由设计带来了很大挑战。研究人员分别对主动路由协议、按需路由协议和地理路由协议这 3 类协议应用于无线水下传感器网络进行了研究。

（2）无线地下传感器网络

无线地下传感器网络是指将部分传感器节点埋在土壤中，各节点之间及传感器节点与地上设备之间通过短距离无线通信技术，协作地监控不同位置物理或环境状况的一类传感器网络。

无线地下传感器网络具有广泛的应用价值，如监测土壤中的有害化学物质含量。在靠近河流或含水层的土壤区域部署无线地下传感器网络，因为这里的有害化学物质可能会污染地下水以及饮用水水源。无线地下传感器网络还可以和无线水下传感器网络协同监测，为环境保护、灾害预防提供及时有效的信息。无线地下传感器网络还可以用于监测地下隧道、大型建筑物安全、土壤运动情况，预测山崩、泥石流、地下冰层运动以及火山爆发等灾害。

然而，由于地下环境特殊，陆地传感器网络和水下传感器网络有很大不同，体系结构、硬件节点设计以及各层通信协议都需要重新考虑。地下传感器网络具有以下两个特点：

- 与水下传感器节点相比，能量问题更加具有挑战性。这是因为土壤对电磁波的衰减作用较大，因此无线地下传感器网络不能够靠减小发送功率的方法来节省能量。此外，由于传感器节点埋藏在地下，无法对节点进行能量补充。
- 地下信道十分复杂，对地下信道的研究和建模目前仍不成熟。土壤成分和密度分布不均匀，使电磁波在其中的传播过程更加复杂。地面作为不同媒质的分界面，可能引起电磁波的反射、折射。土壤中有岩石、树根、洞穴等多种物质，也会对电磁波的传播产生多次反射或散射，造成多径衰落效应。

目前，研究人员正在对无线地下传感器网络这一新领域进行全新的探索，并取得了一些初步进展。有研究结果表明，使用几百兆赫兹的电磁波，土壤环境中的通信是可以实现的。还有研究人员利用 MICA2 节点进行了大量的现场试验，试验结果表明：将 MICA2 节点放置在地下 40～50 厘米时，工作频率设置在 433MHz，土壤对电磁波的衰减在可接受的范围；无线信道表现出较好的时间稳定性；土壤的体积含水量参数对通信质量的影响较大。

**3．环境监测信息处理技术**

基于物联网的环境监测网络中的数据（信息）具有如下几个特点。

- 数据量庞大：由于环境监测往往需要对大面积区域内的环境状况进行监测，因此单位时间内就会产生大量监测数据。为了进行有效的监测，需要长时间、周期性地对环境状态进行感知并采集数据，这个过程会产生大量的数据。
- 数据的时间、空间相关性：自然界许多现象或对象的状态具有渐变性、周期性，传感器进行连续监测时，数据存在不同程度的时间相关性，同一区域相邻的多个传感器节点所感知的监测数据具有空间相关性。
- 数据的不确定性：由于自然界变化是连续的，然而传感器只能实现数据以离散的方式进行采集。此外，无线通信中数据包常常会被延迟或丢失，传感器节点也可能存在测量误差。这些因素导致了系统中保存的数据值和当时物理环境中的实际数据值不一致，即数据的不确定性。

基于物联网技术的环境监测网络作为一种有效的监测手段具有天然的优势，但同时也对海量、带有测量误差和传输错误的监测数据的处理提出了严峻的挑战。信息（数据）处理技术是关系到物联网可用性和有效性的关键技术。

（1）环境监测信息融合技术

物联网感知互动层传感器网络通常是能量严重受限的网络，而网络中传输数据的能耗远大于处理数据的能耗，为了节省传感器节点能量的消耗，减少网络数据的传输量，传感器网络在数据收集的过程中常常使用数据融合技术。

通俗来讲，数据融合技术就是将多份数据或信息进行处理，组合出更为有效、更符合用户需求的数据的过程。对物联网感知互动层进行数据融合处理可以带来如下好处：第一，在向汇聚节点发送数据之前，删除冗余、无效和可信度较差的数据，从而减少了数据包的发送数量，进而节省了网络的能量消耗，同时可在一定程度上减轻网络负担、提高网络收集数据的实时性；第二，通过对同一区域监测的多个传感器节点采集的数据进行综合，减小信息冗余性，从而有效地提高了数据的精度和可信度。

（2）不确定性数据处理技术

面向环境监测的应用往往具有很大的数据量，且由于测量和采样等误差以及网络传输的延迟导致这些应用所涉及的数据往往在一定程度上具有某些不确定性。不确定性数据的特点是每个数据对象不是单个数据点，而是按照概率在多个数据点上出现。

因此，在对采集到的数据进行处理时，必须考虑数据的不确定性，才有可能获得正确的监测结果。针对不确定性数据的研究，主要包括数据管理和数据挖掘两大方面，其中不确定性数据管理研究相对成熟。不确定性数据管理主要的研究方向包括：不确定性数据的表示与建模、存储与索引以及查询分析处理等。与数据管理相比，不确定性数据挖掘还不十分成熟，主要研究内容为不确定性数据分类、聚类、频繁项集挖掘以及孤立点检测等。

本节对这部分内容不作介绍，有兴趣的读者可以参阅一些综述文献，做进一步了解。

（3）环境监测中的信息预测技术

环境预测就是根据自然界环境系统的发展规律及收集到的环境监测数据，对环境发展趋势进行估计和预测，为提出防止环境恶化和保护环境的对策提供有效依据。基于物联网技术的环境监测信息预测的基本思路是利用无线传感器网络收集来的监测数据，对数据进行加工整理、分析，选用合适的预测方法，获得实时、可靠、准确的环境预测信息，并实现智能化的决策支持系统，大大提升了环境保护和灾害预防的监控能力和效率。

常用的预测技术包括以下几种。

- 数理统计预测技术：其中包括基于回归分析法的预测技术，基于时间序列分析法的预测技术等。
- 数学理论预测技术：如基于模糊理论的预测技术，基于灰色理论的预测技术，基于突变理论的预测技术等。
- 智能预测技术：如基于神经网络的预测技术，基于专家系统的预测技术，基于遗传算法的预测技术等。

### 5.7.3 智能环保应用与市场预期

物联网技术可以广泛地应用于环境监测中，本节选取几个典型应用案例作简要介绍。

**1．水质污染监测**

“感知太湖、智慧水利”是结合物联网技术应用，对太湖治藻护水工程的首个成果化项目。该项目集水环境治理、水资源管理、防汛防旱指挥决策于一体，被列入无锡市“物联网示范应用项目”。

目前，该系统已经取得阶段性进展，在太湖中部署有十几个球状浮标，安放了传感芯片和摄像头，湖水中的蓝藻密度受到严格的监控。一旦周围的湖面出现蓝藻密集情况，智能感知节点马上就会报警。蓝藻打捞完后，系统还会自动指示交通船舶将蓝藻运送到就近的藻水分离站。

2010 年的监测结果表明该系统对蓝藻的防范监控及时有效，取代了之前依靠人工取水、实验室化验的老办法。目前，太湖大面积暴发蓝藻的警报已基本解除。物联网技术在有效预警太湖蓝藻暴发方面发挥了重要作用。

**2．城市气候和空气污染物监测**

哈佛大学、BBN 公司和美国马萨诸塞州剑桥城联手进行一项为期 4 年的项目——CitySense，打造全球首个全城无线传感器网络。

研究人员计划 2011 年以前在路灯上装置 100 个无线传感器。每个节点都将含有一个内置 PC、一个无线局域网界面和各种用于监测气候状况和空气污染物的传感器。CitySense 可以报告整个城市的实时监测数据，其收集数据的规模之大是前所未有的。

据悉，CitySense 网络最初计划用于监测环境变量，如温度、风速、降雨量、大气压和空气质量等，但未来传感器的用途将会呈现多种可能性，从计算大气污染物的传感器到用于测量噪声污染的送话器（麦克风），甚至可以通过轿车和公交车上的移动传感器收集信息。

**3．森林生态监测系统**

森林作为陆地生态系统主体之一，在调节全球碳平衡、减缓大气中 $CO_2$ 浓度上升，以及调节全球气候方面具有不可替代的作用。为了给林业生态监测提供可靠的原型系统，我国研究人员于 2008 年下半年开始在浙江天目山开展了“绿野千传”项目——“用于森林生态监测的长期大规模无线传感器网络系统”。

“绿野千传”用于森林生态环境的全年实时监测，通过传感器收集包括温度、湿度、光照和二氧化碳浓度等多种数据。采集的信息为多种重要应用提供支持，如森林监测、森林观测和研究、火灾风险评估、野外救援等。目前该原型系统已部署超过 300 个传感器节点，至今连续运转超过一年。

**4．地质灾害监测**

中国香港由于存在大量山地地貌，城市居民人口众多，要求土地必须保持较高的利用率，因此大量建筑和道路都位于山区附近。由于地处中国南方，地理位置决定了该地区降雨量常年偏高，尤其在每年夏季的梅雨季节，会出现大量的降水。不稳定的山地地貌在受到雨水侵蚀后，容易产生山体滑坡现象，对居民生命财产造成巨大的威胁。

由于监测区域往往为人迹罕至的山间，缺乏道路，野外布线、电源供给等都受到限制，使得有线监测网络部署起来非常困难。此外，有线方式往往采用就近部署数据记录器的方式来记录采集数据，需要专人定时前往监测点下载数据，系统得不到实时数据，灵活性较差。

为了部署一种灵活稳定的系统对山体滑坡进行监测和预警，地理监测专家在中国香港青山和大屿山地区部署了基于无线传感器网络的山体滑坡监测系统。山体滑坡的监测主要依靠两种传感器的作用——液位传感器以及倾角传感器。

在山体容易发生危险的区域，将会沿着山势走向竖直设置多个孔洞。每个孔洞都会在最下端部署一个液位传感器，在不同深度部署数个倾角传感器。由于该地区的山体滑坡现象主要是由雨水侵蚀产生的，因此地下水位深度是显示山体滑坡危险度的第一指标。该数据由部署在孔洞最下端的液位传感器采集并由无线网络发送。

通过倾角传感器可以监测山体的运动状况，山体往往由多层土壤或岩石组成，不同层次间由于物理构成和侵蚀程度不同，其运动速度不同。发生这种现象时部署在不同深度的倾角传感器将会返回不同的倾角数据。在无线网络获取到各个倾角传感器的数据后，通过数据融合处理，专业人员就可以据此判断出山体滑坡的趋势和强度，并判断其威胁性大小。

中国对环保产业的支持力度逐年增大，带动了全社会环保投入较快增长。2008 年，全国环境污染治理投资为 4490.3 亿元，占当年 GDP 的 1.49%。2009 年，国务院部署 4 万亿投资拉动内需，其中有 3000 亿投入环保相关产业。据了解，我国的“十二五”期间环保投入将加大，总投资将达到 5.1 万亿元，其中环境污染治理设施要投入 1 万亿元。

据报道，目前我国大约有 3 万个环境监测点。绝大部分监测点（超过 95%）均采用人工采集数据，不到 2%的监测点采用电话线等有线方式进行数据监测，采用微波无线方式进行数据采集的监测点不到 0.5%。我国的水文监测站共计 33384 座，有上万个气象监测点，地震测报网点，绝大部分监测点均采用人工采集数据。

随着我国经济的高速发展和对环境保护、防灾减灾的重视，环境监测点的数量将会以超过 10%～15%的年增长速度增加。环境质量监测迫切需要采用全新的技术，改善我国环境监测与预报的手段。物联网技术应用于环境监测领域可以大幅度提升环境保护监控能力，构建环境与社会全向互联的多元化、智慧型环保感知网络。

市场分析人士预测我国未来的新兴产业将有 4 大领域：物联网、新医药、环保、新材料。从中可以看出，物联网在环境保护领域的应用将具有巨大的市场潜力。物联网和环保都是政府从战略层面推进的产业，在政府的高度关注和明确支持以及产业的技术发展、需求推动等协同作用下，毫无疑问，物联网环境监测市场将会在近几年内得到大规模的快速增长。

## 5.8 智能家居

本节主要介绍物联网技术在智能家居系统中的应用。首先，从家居设施能耗过高、安防手段落后、家用电器使用不方便几个方面分析现实生活对智能家居系统的实际需求；其次，介绍了基于物联网的智能家居系统解决方案，解决方案涉及的主要技术包括传感器技术、网络传输技术和信息处理技术；最后，从节能和安防两方面分析智能家居的应用前景和市场预期。

### 5.8.1 智能家居概述

随着我国经济的持续发展，居民生活水平的不断提高，居民家庭住房人均使用面积逐步增加。国家统计局的数据显示，从 1978 年到 2008 年城镇人均住房建筑面积从 6.7$m^2$ 提高到 28$m^2$ 以上，而且都基本配备完善的水电气等生活设施。住房条件的改善，带动了家居设施的消费。

各种高科技电子家居消费品，如数字化大屏幕液晶彩电、大容量冰箱、全自动洗衣机等正逐步占领家庭消费市场。统计数据表明，2008 年数字家电产品在城镇的平均普及率已经超过了 90%。居民住宅已由原来遮风挡雨、吃饭睡觉的生存场所，演变成生活、学习、娱乐甚至居家网上办公的多功能活动场所。

然而，随着环保意识的增强和可持续发展理念的深入，发展“低碳经济”正在成为世界各国迈向生态文明的必由之路。另一方面，人们对家居环境的追求，也从早期的环境、位置、户型等方面上升到了对整个家居安全、智能、健康、舒适等更高层面的要求。这使得当前的家居环境面临以下一些亟待解决的问题。

**1．家居设施能耗过高**

根据西门子公司的研究报告，欧美等国家的能源消耗，有相当大一部分是来自于建筑物本身。在英国，其二氧化碳的排放量，甚至有高达 6 成以上是来自于建筑物的耗电与热排放，即便是在老旧建筑较少的美国，其建筑物能源消耗比例也高达 4 成，虽然说用户本身的能源使用习惯占了相当重要的因素，但是建筑物本身对能源的消耗控管缺乏有效率的主动措施，也是造成这种结果的因素之一。

有关数据表明，在我国建筑能耗是世界上同纬度国家的 3 倍，占全国能源消耗总量的 27.8%，对社会造成了沉重的能源负担。其中，又以照明、空调及采暖设备，以及其他电器设备为主，这些设施耗电占全国建筑总能耗的 46%，而单是照明耗能就占到了整个建筑电量能耗的 25%～35%。

**2．家庭安防手段落后**

家居安全问题主要分为两类，一类是由于意外或疏忽导致的家居设施事故问题，包括煤气泄漏、水管破裂、发生火灾。据公安部消防局公布的火灾统计数据，2008 年 1～10 月居民住宅共发生火灾 4.3 万起，死亡 771 人，受伤 267 人，直接财产损失 1.9 亿元，其中 79.7%的住宅火灾是违反电气安装使用规定、用火疏忽等因素引起。

另一类是非法闯入，包括入室抢劫和入室盗窃等。由于流动人口增加、社会贫富差距扩大等原因，社会治安状况更趋复杂，入室盗窃、抢劫、杀人等犯罪活动日益猖獗。2009 年，全国公安机关共立入室盗窃案件 50.2 万起、入室抢劫案 1.3 万起。因此，家庭安全防范问题显得尤为严重。

传统的家居安防系统也通常会提供一部分火灾报警、燃气泄漏报警等功能，但由于采集的信息有限，误报率较高，而且只能实现就地报警，不能实现实时远程报警。

而对于防卫非法闯入，传统的家庭防卫装置，如普通的防盗窗、防盗网等在实际使用中存在很多问题，包括影响城市市容、影响火灾时的逃生以及为犯罪分子提供攀爬条件等。此外，这些简单的防盗系统也不能记录犯罪证据以协助公安部门迅速捕捉嫌疑犯。

**3．家用电器使用不便**

现在，洗衣机、电视机、电冰箱、热水器等已在家庭中普及。这些电气或电子产品的开关和运行控制，或依赖于手工机械按键，如照明灯具或微波炉等，或依赖于独立的无线遥控器，由人们在附近几米范围内进行“遥控”。

随着家用电器及遥控器的增加，以及对生活舒适度的进一步追求，这种就地控制和电器被动响应的工作方式就显得不够便利了。

智能家居，是物联网应用的一个典型领域。它是指利用先进的计算机技术、网络通信技术、综合布线技术、智能控制技术，将与家居生活有关的各种设施子系统有机地结合在一起，具体来说是使信息传感设备（同居住环境中的各种物品松耦合或紧耦合）将与家居生活有关的家电、安防和水电气等设施集成，并通过公众通信网络（互联网）互联起来进行监控、管理信息交换和通信，以构建高效的住宅设施与家居管理系统，提供安全、舒适和环保的居住环境。

智能家居的发展已经迈出了可喜的一步，目前已经出现了部分“智能”的家居设备。例如，远程抄表系统、自动窗帘等，实现了初步的“家庭自动化”，但离真正的智能家居还有不少的距离。建造全球首栋智能家居的比尔·盖茨说，未来的智能家居最大的特色是“整合”。将各种家居设施包括灯光、安防、多媒体、采暖等通过网络和服务整合在一起，这正是物联网技术应用在智能家居中需要解决的问题。

使用物联网技术连接与管理家居设施，在易用性与智能化方面对于现有的家居系统有着革命性的意义。具体来说，其优势包括如下几点。

- 高效节能：各种家用电器、照明灯具等能耗设施可以在不需要时自动关闭，或以最低能耗运行。
- 使用方便：智能家居将所有家居设施通过公众通信网络互联，用户可以通过远程和更加灵活的交互方式控制家居设施的运行，既可以通过广泛普及的移动手机，也可以直接在互联网上操作。
- 安全性高：智能家居中的安防系统可以有效防范恶意人群的非法入侵，或在意外事故等紧急情况下报警，用户可以随时随地监控家庭安全状况。

## 5.8.2 智能家居系统与技术需求

基于物联网的智能家居系统由家庭环境感知互动层、网络传输层和应用服务层组成。家庭环境感知互动层由带有有线或无线功能的各种传感器节点组成，主要实现家庭环境信息的采集、主人状态的获取以及访客身份特征的录入；网络传输层主要负责居家信息和主人控制信息的传输；应用服务层负责控制家居设施或应用服务接口。

智能家居系统的主要技术需求如下：

**1．传感器技术**

智能家居系统需要各种信息感知设备实时采集各种家居设施信息。下面介绍几种在智能家居中常用的传感器设备。

（1）门磁传感器

通常安装在门窗上，用于感知门窗的开闭情况。门磁传感器一般安装在门内侧的上方或边上，它由两部分组成：永磁体和磁敏干簧管。当门窗紧闭时，磁敏干簧管由于受到磁性的作用处于接通状态；当门窗打开后，磁敏干簧管内的两个触点会断开，导致发射电路导通，进而发射包含自身识别码的特定无线电波，远程主机通过接收该无线电信号的识别码，判断是哪个门磁传感器报警。门磁传感器工作可靠、体积小巧，尤其是通过无线的方式工作，使得安装和使用非常方便、灵活。

（2）可燃气体探测器

主要探测空气中存在的一种或多种可燃气体，智能家居应用中主要用于检测煤气或天然气泄漏问题。目前使用最多的是催化型和半导体型两种类型。催化型可燃气体探测器是利用难熔金属铂丝加热后的电阻变化来测定可燃气体浓度。当可燃气体进入探测器时，在铂丝表面引起氧化反应（无焰燃烧），其产生的热量使铂丝的温度升高，并改变铂丝电阻率，改变输出电压大小从而测量出可燃气体浓度。半导体型探测器是利用灵敏度较高的气敏半导体元件工作的，当遇到可燃气体，半导体电阻下降，下降值与可燃气体浓度有对应关系。

（3）水浸传感器

用于检测家庭环境中的漏水情况。在日常生活中，由于器材老化或者人的疏忽，家庭供水系统泄漏是经常发生的事情。水浸传感器一般分为接触式和非接触式两种。接触式水浸传感器一般都配有两个探针，当两个探针同时被液体浸泡时，两个探针之间就有电流通过，从而检测到有漏水的情况；非接触式水浸传感器根据光在两种不同媒质界面发生全反射和折射的原理，检测漏水的存在。

（4）烟雾传感器

主要用于监测家中烟雾的浓度来防范火灾，通常使用离子式烟雾传感器，它的主体部分是一个电离腔。电离腔由两个电板和一个电离辐射的放射源组成，放射源发出的射线可以电离腔内空气中的氧和氮原子，产生带正电和负电的粒子，并在电离腔内移动形成微小电流。当烟雾进入电离腔时，会导致这一电流下降，从而测量出烟雾信息。

（5）红外和压力传感器

主要用于探测是否有不速之客非法闯入家中。红外传感器探头在探测人体发射的红外线辐射后会释放电荷，以此判断人的存在。该传感器功耗低、隐蔽性好，而且价格低廉。但是它容易受各种热源和光源干扰。压力传感器一般利用压电材料来探测人的闯入，压电材料在受到外力作用后，内部会产生极化现象，并产生与压力大小成比例的电荷，通过测量电荷电量可以计算出外力。

（6）光线传感器

通常用于检测当前环境的照度，进而为智能照明提供数据。光线传感器主要使用光敏二极管测量光强，该二极管在收到光照后，会激发出与光强度成正比的光电流，进而在负载电阻上得到随光照强度变化而变化的电信号。

（7）读数传感器

读数传感器在智能抄表和家庭节能中有着广泛的应用，它由现场采集仪表和信号采集器两部分组成。每当水、电、煤气表读数出现变化时，现场采集仪表实时地产生一个脉冲读数；信号采集器是一个计数装置，当收到现场采集仪表发送过来的脉冲信号后，对脉冲信号进行取样，获取各类仪表的读数变化。

**2. 网络传输技术**

智能家居网络是一种能全方位覆盖家庭生活，提供各类智能服务的网络系统。这个网络系统包括家庭网关、控制中心、家居设施等主要功能模块。家庭网关用于管理各类家居设备的网络接入与互联，为家庭用户提供远程查看与远程控制的平台，并为各类家居设备提供信息共享平台；控制中心用于解析用户指令，启用与协调不同的家居设备共同工作；家居设施则各尽其责，完成控制中心下达的指令。

智能家居网络系统需要传输的信息包括两类，一类是控制信息，这些信息的共同特点是数据信息量小、传输速率低，但实时性和可靠性要求较高；另一类是数据信息，包括各种高清视频和音频信息，要求传输速率高，但实时性要求不高。

智能家居网络传输方式，主要包括有线传输与无线传输两种。

（1）智能家居中的有线传输技术

有线传输方式由于其可靠性好、协议设计方便、低功耗的特点，是智能家居网络中的首选传输方式。目前智能家居中的有线传输方式有多种，如电力载波的 X-10 和 CEBUS、电话线的 HomePNA、LonWorks 总线、R-485 总线和 CAN 总线等。这些实现方案有各自的优缺点，适用于要求不同数据传输率和数据传输范围的不同场合。

在众多有线传输方式中，LonWorks 总线和 X-10 电力载波技术是目前智能家居中最为常见的两类有线传输方式。

● LonWorks 总线技术

LonWorks 是由美国 Echelon 公司于 20 世纪 90 年代初推出的现场总线技术，是一种开放标准，也是目前世界上应用最广、最有发展前途的现场总线技术之一。在 LonWorks 网络中，一个具有网络逻辑地址的智能设备成为一个节点，每个节点可具有多种形式的 I/O 功能，网络传输媒介可以是电力线、双绞线、无线（RF）、红外（IR）、同轴电缆和光纤中的任何一种，适用面极其宽泛。LonWorks 技术的核心是 LonTalk 协议，该协议基于 ISO/OSI 的七层模型设计，具有良好扩展性与可移植性，且方便与 TCP/IP 网络上的节点通信。

● X-10 电力载波技术

X-10 协议是以电力线为连接介质，对电子设备进行远程控制的通信协议，广泛应用于家庭安全监控、家用电器控制和住宅仪表数字读取等方面。在 X-10 协议中，由于采用了电力载波的方式传输信息，对家用电器的控制信号可以直接在已有的电力线上传输，不需要重新布线。

但是，在我国，X-10 技术受电网限制，有反应速度慢（60Hz 供电系统中，传输一个指令需 0.883s）、抗干扰性能差等缺点，这都为其推广应用带来实质性的困难。国内已有部分厂家和代理商推出了针对中国住宅情况改进的 X-10 配套产品，但实际应用仍较为有限。

（2）智能家居中的无线传输技术

无线传输机制相对于有线传输机制易于部署和扩展，将成为未来智能家居网络的首选通信机制。

在智能家居网络中，无线局域网（WLAN）技术是最为常见的一类无线传输手段。WLAN 技术使用了 IEEE 802.11 通信协议，该协议是一个开放的标准，工作在 2.4GHz 的工业科学医学频段（Industrial Scientific Medical，ISM）上，总数据传输速率设计为 2Mbit/s。

基于 802.11 协议，无线设备间的通信可以以自组织（ad hoc）的方式进行，也可以在基站（Base Station，BS）或者访问点（Access Point，AP）的协调下进行。802.11 协议还有 802.11a、802.11b、802.11g、802.11n 等众多扩展版本，802.11g 是目前最常用的标准，数据传输速率可达 54Mbit/s，802.11n 在 802.11g 的基础上将数据传输速率再次提高到 300Mbit/s 以上。

其他的家庭无线传输技术还包括 ZigBee、蓝牙、Home RF 协议和 IrDA 传输技术等。

- ZigBee 技术是 IEEE 802.15.4 协议的代名词，是一种短距离、低功耗的无线通信技术，常用于无线传感器网络通信。
- 蓝牙技术是一种支持设备短距离通信（一般 10 米内）的无线通信技术，常用于包括移动电话、PDA、无线耳机、笔记本电脑、相关外设等众多设备之间进行无线信息交换。
- Home RF 协议主要针对家庭无线局域网设计，支持语音和数据传输，该协议是 IEEE 802.11 与 DECT 的结合，使用开放的 2.4GHz 频段。上述 3 种技术均工作在 2.4GHz 频段。
- IrDA 是一种利用红外线进行点对点通信的技术，具有体积小、功率低的特点，数据传输率较高，抗干扰性较强，但必须直线视距连接，限制太大，并不适合于我们通常意义上的家庭网络，常见于遥控设备。

**3．信息处理技术**

智能家居系统是一个高度人性化的系统，要求处处以人为本。在智能家居系统中，无论是生活环境改造、生活行为辅助，还是家庭安防、识别主人身份、判断主人状态、预测主人行为都是其必备前提，也是智能家居“智能”二字的核心所在。

（1）主人状态识别与预判

智能家居系统的一个重要能力在于能根据主人当前所处状态，控制各类家居设备主动服务，达到变更家居环境，或是协助主人行为的效果，甚至能够通过预测主人的下一步动作做好服务准备。

- 主人状态识别技术

在主人状态识别方面，需要智能家居系统从众多传感器的观测数据中，分析提取主人的特征行为，且在分析的实时性和可靠性上有较高要求。但由于不同用户有不同的生活习惯，主人状态难以在设备出厂前准确定义，因此智能家居系统必须具备对主人生活习惯的快速学习能力。机器学习技术是其中的重要技术。

机器学习技术用于研究计算机如何模拟或实现人类的学习行为，它通过自动发现数据中的规律，采用计算和统计的方式自动从数据中提取信息。按照学习中使用推理的多少，机器学习所采用的策略大体上可分为 6 种：机械学习、示教学习、演绎学习、类比学习、基于解释的学习和归纳学习。学习中所用的推理越多，系统的能力越强。

- 主人状态预测技术

在预判主人行为方面，由于难以对主人的各种行为作明确判断与划分，因此难以直接预测。但是，当用户在家庭环境中生活时，将与家庭环境相互作用，而且这种作用能够改变家庭环境的状态，而这些状态的改变能够被直接观察到。此时结合隐马尔科夫模型，能够对智能家居系统下一步需要采取的行为做出准确预测。

马尔可夫（Markov）模型，本质上是一种随机过程，这一随机过程具有无后效性，即当前时刻状态完全取决于其前一时刻状态。隐马尔可夫模型（HMM）是一个二重马尔可夫随机过程，它包括具有状态转移概率的马尔可夫链和输出观测值的随机过程。其状态是不确定或不可见的，只有通过观测序列的随机过程才能表现出来。隐马尔可夫模型是一种强大的统计学机器学习技术，它提供了一种基于训练数据的概率自动构造识别系统。

（2）主人身份识别

主人身份识别主要用于家庭安防系统，用于判断入侵者身份，从而选择开启门禁或是报警操作；或是用于智能小区，根据业主身份启动与业主本人相关的一系列服务。比如，在杭州某智能小区内，住宅电梯可以根据业主身份自动停靠在需要的楼层。

主人身份可以基于 RFID 识别，但此类主动识别方式需要住户配合携带 RFID 标签，会影响到用户体验，因此被动身份识别方式使用更为广泛。被动识别技术通常通过生物特征进行识别，目前常用的生物识别技术主要包括人脸识别和指纹识别技术。

- 人脸识别技术

人脸识别特指利用分析比较人脸视觉特征信息，进行身份鉴别的计算机技术。人脸识别是一项热门的计算机技术研究领域，它属于生物特征识别技术，是利用生物体（一般特指人）本身的生物特征来区分生物个体的技术。

一般来说，人脸识别系统包括图像摄取、人脸定位、图像预处理以及人脸识别（身份确认或者身份查找）。系统输入一般是一张或者一系列含有未确定身份的人脸图像，以及人脸数据库中的若干已知身份的人脸图像或者相应的编码，而其输出则是一系列相似度得分，表明待识别的人脸的身份。

根据人脸识别根本原理的不同，可将现有的人脸识别算法归为如下几类：基于人脸特征点的识别算法，基于整幅人脸图像的识别算法，基于模板的识别算法，利用神经网络学习的识别算法，基于光照估计模型理论的识别算法，基于优化的形变统计校正理论的识别算法，基于强化迭代理论的识别算法。

- 指纹识别技术

指纹识别技术是目前较为成熟的身份识别技术，它通过比较不同指纹的细节特征点来进行识别。指纹识别的难点在于，捺印方位的不同、着力点的不同都会带来指纹图案不同程度的变形，此外大量模糊指纹也会对正确的特征提取和匹配造成影响。

现有最新的指纹识别系统属于第三代指纹识别系统。第一代指纹识别系统通过光学识别系统获取指纹，第二代指纹识别系统通过电容式传感器获取指纹图像，而第三代指纹识别系统通过生物射频信号获取指纹图像，具有最高的精确度。

### 5.8.3 智能家居应用与市场预期

智能家居可以为用户提供多种方便、安全、节能、环保的家居服务，主要包括智能家电、家庭节能、智能照明和通风与家庭安防等几个方面。

（1）智能家电

现代家庭出现越来越多的家电设备，从基本的空调、电饭锅、电冰箱、热水器到微波炉、抽油烟机、背投彩电等。家电设备的增加在某种程度上改善了人们的生活，但是由于这些家电设备各自独立工作，互联互通性不好，智能化程度不高，每样电器的工作都需要单独控制，也给人们带来了许多困扰。基于物联网技术，人们能够实现家电的远程控制、协同工作以及提高家电的智能化水平，使得家用电器在其生命周期内都能处于最有效率、最省能源和最好品质状态。

（2）家庭节能

通过对水电气表以及各类家电设备加装能耗传感器，可以随时掌握能源的消耗情况，将监测数据上传至信息中心进行分析，既有利于能源供给单位进行调度也有利于用户最大程度感受能耗情况，便于有效节能。另一方面也通过自动调整采暖系统的功耗实现节能。

（3）智能照明和通风

照明系统一般由亮度可调的日光灯、吊灯、壁灯、射灯、落地灯和台灯等组成。利用光线传感器检测室内光强，并根据主人的活动模式、当前天气状况等自动调节灯光亮度，或者控制窗帘的转角等。既可以为用户提供更加舒适的住宅环境，也有效改善了传统照明控制方式单一的问题，避免了灯光一直打开带来的能源浪费。

（4）家庭安防

家庭安防系统可以实时监控非法闯入、火灾、煤气泄漏、紧急呼救的发生，并可以实现用户远程实时查看家庭状况。一旦出现警情，系统会自动向中心发出报警信息，同时启动相关电器进入应急联动状态，从而实现主动防范。报警信息可以借助运营商通过公共信息网络发送到主人的手机、办公室的计算机，也可以通过小区的局域网络通知物业管理部门或者保安部门。

## 5.9 智能城市

本节主要介绍物联网技术在智能城市系统中的应用。法国国家人口研究所发表的报告指出，随着世界人口城市化进程加快，截至2007年年底世界上已有33亿人生活在城市，超过了全球人口总数的50%。这份研究报告称，到2030年，城市人口比例将扩大到60%，城市人口总数将达到 50 亿。如此众多的城市人口为城市生活的方方面面带来了巨大的影响，促使各国政府和许多部门致力于实现智能城市来高效的进行城市管理。

### 5.9.1 智能城市概述

智能城市是以物联网、互联网，移动互联网等通信网络为基础，通过物联化、互联化、智能化的方式让城市中各个功能彼此协调运作，以智能技术高度集成、智能产业高端发展、智能服务高效便民为主要特征的城市发展新模式。

**1. 智能城市的建设目标**

全面透彻的感知：通过传感技术，实现对城市管理各方面的全面监测和全面感知。利用各类感知设备和智能化系统，智能识别，立体感知城市环境、状态、位置等信息的全方位变化，对感知的数据进行综合、分析和处理，与业务流程处理智能化集成，通过感知数据作出主动响应，实现城市各系统高效稳定运行。

宽带泛在的互联：通过各类宽带有线、无线网络技术，将城市中的物与物、人与物、人与人全面互联互通。宽带泛在网络作为智能城市的“神经网络”，极大地增强了智能城市作为自适应系统的信息获取、实时反馈、随时随地智能服务的能力。

智能融合的应用：智能城市的本质是融合，以信息融合为基础的城市运行系统之间的交融协作保证了有效的服务和管理。现代城市及其管理是一类开放的复杂巨系统，新一代全面感知技术的应用更增加了城市的海量数据。基于云计算，通过智能融合技术的应用实现对海量数据的存储、计算与分析，大大提升决策支持的能力。

以人为本的可持续创新：以人为本是智能城市建设的精髓，智能城市的核心是构筑面向市民的泛在的、机会均等的城市服务。

**2. 智能城市总体架构**

智能城市总体架构如图 5-3 所示，第一层为物联网感知层和网络层，是建设智能城市的基础。第二层利用云计算、数据中心、大数据等技术提供云计算平台，城市数据库以及信息平台。第三层构建各类城市智能应用以及公共服务系统。

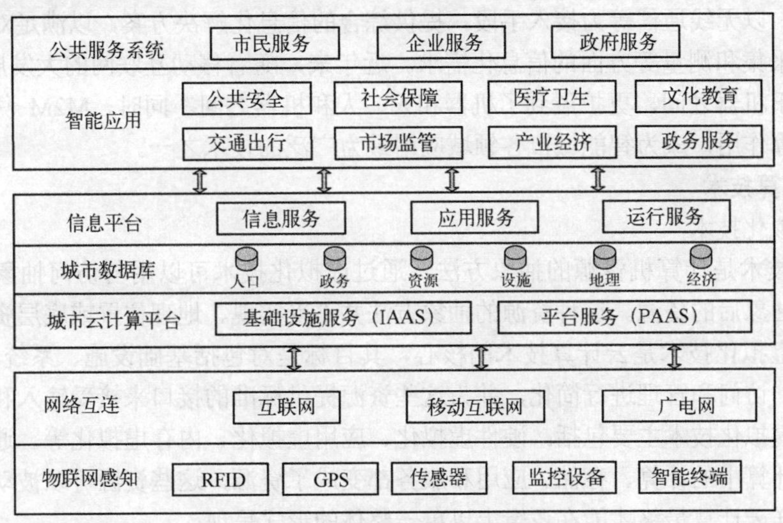


图 5-3 智能城市总体架构

## 5.9.2 智能城市系统与技术需求

**1. 物联网技术**

物联网技术广泛运用于智能城市建设，通过射频识别（RFID）、红外感应器、全球定位系统、激光扫描器、气体感应器等信息传感设备，按约定的协议，把任何物品与互联网连接起来，进行信息交换和通信，以实现智能化识别、定位、跟踪、监控和管理。下面介绍构建智能城市的核心物联网技术。

（1）传感器技术

传感器技术是物联网的基础技术之一，处于物联网架构的感知层，可以把某种被测信号，按一定规律转换成某种可用信号输出，以满足信息的传输、处理、记录、显示和控制等要求。智能城市的实现首先需要依靠部署大量的传感器收集环境信息，通过把物理量传感器、化学量传感器、生理量传感器等各种类型的感应器嵌入和装备到电网、铁路、桥梁、隧道、公路、建筑、供水系统、大坝、油气管道等各种物体中，收集环境数据，用于实时监控和实时处理。

（2）RFID 技术

RFID 技术即射频识别技术，是一种无线通信技术，可通过无线电信号识别特定目标并读写相关数据，无需识别系统与识别目标之间接触。当前，电子标签分为无源和有源两大类，其中有源标签自带电源，利用无线传输技术可以完成几米到几百米甚至上千米范围的远距离通信识别，其电池供电和使用寿命也可长达数年。利用 RFID 的这些技术特点，结合相应信息系统的管理，可以更好实现对智能城市部件的管理，方便事件处理，在公共安全、生产管理与控制、现代物流与供应链管理、医疗卫生、食品药品监管跟踪、交通管理、军事应用、工程建设等领域发挥重大作用。

（3）M2M 技术

M2M 技术是以机器终端智能交互为核心的智能化通信，即数据在机器和机器之间的传递。是一种以机器终端智能交互为核心的、网络化的应用与服务。它通过在机器内部嵌入无线通信模块，以无线通信等为接入手段，提供综合的信息化解决方案，以满足对监控、指挥调度、数据采集和测量等方面的信息化需求。近年来，随着移动互联网的大发展，M2M 技术已不局限于机器之间，更扩展到了机器和人、人和机器之间。同时，M2M 凭借其对物联网的重要支撑作用，成为智能城市各领域应用最为广泛的技术之一。

**2．云计算技术**

（1）虚拟化技术

虚拟化技术是计算机资源的抽象方法，通过虚拟化技术可以用与访问抽象前资源一致的方法访问抽象后的资源。这种资源的抽象方法并不受实现、地理位置或底层资源的物理配置的限制。虚拟化技术是云计算技术的核心，其目标是对包括基础设施、系统和软件等 IT 资源的表示、访问和管理进行简化，并为这些资源提供标准的接口来接受输入和提供输出。云计算中的虚拟化技术主要包括：硬件虚拟化、应用虚拟化、内存虚拟化等。通过使用虚拟化技术，云计算中的计算、存储、应用和服务都变成了资源，这些资源可以被动态扩展和配置，只有这样云计算最终才能在逻辑上以单一整体的形式呈现。

（2）云计算编程模型

云计算以互联网服务和应用为中心，其背后是大规模集群和海量数据。在云计算场景下，新的编程模型要能够方便快速地分析和处理海量数据，并提供安全、容错、负载均衡、高并发和可伸缩性等机制。目前云计算的编程模型主要有 Google 提出的用于大规模数据分析与处理的 MapReduce 编程模型、Microsoft 设计并实现的数据并行处理编程系统 Dryad 以及 Goole 设计的用于大规模图计算的通用编程模型 Pregel 等。

（3）分布式存储技术及海量数据管理技术

云计算系统由大量服务器组成，同时为大量用户服务，因此云计算系统采用分布式存储的方式存储数据，用冗余存储的方式保证数据的可靠性。这种方式保证分布式数据的高可用、高可靠和经济性。云计算系统中广泛使用的数据存储系统是 Google 的 GFS 和 Hadoop 团队开发的 GFS 的开源实现 HDFS。

云计算需要对分布的、海量的数据进行处理、分析，因此，数据管理技术必需能够高效的管理大量的数据。云计算系统中的数据管理技术主要是 Google 的 Big Table 数据管理技术和 Hadoop 团队开发的开源数据管理模块 HBase。

**3．移动互联网技术**

移动互联网指由蜂窝移动通信系统通过终端接入互联网，它和 3G、4G 等构成一个统一的、无线的、移动的互联网系统。使用户可以在任何地点、任何时间都能方便接入，以获得互联网上丰富的信息资源和服务。移动互联网是移动通信和互联网融合形成的新兴产业形态，具有移动化、宽带化、融合化、便携化、可定位化、实时性等特征，是实现信息产业新一轮发展的强劲引擎，也是智能城市建设的最佳实践载体。构建智能城市的核心移动互联网的技术如下：

（1）第三代移动通信技术

第三代移动通信系统（3G）是在第二代移动通信技术基础上进一步演进的以宽带 CDMA 技术为主，并能同时提供话音和数据业务的移动通信系统，是一代有能力彻底解决第一、二代移动通信系统主要弊端的先进的移动通信系统。第三代移动通信系统的突出特色就是，要在未来移动通信系统中实现个人终端用户能够在全球范围内的任何时间、任何地点，与任何人，用任意方式、高质量地完成任何信息之间的移动通信与传输。第三代移动通信系统的通信标准主要有 WCDMA、CDMA2000、TD-SCDMA 等。

（2）第四代移动通信技术

第四代移动通信技术（4G）为宽带接入和分布网络，具有非对称的超过 2Mbit/s 的数据传输能力。它包括宽带无线固定接入、宽带无线局域网、移动宽带系统和交互式广播网络。第四代移动通信标准比第三代标准具有更多的功能。第四代移动通信可以在不同的固定、无线平台和跨越不同的频带的网络中提供无线服务，可以在任何地方用宽带接入互联网，能够提供定位定时、数据采集、远程控制等综合功能。第四代移动通信技术的标准主要有 LTE Advanced、LTE FDD、LTE TDD(TD-LTE)等。

（3）WLAN

WLAN（Wireless Local Area Networks）即无线局域网络，使用无线电波作为数据传送的媒介是不使用任何导线或传输电缆连接的局域网。无线局域网的主干网路通常使用有线电缆，无线局域网用户通过一个或多个无线接入点接入无线局域网。无线局域网现在已经广泛地应用在商务区，大学，机场，及其他公共区域。用户可通过手机、平板电脑、笔记本电脑等移动终端通过 WLAN 上网卡高速接入互联网和企业局域网，获得信息，进行移动办公和娱乐。

**4．大数据技术**

智能城市会产生大量的数据，这些数据具有鲜明的特点。第一，数据来源多样化。为实现城市系统间的信息共享和智能响应需要汇集各类数据；第二，数据类型多样化。智能城市中的数据类型包括结构化数据、半结构化数据和非结构化数据；第三，数据规模海量化。城市规模的增长导致数据量的剧增，城市居民数量的迅速增长，导致数据规模的日益增长，同时随着城市功能性基础设施逐步实现物联化，大量的感知数据由此产生，这些因素使得数据规模巨大。

传统的信息处理技术在处理多源、异构、海量的数据时显得力不从心，因此必然需要借助大数据相关技术对海量数据进行分析和处理。智能城市建设的如下需求可以通过使用大数据技术实现。在城市规划方面，通过对城市地理，气象等自然信息和经济、社会、文化、人口等人文信息的挖掘，可以为城市规划提供强大的决策支持，强化城市管理服务的科学性和前瞻性。在交通管理方面，通过对道路交通信息的实际挖掘，能有效缓解交通拥堵，并快速响应突发状况，为城市交通的良性运转提供科学的决策依据。在安防方面，通过大数据的挖掘，可以及时发现人为或自然灾害、恐怖事件，提高应急处理能力和安全防范能力。在民生方面，通过对民众医疗、教育、食品药品监管、社区、物流等相关大数据的挖掘，构建智慧医疗、智慧家居、智慧交通的一系列体系，提升城市居民的生活品质。

### 5.9.3 智能城市应用与市场预期

**1．智能城市建设案例**

（1）中国上海

目前，中国上海在智能城市的基本任务和基本内容方面设立了包括 10 个方面的 43 项任务，将对城市的基础设施、高端产业的发展、电子商务的使用、城市管理的服务水平、实施智能管理的安全、实施惠民行动、电子政务、产业发展、信息安全、营造信息环境等进行建设。

上海智能城市致力于在 2020 年基本建成国际经济、金融、贸易、航运中心，拥有雄厚的经济实力和较高的对外开放程度。同时也不可避免地面临着大型城市和高度城市化的挑战。

（2）中国宁波

宁波市智慧城市建设主要包括城市基础设施、信息资源开发利用、智慧产业基地建设和智慧应用体系建设四大任务。城市基础设施建设主要包括泛在化的信息网络、三网融合、信息安全基础设施。通过构建数据交换与共享平台、信息资源交换共享机制、公共基础数据库、多网融合公共平台、物联网公共平台实现信息资源的开发和利用。并建设智慧产业基地，建设智慧物流、智慧制造、智慧贸易、智慧能源应用、智慧公共服务、智慧交通等智能应用体系。

（3）西班牙桑坦德

西班牙桑坦德是一个中型城镇。是大规模传感器配置的试验城市之一。通过发起智能桑坦德项目的建设，该市已经配置了约 1 万台电子监控设备。每台设备都包括两个无线电收发设备，用以与其他设备、GPS 和传感器进行通信，并借此对城市二氧化碳排放、噪声、温度、环境光线、进行监控。每台监控设备都会通过互联网进行实时信息交流。

（4）美国城市群

南本德市安装了由 IBM 提供的监控传感器设备，该设备能够聚合从不同政府部门收集来的数据，然后将这些数据转换成有用的信息。这让南本德市下水道泛滥事件的发生率降低了 23%，并彻底杜绝了下水道堵塞事件。

在佛罗里达州的迈阿密·戴德郡，市政部门表示，使用智能传感器能够帮助他们更快地修复自来水泄漏事故。他们预计，这将会每年节省 100 万美元资金并减少 20%的用水消耗。

**2．智能城市应用案例**

（1）智能交通应用

ParkSight 是一个为智能城市设计的停车管理技术。通过安装在停车位上的传感器收集环境数据。通过定位和地图服务，基于实时环境数据分析，引导司机方便地找到合适的车位。

Uber 是一款智能城市的打车应用，用户可以在任意时刻通过该应用打车，它可以实时为用户显示距离最近的车辆，该应用同时实现与信用卡等支付方式互联，实现便捷的付款。

Alltrafficsolution 通过遍布的传感器收集实时路况信息并形象地标注于地图上，为用户提供实时路况分析。不仅如此，它还具有远程设备控制功能，实现对信号灯，限速标志板，可变信息标志的实时控制。

道路路面损坏是每个城市都必须面对的问题，传统的解决方案是依靠市政工程的巡视员来定位路面坑洞。Streetbump 是一款智能城市用于解决这一问题的智能应用。它利用智能手机传感器和 GPS 定位的优势，在用户的汽车经过地面上的坑洞时自动记录和报告地点和时间信息。市政部门通过这种方式获取当地道路状况的实时地图。这些信息不仅可用于提示居民实时路况，政府也可以利用这些信息及时修复路面坑洞。

（2）资源管理应用

SmartBelly 是一种配备传感器的垃圾桶，用于智能处理城市产生的废弃物，每到垃圾快满的时候，垃圾桶就会自动发送出信号，通知人来清理。同时可以通过 E-mail 来接受信号，也可以在智能手机上接收信息。通过一个简单的智能应用，可以统计每个地点的垃圾收集频率，做出相应的布局调整。如今，世界上已经有超过 30 个城市开始使用这种垃圾桶。

Echelon 开发了一款智能城市应用。通过路灯上的光线传感器收集环境信息，智能控制路灯的打开与关闭，同时可以根据时间、季节、天气等环境信息设置路灯的最佳亮度。实现路灯的智能控制与节能需求。

（3）行为监控应用

SceneTap 是一款帮助用户寻找城市中最受欢迎的场所的智能城市应用。通过在酒吧等娱乐场所安装摄像头获取数据进行分析，判断来客数量、年龄、性别。附近的人们可以打开 SceneTap 并进行分析，在 SceneTap 帮助下决定最佳的娱乐去处。

## 5.10 智能校园

在社会信息化的大背景下，建设智能型校园，不断推进以学校为主体的教育信息化进程，是教育信息化的重要组成部分。随着高校信息化建设的不断推进，信息服务在学校教学，科研与管理中的作用越来越大。目前很多学校已经或正在开始建设基于部门的应用系统，基本解决了面向业务主题的管理。但在高校信息化建设中，仍然存在着一些共性的不足，如网络基础设施的接入手段单一，安全保障体系尚不完善；数字资源建设的投入较少，整体应用水平还有待提高；同部门之间的信息共享与交流自动化程度低，缺乏统一的信息编码标准；信息化保障机制还不够健全。这些问题都要求基于先进技术的智能校园的出现。

### 5.10.1 智能校园概述

智能校园是指通过物联网、云计算、虚拟化等新技术来改变学生、教师和校园资源交互的方式，将学校的教学、科研、管理与校园资源和应用系统进行整合，以提高应用交互的明确性、灵活性和响应速度，从而实现智能化服务和管理的校园模式。在物联网技术发展的推动下，智能校园作为数字校园升级到一定阶段的表现，是一个信息技术被高度地融合，信息化的应用被深度地整合，构建成信息终端广泛感知的网络化、信息化和智能化的校园。智能校园具有3个核心特征：一是为广大师生提供一个全面的智能感知环境和综合信息服务平台，提供基于角色的个性化定制服务。二是将基于计算机网络的信息服务融入到学校的各个应用服务领域，实现互联和协作。三是通过智能感知环境和综合信息服务平台，为学校与外部世界提供一个相互交流和相互感知的接口。

智能校园是一个开放的、创新的、协作的、智能的综合信息服务平台。教师、学生和管理者在这个智能校园里会全面感知不同的教学资源，获得及时的互动、最大的共享、最佳协作的学习、工作和生活环境，实现相关信息资源的有效的采集、合理的分析、高效的应用和便捷的服务。智能校园的重点在于智能。即教学的智能，学生生活中体现出来的智能，校园基础设施带给学生的智能，学生课堂实训中所呈现出的智能，图书馆里所体现出来的智能等等，它强调的是教务部门、教学机构及科研部门的信息资源的融合能力。其最重要的核心在于整合校园内各种资源，尤其高度重视通过技术手段加强信息的互通性和协作能力。智能校园的结构图如图5-4所示。

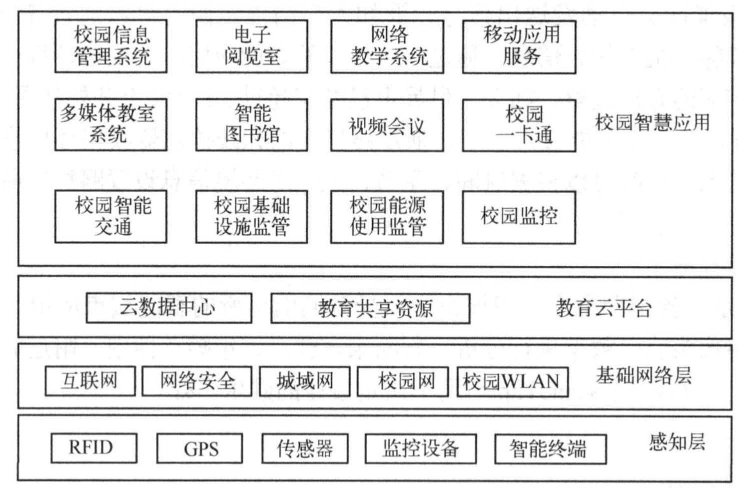


图5-4　智能校园架构图

### 5.10.2　智能校园系统与技术需求

物联网技术为智能校园提供了一个开放、互动、协作的智能化综合信息服务平台，使师生全面地感知教学资源，有效地采集信息，实现智能化的学习、教学、管理和生活服务。智能校园建设中的物联网技术主要有以下几种：

**1. RFID 技术**

学校的范围大、人员多，这对校园安全管理提出挑战，通过运用RFID技术整合校园一卡通，每位教职员工和在校学生人手一张校园卡，智能应用于学校进出口人员管理、宿舍出入口管理，学生上课智能考勤、会议考勤等。该技术可实现以下功能：

(1) RFID天线远距离感应

师生进出学校校门实现RFID卡无接触式自动检查登记，系统自动读取到校园卡信息，通过屏幕显示通过人员信息、照片，自动放行，校外人员或未带卡人员进行身份登记出入。

系统存储出入记录，学生管理部门通过系统可以直观了解即时的学生在校情况以及学生进出校园的时间。同时，该技术也可实现教职员工以及学生的考勤功能。

（2）智能宿舍管理

学生携带 RFID 卡通过宿舍出入口时，无接触式感应学生进出情况，可以统计学生宿舍楼的住宿人数，具体人员一目了然，解决管理中学生晚上夜不归宿的问题。当学生在规定时间内尚未回到宿舍，系统自动统计并给出短信提示处理，同时可以发送信息给学生管理人员。学生归宿考勤通过网络实现可视化管理、管理部门能及时统计报表。

（3）智能图书馆技术

图书馆智能管理系统主要由读者办证系统、图书自助借还系统、馆藏架位管理系统、智能安全门、柜台工作站、图书编目系统、电子阅览室管理系统等组成。通过为馆藏图书配备 RFID 标签，可以实现图书的自助借还，同时方便图书馆工作人员盘点图书，大幅提升工作效率，节省成本。

（4）RFID 车辆进出管理技术

目前 RFID 技术普遍应用于园区交通管理。例如，高速公路的不停车收费。RFID 的校园交通管理可以实现车辆进出的校门管理、车库的出入管理、泊位引导等，有助于校园的安全、交通秩序管理，提升管理品质。车辆到达入口，入口车辆感应器通过 RFID 识别天线检测到信号后，校内车辆自动放行，无需人工干预；外来车辆发临时卡，出校卡片回收，收费、放行。车辆卡可以与教职工的校园卡绑定，实现一卡多用。

（5）贵重设施安全防盗

在智能校园使用 RFID 技术，可以方便地建立贵重设备防盗及定位系统，构建设备防盗网络。系统通过无线传感器网络和 RFID 技术对设备进行实时监控，当设备被移出预定的范围区间时，无线传感器向校园安全部门反馈设备移动信息，当设备移动到出入口时，RFID 读取设备信息并匹配携带者身份信息，两者信息匹配，系统记录出入信息；否则启动警报，配合智能校园视频监控系统采取相应措施，保障校园的设备安全。

**2. 传感器网络**

传感器网，是指运用各种传感器，收集光、电、温度、湿度、压力等信息，加上近距离的有线或无线通信技术而构成的独立网络系统，它一般提供局域或小范围的物与物之间的信息交换。传感器网是物联网末端采用的关键技术之一，是物联网的延伸和应用的基础，因而成为构建智能校园的最核心技术。

传感器网络，是由许多在空间上分布的自动装置组成的计算机网络，这些自动装置使用各种传感器，协同监控不同位置的物理或环境状况（如温度、声音、振动、压力、运动或污染等），以此作为系统调控的基础。传感器网络主要包含 3 个方面：感应、通信、计算（硬件、软件、算法）。其中的关键技术主要有无线数据库技术。比如，使用在无线传感器网络的查询和用于与其他传感器通信的网络技术。在智能校园中所使用的传感器主要有温度传感器、烟雾传感器、红外和压力传感器等。

## 5.10.3 智能校园应用与市场预期

**1. 校园统一呼叫中心**

借助物联网技术及时发现校园内的设施故障，建立校园故障维修受理平台，提供包括移动网络在内的故障报修方式，实现校园故障维修的统一受理与及时处理。

**2．智能交通**

智能交通是智能校园建设中的一项关键任务。在目前的智能校园案例中，已经有以下几种智能交通应用：

（1）基于校园卡的校园道闸服务

通过扩充校园卡的服务功能，实现基于校园卡的道闸管理和停车资费管理。

（2）校车与实时信息服务

通过应用 GPS 定位系统和市区电子地图，构建校车监控中心，并通过综合信息发布平台向多终端提供查询服务，实现校车的定位和监控。

（3）校园停车泊位与引导服务

通过应用 GPS 定位系统和校园电子地图，利用实时车辆检测技术，建成基于移动终端的泊车引导，实现校园停车泊位的智能引导。

（4）公共自行车租用服务

依托校园卡，构建物联专用网络，向师生提供公共校园自行车服务。

（5）校园节能减排与能源监控

安装智能表接入网络，实现楼宇用水、电、气的远程集抄和实时监控，对校内所有办公区、教学区、宿舍区和公共环境区的能源消耗情况进行智慧监管、数据统计和分析。不仅能获取信息和分析存在的问题，还能够准确感知和确定能源消耗漏洞存在的位置。

**3．平安校园**

校园安全与每个师生、家长和社会有着切身的关系。构建平安校园，利用物联网技术建立智能安全保障系统，校园巡更和安全监控系统，包括校园空间定位、校园 GIS、监控中心等，实现校园安防的智能化管理。

**4．移动应用服务系统建设**

通过改造信息系统，建立移动网络与校园网的高速互联互通，实现移动用户访问校园信息服务。

**5．校园综合信息发布**

依托物联网络，实现校园导引系统展示、重大活动和政策宣传、校园讲座活动预报和引导、课程安排和教室引导等信息展示、导航、宣传一体化的校园多终端信息发布。

**6．校园基础设施监管**

通过建设校园路灯控制、消防监控系统、中央空调节能管理等，实现校园基础设施的用能监管。

## 本章小结

应用驱动是物联网系统的典型特征，广阔的应用前景是推动物联网技术和产业快速发展的主要动力。本章介绍了当前典型的物联网应用领域，包括电力、交通、物流、农业、公共安全、医疗、环境保护、家居等，着重介绍了各类应用的自身特点以及对物联网技术的需求，并且评价了每种应用的市场预期。通过对各类应用进行分析和对比，可以发现物联网应用的核心在于向已有的各种应用领域融入“智能”的特点，从而带动相关产业的技术发展和革新。

# 第6章 总结与展望

本章对全书的内容进行总结，展望物联网未来的发展趋势，并对物联网的发展给出相关建议。

## 6.1 物联网兴起是信息技术高速发展的必然

信息技术是渗透性、带动性最强的技术。随着信息技术的不断发展，信息技术之间、信息技术和其他技术之间的相互渗透日趋增加，单一的技术突破已难以适应产业发展的需要。本节从感知识别技术、通信组网技术和计算处理技术的发展三个方面论述物联网兴起是信息技术高速发展的必然。

### 6.1.1 感知识别技术的发展

感知识别技术由两部分组成，分别是传感器网络技术和 RFID 技术，为实现物联网感知互动层的功能提供技术支撑。

**1．传感器网络技术**

微电子、无线通信、计算机与网络等技术的进步，推动了低功耗、多功能传感器的快速发展，使其在微小体积内能够集成信息采集、数据处理和无线通信等多种功能，从而推动了传感器网络技术的发展。

传感器网络的关键技术包括网络协议、定位技术、时间同步技术、数据融合、数据管理、嵌入式操作系统和网络安全等。与传统网络的协议设计相比，传感器网络协议设计的侧重点在于能量优先、基于局部拓扑信息、以数据为中心、面向应用。因此，定位技术、数据融合、数据管理是传感器网络技术的特色。

传感器网络的应用领域非常广阔，具体包括：军事应用、精准农业、环境监测和预报、健康医疗、智能家居、智能交通、机场和工业园区的安全监测等。

传感器网络具有鲜明的交叉学科的研究特点，传感器网络技术的发展，带动了传感器技术、无线传输技术、计算机网络技术、嵌入式计算技术、分布式信息处理技术、微电子制造技术等多学科的进步。

传感器网络改变了人类与自然界信息交互的方式，通过传感器网络可以直接感知现实物理世界，扩展现有网络的功能和人类认知世界的能力。

**2．RFID 技术**

早期信息系统的数据是通过人工的方式输入到计算机系统中的。由于数据量庞大，数据输入的劳动强度大，人工输入的误差率高，严重地影响到生产与决策的效率。在这种背景下，如何解决数据的快速、自动识别已经成为许多大型信息系统发展的瓶颈。

RFID 技术的研发和应用为物品的自动识别提供了系统解决方案。RFID 应用系统由 RFID 标签、RFID 读写器和 RFID 数据管理系统组成。RFID 技术已经成功应用于物流业、零售业、制造业、医疗卫生、公共交通、机场、医疗、资产管理、身份识别等领域。

以零售业为例，采用 RFID 系统可以自动完成采集物品名、编码、单价、数量信息，避免人工查看货物的各种信息，从而节省劳动力成本。如果将 RFID 技术广泛应用于大规模物流系统中，RFID 技术对传统物流业的改造所带来的经济与社会效益十分可观。

总之，RFID 技术的发展促进了物品的自动识别技术的成熟，为让“物品自动开口说话”的物联网应用提供了技术基础。

### 6.1.2 通信组网技术的发展

通信组网技术主要包括互联网技术、移动通信技术，为实现物联网网络传输层的功能提供了技术支撑。

**1．互联网技术**

早在 1993 年，美国政府就宣布实施“国家信息基础设施”（也称为信息高速公路）这一高科技计划，这标志着互联网时代的来临。经过近 20 年的发展，今天互联网已经成为人们日常工作和生活的重要部分。互联网为人们提供的服务包括浏览网页、收发邮件、传输文件以及电子商务等。如今互联网大大缩短了人与人之间的时空距离，让人感觉整个地球缩小成为了一个村落，即地球村。

互联网已经成为全球最大的互联网络，也是最有价值的信息资源库。互联网是通过路由器实现多个广域网和局域网互联的大型网际网，对推动世界科学、文化、经济和社会的发展有不可估量的作用。

随着互联网规模和用户的不断增加，互联网上的各种应用也进一步得到拓展。互联网不仅是一种资源共享、数据通信和信息查询的手段，还逐渐成为了人们了解世界、讨论问题、购物休闲，乃至从事学术研究、商贸活动、教育活动的重要平台。

互联网的发展大致可以分为 3 个阶段。

- 第一阶段：互联网应用主要提供 Telnet、E-mail、FTP、BBS 等基本的网络服务功能。
- 第二阶段：互联网应用主要基于 Web 技术的出现，以及基于 Web 技术的电子政务、电子商务、远程教育等。
- 第三阶段：P2P 网络应用将互联网应用推进到新的阶段，出现了基于对等结构的 P2P 网络新应用，其主要代表包括网络电话、网络电视、即时通信、网络游戏、搜索引擎、分布式计算等。

互联网技术发展最重要的意义是促进了计算机网络、电信通信网与广播电视网在技术、业务和产业上的三网融合。三网融合形成的高性能、全覆盖的通信网络为物联网的发展提供了基础设施。物联网应用系统运行于互联网的核心交换结构之上，不仅扩展了网络服务功能，也丰富了网络接入手段。

**2．移动通信技术**

移动通信技术包含的内容十分丰富，主要分类方法有 3 种。按照使用环境分类，可以分为陆地移动通信、海上移动通信和航空移动通信；按服务对象分类，可以分为公用移动通信和专用移动通信；按通信系统分类，可以分为蜂窝移动通信、专用调度电话、个人无线电话、卫星移动通信等。

现代移动通信技术的发展始于20世纪20年代，至今大致经历了5个发展阶段。

- 第1阶段（20世纪20年代至20世纪40年代中期）：标志性技术是美国底特律市警察使用的车载无线电系统，这个阶段的特点是系统专用、工作频率较低。
- 第2阶段（20世纪40年代中期至20世纪60年代初期）：标志性技术是美国贝尔实验室在圣路易斯城建立了世界上第一个城市系统的公用汽车电话网，这个阶段的特点是人工接续、网络通信容量小。
- 第3阶段（20世纪60年代中期至20世纪70年代中期）：标志性技术是美国推出了改进型移动电话系统，实现了无线频道自动选择，并能自动接续到公用电话网，这个阶段的特点是实现了自动选频和自动接续。
- 第4阶段（20世纪70年代中期至20世纪80年代中期）：标志性技术是美国贝尔实验室研制成功的先进移动电话系统（AMPS）大大提高了系统容量，这一阶段的特点是蜂窝移动通信网成为实用系统。
- 第5阶段（20世纪80年代中期至今）：标志性技术是欧洲推出了数字移动通信网系统（GSM）的体系，这一阶段的特点是数字移动通信技术进入成熟并快速发展的阶段，同时促进了第三代和第四代移动通信技术的快速发展。

移动通信不仅为物联网应用提供了持续、可靠的数据传输服务，也是实现物联网泛在化特征的重要基础。同时，移动通信是物联网产业链上的重要一环，存在着重大的产业发展机遇。

### 6.1.3 计算处理技术的发展

计算处理技术主要包括云计算技术、数据库技术、多媒体技术、虚拟现实技术，为实现物联网应用服务层的功能提供技术支撑。

**1．云计算技术**

云计算是互联网计算模式的商业实现方式。在互联网中，成千上万台计算机和服务器连接到专业网络公司搭建能进行存储、计算的数据中心形成“云”。“云”可以理解成互联网中的计算机群，这个群可以包括几万台计算机，也可以是上百万台计算机。

“云”中的资源在使用者看来是可以无限扩展的。用户可以通过个人电脑、笔记本电脑、手机等终端，通过互联网接入到数据中心，还可以随时获取、实时使用、按需扩展计算和存储资源，并按实际使用的资源付费。

云计算是一种新的计算模式。云计算基于互联网，将计算、数据、应用等资源作为服务通过互联网提供给用户。在云计算环境中，用户不需要了解“云”中基础设施的细节，不必具备相应的专业知识，只需关注自己真正需要的资源和服务。

云计算针对物联网需求特征的优化策略和个性化服务，以智能服务组合的形式体现。云计算能够从多个层面、不同视角对物联网应用和服务进行一体化组织和管理。因此，云计算是支撑物联网的重要计算环境之一。

**2．数据库技术**

数据库技术经过30多年的研究和发展，已经形成了较为完整的理论体系和应用技术。

目前，传统数据库技术与其他相关技术结合，已经出现了许多新型的数据库系统。典型的代表包括分布式数据库和并行数据库。

分布式数据库是传统数据库技术与网络技术相结合的产物。分布式数据库是物理上分布在网络各节点上，但在逻辑上属于同一系统的数据集合，它具有局部自治与全局共享性、数据的冗余性、数据的独立性、系统的透明性等特点。

并行数据库是传统数据库技术与并行技术相结合的产物，在并行体系结构的支持下，实现数据库操作处理的并行化，以提高数据库的效率。按照并行数据库的思想设计的数据库系统可以提高大型数据库系统的查询与处理效率。

随着海量数据查询处理、大型并行计算机系统和数据挖掘算法的日趋成熟，数据仓库和数据挖掘的研究与应用成了当前数据库技术领域的重要方向。数据仓库和数据挖掘技术采用全新的数据组织方式，对大量的原始数据进行加工、处理，找出数据之间的潜在联系，提取有用的信息，促进信息的传递。

如何经济、合理、安全地存储来自传感器等终端设备的海量数据，是实现物联网应用系统的一个重要挑战。各种新型数据库系统和数据库技术的涌现，必然会提高物联网应用系统处理和利用数据信息的能力。

**3．多媒体技术**

多媒体技术是计算机以交互方式综合处理文字、声音、图形、图像等多种媒体，使多种媒体之间建立起内在的逻辑连接的一项技术。

在 20 世纪 90 年代，个人计算机运算能力、存储能力的快速提高和 3D 软件的成熟，使得一大批高清晰度电视、高保真音响、高性能摄像机、照相机纷纷推出。这些产品和相关技术交叉融合，推动了多媒体技术的快速发展。

多媒体技术具有集成性、实时性和交互性 3 个主要特点。多媒体技术的集成性表现在多媒体信息是声音、文字、图形、图像与视频的集成。多媒体技术的实时性是指多媒体系统必须具备对存在内在关联的声音、文字、图形、图像与视频信息有实时、同步的处理和显示能力。多媒体技术的交互性是指用户不是简单、被动地观看，而是能够介入到多媒体信息的处理过程之中。

具有丰富的信息交流手段是人类共同的需求，采用多媒体技术可以使物联网感知现实物理世界的手段更丰富、形象、直观。

**4．虚拟现实技术**

虚拟现实是计算机图形学、仿真技术、多媒体技术、人工智能技术、计算机网络技术、并行处理技术和多传感器技术相结合的产物。虚拟现实技术模拟人的视觉、听觉、触觉等感官功能，通过专用软件和硬件，对图像、声音、动画进行整合，以数字媒体作为载体给用户展现一个虚拟世界。

虚拟现实的关键技术包括以下几方面。

- 环境建模技术：虚拟环境建立的目的是获取实际环境的三维数据，根据应用的需求，利用获取的三维数据建立相应的虚拟环境的模型。
- 立体声合成和立体显示技术：在虚拟现实系统中，必须解决声音的方向和用户头部运动的相关性问题，以及在复杂的场景中实时生成立体图像的问题。
- 交互技术：虚拟现实中的人机交互远远超出了键盘和鼠标的传统模式，需要设计数字头盔、数字手套等复杂的传感器设备，解决三维交互技术与语音识别、语音输入技术等人机交互手段的问题。

- 触觉反馈系统：在虚拟现实系统中，必须解决用户能够直接操作虚拟物体，并感觉到虚拟物体的反作用力的问题，从而使用户产生身临其境的感觉。

虚拟现实技术突破空间、时间以及其他客观限制，使用户感受到真实世界中无法亲身经历的体验，极大地增强了人类模拟现实世界的能力，是物联网应用服务的重要支撑技术。

## 6.2 物联网具有广阔的应用领域和前景

物联网的发展再次印证了“应用是发明创造的根本推动力”这个真理。物联网所产生的巨大吸引力源于其具有的广阔应用领域和应用前景。

当前，物联网应用有着两种模式。一是在已有应用中引入物联网技术，提高生产管理效率；二是建立物联网应用示范，推广一种新的应用。在第一种模式中，通过对比，人们可以发现物联网技术的优越性，主动淘汰陈旧过时的生产管理技术；在第二种模式中，人们通过亲身体验和感受，逐渐接受物联网所提供的新应用服务。

物联网的应用领域可以分为 4 个大类，分别是用于提高生产效率、保障社会安全、方便日常生活以及服务公共事业。

**1．物联网提高生产效率**

物联网服务生产企业，可以有效地提高企业的生产效率和管理水平。如在电力、农业和物流等对国民经济发展起基础和重要作用的行业，已有许多较为成熟的基于物联网技术的解决方案用于优化生产过程、提高企业的生产力和竞争力。

电力系统是一个复杂的网络系统，按电力系统安全监控的要求，物联网可以全面应用于电力传输的整个系统，从电厂、大坝、变电站、高压输电线路直至用户终端，对电力系统运行状态的实时监控和自动故障处理，确定电网整体的健康水平，触发可能导致电网故障的早期预警，确定采取相应的措施，并在事后分析电网系统的故障。

农业物联网利用温度、湿度、光照、化学等多种传感器对农作物的生长过程进行全程监控和管理，并且实时调整生产过程中的有机化学合成的肥料、农药、生长调节剂等物质的使用量，促进农作物增收。

在为客户提供最好服务的前提下，尽可能降低物流的总成本，现代物流行业的目标包括：物流反应快速化、物流服务系列化、物流作业规范化、物流手段现代化、物流组织网络化以及物流信息电子化等。物联网中的 RFID 技术已经在现代物流系统中得到了成功的应用，大大提高了物流企业的运营效率。

**2．物联网保障社会安全**

经济高速发展的同时也会引发一定的社会问题，为整个社会的安定带来隐患。有效预防违法犯罪活动是制止违法犯罪的最好方式，也可以最大限度降低违法犯罪造成的损失。

社区、楼宇、家庭等场所是各种设施和安防系统密集分布的区域，小区、家庭、停车场、仓库等区域都需要进行监控，各种车辆、人员、视频、声音、身份、位置等多种信息也都存在感知的必要性，而现有分散建设的安防系统难以满足如此复杂的智能化要求。只有基于现有的安防系统，大力加强物联网平台建设，促进信息融合和智能化建设，降低建设和运行维护成本，提高安防和管理效率，才能真正实现有效的安防。

物联网安防系统具有不同于传统安防系统的功能及特点，物联网架构的安防系统，从终端产品到互联网安防平台及用户端报警软件的一体化开发应用，带来的是安防技术整体升级。近年来它在奥运场馆、世博会园区的安全防范中发挥了重要作用。

**3．物联网方便日常生活**

居住环境的便利性、舒适性甚至艺术性一直是人类生活追求的目标。智能家居采用先进的物联网技术，建立一个由家庭安全防护系统、网络服务系统和家庭自动化系统组成的家庭综合服务与管理集成系统，从而实现一个舒适的居住环境。

与普通的家居相比，智能家居不仅具有传统的居住功能，提供舒适安全、高品位且宜人的生活空间，还由原来的被动静止结构转变为具有能动智慧的工具，帮助家庭与外部保持信息交流畅通，帮助人们有效安排时间。

智能家居的基本目标是将家庭中各种与信息相关的通信设备、家用电器和家庭保安装置，通过有线或无线的方式，连接到一个家庭智能化系统上进行集中的或者异地的监视、控制和家庭事务性管理，保持这些家庭设施与住宅环境的和谐与协调。

**4．物联网服务公共事业**

环境保护是政府所负责公共事业的一个重要组成部分，也是物联网技术应用最早的领域之一。物联网等环境信息化技术作为环境保护的新兴领域，代表着环境保护事业未来的发展方向，同时也是生态文明建设的重要举措。

在推进经济社会发展的过程中，充分考虑生态环境的承受力，统筹考虑当前发展和未来发展的需要，利用物联网等现代信息技术对污染严重的生态环境进行详查和动态监测，对森林资源、草地资源、生物多样性、水土流失、农业污染、工业及生活污染等及时做出监测和预警，是生态环境建设对环境信息技术研发与应用提出的要求。

在实际的日常环境监测、保护工作中，通过布设物联网使得环境信息化，能够建立起环境监测、污染源监控、生态保护和核安全与辐射环境安全等信息系统，有利于实时收集大量准确数据，进行定量和定性的分析，为环境管理工作提供科学决策支持。

## 6.3 物联网发展的机遇与挑战

物联网的发展，掀起了新的信息技术革命，其概念和内涵仍然在进一步丰富和完善之中。当今世界社会、经济、生活中所共同面临的难题以及相关支撑技术的发展使得物联网面临历史性的发展良机，物联网正成为实现“提高效率、降低成本、安全保障、环保节能、科学决策、智能反馈”等目标不可缺少的信息技术基础设施。本章主要从产业化发展、规模商业应用等角度阐述物联网发展的机遇与挑战。

### 6.3.1 物联网发展概述

物联网的发展从早期以 RFID 技术为核心逐步延伸和扩展开来，正在逐步融合传感器网络、M2M、CPS、泛在计算等诸多技术领域。从发展阶段上看，物联网的发展可以大致概括为探索培育期、规模成长期和成熟应用期 3 个不同阶段。图 6-1 所示为物联网发展阶段的示意图。

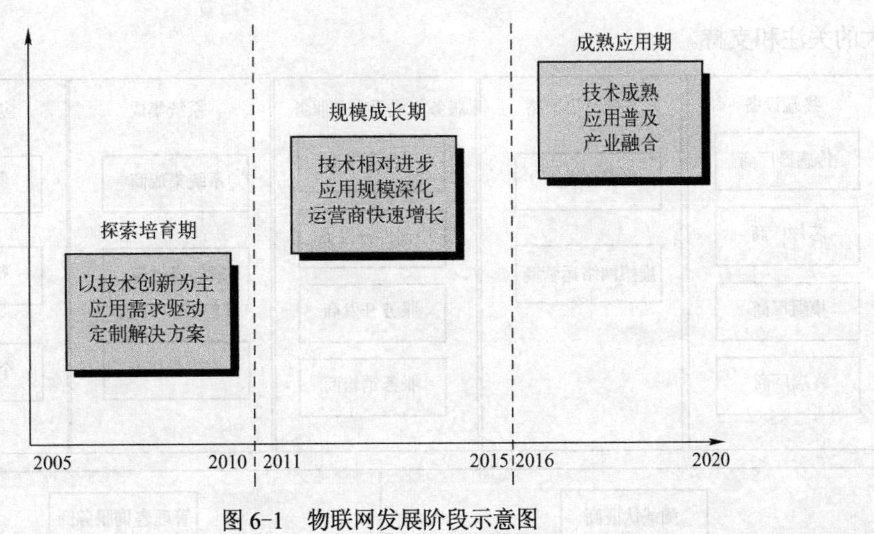


图 6-1　物联网发展阶段示意图

在物联网的探索培育期（2005 年～2010 年），典型应用需求驱动物联网关键技术创新，并形成相对独立、定制的物联网应用解决方案。在物联网的规模成长期（2011 年～2015 年），物联网运营商出现并快速增加，物联网的共性技术将得到充分发展，典型行业或领域的物联网应用规模进一步深化。在物联网的成熟应用期（2016 年～2020 年），物联网相关的技术将进一步成熟，物联网应用普及到各个行业领域，物联网产业将进一步融合。

### 6.3.2　物联网产业发展的机遇与挑战

从物联网产业发展角度看，目前物联网的产业链及其核心环节已基本明确，政策环境、经济环境、社会环境和市场环境等有利因素使得物联网产业正在经历不可多得的发展机遇。同时，行业规模化、统一技术标准及有效商业模式缺乏等问题又使物联网产业发展面临严峻的挑战。

**1．物联网产业发展的机遇**

物联网产业的规模化发展以相对完善的产业链形成为基础条件，在应用需求驱动下，配合良好的政策、经济、社会和市场等环境因素，共同促进物联网的规模化发展。

（1）物联网的产业链

物联网的产业链包括：物联网终端设备、物联网基础通信网络、物联网服务集成平台与服务、物联网系统集成、物联网应用提供等核心环节。每一核心环节又可细分为若干子环节，图 6-2 给出了物联网产业链的各环节示意图。

物联网产业链的完善是物联网产业良性发展的前提条件。当前，我国物联网上下游产业环节已经相对成形，但产业链不同环节之间的结合度还不够紧密，需要进一步统筹规划。

（2）经济刺激计划的推动和绿色环保理念的推广

物联网产业的发展离不开政府的支持和相关行业监管部门的引导。目前，包括中国在内的世界各国已先后制定了多个物联网产业发展相关的计划，如美国的“智能电网”计划，日本的“I-Japan”计划和韩国的“U-Korea”计划等。我国政府对物联网产业发展也给予了极大的关注和支持。

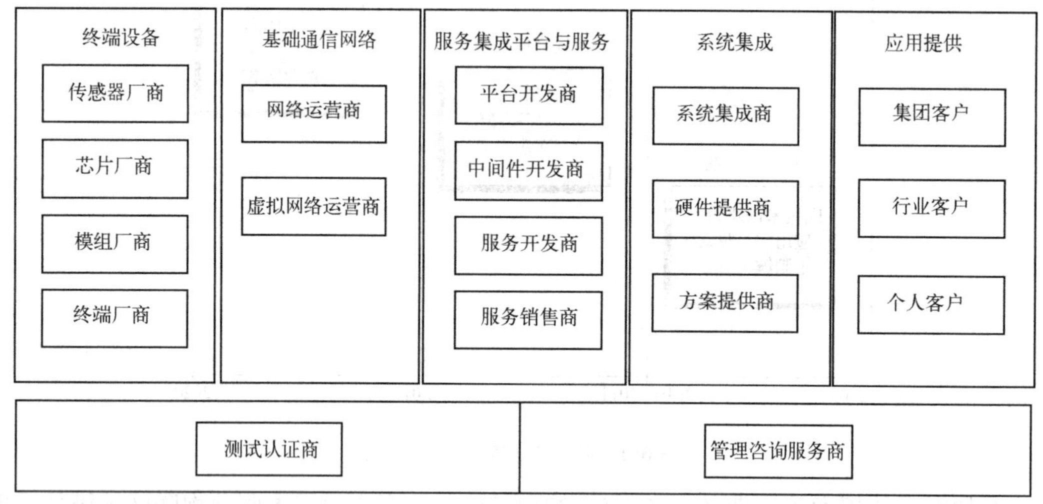


图 6-2　物联网产业链的核心环节

物联网产业的发展受益于世界各国的经济刺激计划。当前世界经济发展在产业发展和产业结构调整上亟需新的推动力，以物联网为代表的技术创新和信息技术革命将为经济的持久、健康、长期发展起到重要的推动作用。“绿色经济”、“低碳经济”、“低碳社会”等经济增长和发展模式受到推崇，各国推出一系列的新经济增长模式刺激计划。在这些计划中，信息技术领域创新具有十分显著的地位和作用。

（3）运营商的大力推动

网络服务运营商目前正在大力推动以 M2M 为代表的物联网系统建设，运营商表现出的这种推动力基于现有人与人间移动通信增长日趋饱和以及新业务增长点的迫切需求。国外运营商如 Orange、Telenor 和 Verizon 等，均把实现物与物间通信的 M2M 技术发展提升到战略高度，以打造端到端的服务能力为目标，并把它看做是未来业务发展的动力之一。

在国内，中国移动、中国联通和中国电信三大运营商同样十分重视物联网的发展，并已提出了各自的发展规划。

**2．物联网产业发展的挑战**

物联网产业目前处于难得的发展机遇阶段的同时，也正面临着来自行业、标准以及产业链各环节合作等方面的挑战。表 6-1 列出了物联网产业发展面临的主要挑战与应对措施。

**表 6-1　物联网产业发展面临的主要挑战与应对措施**

| 主要挑战 | 具体描述 | 应对措施 |
|---|---|---|
| 行业 | ● 行业碎片化；<br>● 行业间壁垒；<br>● 行业需求多样差异 | ● 行业需求归纳；<br>● 提炼共性技术框架；<br>● 选择和扩展应用子集 |
| 技术标准 | ● 技术领域涉及面广；<br>● 标准混杂；<br>● 标准项目进展缓慢 | ● 围绕共性技术框架，建立统一的标准体系 |

（续）

| 主要挑战 | 具体描述 | 应对措施 |
|---|---|---|
| 产业合作 | ● 新运营模式未明确；<br>● 集成商相对分散；<br>● 产业联盟区域性 | ● 运营模式突破；<br>● 全国性产业联盟 |
| 关键技术 | ● 传感器技术；<br>● 传输技术；<br>● 处理技术；<br>● 服务提供技术 | ● 下一代关键技术突破；<br>● 新系统集成技术 |

从物联网应用行业角度上看，目前物联网应用行业呈现碎片化的特征，应用行业覆盖面广，涉及行业多，难以形成规模化；各专业行业控制力较强，行业间壁垒显著；与此同时，各行业的需求呈现多样性，差异较大。

从物联网技术标准角度上看，目前物联网相关的标准较为杂乱，由于物联网覆盖从感知到处理、传输以及服务提供等诸多技术领域，即使是同一技术领域，多个标准化组织会制定各自的标准规范，这些标准所涉及的技术范围常常互有重叠，难以融合和统一。目前国际国内物联网进展仍相对缓慢，技术标准的成熟仍需要较长的时间。

从物联网产业链环节合作角度上看，在运营模式仍未出现新的突破的前提下，如何与物联网集成商合作实现共赢，实现产业链各环节的有效整合仍是亟待解决的问题。产业联盟是物联网产业链各环节横向合作的主要形式。目前，已存在多个地方、区域或者行业内的物联网产业联盟，具有影响力的全国性物联网产业联盟仍在成长中，同时产业联盟的工作成效也有待实质性地提升。

从物联网关键技术角度上看，物联网产业发展还面临许多关键技术的挑战，包括传感器技术、传输技术、处理技术以及服务提供技术，下一代关键技术突破和新系统集成技术将有力推动物联网产业的良性发展。

### 6.3.3 物联网规模商用的机遇与挑战

物联网面临十分广阔的商业机遇，其用途广泛覆盖智能交通、环境保护、政府工作、公共安全、平安家居、智能消防、工业监测、老人护理、个人健康、水系监测、食品溯源、情报搜集等领域，使人类能够以更加精细的方式管理生产和生活，达到“智慧”状态，从而节约成本，提高资源利用率和生产力水平，改善人与自然的关系。尽管如此，物联网在规模商用上也面临着严峻挑战。

**1．物联网面临的商业机遇**

物联网是继计算机、互联网与移动通信网之后的又一次信息产业浪潮。到目前为止，物联网发展已具备了一定的产业基础，蕴含着信息产业发展的新机遇。据美国权威咨询机构Forrester 预测，到 2020 年世界上物物互联的业务，跟人与人通信的业务相比，将达到 30:1。因此，物联网又被称为下一个万亿级的通信业务，具有广阔的发展前景。据赛迪顾问研究显示，2010 年中国物联网产业市场规模将达到 2000 亿元，到 2015 年整体市场规模将达到 7500 亿元，这将给通信业带来更大的发展空间。正因为如此，物联网的概念提出之后，立即引起了政府、经济界和电子信息业界的广泛关注。在 2010 年“两会”期间，物联网首次被写入政府工作报告，与新能源、新材料、节能环保、生物医药等一起被确认为国家要大力发展的战略性新兴产业。

物联网被认为具有比目前人与人通信市场更大的发展潜力，是电子信息产业新的增长点。工信部已将物联网规划纳入“十二五”专题规划，正在积极研究推进。据工信部介绍，“十二五”期间，物联网产业体系将初步形成从传感器、芯片、软件、终端、整机、网络到业务应用的完整产业链，并培育出一批具有国际竞争力的物联网产业领军企业。我国未来将围绕物联网产业链，在政策市场、技术标准、商业应用等方面重点突破。

总体上看，我国对于物联网的研发和应用仍处于起步上升阶段，一些具备一定规模的物联网示范应用系统已建设完成，如上海浦东国际机场防入侵应用系统等；无锡启动建设的“物联网城市”也走在了国际前列。政界、学术界和产业界一致认识到物联网的战略意义，在引导期以行业应用为主，政府投资示范应用工程，将带动行业广泛应用，并逐渐扩展到泛行业应用，最后将达到泛在的物联网。

我国还在一些城市进行物联网应用试点，青岛市 RFID 应用全面开花，已在金融、工业生产、公安、工商、税务、城市一卡通以及公共事业管理等十多个领域中应用推广；杭州市市民卡应用逐步深入，累计发卡 217 万张；北京市市政交通一卡通刷卡交易量全国第一，已全部公交车、地铁及出租车上开通应用，累计发卡超过 3447 万张；广州市“羊城通”集公交通、电信通、商务通于一身，发卡量超过 1200 万张。

与此同时，我国传感器市场近年来保持了较快的发展态势，增长速度超过 30%。据统计，2009 年我国传感器主要应用于工业、汽车电子产品、通信电子产品、消费电子产品专用设备等领域，其中工业和汽车电子产品占市场份额的 42.5%，市场规模达到 138.9 亿元，整个传感器市场产值突破 327 亿元，2010 年有望达到 500 亿元。

在 3G 网络部署和移动通信覆盖范围广及农村地区的推动下，中国移动已从资本支出总预算拨出 30%扩充 2G 网络，其中的 70%投资于农村市场。我国通信市场在农村地区手机普及率升高与 3G 技术的带动下，到 2014 年规模可望达到 1870 亿美元，将取代日本成为亚太地区最大的市场。随着移动服务的渗透率升高，营业收入年增长率有望从 2009 年底的 58%跃升到 2014 年底的 80%，届时移动服务占中国通信市场服务总营收的比率可望超过 76%。

在产业迅速发展的同时，中国物联网的应用也加快了进程。以物联网 RFID 技术为例，其应用领域不断拓展，正在从以身份识别、电子票证为主，向资产管理、食品药品安全监管、电子文档、图书馆、仓储物流等物品识别拓展；从低高频的门禁、二代身份证应用逐步向高速公路不停车收费、交通车辆管理等超高频、微波应用拓展。目前，中国物联网相关企业总数已有数百家。上海、天津、无锡、深圳、沈阳、武汉、成都等地已建立了射频识别技术（RFID）产业园区。

新的物联网商业运营模式也正在积极探索中。2010 年 3 月 16 日，中国银联宣布由中国银联联合有关方面研发的新一代手机支付业务目前已进入大规模试点阶段，这预示着手机支付已开始进入规模化。中国移动入股浦发银行被市场解读为物联网进一步发展的标志性事件。

物联网快速发展将信息化进一步拓展到社会生活的方方面面，在物联网产业的应用推广中，具备丰富行业经验、领先技术优势，已有大量用户积累的信息化提供商，将受益于物联网这一新兴产业的快速推进，并获得广阔的市场空间。

中国物联网市场蕴藏着巨大的商机，物联网主要的投资机会集中在终端设备、网络运营、系统集成、应用服务提供等领域。海量数据传输和处理需求对传输网络提出了更高的要求，这将促使运营商对现有网络进行扩容和升级，将给通信设备制造商提供难得的发展机遇。

互联网、电信网、广电网已经建立起覆盖范围巨大的基础设施网络，为我国物联网发展提供了运行的重要基础条件，并且积累了网络应用的经验。同时在传感器、RFID、二维码的感知和识别、网络通信和应用等技术领域的积累也为物联网的发展奠定了基础，为物联网的商业模式的探索提供了良好的机会。

物联网应用领域众多，需求差异大，并且不同应用领域面临不同业务模式的考验。需要对物联网的业务运营和管理模式进行研究，探讨适应物联网产业发展的全新的、差异化的业务运营模式，探索不同行业领域的商业模式，以促进物联网的快速大规模部署和应用。

**2．物联网面临的商业挑战**

物联网产业的丰富繁荣，需要借助商业化运营的推动，建立共赢的、良性循环的产业链条，所以应该从服务社会的商业运营角度出发，确定物联网的总体架构和技术实施路线。只有通过商业运营，进一步明确各自的产业定位，才能构建有序和良性的竞争和合作环境，从而带动产业的进一步创新，避免仅停留在“试验和示范”的层面，快速实现成果的商业转化。

物联网作为一个概念整体提出，必然会带来一场大的技术和商业模式的革命，新的技术也要适应于商业模式的革命。在物联网产业链中，物联网运营及服务提供商主要是为客户提供统一的终端设备鉴权、计费等服务，实现终端接入控制、终端管理、行业应用管理、业务运营管理、平台管理等服务。

据报道，目前国外物联网推广存在 3 种主要的商业模式。

（1）系统集成商为客户提供服务

系统集成商采购设备制造商提供的物联网设备，加上自己或第三方提供应用的软件，组合成完整的解决方案提供给客户。这种模式是 RFID 和传感网业务的主要模式，目前很多企业集系统集成商、设备制造商于一身，同时生产设备和提供服务；而另一些企业（比如 IBM 公司）就通过采购标签和读写器设备，再利用自己的软件来组成解决方案。

（2）物联网移动虚拟运营商（Mobile Virtual Network Operator，MVNO）为客户提供服务

物联网 MVNO 租用电信运营商的网络为客户提供 M2M 服务。通常物联网 MVNO 拥有自己的软件平台，需要购买终端等设备来制定解决方案，因此也起到系统集成商的作用。这种模式在美国较多，由于美国电信运营商初期对于物联网业务重视程度不高，因此产生了一批物联网 MVNO 企业。

（3）物联网电信运营商为客户提供服务

电信运营商作为价值链的核心集成设备、软件平台，直接为客户提供服务。这种方式在欧洲比较常见，比如 Orange、沃达丰都采用这种模式，把握整个产业链，直接为客户提供物联网业务。

形成这 3 种不同的商业模式的原因，主要是电信运营商缺乏 RFID、传感网、短距离通信技术的基础，在 M2M 业务中很少涉及这些技术。目前除蜂窝移动通信技术以外的物联网通信技术，主要由原先各领域的其他企业提供。

我国物联网市场前景广阔，但是整个行业目前尚未出现相对成熟的商业模式。物联网

的运营服务市场，目前在一些行业都是由集成商或者软件提供商等企业在承担着运营服务的角色，电信运营商也在积极布局这一市场，但总体用户规模不大。

我国物联网运营及服务市场受制于应用的推广，还没有发展起来。未来，随着物联网应用范围的不断扩大，运行状态、升级维护、故障定位、维护成本、运营成本、决策分析、数据保密等运营管理的需求将越来越多，对运营及服务提供商的要求也将非常高。

与物联网业务特点契合的创新型业务运营和管理模式是物联网大规模推广的必要条件。传统的电信业务运营和管理模式为：以信息传输为主，感知信息服务缺乏；不同的应用独立研究应用需求、独立设计系统特征、独立运营服务，应用间无技术、设备、系统、服务等方面的共享机制。这一模式只能满足单一行业的应用需求，无法适应物联网应用场景多样化特点，无法满足物联网业务运营和管理的要求。

我国在移动通信网和互联网的设备制造、系统集成和网络运营等领域已形成比较成熟的面向传统电信产业的产业链体系，这对物联网产业链体系的培育提供了支撑，但是传统电信产业链环节不能直接替代物联网产业链环节。

在技术领域，物联网技术包括使物理设备具有感知、计算、执行和通信能力的技术，还包括信息的传输与处理技术。物联网技术体系包含的基础性技术很多，存在着零散、发展水平不一致等问题，难以形成核心技术，导致大量采用国外技术，在专利方面受制于人，在信息安全方面没有保障。技术体系的零散导致物联网行业难以成为一个整体，制约了物联网产业的发展。

在核心技术上，传感器、芯片、关键设备制造的研发能力还不够，以传感器为例，由于在技术和生产能力上同发达国家还有较大差距，产品技术档次低，品种规格不齐全，国内传感器产品还远不能满足国内需求，特别是一些高档传感器、MEMS 传感器、汽车用传感器以及专用配套传感器等，仍然主要依赖进口，这在一定程度上制约了物联网的发展。据报道，全球传感器种类约有 2 万种，而国内仅有 3000 多种，尚有大量的品种短缺，一些高档传感器仍然主要依赖进口。国际传感器巨头纷纷进入，对我国高科技含量传感器的生产及研发构成了很大的威胁。

物联网的整个标准体系尚未完全建立，技术标准没有统一，不利于不同平台之间的互联互通，阻碍了物联网在各领域的发展，使得物联网各业务应用和管理平台仍处于孤立状态，相对比较零散。在物联网发展的过渡阶段，随着业务应用种类增加以及网络规模不断扩大，标准化的需求日益迫切，不同行业平台之间亟需实现在应用、网络和终端层面的互联互通，因此迫切需要确定统一、公认的框架，从而保障产业的和谐发展。

现在物联网应用处于初期阶段，还需要一定时间的规模化。从长远来看物联网对于整个未来的资源管理、对于企业的业务以及新的运营模式都会有很大的帮助，而现在有许多的技术还未得到大范围的推广应用。比如，传感技术到传输技术、数据应用及企业的应用，要将这些技术科学有效地运用到物联网的产业中，还需要不断的尝试和经验积累的过程。随着对物联网功效的逐步认识，在企业的推广也将会水到渠成。

当前物联网业务应用的价值链过长，包括传感器节点制造、传感网建设、行业需求方、业务集成方、网络平台建设方，业务应用分布在多个行业，其业务共有的功能、性能、资源等优势难以发挥，缺少一个能够跨行业的系统统筹协调。

目前物联网的投资成本相对较高。比如，传感器和整个系统构建成本较高，要推广它在行业、企业和个人普遍应用和接受，仍需要积极探索其盈利模式。

综上所述，我国物联网技术已经从实验室阶段走向实际应用阶段。但总体来讲，我国物联网发展还处于起步阶段，不仅规模不够，相关产业链的稳固性和延伸性也不够，赢利模式还需根据市场规律进一步探索。

**3．采取的有效措施**

物联网商业模式是物联网应用的重要环节，从物联网应用需求出发，结合产业发展需求，提出总体性框架建议，促进共赢的和良性的商业运营模式建立，解决当前物联网产业发展的重大问题，需要从以下几个方面把握机会。

（1）从物联网应用需求分析和产业链挖掘商业机遇

通过广泛调研物联网应用需求，确定物联网应用场景，提炼共性的层次模型，在目前业界认同的包含感知互动层、网络传输层以及应用服务层的总体框架基础上，需要充分考虑电信运营需求，明确提出在应用服务层和网络传输层之间引入运营管理层面，从而实现对业务和网络的适配和有效衔接，并从终端管理、网络接入适配、业务管理、业务接入适配、业务定制、对外接口等多方面细化运营管理层面需求。

以最终用户的需求为导向，逐步完善物联网的应用市场，逐步培育在各行业的需求，让终端用户拉动产业链，结合需求配比，可以确保整个产业链在一个良性、稳定、向上的发展中茁壮成长。整个产业链的形成，是一个由量变到质变的过程，产业链和商业模式的同步成熟，才能推动大规模的产业应用。

根据物联网的业务应用，就业务本身的特点和对性能的要求对其进行分类，并建立业务指标，从而建立业务模型。深入研究多种网络架构的共性和差异，广泛结合融合业务应用的案例，梳理业务触发的流程，从而抽象出统一的参考框架，确定统一的系统功能模块和关键接口定义。根据某一些业务应用的需求和多业务应用整合的需求，结合网络本身的特点和移动通信网本身的发展，提出针对不同业务的网络组网方案、网络布局的策略、网络推进与发展的方案。

物联网的核心应用价值在于能够将物品信息实现大范围共享。要建立广域的信息交换平台，推动不同物联网信息系统的信息交流，实现由单一系统信息共享向多系统信息共享的转变；重点推进基于不同网络和系统间跨平台信息共享，加强跨平台的物联网信息服务体系和机构的建设，建立行业应用的物联网信息“分散存储、统一交换”的共享体系。

加强物联网信息共享基础研究，重点开发基于不同系统的跨平台交换技术，推进物联网应用。建立广泛的物联网信息采集体系和信息共享体系，在行业物联网应用信息便捷处理和共享的同时，重点建设跨行业、跨区域的物联网应用信息共享体系的信息平台，重点推进跨区域、跨行业的物联网应用信息交换体系的建立。

以技术为依托，建立统一的网络融合参考框架，为进一步的关键技术和产业合作提供统一的出发点。这样做有利于统一认识，有助于多网络融合应用方案的规模化商用。

（2）多方共同探讨，创造多方共赢商业模式

推动物联网长效发展的关键是要真正建立一个多方共赢的商业模式，即必须使物联网真正成为一种商业的驱动力，而不是一种行政的强制力。让所有参与物联网建设的各个环节都从中受益，获得相应的商业回报，才能够使物联网得以持续快速的发展。加强物联网应用创新、管理创新、模式创新，探索和建立由 IT 企业、电信运营企业、银行部

门等多方参与、互利共赢的投融资模式和商业运作模式。物联网的商业模式合作如图 6-3 所示。

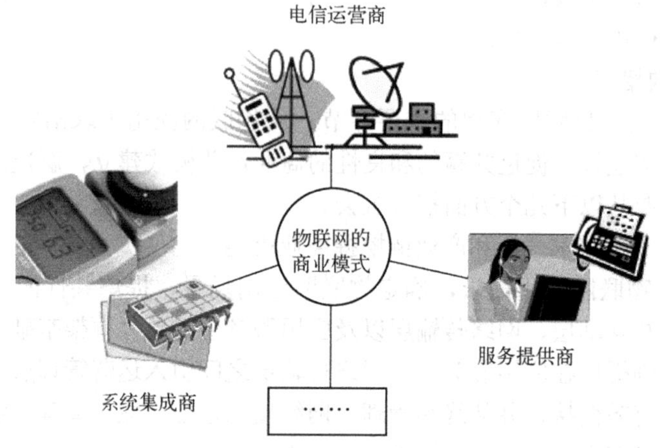


图 6-3 物联网的商业模式合作

以电信运营企业为例，需要积极研究在物联网背景下的电信运营业务和技术发展策略，充分利用现有网络自身的综合资源，提供端到端的综合服务，提供高附加值产品，提升核心竞争力，形成规模化应用的行业解决方案和商业运行模式。

对电信运营企业来说，需要从企业的外部环境和内部需求出发，结合自身的能力优势，针对不同应用领域的特点，确定不同的产业定位，从而构建包括应用领域、基础能力和产业角色等多维度的合作体系框架。

对电信运营企业来说，需要基于多维度视角明确其在物联网产业布局中的发展定位。由于物联网应用的需求多种多样，每种应用对所需要的电信运营企业的基础能力要求不同，所以不能简单从某些孤立的行业应用确定电信运营企业在物联网中的产业定位，而需要建立多维度的产业分析模型，针对具体应用的不同需求，选择不同的产业定位。

总之，物联网大规模的发展需要探索物联网商业模式，使得物联网应用单位多方共赢，只有真正解决这个问题，物联网才能够真正得以推广和普及，物联网技术、产品、系统集成和设备提供商才能够提供更好的服务和产品，物联网产业才能够实现又好又快发展。

物联网作为新信息技术革命的主要推动力，其产业发展和规模商业均面临历史性的机遇，与此同时，由于物联网产业特点和商业模式，物联网的产业发展和商业规模化又面临多方面的严峻挑战。只有将物联网良好的产业机遇和恰当的商业发展模式有机结合起来，才能使物联网进入健康有序的发展模式，最终促进物联网的规模化应用和发展。

## 6.4 物联网展望与发展建议

本节首先展望物联网未来的主要应用以及物联网的发展前景；然后从关键技术、基础性资源规划、标准制定和商业模式等几方面对物联网发展提出建议。

### 6.4.1 展望物联网的未来

未来，全球物联网将朝着规模化、协同化和智能化方向发展，同时以物联网应用带动物联网产业将是全球各国的主要发展方向。随着世界各国对物联网技术、标准和应用的不断推进，物联网在各行业领域中的规模将逐步扩大。随着产业和标准的不断完善，物联网将朝协同化方向发展，形成不同物体间、不同企业间、不同行业乃至不同地区或国家间的物联网信息的互联互通互操作，应用模式从闭环走向开环，最终形成可服务于不同行业和领域的全球化物联网应用体系。物联网也将从目前简单的物体识别和信息采集，走向真正意义上的物联网，形成一个泛在的覆盖万事万物的网络，实现信息在真实世界和虚拟空间之间的智能化传输。

我国当前面临物联网技术创新突破和新兴产业发展的重大机遇。在技术方面，我国网络通信技术极有可能在向物联网的全面演进过程中形成国际领先优势。在产业方面，物联网应用将带动传感器、RFID、仪器仪表等物联网相关产业向中高端的转型升级，创造出M2M、应用基础设施服务、行业物联网应用服务等新业务、新市场。同时也将给软件和集成服务、智能处理服务、通信网络设备和服务器等带来巨大的扩展空间，并为培育我国物联网企业群体、形成具有国际水平综合基础服务能力的龙头企业创造良好条件。

物联网可以广泛应用于经济社会发展的各个领域，引发和带动生产力、生产方式和生活方式的深刻变革，成为经济社会绿色、智能、可持续发展的关键基础和重要引擎。展望物联网的未来，可以发现民众生活、城市管理和行业专业是未来物联网应用的 3 大领域。

在民众生活方面，物联网主要从家庭和城市两方面为人类提供智慧的生活方式。家庭层面的智慧生活是通过语音、姿态识别技术实现家电的智能控制功能，家居设备可以根据环境信息进行主动性和适应性调节；感知设备通过识别人的行为，判断人的位置从而触发智能化的服务。城市层面的智慧生活是围绕人们日常的生活、工作、休息和娱乐等环节，合理调度电力、供水、通信、交通等资源，为人们提供全方位舒适的服务。物联网将是全面建设小康社会的关键基础。物联网在社会发展、公共服务、城市管理和人民生活中的应用将有效提升政府管理效能、基础设施，实现社会公共服务和人民生活的智能化、便捷化、绿色化，推进经济、社会、人和自然的协调可持续发展。

在城市管理方面，物联网从企业、交通、通信、供水、电力、市政管理等城市重要组成部分入手，为未来城市提供智能的系统解决方案和管理平台。采用新的计算模式和分析手段，将分布于城市中各个角落的监控系统传回的数据转化为智能决策的依据，帮助管理者更好地了解城市内发生的状况，并且采取更有效的行动。物联网应用于城市管理有助于制定城市的长期战略和短期目标，改善市民体验和生活效率，优化城市的服务和运作。

在行业专业方面，基于物联网技术和系统的典型应用包括智能电网、智能交通、智能医疗、智能农业、智能环保、智能物流和零售等。高度智能化、集成化、泛在化的物联网系统，将为各种行业带来新的发展机遇，从而推动整个人类社会生产力的全面提升。

### 6.4.2 对物联网发展的建议

物联网应用已经在全球多个领域全面展开，但同时也要看到当前物联网发展中存在的盲目性和低水平无序化。因此要科学推进物联网发展，需要科学的认识物联网发展的战略性、阶段性和长期性。目前全球物联网发展尚处于起步阶段，大规模应用条件未完全成熟，因此不宜过高估计短期和直接经济效益，应当充分认识到市场培育和产业发展的长期性、艰巨性。本书对物联网的发展提出以下建议，包括大力突破关键技术、重视基础性资源规划、加强相关标准的制定和积极探索商业模式。

**1．大力突破关键技术**

关键技术突破主要集中在物联网的感知互动层。

传感器技术是物联网感知互动层的关键技术。目前，在传感器技术领域我国尚无话语权，我国的传感器芯片，从技术到制造工艺都落后于发达国家。传感器制造是物联网建设的基础，只有加快自主研发，才能打破国外传感器的垄断。

传感器节点的供电问题是一大技术难点，实验中测试得到的传感器节点的生存周期通常在几个月，还无法满足应用的需求。目前对传感器节点的供电研究主要集中在太阳能供电、电磁波供电以及嵌入微纳发电机供电等，但这些传感器由于成本过高难以推广。

虽然传感器节点组网协议的研究工作已经开展了接近 10 年，但是在 MAC 协议、路由协议、拓扑控制以及传输控制等方面还没有找到很好的解决方案。目前的研究成果距离实现大规模的传感器节点组网还有很大的距离。当前的研究工作还多是停留在仿真验证或者实验室验证阶段，缺乏大型测试平台验证的研究成果。

**2．重视基础性资源规划**

码址资源包括各种标识与网络地址（例如 EPC 标识、OID 标识和 IP 地址），是物联网发展的基础性战略资源。发展物联网不是仅有传感器、电子标签就行的，其最基本的战略需求是要有充足的、大量的码址资源。没有标识和网络地址的支撑，无论是物与物的连接和互动，还是物与人的连接和互动，都无法实现。物联网是标识和网络地址的高需求者，但目前对码址资源的规划还没有引起足够的重视。

任何无线技术的底层都是需要依靠无线频谱来支撑的，大家都希望通过更少的频谱资源实现更高的传输速率。但是随着 WiFi、3G 等无线技术的应用，现在的无线频谱几乎全部被划分掉了。那么未来 4G、物联网等无线应用推广时，将面临无频段可用的情况。物联网的发展将推动重新对频谱进行管理，有效利用一些未被合理利用的频谱。

**3．加强相关标准的制定**

标准在产业整体链条中扮演着至关重要的角色，掌握了标准的制定权，就把握住了整个产业的发展方向。

当前，物联网在通信和组网方面的标准主要是采用或沿用国外标准和体系。由于国家物联网技术标准缺位，物联网项目实施过程中的技术体系日趋多样化。完全采用国外的传感器和标识体系将给我国带来巨大的经济损失和安全隐患。目前，各终端设备厂商并未实现统一的技术标准规范。如何跨越不同厂商、不同运营商、不同服务提供商、不同终端接口、不同协议规范是物联网标准工作必须解决的难题。

加快开展物联网标准制定和知识产权相关工作，建立和完善物联网标准体系，可以显著提升我国在物联网标准领域的国际话语权，争取实现主导物联网国际标准的制定。物联网标准化工作可以促进物联网技术的进步和推广，推动物联网应用于更多的领域。在标准工作开展的同时，还涉及保护物联网技术相关的知识产权，保障我国物联网产业与应用的健康发展。

**4．积极探索商业模式**

虽然物联网市场前景广阔，但是国内整个行业目前尚未出现稳定的商业模式。没有创新的物联网商业模式很难调动各方面参与的积极性，尤其是资本投入的积极性。另一方面，物联网技术之所以没有像人们预期的那样迅速发展，很大一个原因是没有找到一种可行的商业运行模式。

业界形成一个共识，建立一个多方共赢的商业模式，才是推动物联网能够长期发展的核心关键问题之一。所谓多方共赢的商业模式，就是必须使物联网真正成为一种商业的驱动力，而不是一种行政的强制力。只有使所有参与物联网建设的各个环节都从中受益，获得相应的商业回报，才能够使物联网得以持续快速的发展。

因此，物联网商业模式的建立和创新的重要性甚至高于标准和关键技术的突破。因为，没有大规模的物联网商业应用的发展和支持，不论是核心关键技术还是各种标准的制定都将成为无源之水，失去市场驱动力。

**5．推动产业链的形成**

物联网的发展离不开整个产业链的构建。我国应以制约发展的瓶颈产业和已形成竞争力的优势产业为重点，加快物联网核心产业发展，完善产业体系，构筑完整产业链，培育有竞争力的主导企业，加快产业聚集和创新聚集，梯次性构建我国具有国际竞争力的物联网产业链。

## 本章小结

本章主要对物联网的技术和应用进行总结。从感知识别技术、通信组网技术以及计算处理技术 3 个层面分析，总结得出物联网的兴起是信息技术高速发展的必然；分析物联网在提高生产效率、保障社会安全、方便日常生活以及服务公共事业等方面的应用实践，总结得出物联网具有广阔的应用前景、面临发展的机遇与挑战。最后展望了物联网未来在民众生活、城市管理和行业专业中的发展趋势，并给出了关于物联网发展的相关建议。

# 附录 缩略语

| 外文缩写 | 外文全称 | 中文说明 |
| --- | --- | --- |
| 6LoWPAN | IPv6 over Low power Wireless Personal Area Network | 基于 IPv6 的低速无线个域网 |
| ALE | Application Level Event | 应用层事件 |
| AM | Amplitude Modulation | 幅度调制 |
| ASK | Amplitude Shift Keying | 幅移键控 |
| BPSK | Binary Phase Shift Keying | 二进制相移键控 |
| CCK | Complementary Code Keying | 互补码键控 |
| DECT | Digital Enhanced Cordless Telecommunications | 数字式增强型无绳电话 |
| DQPSK | Differential Quadrature Phase Shift Keying | 差分四相相移键控 |
| DSSS | Direct Seqeuence Spread Spectrum | 直接序列扩频 |
| EEPROM | Electrically Erasable Programmable Read - Only Memory | 电可擦除可编程只读存储器 |
| EPC | Electronic Product Code | 电子产品码 |
| EPC DS | EPC Discovery Service | EPC 搜索服务 |
| EPC IS | EPC Information Service | EPC 信息服务 |
| EPC ONS | EPC Object Naming Service | EPC 物件名称服务 |
| FDD | Frequency Division Duplexing | 频分双工 |
| FHSS | Frequency Hopping Spread Spectrum | 跳频扩频 |
| FM | Frequency Modulation | 频率调制 |
| FSK | Frequency Shift Keying | 频移键控 |
| GMSK | Gaussian Filtered MSK | 高斯滤波最小频移键控 |
| HRP | High rate PHY | 高速数据传输 |
| HSDPA | High Speed Downlink Packet Access | 高速下行分组接入 |
| HSUPA | High Speed Uplink Packet Access | 高速上行分组接入 |
| LOS | Line of Sight | 视距 |
| LRP | Low rate PHY | 低速数据传输 |
| LR-WPAN | Low-Rate Wireless Personal Area Network | 低速无线个人区域网络 |
| LTE | Long Term Evolution | 长期演进 |
| MIMO | Multiple Input Multiple Output | 多进多出技术 |
| MSK | Minimum Shift Keying | 最小频移键控 |
| NLOS | Not Line of Sight | 非视距 |
| OFDM | Orthogonal Frequency Division Multiplexing | 正交频分多路复用 |
| OFDMA | Orthogonal Frequency Division Multiplex Access | 正交频分多址 |
| OQPSK | Offset Quadrature Phase Shift Keying | 交错正交四相相移键控 |
| PM | Phase Modulation | 相位调制 |
| PMP | Point to Multipoint | 点对多点结构 |

| | | |
|---|---|---|
| PSK | Phase Shift Keying | 相移键控 |
| QPSK | Quadrature Phase Shift Keying | 四相相移键控 |
| RAM | Random Access Memory | 随机存取存储器 |
| RFID | Radio Frequency Identification | 射频标签 |
| ROM | Read - Only Memory | 只读存储器 |
| SAR | Special Absorption Rate | 人体比吸收率值 |
| SIG | Bluetooth Special Interest Group | 蓝牙技术联盟 |
| SWAP | Shared Wireless Access Protocol | 共享无线应用协议 |
| TDD | Time Division Duplexing | 时分双工 |
| TD-SCDMA | Time Divisioin-Synchronous Code Division Multiple Access | 时分同步码分多址 |
| UWB | Ultra Wide Band | 超宽带技术 |
| WBAN | Wireless Body Area Network | 无线人体局域网 |
| WCDMA | Wideband Code Division Multiple Access | 宽带码分多址 |
| WICED | Wireless Internet Connectivity for Embedded Devices | 无线联网嵌入式设备 |
| WiMAX | Worldwide Interoperability for Microwave Access | 微波存取全球互通 |
| WLAN | Wireless Local Area Networks | 无线局域网 |
| WPAN | Wireless Personal Area Network | 无线个人区域网络 |
| Amazon EC2 | Amazon Elastic Compute Cloud | 亚马逊弹性计算云 |
| Amazon EMR | Amazon Elastic MapReduce | 亚马逊弹性映射规约编程模型 |
| Amazon RDS | Amazon Relational Database Service | 亚马逊关系数据库服务 |
| Amazon S3 | Amazon Simple Storage Service | 亚马逊简单存储服务 |
| Amazon SQS | Amazon Simple Queue Service | 亚马逊简单消息队列服务 |
| AOA | Angular of Arrival | 基于到达角定位 |
| CDMA | Code Division Multiple Access | 码分多址 |
| FDD LTE | Frequency Division Duplexing Long Term Evolution | 频分双工长期演进 |
| GPS | Global Positioning System | 全球定位系统 |
| HDFS | Hadoop Distribute File System | Hadoop 分布式文件系统 |
| M2M | Machine to Machine | 机器对机器通信 |
| MEMS | Micro-Electro-Mechanical System | 微电机系统 |
| RFID | Radio Frequency Identification | 无线射频识别 |
| RSSI | Received Signal Strength Indication | 接收信号强度指示 |
| SAP HANA | High-Performance Analytic Appliance | SAP 高性能分析系统 |
| TD-LTE | Time Division Long Term Evolution | 分时长期演进 |
| TDOA | Time Difference of Arrival | 基于到达时间差定位 |
| TD-SCDMA | Time Division-Synchronous Code Division Multiple Access | 时分同步码分多址 |
| TOA | Time of Arrival | 基于到达时间定位 |
| UWB | Ultra Wideband | 超宽带（无载波通信技术） |
| WCDMA | Wideband Code Division Multiple Access | 宽带码分多址技术 |
| Wi-Fi | Wireless Fidelity | 无线保真 |
| WLAN | Wireless Local Area Networks | 无线局域网络 |

# 参考文献


[1] 孙利民，李建中，陈渝，等. 无线传感器网络[M]. 北京：清华大学出版社，2005.

[2] 宁焕生，等. RFID 重大工程与国家物联网[M]. 北京：机械工业出版社，2009.

[3] 宁焕生，张彦，等. RFID 与物联网：射频、中间件、解析与服务[M]. 北京：电子工业出版社，2008.

[4] 韩崇昭，朱洪艳，段战胜. 多源信息融合 [M]. 北京：清华大学出版社，2006.

[5] Nicolai M Josuttis. SOA 实践指南[M]. 陈桦，译. 北京：电子工业出版社，2008.

[6] Calvin Lin，Larry Snyder. 并行程序设计原理[M]. 陆鑫达，林新华，等译. 北京：机械工业出版社，2009.

[7] 林昊，曾宪杰. OSGi 原理与最佳实践[M]. 北京：电子工业出版社，2009.

[8] Gregor Hohpe，Bobby Woolf. 企业集成模式：设计、构建及部署消息传递解决方案[M]. 荆涛，王宇，等译. 北京：中国电力出版社，2006.

[9] 虚拟化与云计算小组. 虚拟化与云计算[M]. 北京：电子工业出版社，2009.

[10] 刘鹏. 云计算[M]. 北京：电子工业出版社，2010.

[11] 任丰原，黄海宁，林闯. 无线传感器网络[J]. 软件学报，2003，14(7)：1282-1291.

[12] 李建中，李金宝，石胜飞. 传感器网络及其数据管理的概念、问题与进展[J]. 软件学报，2003，14(10)：1717-1727.

[13] 孙利民，方贵明. 能量效率导向的无线传感器网络协议的研究[J]. 中国计算机学会通讯，2005：1-10.

[14] 蹇强，龚正虎，朱培栋，等. 无线传感器网络 MAC 协议研究进展[J]. 软件学报，2008，19(2)：389-403.

[15] 方维维，钱德沛，刘轶. 无线传感器网络传输控制协议[J]. 软件学报，2008，19(6)：1439-1451.

[16] 沈波，张世永，钟亦平. 无线传感器网络分簇路由协议[J]. 软件学报，2006，17(7)：1588-1600.

[17] 沈杰，邢涛. 传感网标准化分析[J]. 电信技术，2010(1)：13-15.

[18] 沈杰，邢涛. 传感器网络体系架构与标准体系分析[J]. 信息技术与标准化，2009(12)：44-47.

[19] 曹振，邓辉，段晓东. 物联网感知互动层的 IPv6 协议标准化动态[J]. 电信网技术，2010(7)：20-24.

[20] 黄颖，李健，泛在网国内外标准化总体情况[J]. 电信网技术. 2010(3)：10-13.

[21] 盛太平，孙辉. 物联网定位技术研究[J]. 信息技术与应用，2013.

[22] 王珊珊，殷建平，蔡志平，张国敏. 基于 RSSI 的无线传感器网络节点自身定位算法[J]. 计算机研究与发展. 2008.

[23] 许可可．基于 ZigBee 无线传感器网络的移动定位技术及应用[D]．南京：南京理工大学．2009.
[24] 王庆波，金滓，何乐，等．云计算宝典技术与实践[M]．北京：电子工业出版社，2011.
[25] 陈海明，崔莉，谢开斌．物联网体系结构与实现方法的比较研究[J]．计算机学报，2013，36(1)：168—188.
[26] 张顺颐，宁向延．联网管理技术的研究和开发[J]．南京邮电大学学报，2010，30(4)：30-35.
[27] Amazon web services Products & Solutions [OL]．aws.amazon.com.
[28] Google Cloud platform Products & Solutions [OL]．cloud.google.com.
[29] 邹国伟，成建波．大数据技术在智慧城市中的应用[J]．电信网技术，2013，4.
[30] 刘云浩．物联网导论[M]．北京：科学出版社，2010.
[31] 中国台湾中央研究院计算中心．通讯电子报[OL]．http://newsletter.ascc.sinica.edu.tw/
[32] 陈向阳，谈宏华，巨修炼．计算机网络与通信[M]．北京：清华大学出版社，2005.
[33] 刘市生，张贤华．ZigBee 网络层的设计与实现[J]．无线电工程，2008，38( 11)：7.
[34] 蒋挺，赵成．紫峰技术及其应用[M]．北京：北京邮电大学出版社，2006.
[35] 锋硕电子科技有限公司．FS_ZigBee 协议栈实验指导书[OL]．www.fuccesso.com.cn.
[36] 上海斐讯数据通信技术有限公司．WiFi Direct[OL]．www.phicomm.com.
[37] 光通讯网．可见光通信（VLC）技术及应用[OL]．www.ofweek.com/topic/2013/VLC.
[38] 重庆邮电大学．基于 IPv6 的 6LoWPAN 无线传感器网络调研报告[OL]．www.cqupt.edu.cn.
[39] HALL D L，LLINAS J．Handbook of Multisensor Data Fusion [M]．Boca Raton：CRC Press，2001.
[40] ZHAO F，GUIBAS L．Wireless Sensor Networks：An Information Processing Approach [M]．San Francisco：Morgan Kaufmann Publishers Inc．，2004.
[41] ISO/IEC．Technical Document of ISO/IEC JTC1 Study Group on Sensor Networks (SGSN) v.0.7.1 [M]．Geneva：International Organization for Standardization，2008.
[42] CASAGRAS Final Report.RFID and Inclusive Model for the Internet of Things[M]．Hong Kong：EU Project Number 216803，2010.
[43] Harald S，Patrick G，Peter F，Sylvie W.Vision and Challenges for realising the Internet of things [M]．Brussels：European Commission-Information Society and Media DG，2010.
[44] YICK J，MUKHERJEE B，GHOSAL D.Wireless sensor network survey [J]．Computer Networks，2008，52(12)：292-330.
[45] DELIN K．The Sensor Web：A Macro-Instrument for Coordinated Sensing [J]．Sensors，2002，2(1)：270-285.
[46] NI L M，LIU Y，ZHU Y．China's national research project on wireless sensor networks [J]．IEEE Wireless Communications，2007，14(6)：78-83.
[47] Akyildiz I F，Su W，Sankarasubramanisam Y，Cayirci E.A survey on sensor networks [J]．IEEE Communications Magazine，2002，40(8)：104-112.
[48] Wang M，Cao J，Li J，et al．Middleware for Wireless Sensor Networks：A Survey [J]．Journal of computer science and technology，2008，23(3)：305-326.
[49] Romer K，Kasten O，Mattern F．Middleware Challenges for Wireless Sensor Networks [J]．ACM SIGMOBIOLE Mobile Computing and Communications Review，2002，6(4)：59-61.

[50] Dean J，Ghemawat S.MapReduce：simplified data processing on large clusters [C]. Communications of the ACM - 50th anniversary issue，2008，51(1)：1958-2008.

[51] Tom White. Hadoop：The Definitive Guide[M]. 2ed. Cambridge：O'Reilly Media，2010.

[52] Nuaymi L. WiMAX：technology for broadband wireless access [M]. Hoboken：John Wiley & Sons，2007.

[53] Liu G，Zhang J，Zhang P，et al.Evolution map from TD-SCDMA to FuTURE B3G TDD [J]. IEEE Communications Magazine，2006，44(3)：54-61.